KB039366

평화시대의
전쟁론

미국의 대전략과 단호한 자제

Michael O'Hanlon 지음

조동연 옮김

박영사

한국해양전략연구소 총서 105

차 례

머리말: 어느 국방전문가의 경험　　v

역자 서문　　xvii

지도　　xx

제1장　깨지기 쉬운 평화의 시대와 불확실한 미국　　1

제2장　단호한 자제의 대전략　　21

제3장　유럽과 러시아　　60

제4장　태평양과 중국　　88

제5장　한 국　　117

제6장　중동과 중부사령부　　141

제7장　그 밖에 4＋1 ― 생물학, 핵, 기후,
디지털 및 국내 위험요인들　　168

제8장　미 군　　198

결 론　　219

Notes　　223

찾아보기　　293(QR코드)

머리말: 어느 국방전문가의 경험

　필자가 워싱턴에서 일한 지도 벌써 30년이 넘었다. 그간 총 4번의 전 세계를 뒤흔들 만한 지정학적 사건이 발생했다. 바르샤바 조약 기구와 소련의 해체에 이어 베를린 장벽이 붕괴되었고 전 세계가 9.11 테러를 생생히 목격했다. 이어 금융위기와 함께 경기침체를 겪었고 최근에는 코로나19가 전 세계적으로 확산되었다. 중국은 점진적이기는 하나 역사적인 기준에서 보면 매우 빠른 속도로 수 세기 동안 드러내지 않았던 위대한 부흥이라는 속내를 다시금 드러내고 있으며 러시아 역시 과거의 경쟁적이고 위험한 지정학적 목표를 추구하고 있다. 이러한 일련의 지정학적 사건들은 디지털 혁명이라는 시대적 흐름과 얽히고설켜 보다 복잡한 성격을 띤다. 한편 미국에서는 최초로 아프리카계 미국인 대통령이 탄생하는가 하면 역사상 가장 독단적인 대통령이 그 뒤를 이었다. 1989년 프랜시스 후쿠야마(Francis Fukuyama) 교수가 예언했듯이 현시대는 본디 "역사의 종말(the end of history)"과도 같은 시기여야 했다. 그러나 실제로는 일련의 사건들이 숨 쉴 새 없이 휘몰아치고 있다.

　이렇듯 1989년 이래 변화하는 흐름 속에서 코로나바이러스가 미칠 영향력은 어느 정도의 위치를 차지할지 아직은 가늠하기 어렵다. 현재로서는 금융위기나 9.11 테러보다 더 중요한 위치를 차지할 것으로 판단되나 러시아와 중국이 가져올 지정학적 변화에는 미치지 못할 것으로 보인다. 그러나 아직 확신하기는 이르다. 최근 그리고 현재 진행 중인 코로나가 향후 많은 분야에 상당한 변화를 가져올 것은 분명하나 필자가 이 책을 통해 주장하고자 하는 바와 그 근거는 단지 이러한 최근의 변화에서만 비롯된 것은 아님을 밝혀 둔다.

　이 책은 필자가 약 10년간 미국의 대전략(grand strategy)이라는 주제에 끊임없이 매달리고 씨름한 노력의 결과이다. 여기서 대전략이란 국가의 안전(safety)과 안보(security)를 보장하기 위한 미국의 포괄적인 계획을 말한다. 필자는 전세계적으로 코로나19가 아직 잦아들 기미를 보이지 않고 미국 내에서는 도널드 트럼프 대통령(Donald J. Trump)의 임기가 끝나기 전부터 미국의 대전략에 대해 고민해왔다. 아마도 코로나19와 트럼프 대통령으로 인한 변화의 바람은 최소한 그만한 크기의 지정학적 변화가 불기 전까지 잦아들지 않을 것이다. 미국의 대전략은 과거 발생한 사건의 중요성과 지속성에 대한 관심을 거두지 않으면서도 다음 찾아올 거대한 변화에 적응할 수 있을 정도의 유연함을 가져야 한다. 이상적으로 대전략은 국가의 기강을 튼튼히 하면서도 이후 마주하게 될 주요 위기에 대처할 수 있는 군사력을 유지하는 것이다. 여기서 필자가 제안하는 "단호한 자제(resolute restraint)"라는 대전략은 이러한 임무를 수행하도록 설계되었다. 그러한 의미에서 "단호(resolute)"와 "자제(restraint)"라는 두 단어 모두 강조하고자 한다. 동맹에 대한 미국의 공약과 해상에서의 자유로운 항행과 같은 핵심이익을 지키기 위해서는 단호한 결의가 필요하다. 그러나 동시에 자제라는 덕목은 단호한 결의 못지않게 중요하다. 여기서 자제란 현존하는 동맹을 보호하면서도 과도하게 동맹의 범위가 확장되는 것에 주의하면서 북한이나 이란과의 핵 협상에 임할 때는 강경하지만 현실적인 타협안을 모색함을 뜻한다. 또한 필자는 현재 미 국방부가 추진하고 있는 4+1 위협모델, 즉 러시아, 중국, 북한, 이란 및 초국가적 극단주의 또는 테러리즘에 중점을 두는 방안에 더해 두 번째 4+1 목록을 보완할 것을 제안한다. 이 두 번째 4+1 목록은 생물학적, 핵, 기후, 디지털 및 국내 및 경제적 위험에도 관심을 갖는 것이다. 중요한 점은 이러한 보완이 현재 미국의 공약을 약화시키거나 국방예산을 축소시키지 않으면서 이루어져야 한다는 것이다. 왜냐하면 두 번째 위협모델에 포함된 위협들은 기존의 위협을 뛰어넘거나 대체 또는 축소하는 것이 아니기 때문이다. 실제로는 기존의 위협을 악화시키거나 더욱 증가시킬 가능성이 높다.

필자는 개인적으로 이 책을 통해 필자가 1989년 이래 워싱턴에서 그간 배운 것들을 모두 종합하고자 한다. 1989년은 린든 B. 존슨(Lyndon B. Johnson) 대통령의 최고 측근이자 필자의 오래된 테니스 파트너이기도 한 해리 맥퍼슨(Harry McPherson)이 소위 정치적 교육이라고 불렀던, 즉 필자의 정규 학업이 끝난 시점이다. 그 이후 약 30년에 걸쳐 필자는 크게 두 가지 교훈을 얻었다. 첫 번째는 국제정치에 있어 군사력의 사용에 보다 더 신중을 기해야 한다는 점이다. 동시에 언제든지 지난 수 세기에 걸쳐 인류가 이룩해온 놀라운 발전에 위협이 되는 방향으로 나아갈 수 있다는 점을 상기한다. 일반적으로 안보문제와 위기는 지리적으로 가까운 국가들 간에 발생한다. 익숙함은 종종 경멸을 낳고 지리적 근접성은 국가들의 전략적 욕구를 자극하는 법이다. 이러한 까닭에 비록 결함이 있더라도 지리적으로 멀리 떨어져 있는 강대국이 보다 효과적인 중재자 역할을 수행하거나 안정적인 토대를 제공할 수 있다. 궁극적으로 이러한 교훈을 통해 필자는 미국이 지속적인 리더십을 바탕으로 전 세계적으로 관여(engagement)해야 한다고 믿는다. 그러면서도 일부 무력 사용에 대해서는 회의적이다. 이것이 이와 같은 모순적인 책 제목이 탄생한 배경이다.

워싱턴에서의 첫 직장은 워터게이트 사건 및 베트남 전쟁 직후 앨리스 리블린(Alice Rivlin)과 그녀의 보좌관 로버트 레이샤워(Robert Reischauer, 이후 필자의 상사이기도 하다)에 의해 설립된 미국 의회예산처(Congressional Budget Office)라는 곳이었다. 위 두 사람은 필자가 만나본 공무원들 중 가장 선견지명이 있었다. 1990년 8월 사담 후세인(Saddam Hussein)의 쿠웨이트 침공 이래 조지 H.W. 부시(George H.W. Bush) 대통령은 군사적 대응을 지시하였다. 그 과정에서 제임스 사서(James Sasser) 상원의원은 의회예산처로 하여금 사막의 폭풍 작전(Operation Desert Storm)이 시작되기 전 대략적인 비용을 추정토록 하였다. 미국이 쿠웨이트와 어떠한 조약 의무가 없었음에도 불구하고 부시 대통령은 쿠웨이트 침공이 새로운 세계 질서 속에서 묵인할 수 없는 일이라고 판단했다. 당시 의회는 이러한 개입이 어떠한 결과를 가져올지에 대해 확신이 없었다. 몇몇 의원은 참호, 화학무기 및 치열한 근접전 등 전투 방식에 있어 제1차 세계대전과 유사할 수도 있을 것이라 믿었다. 우리는 조사 결과 당시 가치로 약 280억 달러에서 860억 달러 정도의 비용이 소요될 것이라 예측했다.[1]

필자는 이러한 과정에서 레인 피에롯(Lane Pierrot), 프란 루시에(Fran Lussier) 그리고 내 직속 상관인 밥 헤일(Bob Hale)과 같은 훌륭한 분석가들과 함께 일할 수 있었다. 또한 이는 프랭크 폰 히펠(Frank von Hippel), 할 파이브슨(Hal Feiveson), 조수아 엡스타인(Joshua Epstein), 애런 프리드버그(Aaron Friedberg),

리처드 울만(Richard Ullman), 배리 포젠(Barry Posen), 스티브 월트(Steve Walt)
와 같은 프린스턴 대학교 교수님들께 배웠던 방법론을 적용하여 연구에 기여
할 수 있는 기회이기도 했다. 우리는 알렌 엔소벤(Alain Enthoven)과 웨인 스미
스(K. Wayne Smith)와 같은 존경받는 국방 분석가들이 집필하고 여전히 영향력
있는 저서인 『어느 정도면 충분한가(How Much Is Enough?)』에서 제시한 철학
을 바탕으로 연구를 진행하였다. 그것은 바로 국방분야 분석에 있어 "적당히
맞는 답(roughly right)"이 "완전히 틀린 답(precisely wrong)"보다 낫다는 것이
다.[2] 그들은 군사 문제의 불확실한 특성을 감안할 때 가정은 가능한 단순하고
명확해야 하며, 방법론은 누구나 이해하고 토론할 수 있도록 충분히 명료해야
한다는 점 또한 강조했다. 나아가 국방 분석에 있어 모든 예측 가능한 계산식
을 일정한 가치의 범위를 설정하여 구성해야 한다고 주장했다. 예를 들어 국방
분석 과정에는 전쟁 간 사상자 수 또는 무기체계 비용 등 다양한 분야가 포함
될 수 있다. 계산 결과 잘못된 예측을 할 소지가 있는 경우 단일 값이 아닌 상
한 및 하한 또는 낙관적 및 비관적 추정이 병행되어야 한다. 사막의 폭풍 작전
수행으로 사용된 실제 비용은 거의 정확하게 연구팀이 제시한 범위 중간이었
다(그리고 결과적으로 외국 정부가 대부분의 비용을 지불했다).

이러한 경험을 통해 얻은 교훈은 사막의 폭풍 작전과 같은 제한적인 전쟁
의 경우 올바른 분석틀과 정확하지 않아도 괜찮다는 유연하고 겸손한 마인드
만 견지한다면 어느 정도 신뢰할 만한 예측이 가능하다는 점이다. 사막의 폭풍
작전은 목표와 계획이 비교적 잘 정의되어 있었고 그 범위가 제한적이었으며
미국의 군사력으로 수행할 수 있는 범위 내에 있었다. 당시 전쟁을 지지하거나
반대하는 것은 의회예산처의 역할이 아니었다. 주요 군사작전에 드는 비용을
사전에 신뢰할 만한 수준, 즉 가장 낮은 비용과 가장 높은 비용이 "겨우(only)"
3배 정도의 차이가 날 정도로 예측할 수 있었던 것은 결국 군사작전의 범위가
제한적이었기 때문이다. 전쟁의 결과를 예측한다는 측면에서 본다면 당시 연구
결과는 나름 훌륭했다. 그러나 이러한 연구 결과는 군사작전이 충분히 예측 가
능한 범위 내에 있었고 우리 역시 너무 잘하려고 하거나 정확하게 예측하려고
하지 않았기 때문에 가능했다.

그러나 추후 이러한 전쟁은 예외적이었다는 것을 알게 되었다. 투키디데

스(Thucydides), 카를 폰 클라우제비츠(Carl von Clausewitz)와 같은 학자들이 역사 초기 전쟁에 대해 평가했듯이 전쟁은 생각보다 예상하기 어렵기 때문이다. 지리적 한계를 훌쩍 뛰어넘어 그 범위가 급속도로 확장되기도 하고 전투 방식조차 생소한 경우도 있으며, 전쟁 초기 예상했던 기간보다 훨씬 길어지는 경우도 허다하다. 이러한 사실은 지금도 유효하다.

이러한 전쟁 예측에 대한 어려움을 되새기면서 필립 골든(Philip Gordon)과 필자는 2001년 워싱턴 포스트지를 통해 사담 후세인 정권을 무너뜨리기 위한 어떠한 군사작전도 쉽지 않을 것이라는 경고의 글을 기고한 적이 있다. 우리의 논평 이후 다양한 반응이 있었는데, 그중에서도 기억에 남은 것은 켄 아델만(Ken Adelman)의 대답이었다. 그는 전쟁은 "식은 죽 먹기(cakewalk)"라고 답하였는데 이런 그의 대답은 지금까지도 악명이 높다.[3] 불행히도 그의 전망은 틀렸기 때문이다. 그럼에도 불구하고 필립과 필자의 예상이 틀리지 않았다는 점이 씁쓸할 따름이었다. 이에 대해서는 필립이 최근 그의 저서를 통해 자세하게 설명하고 있으니 참고하기 바란다.[4] 2002년 필자는 다른 기고문을 통해 이라크 전쟁을 수행하는 5년간 총 150,000명의 군인이 파병되고 이 중 약 3,000명의 사상자가 발생할 것이라고 예측했다. 개인적으로 2001년과 2002년에 예상했던 내용이 제발 틀리기를 바랐지만 실제로 거의 정확하게 적중하고 말았다(비록 사담 후세인 정권이 무너진 이후 발생한 반란 또는 내전의 성격이나 규모에 대해서는 예상하지 못했지만 말이다). 이러한 경험들을 통해 필자는 2002년 만약 미국이 사찰을 통해 이라크가 대량살상무기를 보유하고 있지 않다는 것을 확인할 수 있다면 전쟁만은 피해야 한다고 주장했다. 필자가 보기에는 무자비한 사담 후세인 정권하에서 이라크 국민들이 감내할 어려움이 아무리 크다 하더라도 미국이 사담 후세인 정권을 무너뜨리는 방안을 택했을 때 예상되는 리스크가 훨씬 컸기 때문이다.[5]

그러나 필자는 사찰을 통해 대량살상무기 관련 의구심이 완전히 해소되지 못하는 상황에서 결국 마지못해 지지했던 2003년 이라크전에 대해 훨씬 더 회의적으로 평가해야 했다는 점을 뒤늦게 깨닫게 되었다. 필자는 글을 통해 보다 분명하게 사담 후세인이 축출된 이후 미 국방부가 4단계 작전이라고 일컫는 이라크 안정화 단계를 대비해 더욱 적절한 준비를 촉구해야 했지만 그러질 못했다(미 국방부는 이라크전과 같은 전쟁을 1, 2, 3단계로 나누는데 1, 2단계는 준비 단계, 3단계는 주요 전투 작전 단계이다). 이러한 점에서 미국이 이라크 전쟁을 결정할 당시 이를 반대하고 비판했던 의견을 다시금 돌이켜볼 필요가 있다. 거의 대부분의 전 세계 주요 정보기관들은 사담 후세인이 대량살상무기는 물론 핵무기 또한 보유하고자 하는 야망이 있다고 믿었다는 점을 상기해야 한다. 동시에 사막의 폭풍 작전 이후 시행된 제재가 점점 그 실효성을 잃어간다고 판단했다.[6] 당시의 이러한 분위기를 보여주는 한 예를 들어보면 미국이 사담 후세인을 축출하겠다는 결정을 내린 시점에 독일 정보기관은 사담 후세인이 3년 내 핵무기를 보유할 것이라는 전망을 내놓기도 했다.[7] 전쟁 지지자들의 판단은 틀렸지만 그럼에도 불구하고 그들이 결코 어리석은 사람들은 아니었다(작전의 어려움을 얕본 몇몇의 경우를 제외하면).

필자는 이라크전의 경우보다 훨씬 규모가 작은 군사작전에 대해서도 회의적이었는데 1999년 나토의 코소보 전쟁이 바로 그러한 경우다. 당시에도 필자는 뉴욕 타임지를 통해 군사적 및 전략적 이유를 근거로 연합군의 최초 폭격으로는 슬로보단 밀로셰비치(Slobodan Milosevic)의 탄압을 막기는커녕 상황을 더욱 악화시킬 것이라고 경고했다.[8] 실제로 상황은 미국과 그 동맹국들이 접근 방식을 전면적으로 개선하기 전까지 지속적으로 악화되었다. 결과적으로 전쟁은 나토의 승리로 끝났지만 이러한 결과는 이보 다알더(Ivo Daalder)와 필자가 같은 제목의 책에서 표현한 바와 같이 "참혹한 승리(Winning Ugly)"가 아닐까 싶다. 불행 중 다행인 점은 폭격 이후 밀로셰비치가 대규모 학살을 하는 시점에 그렇게 많은 사람들을 죽이지는 못했다는 것이다. 전쟁 초기의 피해는 이후 대부분 복구가 가능하다. 그러나 전쟁을 수행하는 대부분의 경우 항상 이렇게 운이 좋을 수만은 없다.

그 이후에도 비슷한 경험을 할 기회들이 있었다. 2007년 여름 이라크를 방문한 이래 영광스럽게도 동료인 켄 폴락(Ken Pollack)과 함께 책을 집필할 수 있는 기회가 있었는데 그 당시만 하더라도 미국 주도 작전은 나름 성과를 내고 있었다. 돌이켜보면 그때 조금이라도 빨리 누리 알말리키(Nouri al-Maliki) 총리가 그간의 성과를 얼마나 망칠 수 있었는지를 예측할 수 있었다면 얼마나 좋았을까 싶다.[9] 전쟁 초기 성과만 보면 매우 성공적이라고 평가할 수 있다.

극적으로 안보환경이 개선되어 내부적으로 다시금 통치가 가능한 상태가 되었으며 전쟁의 상처를 서로 어루만지며 국민이 하나로 뭉칠 수 있는 계기가 마련되었다.[10] 데이비드 페트레이어스(David Petraeus) 장군, 라이언 크로커(Ryan Crocker) 대사, 레이먼드 오디어노(Raymond Odierno) 장군, 로이드 오스틴(Lloyd Austin) 장군 그리고 많은 미국인과 이라크인이 함께 거둔 성과를 보면 놀라운 일이다. 그러나 그 이면에 군사작전 수행 간 흘린 피와 땀 그리고 천문학적인 비용은 실로 어마어마하다. 불행하게도 값비싼 전쟁을 통해 얻은 안정과 더 큰 발전을 할 수 있는 기회는 이후 말리키 총리의 통치로 인해 대부분 사라졌다. 역사적으로 미국과 이라크인의 희생을 통해 이라크가 진정한 평화와 안정을 되찾을 수 있을 것인지에 대해서는 좀 더 두고 봐야 할 일이다.

아프가니스탄의 경우도 마찬가지다. 필자는 연구를 위해 이라크보다 오히려 아프가니스탄을 더 자주 방문하곤 했다. 이러한 방문을 통해 연구가 보다 풍성해질 수 있었던 배경에는 지금도 어디선가 땀 흘려 일하고 있을 군 장병, 외교관, 개발 전문가 및 국제 공화주의 연구소 및 아프간인들이 있기에 가능했다. 항상 마음 깊이 감사함을 느낀다. 이 글을 쓰는 현재 아프가니스탄 전쟁은 아직 진행 중이지만 현실적으로 승리할 것이라 기대하는 것은 지나치게 낙관적인 생각이 아닐 수 없다.

이라크, 코소보에 이어 아프가니스탄에 이르기까지 이러한 경험들은 전쟁의 불확실성을 더욱 인식하게 되는 계기가 되었다. 특히 미국의 국가안보 정책을 위해 전쟁이라는 수단을 사용하는 방안에 대해 더욱 경계하게 되었다. 이라크와 아프가니스탄 전쟁이 얼마나 지속되었는지 생각하면 아직도 소름이 돋는다. 여러 가지 측면에서 아프간 전쟁은 필자가 성인이 된 이래 지속되고 있다. 지미 카터(Jimmy Carter) 대통령은 소련이 아프가니스탄을 침공한 이후 필자가 해밀턴 대학교 2학년이 되던 해 모든 미국 국민을 대상으로 군에 입대하도록 지시했다. 이라크전 역시 필자가 워싱턴에서 근무하는 30여 년간 그 여파가 지속되고 있다. 보수적으로 계산해도 이 두 전쟁으로 인해 미국은 약 3조 5000억 달러가 훨씬 넘는 비용이 소요됐고 약 7천 명의 미국인의 생명을 앗아갔으며 많은 동맹국들 역시 큰 희생을 치러야 했다. 동시에 수십만 명의 이라크와 아프간 국민이 사망했다.

이러한 일련의 경험들은 현재를 투영해볼 수 있는 교훈을 남겼다. 만일 과거 이라크와 아프가니스탄에서의 전투가 현저하게 느리게 진행되고 어려웠다면 미래 러시아 또는 중국과의 전쟁은 어떻게 진행될 것인가? 필자는 러시아 또는 중국과의 군사적 교전의 위험성은 대다수 사람들이 생각하는 것보다 훨씬 치명적이고 위험할 것이라 생각한다. 그러므로 어느 일방에 의한 제한적인 침략 행위에 대응하기 위해 전쟁이 아닌 방법을 찾는 노력은 그 어느 때보다도 심각하게 고민해야 할 부분이다.

그럼에도 불구하고 미국이 전 세계로부터 군사력을 철수시키는 것은 불가능하다. 아직까지 미국이 수행해오던 전략적 안전망(strategic backstop)과 같은 역할을 대체할 수 있는 신뢰할 만한 국가, 블록 또는 조직이 부재하기 때문이다. 인류가 악행을 저지를 가능성이 그 어느 때보다도 큰 작금의 사태는 국방이라는 분야를 연구하는 한 사람으로서 더욱 크게 다가오는 현실이다. 필자가 세계 대전에 대해 처음 알게 된 것은 1970년대 역사 수업시간이었다. 당시 어린 학생이었던 필자에게 세계 대전이란 너무도 먼 이야기와 같았다. 지금이 오히려 시간적으로 멀어졌음에도 불구하고 훨씬 더 가깝게 느껴진다. 히틀러와 스탈린과 같은 무자비하고 악한 지도자가 권력을 바탕으로 국가를 지배하고 파괴하며 수천만 명의 목숨을 앗아간 대규모 전쟁을 벌일 수 있다는 사실에 매번 놀라움을 금치 못한다. 그리고 이러한 일들이 부모 세대에 벌어졌다는 점 또한 상상도 할 수 없는 일이다. 그러나 불과 얼마 전에 이러한 일들이 일어난 것은 엄연한 사실이다.

세계 대전이 종료되었다고 해서 모든 문제가 사라진 것은 아니다. 1980년대 초 필자는 지금은 콩고 민주공화국이 된 전 자이르로 평화봉사단의 일원으로 자원봉사를 나갔다. 이는 지금도 잊지 못하는 일생일대의 경험이 되었는데, 콩코인들은 진심으로 유쾌하고 따뜻했으며 외국인들에게 친절했다. 그러나 모부투 세세 세코(Mobutu Sese Seko)는 그가 통치한 30년이라는 긴 시간 동안 이러한 국민을 억압하고 착취했다. 필자가 자원봉사를 하던 시기 전후 이웃에 위치한 르완다, 브룬디 및 우간다에서는 집단학살이 일어났으며 그러한 비극은 지금까지도 지속되고 있다. 프랑스, 영국, 독일과 같은 국가들은 어느 정도 평화와 안정을 되찾은 것으로 보이지만 일본, 한국, 중국, 러시아와 그 주변국 또는 중동과 남아시아에 위치한 대부분의 국가들은 결코 그렇지 않다.

이러한 측면에서 하버드 대학교의 스티븐 핑커(Steven Pinker)는 그의 글을 통해 수 세기에 걸쳐 인류가 이룩해온 발전에 대해 다시금 상기할 수 있는 계기를 제공한다. 인류의 발전은 어떠한 척도에 비추어 보아도 실로 놀라울 일이 아닐 수 없다. 여전히 전 세계적으로 비극적인 전쟁이 일어나고 빈곤과 범죄가 지속되며 오피오이드 위기(opioid crises)와 함께 자살률의 증가, 전염병 그리고 기타 재난재해 등 도전으로 가득한 현대를 살아가는 우리에게 스티븐 핑커 교수가 제시한 따뜻한 격려는 다시금 일어날 수 있는 힘을 제공한다. 그러나 전 세계 민주주의 국가가 반드시 승리한다는 보장이 없는 전쟁에 우리가 얼마나 가까이 노출되어 있는지 그리고 오늘날 핵무기와 첨단기술의 위험성과 지금도 전 세계 어딘가 빈곤과 고통이 계속되고 있다는 점을 감안한다면 여전히 그러한 낙관론은 지나치게 결정론적인 측면이 없진 않다. 비록 인류가 계속하여 "우리를 짓누르는 세계에 맞서 승리를 거두고 있다"라는 핑커 교수의 말이 옳다 할지라도 우리가 세상의 모든 위험을 극복할 수 있을 만큼 충분히 빠르고 신속하게 행동하고 있는지는 의문이다. 특히 경쟁적인 지정학적 논리가 다시금 고개를 들고 있는 현재 희귀자원을 두고 경쟁하고 지구 온난화는 심화되며 그 어느 때보다 치명적인 무기를 활용할 수 있는 시대에 100억 명의 인류가 살아가고 있다는 점을 고려하면 말이다.[11]

오늘날 세계는 다시금 위험해지고 있는 듯하다. 이 책에서 여러 차례 언급하겠지만 필자는 현 상황이 냉전시대 또는 그 이전 시대에 비해 훨씬 나은 상태라고 믿는다. 이러한 측면에서 핑커 교수의 말은 일견 일리가 있다. 그러나 최근 추세는 또다시 잘못된 방향으로 흘러가고 있으며 핵보유국 간의 관계 역시 경색되고 있는 것도 사실이다. 우리는 이러한 지정학적 조류의 방향을 바꿔야 한다. 핑커 교수의 낙관적인 예상이 궁극적으로 잘못된 것으로 판명되지 않도록 말이다.

안보 전문가는 항상 프로이센의 위대한 군사 사상가 카를 폰 클라우제비츠(Carl von Clausewitz)의 명언인 "전쟁은 다른 수단에 의한 정치의 연속이다"라는 말로 글을 마무리하고 싶은 유혹이 있다. 그러나 필자는 클라우제비츠의 의견에 반대의견을 제시하면서 서문을 마무리하고 싶다. 클라우제비츠가 살았던 시대에 대한 그의 의견은 옳았을지도 모른다. 그러나 현대 우리가 마주하는 위험을 감안한다면 많은 부분이 바뀌어야 한다. 이러한 측면에서 또 다른 위대한 군사 역사가인 존 키건(John Keegan)은 클라우제비츠의 말에 "정치는 계속 되어야 한다. 그러한 전쟁은 지속될 수 없다"라는 말로 핵무기 위협이라는 시대적 상황을 반영하여 반격하기도 했다.[12] 고대 중국학자 손자는 전쟁없이 승리하는 것이 전략적 성공의 절정이라고 표현한 바 있는데, 이것이 궁극적으로 가장 현명한 조언이 아닐까 싶다. 우리는 전쟁술을 연마하고 군사적 대비를 지속적으로 유지할 필요가 있다. 그러나 동시에 21세기 평화를 유지하고 강화하기 위해 언제 어떻게 싸우지 않을 수 있을지에 대해 보다 심각하게 고민할 필요가 있다.

이 책에서 필자는 단호한 자제라는 미국의 대전략을 제시하고 있다. 이러한 대전략은 미국 동맹의 핵심 영토, 인구, 정치 및 경제와 함께 세계 경제가 의존하는 자유롭고 개방된 영공과 영해를 수호하겠다는 단호한 의지를 담고 있다. 또한 실용주의가 요구되는 북한 핵무기 프로그램과 같은 문제를 해결하기 위해 추가적인 동맹 확장 또는 형성, 군사 및 외교적 조치에 대해서는 미국이 자제해야 함을 강조한다. 그러므로 이러한 전략은 많은 이슈, 국가와 지역에 걸쳐 다수의 진보적인 목표를 추구하는 야심찬 자유주의 질서를 추구하기보다 규칙 기반의 국제질서의 핵심을 강화하는 데 더 중점을 둔다. 설사 필자가 그러한 진보적인 야망을 지지한다고 해서 그것이 꼭 미국의 대전략을 구성하거나 영향을 끼쳐야 한다는 의미는 결코 아니다.

단호한 자제 전략은 20세기 세계 안보에 있어 가장 중요한 세 가지 역사적 사실, 즉 제1차 세계 대전 발발, 제2차 세계 대전 발발 그리고 제3차 세계 대전이 발발하지 않았다는 점을 기초로 한다. 1, 2차 세계 대전의 경우 미국의 개입이 없었다. 이에 반해 동맹과 군사적 전진 배치라는 분명한 형태로 나타난 미국의 개입은 제3차 세계 대전이 발발하지 않는 데 크게 기여했다. 이러한 역사적 사실은 현대 국제관계에서 우리가 알고 있는 분명한 사실이자 결과이다.

미국이라는 국가 역시 각 개인에게 적용되는 윤리나 지혜에서 예외일 수 없다. 그러나 지리, 역사적 기원 및 기본원칙과 정부의 형태들을 감안하면 여전히 인류가 고안한 가장 성공적인 국제질서를 뒷받침할 수 있는 유일한 국가임에 틀림없다. 이것이 미국의 예외주의에 대한 올바른 해석이다. 그러나 이는 미국 정치가 국내에서 부침을 겪고 있는 현재 그리고 미국의 과잉반응이 개입을 하지 않는 것만큼이나 위험할 수 있는 시대라는 점을 감안하면 경제성을 고려하여 이루어져야 한다. 동시에 국제정치의 과도한 경쟁이 위기를 억제하거나 해결하는 것만큼이나 위기를 쉽게 악화시킬 수 있다는 점을 인식해야 한다.

역자 서문

이 책을 읽는 여러분은 짐작컨대 최근 숨가쁘게 휘몰아치는 지정학적 사건들 속에서 과연 어떠한 방향성을 가지고 연구하고 전략을 구상하며 정책을 발전시켜야 할지 고민하고 있을 것이다. 그리고 이러한 정세 속에서 미국이 어떻게 대응하는지 궁금한 마음에 이 책을 펼쳐보지 않았을까 짐작한다.

1989년 프랜시스 후쿠야마(Francis Fukuyama) 교수가 예언했듯이 냉전이 종식된 이후 현 시대는 본디 "역사의 종말(the end of history)"과도 같은 시기여야 했다. 그러나 실제로는 일련의 지정학적 사건들이 숨 쉴 새 없이 휘몰아치고 있다. 바르샤바 조약 기구와 소련의 해체에 이어 베를린 장벽이 붕괴되었고 전 세계가 9.11 테러를 생생히 목격했다. 이어 금융위기와 함께 경기침체를 겪었고 최근에는 코로나19가 전 세계적으로 확산되었다. 중국은 점진적이기는 하나 역사적인 기준에서 보면 매우 빠른 속도로 수세기동안 드러내지 않았던 위대한 부흥이라는 속내를 드러내고 있으며 러시아 역시 우크라이나 전쟁을 통해 과거의 경쟁적이고 위험한 지정학적 목표를 다시금 추구하고 있다. 팔레스타인 자치지구를 통치하는 무장단체 하마스의 기습 공격으로 시작된 이스라엘과 팔레스타인 간의 무력 충돌이 중동 전체를 흔드는 전쟁으로 번지고 있다. 이러한 일련의 지정학적 사건들은 디지털 혁명이라는 시대적 흐름과 얽히고설켜 인공지능, 우주 등의 분야에서 첨단기술 경쟁이라는 보다 복잡한 성격을 띄고 전개된다. 한편 미국에서는 최초로 아프리카계 미국인 대통령이 탄생하는가 하면 역사상 가장 독단적인 대통령이 그 뒤를 이었다.

이 책은 필자가 약 10년간에 걸쳐 미국의 대전략(grand strategy)이라는 주제에 끊임없이 매달리고 씨름한 노력의 결과이다. 여기서 필자가 정의한 미국의 대전략이란 국가의 안전(safety)과 안보(security)를 보장하기 위한 전반적인 계획을 말한다. 대전략은 과거의 사건의 중요성과 지속성에 대한 관심을 거두지 않으면서도 다음 찾아올 거대한 변화에 적응할 수 있을 정도의 유연함을 가지도록 설계된다. 이상적으로 국가의 기강을 튼튼히 하면서도 이후 마주하게 될 주요 위기에 대처할 수 있는 군사력을 유지하는 데 그 목적이 있다.

이 책을 통해 필자는 "단호한 자제(resolute restraint)"라는 대전략을 제안한다. 필자는 "단호(resolute)"와 "자제(restraint)"라는 두 단어 모두 강조하면서 자유롭고 개방된 국제질서 유지, 자유주의 규범과 가치를 지닌 국제기구와 제도의 유지, 미국에게 유리한 인태지역 힘의 균형 유지, 동맹국의 방어 보장, 개방된 해상 및 항공로 보존, 개방적이고 투명한 시장을 통한 상거래의 자유로운 흐름 촉진, 개인의 자유 및 인권증진 등을 추진하기 위해서는 단호한 결의가 필요하다고 설명한다. 그러나 동시에 자제라는 덕목은 단호한 결의 못지않게 중요하다고 강조한다. 여기서 자제란 현존하는 동맹을 보호하면서도 과도하게 동맹의 범위가 확장되는 상황을 경계하고 북한이나 이란과의 핵 협상에 임할 때는 강경하지만 현실적인 타협안을 모색함을 뜻한다.

또한 필자는 현재 미국 국방부가 추진하고 있는 4+1 위협모델, 즉 러시아, 중국, 북한, 이란 및 초국가적 극단주의 또는 테러리즘에 중점을 두는 방안에 더해 두 번째 4+1 목록을 보완할 것을 제안한다. 두 번째 4+1 목록은 생물학적, 핵, 기후, 디지털 및 국내 및 경제적 위험에도 관심을 갖는 것이다. 중요한 점은 이러한 보완이 현재 미국의 공약을 약화시키거나 국방예산을 축소시키지 않으면서 이루어져야 한다는 것이다. 왜냐하면 두 번째 위협모델에 포함된 위협들은 기존의 위협을 뛰어넘거나 대체 또는 축소하는 것이 아니기 때문이다. 실제로는 기존의 위협을 악화시키거나 더욱 증가시킬 가능성이 높다.

현재 진행되는 지정학적 사건은 이 책에서 다루고 있지 않다. 그럼에도 불구하고 필자가 이 책을 통해 주장하고자 하는 바와 그 근거는 단지 최근의 변화에서만 비롯된 것은 아님을 밝혀 둔다. 긴 호흡으로 미국의 대전략이라는 주제에 대해 연구한 필자의 전략적 지식과 통찰력은 현재 한반도와 그 너머의 평화와 안정에 대해 연구하고 고민하는 많은 이들에게 유용한 지침서가 되리라 확신한다. 동시에 과연 한국의 대전략은 어느 정도의 긴 호흡을 가지고 구상되고 전개되고 있는지 생각해보는 계기가 되길 바란다. 이러한 의미에서 역자는 이 책을 바탕으로 현재 그리고 미래 전개될 한반도의 지정학적 사건들과 연계하여 정치적, 외교적, 경제적, 군사적 분야를 포괄하는 한국의 대전략을 구상해볼 것을 제안한다. 일반적으로 번역서에는 원서의 색인(Index)을 그대로 삽입하지는 않지만 연구에 도움이 되도록 QR코드로 만들어 삽입하는 방식을 택했음을 밝혀 둔다. 마지막으로 줄곧 숨 가쁘게 돌아가는 소용돌이 한가운데에서도 한반도와 그 너머의 평화와 안정을 지키는 것은 오롯이 여러분들의 고민, 열정 그리고 땀이다. 평화가 안착하는 그날까지 끝나지 않을 고된 여정에 이 책이 유용한 길잡이가 되면 좋겠다. 졸역의 책임은 모두 옮긴이에게 있다.

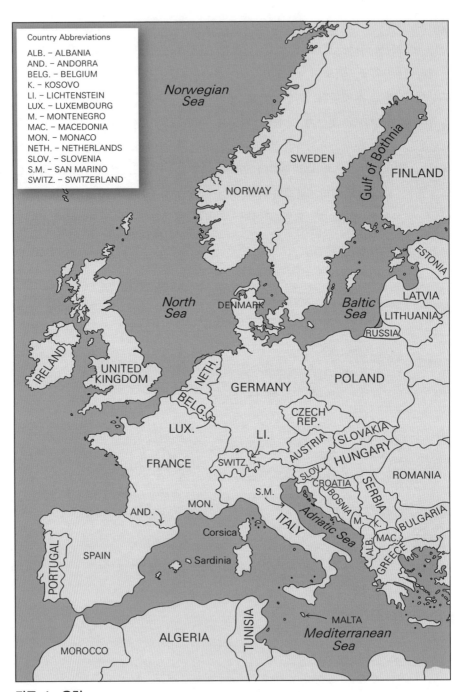

지도 1. 유럽

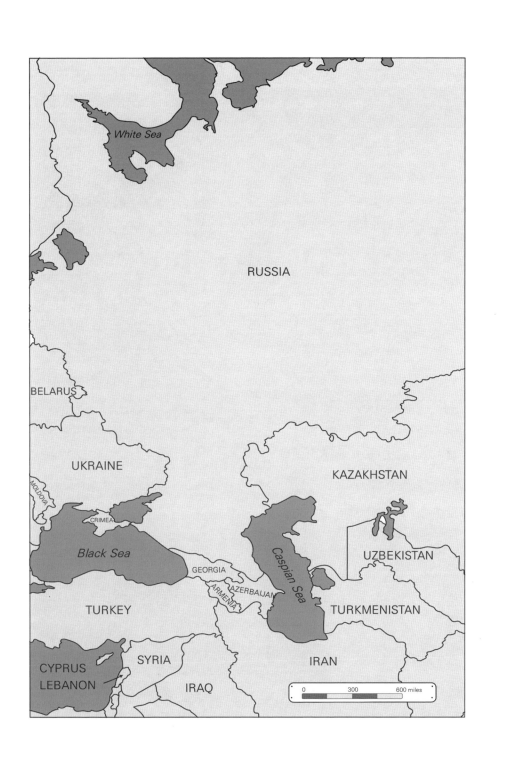

White Sea

RUSSIA

BELARUS

UKRAINE

KAZAKHSTAN

MOLDOVA

CRIMEA

Black Sea

Caspian Sea

UZBEKISTAN

GEORGIA

ARMENIA

AZERBAIJAN

TURKEY

TURKMENISTAN

CYPRUS

SYRIA

IRAN

LEBANON

IRAQ

0   300   600 miles

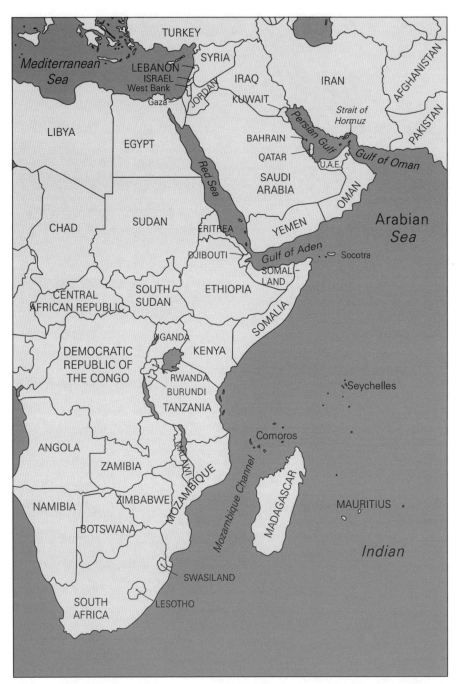

지도 2. 중동-인도양 지역

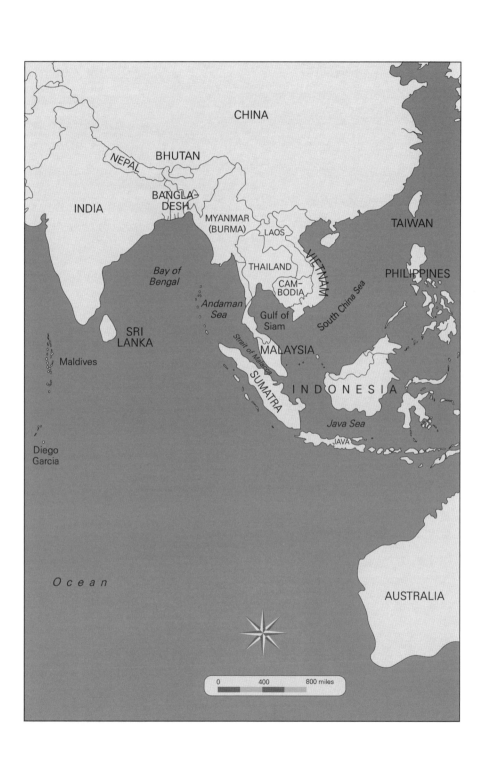

CHINA

NEPAL
BHUTAN

INDIA

BANGLA-
DESH

MYANMAR
(BURMA)

LAOS

TAIWAN

Bay of
Bengal

THAILAND

VIETNAM

PHILIPPINES

CAM-
BODIA

Andaman
Sea

SRI
LANKA

Gulf of
Siam

South China Sea

Maldives

MALAYSIA

Strait of Malacca

SUMATRA

I N D O N E S I A

Java Sea

Diego
Garcia

JAVA

O c e a n

AUSTRALIA

0   400   800 miles

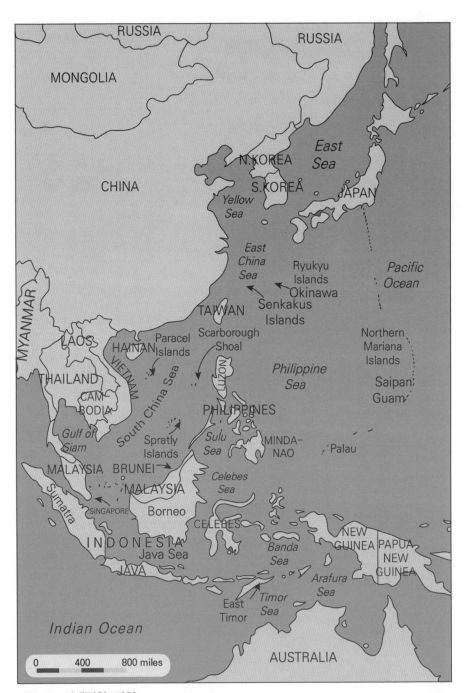

지도 3. 서태평양 지역

제 1 장

깨지기 쉬운 평화의 시대와 불확실한 미국

윈스턴 처칠(Winston Churchill)은 언젠가 미국에 대해 이야기를 하는 사석에서 미국인들은 모든 가능성을 다 소진한 후에야 비로소 정답을 찾는 경향이 있다고 언급했다.[1] 미국과 미국의 외교정책에 대한 그의 재치 있는 비판은 일견 일리가 있다. 미국은 제1, 2차 세계 대전 그리고 한국전쟁에 대해 준비가 전혀 되어있지 않았고 빼앗긴 영토를 재탈환하기 위해 뒤늦게 병력을 증강해야 했으며 많은 인명과 경제적 희생이 뒤따랐다. 한국전, 베트남전, 이라크전 및 아프가니스탄전에 참전하여 형편없는 전술로 싸웠으며 이후 많은 미국인들은 이러한 전쟁들 중 하나 또는 두 전쟁은 애초에 싸우지 말았어야 했다고 결론지었다. 쿠바 미사일 위기 시 군 수뇌부는 구소련의 무기(및 병력)에 선제공격을 하기를 원했으나, 다행히 상황의 엄중함을 잘 인식하고 있던 당시 젊은 존 F. 케네디(John F. Kennedy) 대통령이 이러한 합참의 의지를 꺾어 핵전쟁을 겨우 피할 수 있었다. 9.11 테러를 예방할 수 있었을지도 모르는 정보를 종합하는 데 실패한지 20여 년이 지난 지금도 미국은 코로나19 위기 시 충분한 양의 진단키트를 제조하거나 기본적인 의료용품을 제공하는 측면에서 준비가 터무니없이 부족했다.

이러한 많은 실수에도 불구하고 미국은 제2차 세계 대전 이후 인류 역사상 가장 안정되고 번영하며 민주적인 시대를 만드는 데 주도적인 역할을 해왔다. 그러한 노력의 결과로 구소련이 사실상 패배를 인정하고 전쟁없이 냉전을 종식시킴으로써 어떠한 체계와 사상이 우세한지에 대한 역사의 판결을 압도적으로 보여주었다. 이후 미국 주도의 서방 동맹체제에서 그 어떤 주요 국가도 탈퇴하지 않았으며, 특히 북대서양 조약기구(North Atlantic Treaty Organization, NATO)을 통해 다른 많은 국가들 역시 미국 주도의 동맹체제에 가입하고자 했다.

21세기 초 미국과 동맹국들이 중동에서 폭력적인 극단주의에 맞서 전쟁을 수행하고 있던 시기조차 전 세계 힘의 균형은 미국과 동맹국에 유리하게 기울어져 있었다. 이러한 사실은 국제관계 이론가들조차 예측하지 못한 결과였으나 실제로 일어났다.[2] 또한 최근에 특기할 만한 사실은 미국과 인도가 공식적인 동맹관계를 넘어 점진적이고 지속적으로 관계를 강화하기 시작했다는 점이다. 이는 세계에서 가장 오래된 민주주의와 인구가 가장 많은 국가 사이에 벌어지고 있는 매우 중요한 변화라 할 수 있다.

제2차 세계 대전 이후 강대국 간의 전쟁은 아직 발발하지 않았다. 냉전시기 전쟁이 일어날 뻔한 경우도 여러 차례 있었으나 전 세계 극단주의, 야심에 가득 찬 국가 및 조직들 그리고 구소련의 폭력성을 고려하면 그리 놀라운 일도 아니다. 전 세계 많은 지역, 특히 중동과 사헬(Sahel) 그리고 아프리카 중부지역에서 내전은 여전히 진행형이다. 그러나 스티븐 핑커를 비롯한 많은 학자들이 보여주듯 현재 지구상 폭력이 발생하는 비율은 역사적으로 비춰보아 훨씬 낮은 상태이며 1인당 기준으로 본다면 오늘날 전쟁으로 인한 사망률은 냉전시기에 비해 낮다.[3] 코로나19 위기에도 불구하고 이러한 추세는 바뀌지 않을 것이다. 특히 우리가 이러한 위기에서 배우고 다음 전염병에 대비할 만큼 충분히 현명하다면 이러한 추세는 더욱 강화될 것이다. 모든 위기는 행동할 수 있는 기회를 제공하기도 한다. 왜냐하면 코로나19와 같은 위기 상황에서는 모든 국민이 위험에 대해 충분히 인지하고 있어 어려운 정책 결정에 대한 정치적 합의를 도출해내는 것이 보다 용이하기 때문이다.

핵확산은 지속되었지만 그 속도는 매우 느리다. 존 F. 케네디(John F. Kennedy) 대통령은 한때 1960년대 중반까지 핵을 보유한 국가가 20개, 2070년대에는 25개까지 증가할 수 있다고 판단했다.[4] 21세기가 된 지도 20년이나 지난 지금까지 핵무기를 보유하고 있는 국가는 단 9개국에 불과하다.

미국이 쇠퇴하고 있는 주장을 뒷받침할 만한 설득력 있는 사례 역시 현재까지 없었다. 실제로 그러한 주장이 적어도 어느 정도 지지를 받았던 1950년 대까지 거슬러 올라가도 결국에는 대다수 틀린 것으로 판명되었다.5 브루킹스 연구소(Brookings Institution)의 브루스 존스(Bruce Jones)와 터프츠 대학교(Tufts University)의 마이클 버클리(Michael Beckley)는 고등교육과 혁신, 투자와 사업을 위한 강력한 법적 토대, 지리와 천연자원, 전 세계 무역에서 공통으로 사용하는 영어와 달러 등 오늘날까지도 미국이 가지는 막대한 이점에 대해 강조한다. 또한 미국만이 가지고 있는 다양한 인종과 문화가 하나로 융합 또는 동화되는 용광로와 같은 전통은 발전을 위한 강력한 인구통계학적 기반을 제공하는 동시에 전 세계 유능한 이민자들을 끌어당기는 힘을 가지고 있다.6

물론 분명히 짚고 넘어가야 할 도전과제도 산적해 있다. 2021년 1월 6일 국회의사당 공격으로 표면화된 미국 내 극심한 분열, 트럼프 대통령 재임기간 동안 약화된 전 세계 리더십, 지난 2년여간 미국에 대한 선호도 저하, 신종 코로나바이러스에 대한 부실한 대응 등은 미국의 국제적 정당성과 재정상황을 약화시키기 충분했다. 이는 미국의 장기적인 국력기반을 약화시킬 수 있으며 국방예산 역시 삭감될 수 있다.7 미국은 이러한 점들에 대해 관심을 가져야 하며 필자는 이 책을 통해 이를 짚어 보고자 한다. 그러나 여전히 미국의 강점은 놀랍다.

몇몇 전문가들은 미국의 국제적 지위를 고대 그리스의 개념과 용어에 빗대어 패권국(hegemon)이라고 묘사하기도 한다.8 만약 패권국이 경쟁적인 국제 안보환경에서 모든 척도에서 앞서 나가는 국가를 의미한다면 그 말도 결코 틀린 표현은 아니다. 그러나 전 세계에서 미국이 차지하고 있는 전반적인 위치와 관련하여 가장 놀라운 점은 미국이 이끄는 동맹이라는 시스템이다. 이러한 동맹체제는 제로섬의 의미에서 미국의 힘으로서 유지되기보다 규칙 기반의 질서를 통해 유지된다. 이러한 의미에서 필자는 "패권"이라는 용어가 미국의 현 위치를 표현하는 데 적합하지 않다고 본다. 또는 과거에 "패권적인(hegemonic)" 이라는 용어가 지나치게 팽창적인 성향을 띤 국가 행위를 묘사하는 데 쓰였다는 점을 감안하면 적어도 오해할 만한 여지를 제공한다고 생각한다. 그러나 트럼프 행정부 시기 "미국 우선주의(America first)" 경향이 고전적인 패권주의적 행태에 가까웠기 때문에 이러한 생각이 여전히 지속된다면 현 국제질서가 위협받을 수 있다는 점을 인정해야 한다. 더불어 러시아, 중국 그리고 몇몇 다른 경쟁국 또는 적대국들은 미국을 패권국으로 간주할 것이라는 점을 또한 인식해야 한다.

트럼프 전 대통령 시기 많은 과오에도 불구하고 1945년 이래 그의 전임자들(6명의 민주당원과 6명의 공화당원)이 쌓아온 업적은 견고하게 유지되고 있다. 2020년 기준 규칙 기반 질서의 핵심요소는 그대로 지속되고 있다. 트럼프 전 대통령이 잘했다는 의미가 아니라 적어도 현재까지 규칙 기반 질서의 일부 요소들이 가지고 있는 회복력을 말하고 있는 것이다.

1970년대 중반 스페인과 포르투갈에서 시작된 제3의 민주주의 물결은 1980년대 라틴 아메리카, 동아시아 및 동유럽까지 확대되었다.[9] 그러나 민주주의의 확대는 거기서 그치지 않았다. 아프리카 국가 중 3분의 1 이상, 남아시아와 동남아시아의 많은 국가들 또한 민주주의를 채택했다.[10] 최근 전 세계 민주주의가 후퇴하는 상황 속에서도 인도네시아와 파키스탄을 포함한 몇몇 국가에서는 긍정적인 추세가 감지되기도 했다. 현재 통계적으로 더 많은 인류가 그 어느 때보다 프리덤 하우스(Freedom House)에 의해 완전한 자유국가 또는 부분적으로 자유로워진 국가에서 살고 있다.[11]

북아메리카는 강력한 경제 공동체와 경쟁적인 주변 국가로부터 안전한 피난처를 제공하는 미국의 전략적 요새로 남아있다. 북아메리카가 위치한 반구에는 확실히 심각한 문제들이 산재해 있으나, 안보 및 안전분야에 있어 주요 도전들은 지정학보다는 초국가적 범죄와 관련이 있다.[12]

여전히 많은 아시아 및 중동 국가들이 민주주의, 종교 및 정치적 자유의 영역을 포함하여 서구의 자유주의 가치로 수렴되지 않는다. 그럼에도 불구하고 전 세계적으로 일정 수준의 무역, 경제 협력 및 상호의존의 가치에 대한 광범위한 동의가 형성되어 있다. 이러한 일종의 암묵적인 합의는 전 세계 질서의 이음새를 떼어놓는 원심력을 대체할 만큼 강력하지는 못하다. 또한 경제적 측면에서 우리는 최소한 자유무역만큼 공정무역을 강조함과 동시에 다양한 위협에 직면하였을 때에도 국가가 제조할 수 있는 역량을 갖출 수 있도록 보장할 수 있는 새로운 합의가 필요하다. 지난 십여 년간에 걸친 점진적인 역사의 회귀와 함께 보다 심화되는 강대국 간의 경쟁에도 불구하고 현재 세계 안보환경

은 지난 세기 세계 대전의 원인이 되었던 위험한 분위기와는 거리가 멀다.[13]

　이라크와 아프가니스탄에서의 힘겨운 군사작전과 보다 광범위한 중동 지역에서 테러조직의 지속적인 급진화에도 불구하고 그 전에 비해 리더십 체계와 복잡한 공격을 계획하고 실행할 수 있는 능력 면에서 알 카에다와 ISIS는 매우 약화되었다. 미국 본토는 9.11 테러 이후 다시는 공격의 대상이 되지 않았다.[14] 전 세계는 무정부 상태에 빠지거나 폭력사태가 급격하게 증가하는 상황 없이 45대 미국 대통령 재임기간 4년과 코로나19 위기 1년을 무사히 살아남았다.

　브루킹스 연구소 호미 카라스(Homi Kharas)에 따르면 2019년까지 전 세계 인구 절반이 최소 "중산층"의 사회경제적 지위에 도달했다. 코로나바이러스는 일부 심각한 궁핍과 향후 몇 년간의 파급 효과를 포함하여 2020년 전 세계적으로 약 5%의 경기 하락이 예상되면서 그 수치는 잠시 주춤할 것이다.[15] 그러나 전 세계의 빈곤은 놀라울 정도로 낮아졌고 전반적으로 잘 지속되고 있다. 제2차 세계 대전 직후 상황과 비교하면 전 세계 시민의 약 10% 정도만 그럭저럭 살아갈 만한 수준이라 말할 수 있었다.[16] 1960년 이후 전 세계적으로 아동 사망률이 5배 감소했으며, 이는 개선된 기본 의료관행 및 결과의 놀라운 지표 중 하나이다.[17] 이러한 긍정적인 발전의 속도는 최근까지도 유지되고 있다. 영국의 레가툼 연구소(Legatum Institute)에 따르면 2009~2019년 기간 동안 전 세계 인구의 99% 이상을 차지하는 167개국 중 148개국에서 사회 및 경제 지표가 균형 있게 개선되었다.[18]

　몇몇 전문가들은 지정학적 시각에서 냉전시기가 보다 단순하다고 평가하기도 한다. 필자는 이러한 생각에 동의하지 않는다. 냉전시기는 실제로 종식될 때까지 일부 전문가들이 생각한 것과 같이 그리 간단하지도 안전하지도 않았기 때문이다. 초강대국 간의 전쟁을 사전에 막기 위해 효과적인 억제력과 결합된 강력한 미국의 리더십이 필요로 한 시기이기도 했다. 이러한 과정에서 미국은 때때로 큰 실수를 저질렀고 이러한 실수는 냉전시기 폭력사태가 가장 극심했던 지역의 국민들에게 가혹하고 비극적인 결과를 초래하기도 했다.[19] 이에 우리는 냉전에 대해 보다 균형 잡힌 시각에서 접근해야 한다. 어찌 보면 냉전시기는 현재 안보환경보다 훨씬 더 불안정하고 위험한 시대였다. 그럼에도 불구하고 밥 케이건(Bob Kagan)은 제2차 세계 대전 이후를 "미국이 만든 세계 (world America made)"라고 표현했다. 이는 미국이 제2차 세계 대전 이후 공산주의 세력을 무력화시키면서 기본적인 안보동맹체계, 경제 구조, 자유해양과 상업 등의 가치를 수호했기 때문이다.

1940년대 후반 유럽을 가로지르는 철의 장막이 붕괴되고 중국은 공산주의 국가가 되었으며 소련은 핵무기를 획득했다. 이 모든 일들이 인류 역사상 가장 지치고 치명적인 분쟁을 끝낸 지 5년 만에 이루어졌다. 1950년대 한국 전쟁이 발발했고 국내에서는 매카시즘(McCarthyism)이 미국 전역을 휩쓸었으며, 핵 무장과 함께 스탈린과 그를 따르던 무리들이 실제로 얼마나 잔인했는지에 대한 폭로가 이어졌다. 1950년대 드와이트 D. 아이젠하워(Dwight D. Eisenhower) 대통령의 강력한 리더십을 통해 미국 국민들이 조금이라도 평안한 시기가 있었다 한들 그 기간은 매우 짧았다. 1960년대와 1970년대에는 베트남 전쟁 이후 그 여파가 남아있는 상황에서 미국은 스태그플레이션에 시달렸고 소련은 미국과의 핵무기 균형(nuclear parity)을 달성했다. 1960년대와 1970년대는 이란 샤 (shah) 왕조의 몰락, 주이란 미국 대사관 인질 사건, 소련의 아프가니스탄 침공에 이어 소련이 더 이상 페르시아만으로 이동한다면 이는 미국과 소련 간의 전쟁을 의미할 것이라는 지미 카터(Jimmy Carter) 대통령의 선언으로 막을 내렸다. 1980년대 초 초강대국 간의 핵 경쟁 심화, 항공기 격추, 레바논 전쟁, 중남미 내전 등의 일련의 사건들은 냉전 시기가 더욱 위험해지고 있다는 공포감을 불러일으키기 충분했다. 1980년대 후반 냉전의 종식이 미국에게 보다 유리한 방향으로 흘러가고 있었고 미국 또한 지정학적 측면에서 성공의 정점에 위치하고 있다고 평가해도 무리가 아닌 시기에서조차 예일대학교 저명한 역사가 폴 케네디(Paul Kennedy) 교수는 "제국의 과도한 확장(imperial overstretch)"이라는 글을 통해 그의 시각에서 바라본 미국의 상대적 쇠퇴를 우아하게 관리해야 한다고 강조하였다.[20] 우리가 매일 접하는 뉴스 헤드라인으로 혼란스러울 수는 있겠지만 실제로 전 세계는 1945년 이후뿐만 아니라 1989년 이래로 전반적으로 긍정적인 방향으로 향하고 있다. 냉전은 강대국 간의 평화와 민주주의의 확산이라는 점에서 결과적으로 잘 마무리되었으나 그 결과는 미리 정해져 있었던 것도 그리고 결코 쉽게 달성된 것도 아니다. 그 이후 전 세계 상황은 훨씬 나아졌다. 미국의 리더십은 제2차 세계 대전 중 등장하여 냉전 시기 그 기틀을 잡았고 베를린 장벽이 무너진 후에도 지속되어 전 세계에 이로운 역할을 수행하고 있기 때문이다.[21] 인류는 그 어느 때보다 더 많은 민주주의, 강대국의 평화, 번영을 이루었다.

그러나 이러한 상황이 위험에 처했다. 일부 지역에서는 상황이 부분적으로 역전되기도 했으나 이러한 과정에서 도널드 트럼프 행정부는 확실히 어떠한 도움도 되지 못했다. 그리고 실제로 이러한 상황은 2016년 11월 도널드 트럼프 대통령 선거 이전부터 나타나기 시작했다. 터키에서부터 필리핀, 헝가리 그리고 가장 중요한 러시아에 이르기까지 민주주의가 후퇴하는 모습을 보였다. 10년 전 아랍의 봄은 모든 면에서 후퇴하여 민주주의의 겨울로 되돌아갔으며 아랍권 전역으로 내전이 확산되었다.[22] 성장과 함께 모든 면에서 발전을 이루었음에도 불구하고 그 이면의 세계 경제는 불평등, 부패와 범죄 등의 심각한 문제로 고통받고 있다.[23] 세계 인구의 절반이 중산층 또는 그 이상이라고 하더라도 여전히 절반은 그 수준에 미치지 못하고 있다. 인류의 기본적인 복지도 여전히 문제가 많다. 예를 들어 전 세계적으로 2015년에 약 7억 8,500만 명이 영양실조였으나 2018년에는 그 수가 8억 2,200만 명으로 증가했다.[24] 더구나 이러한 수치는 코로나바이러스 이전의 상황으로 현재는 코로나 상황으로 인해 소득이 줄고 특정 국가의 경우 이를 빌미로 기본적인 자유마저 박탈당하는 경우가 발생하고 있다.[25]

21세기 초반 중국은 미국을 비롯한 많은 민주주의 국가들이 희망했던 대로 자유화되거나 점진적으로 민주화되지 않았다. 이를 통해 리처드 닉슨(Richard Nixon) 행정부 시기 포용(engagement)을 통해 중화인민공화국의 개방과 협력을 유도하고자 했던 초당적 미국의 전략은 한계에 도달했음이 밝혀졌다.[26] 우리는 종종 중국이 사람들의 삶을 개선하기 위해 이룩한 엄청난 경제적 발전의 의의를 경시하곤 한다. 그러나 바로 그러한 발전으로 인해 중국은 이제 미국과 서방에 맞서 다양한 방식으로 경쟁할 수 있는 능력을 갖추게 되었다.

지난 10년간 지속된 미국과 러시아 간의 악의적이고 냉소적인 관계를 베를린 장벽 붕괴 이후 혼란스러운 시기 예측하기란 어려웠을 것이다. 양국이 서로에게 향하는 적개심의 크기와 깊이는 놀라울 정도이며 동시에 심히 우려스러운 상황이기도 하다.

모스크바와 베이징은 각국의 군사력을 포함하여 근해 지역에서 보다 공세적인 모습이다. 양국 모두 서태평양, 동유럽 및 중동 지역의 국제 영공 또는 해상에서 미군과 대치하는 위험한 상황이 잦아지고 있다. 특히 러시아는 때때로 핵무기 사용 위협까지도 마다하지 않는다. 중국과 러시아는 두 나라가 갖는 각국의 차이에도 불구하고 이제는 미국과 서방에 대항하여 적극적으로 협력하는 모양새이다.[27]

한편 파키스탄과 북한은 핵무기고를 지속적으로 확장하고 있다. 대량살상무기(weapons of mass destruction)와 같은 다른 위협 또한 무시할 수 없는 수준이다. 2017년 미국은 북한의 핵무기를 두고 강경하게 대치하면서 수십 년 만에 동북아시아 지역에서 전쟁이 일어날 가능성이 높아지기도 했다. 동북아시아는 지구상에서 가장 인구 밀도가 높은 지역 중 하나로 만일 전쟁이 발발한다면 단시간 내에 핵전쟁으로 확대될 가능성이 농후하다.

이런 저런 이유로 핵과학자회보(Bulletin of the Atomic Scientists)는 2020년 그 유명한 지구종말의 시계를 자정으로부터 100초 앞으로 설정했다. 이는 매우 우려스러운 상황이 아닐 수 없지만 개인적으로는 다소 과장되어 있다고 생각한다.[28] 그러나 전반적인 추세에 대해 알리고자 하는 회보를 탓하기 어려운 것도 사실이다.

국가 간의 전쟁은 찾아보기 어렵지만 그럼에도 불구하고 전 세계 주요 지역에서의 분쟁은 여전히 지속되고 있다. 냉전 직후 전 세계적으로 평화를 지키고자 노력한 결과 이루었던 어느 정도의 진전 역시 2010년대 이후 정체되었다.[29]

21세기 들어 전 세계 어느 시점이든 30개 이상의 분쟁이 일어나고 있었고 지금도 계속되고 있다.[30] 이 중 연간 1000여 명 이상의 사망자 수를 기준으로 표준 임계값을 적용하면 일반적으로 10개 이상이 전쟁으로 간주된다. (이러한 방법론에 따르면 시리아와 같은 특정 국가에서는 다수의 전쟁이 있을 수 있다.)[31] 이는 20세기 대부분의 기간보다도 더 높은 수치이다.[32] 오슬로의 평화 연구소(the Peace Research Institute)와 스웨덴의 웁살라 대학(Uppsala University)에 따르면 최근 전쟁으로 인한 총 사상자 수는 연간 수만 명에 달한다.[33] 코로나19로 인해 의료 및 기본적인 위생 시설이 부족한 곳은 일시적으로 상황이 더욱 악화될 가능성 또한 존재한다.**34** (참고로 최근 전 세계적으로 연간 40만 건 이상의 살인이 발생했으며, 자동차 사고로 인한 사망자는 100만 명이 넘었다.)**35**

이러한 모든 어려움에도 불구하고 미국의 대응은 여전히 견고하다. 오바마와 트럼프 대통령 임기 내내 국방예산은 강세를 유지했다. 북대서양 조약 기구는 동유럽 회원국들의 안보를 강화했을 뿐 아니라 전반적인 예산 및 지출을 증가시켰다. 중국의 남중국해를 사실상 자국의 호수로 만들려는 노력이 지속되고 있음에도 불구하고 미국의 남중국해 공해와 해상로 상에서의 자유로운 접근을 보장하고자 하는 공약은 여전히 굳건하다. 트럼프 대통령은 미국 동맹국을 대상으로 맹렬히 비난하고 위협하며 시리아에 주둔하고 있는 미군 규모를 축소했으며, 그다음으로 독일 역시 그 규모를 축소할 계획이었다. 그러나 바이든 대통령이 취임하면서 2017년 이래 해외 주요 지역에 주둔해온 미군은 어느 곳에서도 철수하지 않을 것이다.

코로나19 위기 대응에 미숙했던 트럼프 행정부의 성과에도 불구하고 주지자, 시장 및 그 외 국가 지도자들 간의 놀라운 초당적 협력은 미국이 가지고 있는 저력을 보여주는 사례이기도 했다.**36** 공화당 메릴랜드 주지사 래리 호건(Larry Hogan), 오하이오 주지사 마이크 드와인(Mike DeWine), 민주당 뉴욕 주지사 앤드루 쿠오모(Andrew Cuomo), 워싱턴 주지사 제이 인슬리(Jay Inslee), 국립 알레르기 및 전염병 연구소(National Institute of Allergy and Infectious Diseases)의 앤서니 파우치(Anthony Fauci) 박사는 지역 사회를 위한 자원 봉사를 통해 미국이 가지고 있는 최고의 능력, 즉 다 함께 일하는 역량을 다시 한번 보여주었다. 미 의회는 역시 연방 준비 제도 이사회와 마찬가지로 재난지원 대책과 관련하여 신속하게 조치하였다.

그러나 미국은 앞으로의 올바른 큰 전략적 방향성에 대해서는 확신을 가지지 못한 채 분열되어 있다. 9.11 테러 이후 한 방향으로 국민적 공감대가 형성되었으나 그 기간은 매우 짧았다. 코로나19 역시 우리의 상처를 꿰맬 수 있는 기회를 제공할 수도 있지만, 이번에도 역시 그 기간은 그리 길지 않을 것이다. 흡사 홀로 있고 싶어 하는 한 축과 조금 더 하고자 하는 다른 축 사이에서 아직 중심을 잡지 못하고 흔들리는 모습이다. 많은 매파(hawkish)들은 본능적으로 개입주의와 공세적인 정책을 선호한다. 예를 들어 센카쿠 섬(Senkaku island)에 상륙한 중국군을 강제 퇴거시키고 평시에도 불구하고 북한이 미사일을 발사한다면 그 직후 격추하며 북대서양 조약 기구를 우크라이나와 조지아까지 확대하고 2015년 이란 핵 합의가 파기될 경우 공습을 통해 선제적으로 이란의 핵 시설을 파괴하는 등이 이에 포함된다. 실제로 이러한 내용은 모두 최근 몇 년간 반복적으로 제기되었다. 사안에 따라 정도의 차이는 있겠지만 필자는 전반적으로 이러한 생각에 반대하는 입장이다. 많은 매파와 군인들은 여전히 전통적인 위협과 전투를 강조하면서 핵, 생물학, 디지털, 기후 및 기타 위협 등이 현 국가안보에 얼마나 위협이 되는지 그리고 기존 국가안보위협에 대한 정의의 범위를 얼마나 더 확장해야 하는지에 대해서는 과소평가하는 경향이 있다.

반대로 비둘기파(dovish)의 경우 미국의 군사적 우위는 쉽게 보장된다고 보거나 전 세계 안정에 그리 중요치 않기 때문에 실질적인 피해를 야기하지 않으면서도 국방예산과 해외 개입을 극적으로 줄일 수 있다고 생각하는 경향이 있다. 그에 반해 트럼프 대통령과 같은 이들은 동맹국들에게 더 큰 군사비 부담을 지우기 위한 노력의 일환으로 주요 동맹에 대한 일부 전방 배치에 대한 공약을 철회하는 방안을 지지한다. 그러한 유혹은 코로나19와 국가의 재정적 위기 이후 더욱 강해질 수 있다. 그러나 현 국방예산 수준을 초래한 위협은 감소하지 않은 채 신종 코로나바이러스와 같은 미래 위협에 대비해야 하는 현 상황에서 국방예산을 대폭 삭감하는 것은 매우 위험한 생각이다.

시카고국제문제협의회(Chicago Council on Global Affairs)의 여론 조사에 따르면 일반적으로 미국 동맹, 강한 미군, 국제 무역 및 미국의 국제 리더십을 지지하는 단호한 지지층이 여전히 두터움을 알 수 있다. 여론 조사 대상 중 약 70% 이상이 그러한 국가 정책수단을 선호하는 것으로 나타난다. 그러나 이러한 여론 조사결과가 실제 위기나 갈등으로 미국이 위협받을 때 국민이 느끼는 감정의 강도를 적시에 포착하는 것은 아니다. 경제적 좌절에 대해 세계화와 동맹국을 비난하는 미국 중산층이 과거와는 다른 대통령(2015년과 2016년 동맹국 및 무역을 경멸하며 선거운동을 한 결과 약 46%의 지지율로 대통령에 당선된 도널드 트럼프와 같은)을 지지하려는 의지 또한 충분히 포착하지 못한다.[37]

물론 미국의 대전략과 관련하여 매파와 비둘기파 각각이 주장하는 바를 통해 배울 점은 무수히 많다. 매파는 힘의 지속적인 연관성과 함께 국제 안보에 있어 미국의 리더십을 대체할 만한 대안이 없다는 점을 명확히 인식하고 있다. 이에 반해 비둘기파는 전쟁이 최후의 수단이라는 점과 함께 실제로 미국이라는 국가가 전쟁에 그리 뛰어나지 않다는 사실 또한 잘 이해하고 있다(미군이 기술적인 면에서 탁월함에도 불구하고 이는 사실이다). 동시에 두 진영 모두 국내에서부터 미국이 재도약해야 하는 중요성을 인식하고 있다. 만약 우리가 서로의 주장에 귀를 기울여 기존의 가정과 편견을 깰 수 있다면, 오늘날 미국의 전략적 논쟁에 있어 함께 만들어 갈 수 있는 좋은 토대가 될 것이다.

그러나 미국은 이전 시대로부터 물려받은 잔재에서 벗어나 현 상황에 맞는 대전략에 대한 새로운 합의가 필요한 상황이다.[38] 봉쇄, 새로운 세계질서의 구축, 민주주의와 세계화 촉진에 이어 테러와의 전쟁, 러시아와 중국에 동시에 맞서는 등의 모든 전략에는 그 시대별 가치를 담고 있다. 그러한 대전략의 일부는 오늘날까지도 여전히 관련이 있다. 그러나 2020년대, 즉 강대국 간 경쟁의 귀환, 코로나19, 2020년 인종갈등과 시위 그리고 트럼프 이후 시대에 맞는 새로운 틀은 여전히 필요하다. 특히 미국 국제주의 위기를 막는 것이 중요하다. 만약 지금 견제하지 않는다면 제2차 세계 대전 이후 세계 질서의 중심이 되는 기반이 약화될 수도 있기 때문이다.

짐 골비(Jim Golby)와 피터 피버(Peter Feaver)가 잘 설명했듯이 미국인의 75% 이상이 여전히 미군에 대한 높은 믿음과 신뢰를 보여준다. 그러나 그러한 군사력이 사용되는 목적에 대해서는 의견이 분분하다. 예를 들어 많은 미국인들은 아프가니스탄 전쟁이 어떻게 전개되었는지 그리고 이와 관련된 능력 그리고 심지어 진실성과 신뢰성에 대해 의심한다.[39] 보다 일반적으로 오늘날 미국은 일종의 자기 회의 또는 효과적으로 리드할 수 있는 능력에 대한 불확실성을 보여주고 있으며, 이는 제1차 세계 대전 이후 당시 전망과 행동을 투영해 볼 수 있다. 미국이 이러한 경로를 유지하는 것은 향후 큰 비극일 것이다.[40]

대전략에도 분명 한계는 존재한다.[41] 냉전시기 봉쇄(containment)라는 교리조차도 수년에 걸쳐 상충되는 수많은 해석과 함께 구체화되는 과정을 거쳤다. 어느 수준까지는 일정한 합의를 도출할 수는 있었으나 한국, 베트남과 같은 곳에서 싸울 것인지 또는 어떻게 싸울 것인지 소련에 맞서 어느 정도의 핵 우위를 추진해야 할지 아니면 동시에 얼마나 많은 해외 비상사태를 상정하여 미군의 규모를 결정해야 하는지에 대한 어려운 결심은 내리지 못하였다.[42]

그럼에도 불구하고 대전략은 미국 시민들이 세금으로 때로는 아들과 딸의 생명을 담보로 지원해야 할지도 모르는 전 세계에 대한 미국의 전반적인 접근방식을 이해하는 데 도움이 된다. 또한 영토, 국민, 경제와 함께 국가의 안전과 생존에 중대한 위험을 초래할 수 있는 문제나 잠재적 위험에 보다 초점을 맞추는 데 도움이 된다. 대전략과 같은 큰 아이디어는 국가가 다양한 대응방안을 마련하는 데 도움이 되는 것이다. 또한 의사결정자로 하여금 미국의 특정 행동에 대한 제약을 상기할 수 있도록 해주며, 다른 문제보다 특정 문제에 더 많은 관심과 자원을 집중할 수 있도록 한다. 더불어 국가의 외교 정책상에서 적어도 목적과 수단을 연결하고자 한다.[43] 이러한 일관성 있는 행동들이 쌓이고 반복되면 큰 효과를 발휘할 수 있다. 예를 들어 지난 5년간 미 국방부는 러시아와 중국의 부상과 관련하여 더 많은 시간과 자원을 투자하는 데 성공했다. 무엇보다도 강대국 간 경쟁의 귀환에 대해 지속적으로 강조함으로써 국방예산을 증가할 수 있었고 최고 정책입안자들 역시 이러한 문제에 관심을 갖게 되었다.[44] 대전략에 대해 고민하는 과정에서 자국의 강점과 자산을 보다 객관적으로 평가할 수 있으며, 이러한 연습을 통해 보다 나은 대전략을 발전 및 강화시킬 수 있는 가능성을 높인다.

새로운 대전략을 통해 미국의 글로벌 리더십은 유지되어야 한다. 이는 미국이 본질적으로 도덕적이기 때문이 아니다. 미국의 다양한 방면에서 실패를 거듭하고 있는 것은 명백한 사실이다. 밥 케이건(Bob Kagan)이 주장한 바와 같이 미국의 모든 실수에도 불구하고 미국은 여전히 충분히 신뢰할 수 있고 그 동기가 투명하며 다양한 인구와 민주주의적 정치 시스템을 가지고 지리적으로 멀리 떨어져 있어 주요 해외 전구에서 비교적 중립적이고 안정적인 역할을 수행할 수 있다.[45] 미국이 가지고 있는 인종의 용광로(melting-pot) 기원과 함께 독립 선언문 및 헌법은 미국이 민족적 및 문화적 동질성에 기반한 것이 아닌 이상에 기반을 둔 국가라는 사실을 잘 보여준다. 이에 대해 프린스턴 대학교의 앤 마리 슬로터(Anne-Marie Slaughter) 교수는 "이상이 곧 미국이다(The Idea That Is America)"라고 언급한 바 있다.[46]

그러한 주장은 미국이 절대적으로 옳다고 주장하거나 미국인들이 선천적으로 예외적이거나 본질적으로 평화를 사랑한다고 주장하는 것과는 다르다.[47] 그보다 분명한 것은 미국이 맡고 있는 역할이 독보적이며 매들린 올브라이트(Madeleine Albright)가 말했듯이 필수 불가결하다는 것이다.[48] 미국은 세계 초강대국이 될 만큼 크고 강한 힘을 가지고 있다. 우리는 유라시아에서 일어나는 일에 관심이 있는 다른 국가들이 두려워하지 않을 만큼 지리적으로 충분히 멀리 위치해 있다. 동시에 미국은 역사상 이전의 강대국과 같이 제국주의적 야망 또한 가지고 있지 않다. 그러나 제2차 세계 대전 이후 미국은 인류 대부분이 거주하고 있는 많은 지역에서 안정화 역할을 수행하는 등 전 세계 안보에 관심을 기울여왔고 이를 위해 현재에 이르기까지 노력해온 것도 사실이다. 결점이 없지는 않겠지만 그럼에도 현재까지 유지되어온 동맹 체제 역시 미국 역사 및 세계 역사를 통틀어 전례가 없는 일이다. 또한 강대국 간의 경쟁을 약화시키고 평화를 유지하는 데 전례 없는 성공을 거두기도 했다.[49]

미국은 개방적이고 민주적이며 보편적인 가치를 수호한다. 미국의 민주주의는 많은 실수를 저지르기는 하지만 그럼에도 다행히 실수로부터 배우고 다시금 일어선다. 이는 일부 민주주의가 때때로 너무나 경쟁적이거나 공세적이어서 잘못된 결정과 정책에 대해 서로 책임을 묻기 때문이다.[50] 정부 부서 간의 견제와 균형 또한 도움이 된다. 같은 맥락에서 백악관에 새로운 인물을 수혈하는 선거의 잦은 주기 역시 도움이 된다. 미국이 외교정책상 실수를 하는 경우 역시 제국주의적 야망에서 비롯된 것이 아니다. 다른 국가들 역시 대부분 이를 이해하고 있다. 그들을 종종 미국의 정책을 비판하기는 하지만 미국을 두려워하며 반대하기보다 동맹관계를 유지하는 것을 선호한다.

이에 비해 유엔 안전보장이사회(the United Nations Security Council)는 많은 분야에서 중국과 러시아가 민족주의적 성향을 드러냄으로써 다양한 어려운 문제에 대해 극심하게 분열되어 있다. 유럽(북대서양 조약 기구 및 유럽연합(the European Union) 모두)의 경우 의사결정 권한과 군사력 측면에서 미국에 비해 약하다. 예를 들어 유럽의 국내총생산(GDP)은 미국에 비해 더 크지만, 군사력의 경우 미국의 약 10분의 1에 불과하다. 유럽연합과 유엔 안전보장이사회가 보다 효과적이라면 이상적일 것이다. 미국 역시 당연히 그러한 발전을 위해 노력해야 하지만 실제로 그러한 효율성을 보장하는 것은 미국의 권한 밖이다. 대체 가능한 다른 지정학적 공동체는 그 힘이 약하거나 아예 존재하지 않는다. 브루킹스 연구소의 브루스 존스(Bruce Jones)는 브라질, 러시아, 인도, 중국, 남아프리카 공화국으로 구성된 공동체를 두고 "브릭스(BRICS)에는 박격포가 없다"고 표현한 바 있다.51 미국의 리더십은 도덕적 원칙, 워싱턴과 미국 전역의 강력한 기관, 국민적 지지, 지도자의 올바른 판단이 뒷받침될 때 제대로 작동한다. 이 중 그 어느 것도 당연하게 여겨서는 안 된다. 그러나 미국은 우리의 지도자들에게 심각한 결함이 있던 시기조차 극복할 수 있을 만큼 충분히 강했다. 그리고 만약 미국이 실패할 경우 글로벌 리더십을 발휘할 수 있는 다른 대안이 없다는 점을 명심해야 한다.

트럼프 대통령을 포함한 몇몇은 현재의 제도가 미국이 부당하게 더 많은 부담을 지우고 있다고 불평한다. 미국은 전 세계 군사비 지출의 3분의 1 이상을 차지한다. 미국은 현재 GDP의 3% 이상을 군사비로 지출하는 반면, 일반적인 미국 동맹국의 경우 평균 절반 수준이다. 그러나 그 3%는 평균 5~10%였던 냉전시대에 비해 낮은 수준이며, 20세기 주요 전쟁 중에 지출한 GDP의 10~35%에 비해 훨씬 적다. 미국이 평화를 보장하기 위해 다른 국가들에 비해 조금 더 많은 노력을 기울이더라도 평화는 그 자체로 미국에 이익이 된다. 그리고 비록 동맹국이 미국과 비슷한 수준의 군사비를 지출하지는 못하지만 동맹 전체를 놓고 본다면 미국의 국방비 규모와 비슷한 수준이다. 탈냉전 시대 전 세계 국내총생산과 총 국방예산의 약 2/3를 차지하는 미국 주도의 동맹체제의 규모와 영향력을 보면 놀라운 일이 아닐 수 없다. 다른 국가들 대부분 미국이 그들에게 위협이 되지 않았기 때문에 미국에 맞서기보다 함께 하는 편을 택했다.52

그러나 어떠한 대전략이든 트럼프 시대 정치적 혼란을 넘어서는 시대가 다시 반복될 수 있음을 항상 염두해야 한다. 최근 수십 년에 걸친 여론 조사 결과는 미국이 다시금 부상할 수 있는 능력에 대해 신뢰와 믿음이 낮아지고 있음을 잘 보여준다. 정부에 대한 신뢰도는 아이젠하워(Eisenhower), 케네디(Kennedy) 및 초기 존슨(Johnson) 행정부 시기 약 75~80% 범위였다. 그 이후 전체적으로 확연히 하락하고 있다. 워싱턴에 대한 대중의 믿음은 카터(Carter)

대통령 임기 말 약 25%로 바닥을 쳤다. 로널드 레이건(Ronald Reagan) 행정부 시기 약 45%로 어느 정도 회복되었으나, 빌 클린턴(Bill Clinton) 말기와 초기 조지 W. 부시(George W. Bush) 행정부 시기 다시금 하락세를 면치 못했다. 그러나 지난 15년 동안 그 어느 때보다도 미국에 대한 신뢰는 약해졌다. 이라크 전쟁, 금융 위기, 버락 오바마(Barack Obama) 시대의 양극화 그리고 트럼프(Trump) 대통령에 이르기까지 오늘날 미국인들의 정부에 대한 믿음은 20% 미만으로 추락하고 있다.[53] 그리고 경제적 측면에서 미국의 노동자 및 중산층은 전반적으로 세계화와 자동화라는 글로벌 트렌드로부터 혜택을 받지 못한 세대가 되었다. 많은 사람들은 이제 아메리칸 드림(American dream)이 과연 가능할지 의구심을 갖는다.[54] 또한 외교정책 전문가를 비롯한 워싱턴의 정책 입안자들이 이러한 우려에 대해 얼마나 공감하고 이해하고 있는지 대해서도 확신을 갖지 못하는 실정이다.[55] 특히 트럼프 대통령은 물론 괴짜 정치운동을 벌였던 버니 샌더스(Bernie Sanders) 상원의원을 지지하던 많은 사람들은 이러한 생각에 동의한다. 다른 미국인들도 사정은 비슷하다.

요컨대 미국은 결단력(resoluteness)을 가지고 적극적으로 관여(engagement) 정책을 펼쳐야 한다. 이는 적절한 수준의 미국의 국방예산을 확보하고 보다 신속한 군 현대화를 추진하며, 기존 동맹의 유지하는 한편 폭력적 극단주의와 이란의 약탈에 맞서 중동 전역에서 소규모 군사 개입을 지속하고 국내에서는 경제 회복력을 강화해야 함을 의미한다. 이것은 또한 미국이 전염병과 기후 변화를 포함하여 시간이 지남에 따라 점점 더 분명해지고 있는 21세기 위협에 보다 초점을 맞추는 것을 의미한다. 그러나 미국의 군사력과 경제적 비용이 들어가는 무력 사용과 관련하여 미국이 보다 자제해야 한다는 주장 또한 제기된다. 이러한 주장은 동맹의 추가 확장과 미국의 외교 목표 등에 들어가는 모든 비용을 그 근거로 제시하고 있다.[56] 그러나 추상적으로 그러한 주장을 제기하는 것과 실제로 그것을 달성하는 방법 간에는 큰 간극이 있기 마련이다. 이러한 측면에서 미국 국가안보정책에 있어 중요한 결정은 이론과 실제의 교차점에서 이루어지곤 한다. 그리고 그러한 중요한 결정을 내리기 위해서는 동맹, 적, 외교적 도전 또는 군사 개입 등에 대한 구체적이고 특정한 정책과 결정 등이 요구된다. 이와 관련하여 필자는 아래와 같은 방안을 제시하고자 한다.

- 북대서양 조약 기구의 범위를 구소련 지역까지 확대되는 것을 방지할 수 있는 유럽 안보에 대한 새로운 접근 방식
- 부분적으로 제재를 해제하는 대가로 북한의 핵무기를 완전히 제거하기보다 검증 가능한 수준으로 제한할 수 있는 실질적인 거래
- 러시아 또는 중국이 동맹국 영토의 일부를 (비폭력적으로) 탈취하더라도 먼저 전쟁을 일으키는 방안을 회피할 수 있는 전쟁 방식
- 2015년 포괄적 공동행동계획(Joint Comprehensive Plan of Action, JCPOA)의 단순한 복원 이상의 개정된 핵 합의를 추진하되 동시에 이상적으로 제재 해제 전 이란의 다른 모든 측면에서의 행동의 완전한 변화를 기대하지 않는 것

동시에 미국 국내 또한 관심을 가져야 한다. 현재 미국은 다양한 분야에서 분열되고 그 근간부터 흔들리고 있다. 이와 같은 상황이 전례가 없는 것은 아니나 최근 눈에 띄게 악화되는 모습이다. 코로나19 위기는 미국 전체, 취약 계층 및 경제에 심각한 피해를 남겼으며 2020년 5월 미니애폴리스(Minnea-polis)에서의 극악무도한 조지 플로이드(George Floyd) 사망 사건과 더불어 아프리카계 미국인들에 대한 비극적인 살인 사건은 보다 악화되고 있는 인종, 치안 및 형사 사법의 문제를 극명하게 드러내는 계기가 되었다.

리처드(Richard)가 주장했듯이 모든 외교정책은 국내에서부터 비롯된다. 국내 문제를 해결하는 것은 미국인 모두에게 공평하지만은 않았던 세계화로부터 많은 혜택을 받은 이들의 자원과 희생이 요구된다. 그러나 그러한 문제를 다루기 앞서 필자는 미국의 단호한 자제(resolute restraint)라는 대전략에 대한 광범위한 논리를 제시하고자 한다.

표 1. 2019년 전 세계 국내총생산(Gross Domestic Product, GDP)

국가	GDP (십억 US$)	글로벌 합계(%)	누적 백분율(%)
미국	21,440.0	25.8	25.8
북대서양 조약 기구 동맹국			
캐나다	1,730.0	2.1	27.9
프랑스	2,710.0	3.3	31.2
독일	3,860.0	4.6	35.8
이탈리아	1,990.0	2.4	38.2
스페인	1,400.0	1.7	39.9
터키	774.0	0.9	40.8
영국	2,740.0	3.3	44.1
그 외 북대서양 조약 기구[a]	4,378.6	5.3	49.4
미국을 제외한 북대서양 조약 기구	19,582.6	23.4	
전체 북대서양 조약 기구	41,022.6	49.4	
리오 조약(Rio Pact)[b]	3,805.2	4.6	54.0
주요 인도 태평양 동맹국			
일본	5,150.0	6.2	60.2
대한민국	1,630.0	2.0	62.2
호주	1,380.0	1.7	63.9
뉴질랜드	205.0	0.2	64.1
태국	529.0	0.6	64.7
필리핀	357.0	0.4	65.1
전체 주요 인도 태평양 동맹국	9,251.0	11.1	
기타 안보 협력국가			
이스라엘	338.0	0.4	65.5
이집트	302.0	0.4	65.9
이라크	224.0	0.3	66.2
파키스탄	284.0	0.3	66.5
걸프협력회의(Gulf Cooperation Council)[c*]	1,629.8	2.0	68.5
요르단	44.2	0.1	68.6
모로코	119.0	0.1	68.7
멕시코	1,270.0	1.5	70.2
대만	5,860.0	0.7	70.9
인도	2,940.0	3.5	74.4
싱가포르	363.0	0.4	74.8
기타 국가들			
기타 중동 및 북아프리카[d*]	338.9	0.4	75.2
기타 중앙 및 남아시아[e*]	745.7	0.9	76.1
기타 동아시아 및 태평양[f]	797.2	1.0	77.1
기타 카리브해 및 라틴 아메리카[g*]	32.4	0.0	77.1

국가	GDP (십억 US$)	글로벌 합계(%)	누적 백분율(%)
사하라 이남 아프리카	1,755.0**	2.1	79.2
이란	459.0	0.6	79.8
북한	40.0***	0.0	79.8
베네수엘라	70.1	0.1	79.9
중국	14,000.0	17.0	96.9
러시아	1,640.0	2.0	98.9
인도네시아	1,110.0	1.2	100.0
기타 국가들		25.2	
총	83,167.0	100.0	

출처: 국제전략문제연구소(*International Institute for Strategic Studies, IISS*), The Military Balance, 2020(*뉴욕: Routledge, 2020*); *세계 은행*, GDP(현 미국 달러 기준)(*워싱턴 DC: 세계 은행, 2020*), *https://doi.org/10.1080/04597222.2020.1707977. 이 수치는 구매력 평가 기준을 반영하지 않았습니다. 시장환율을 기반으로 합니다. 반올림으로 인하여 수치가 정확하지 않을 수 있습니다.*

메모:

a 알바니아, 벨기에, 불가리아, 크로아티아, 체코, 덴마크, 에스토니아, 그리스, 헝가리, 아이슬란드, 라트비아, 리투아니아, 룩셈부르크, 네덜란드, 노르웨이, 폴란드, 포르투갈, 루마니아, 슬로바키아, 슬로베니아

b 아르헨티나, 바하마, 볼리비아, 브라질, 칠레, 콜롬비아, 코스타리카, 도미니카 공화국, 에콰도르, 엘살바도르, 과테말라, 아이티, 온두라스, 니카라과, 파나마, 파라과이, 페루, 트리니다드 토바고, 우루과이

c 바레인, 쿠웨이트, 오만, 카타르, 사우디아라비아, 아랍에미리트

d 알제리, 레바논, 리비아, 모리타니, 튀니지, 예멘

e 아프가니스탄, 방글라데시, 카자흐스탄, 키르기스스탄, 네팔, 스리랑카, 타지키스탄, 투르크메니스탄, 우즈베키스탄

f 브루나이, 캄보디아, 피지, 라오스, 말레이시아, 몽골, 미얀마, 파푸아뉴기니, 동티모르, 베트남

g 앤티가 바부다, 바베이도스, 벨리즈, 가이아나, 자메이카, 수리남

* 2019년 데이터를 사용할 수 없기 때문에 여기에 인용된 총 비용의 일부는 이전 연도에서 가져온 것입니다.

** 세계 은행, GDP(현 미국 달러 기준), 사하라 이남 아프리카, 2020년 7월 1일, https://data.worldbank.org/indicator/NY.GDP.MKTP.CD?locations=ZG

*** 중앙정보부(Central Intelligence Agency), The World Factbook, North Korea, https://www.cia.gov/library/publications/the-world-factbook/geos/kn.html

표 2. 2019년 전 세계 국방비 지출 분포

국가	국방비 (십억 US$)	글로벌 합계(%)	누적 백분율(%)	국가 GDP(%)
미국	684.5	39.5	39.5	3.2
북대서양 조약 기구				
캐나다	18.7	1.0	40.5	1.1
프랑스	52.2	3.0	43.5	1.9
독일	48.5	2.7	46.2	1.2
이탈리아	27.1	1.5	47.7	1.3
스페인	12.9	0.7	48.4	0.9
터키	8.1	0.4	48.8	1.0
영국	54.7	3.1	51.9	2.0
그 외 북대서양 조약 기구[a]	65.6	3.7	55.6	
미국을 제외한 북대서양 조약 기구	287.8	16.1		
전체 북대서양 조약 기구	972.3	55.6		
리오 조약(Rio Pact)[b]	54.5	3.1	58.7	
주요 인도 태평양 동맹국				
일본	48.5	2.7	61.4	0.94
대한민국	39.7	2.2	63.6	2.44
호주	25.4	1.4	65.0	1.8
뉴질랜드	2.7	0.1	65.1	1.3
태국	7.1	0.4	65.5	1.3
필리핀	3.4	0.2	65.7	0.9
전체 주요 인도 태평양 동맹국	126.8	7.0		
기타 보안 파트너				
이스라엘	19.2	1.1	66.8	5.8
이집트	3.3	0.2	67.0	1.5
이라크	20.4	1.2	68.2	9.1
파키스탄	10.3	0.6	68.8	3.6
걸프협력회의(Gulf Cooperation Council)[c*]	95.2	5.5	74.3	
요르단	1.6	0.1	74.4	4.6
모로코	3.6	0.2	74.6	3.0
멕시코	5.0	0.2	74.8	0.4
대만	10.9	0.6	75.4	1.8
인도	60.5	3.4	78.8	2.0
싱가포르	11.2	0.6	79.4	3.1
총	241.2	13.7		
기타 국가들				
비 북대서양 조약 기구 유럽	23.6	1.4	80.8	

국가	국방비 (십억 US$)	글로벌 합계(%)	누적 백분율(%)	국가 GDP(%)
기타 중동 및 북아프리카[d*]	13.4	0.8	82.0	
기타 중앙 및 남아시아[e*]	9.0	0.5	83.0	
기타 동아시아 및 태평양[f]	12.1	0.6	83.6	
기타 카리브해 및 라틴 아메리카[g*]	0.4	0.0	83.6	
사하라 사막 아프리카	17.0	1.0	84.6	
이란	17.4	1.0	85.6	3.8
북한[h]	5.0	0.3	85.9	
시리아/베네수엘라*	3.0	0.0	85.9	
중국[i]	181.1	10.4	96.3	1.3
러시아	48.2	2.7	99.0	2.9
인도네시아	7.4	0.4	99.4	0.7
기타 국가들	337.55	20.0		
총	1,732.4		100.0	

출처: 국제전략문제연구소(International Institute for Strategic Studies, IISS), The Military Balance, 2020(뉴욕: Routledge, 2020), 529-534; 세계 은행, GDP(현 미국 달러 기준)(워싱턴 DC: 세계은행, 2020), https://doi.org/10.1080/04597222.2020.1707977. 이 수치는 구매력 평가 기준을 반영하지 않았습니다. 시장환율을 기반으로 합니다. 반올림으로 인하여 수치가 정확하지 않을 수 있습니다.

메모:

a 알바니아, 벨기에, 불가리아, 크로아티아, 체코, 덴마크, 에스토니아, 그리스, 헝가리, 아이슬란드, 라트비아, 리투아니아, 룩셈부르크, 네덜란드, 노르웨이, 폴란드, 포르투갈, 루마니아, 슬로바키아, 슬로베니아

b 아르헨티나, 바하마, 볼리비아, 브라질, 칠레, 콜롬비아, 코스타리카, 도미니카 공화국, 에콰도르, 엘살바도르, 과테말라, 아이티, 온두라스, 니카라과, 파나마, 파라과이, 페루, 트리니다드 토바고, 우루과이 c 바레인, 쿠웨이트, 오만, 카타르, 사우디아라비아, 아랍에미리트

d 알제리, 레바논, 리비아, 모리타니, 튀니지, 예멘

e 아프가니스탄, 방글라데시, 카자흐스탄, 키르기스스탄, 네팔, 스리랑카, 타지키스탄, 투르크메니스탄, 우즈베키스탄

f 브루나이, 캄보디아, 피지, 라오스, 말레이시아, 몽골, 미얀마, 파푸아뉴기니, 동티모르, 베트남

g 앤티가 바부다, 바베이도스, 벨리즈, 가이아나, 자메이카, 수리남

h 북한 값은 필자 추정치입니다.

i 중국에 대한 일부 추정치는 300~500억 달러 더 높습니다.

* 여기에 인용된 총 비용의 일부는 2019년 데이터를 사용할 수 없기 때문에 이전 연도에서 가져온 것입니다.

제 2 장
단호한 자제의 대전략

　오늘날과 같이 전 인류가 평화롭고 번영한 시기도 흔치 않다. 그럼에도 불구하고 세계화와 공동 번영만으로는 평화를 보장할 수 없었다. 특히 제1차 세계 대전이 발발하면서 전 세계 모든 국가들이 공평하게 경제적 상호의존으로 혜택을 받지 못할 것이라는 의심은 확신으로 바뀌었다.[1] 핵무기의 파괴적인 위력은 전면전의 가능성을 떠올리기도 어렵게 만들었다. 그러나 동시에 이러한 핵무기의 특성을 활용한 몇몇 행위자들은 그 누구도 감히 그들에게 맞서 싸울 수 없을 것이라는 가정하에 위험한 행동을 감행하는 결과를 가져오기도 했다. 민주주의 국가 간에 서로 전쟁을 피하고자 하는 경향이 있다는 사실은 대부분 민주주의 국가로 구성된 현시점에서 평화와 번영을 지키는 매우 중요한 특성이다.[2] 그러나 불행히도 민주주의는 언제든 퇴보할 수 있으며, 오늘날 미국의 주요 적(ISIS, 알카에다, 이란, 북한, 중국, 심지어 러시아)은 어떠한 측면에서 보더라도 민주주의 국가는 아니다. 한때 중국의 부상은 미국이 두 손 벌려 환영해야 할 정도로 수억 명의 삶을 개선한 좋은 사례였다. 그러나 동시에 중국을 반드시 우호적이지만은 않은 초강대국으로 만든 잠재적으로 위험성을 띤 지정학적 발전의 예이기도 하다.

　오늘날 강대국들이 경쟁하는 영토의 크기는 제1차 세계 대전 이전, 나치 독일과 일본 침략의 초기 시대 또는 세계 지배를 위한 소련 주도의 공산주의 열망이 있었던 시기보다 크지 않다.[3] 그러나 브루킹스 연구소 톰 라이트(Tom

Wright)가 정확히 지적했듯이 러시아와 중국을 전략적 영향력의 관점에서 생각하는 것은 위험하다. 왜냐하면 대규모 안보질서는 특정 위기에 특정 장소에서 무너지는 경향이 있기 때문이다. 또한 야심 찬 강대국은 시간이 지남에 따라 자신의 영향력 범위에 대한 정의를 확장하려는 경향이 있다.4 최근 몇 년 동안 러시아와 중국이 우크라이나, 시리아, 동중국해, 남중국해 및 사이버 공간에서의 긴장관계를 보다 안정적으로 유지해가고는 있으나, 이러한 소위 뉴 노멀(new normal)은 여전히 불안하고 안정적이지 않다. 특히 이러한 영역들은 2010년 중반 이래 지속적으로 전략적으로 경쟁이 끊이지 않았다는 점을 상기해야 한다.

이에 미국은 평화를 유지하기 위해 전쟁술(the art of war)을 상기하고 개선하도록 노력해야 한다.5 그러나 한편으로는 전쟁술의 중요성을 인식하면서도 다른 한편으로는 현시점은 적어도 역사의 기준으로 볼 때 강대국 평화의 시대라는 점을 기억해야 한다. 사소한 문제 하나하나에 과민하게 반응하지 않는 것이 중요하며 단기적인 위기에 집착하기보다는 보다 넓은 시각에서의 추세, 새로운 유형의 안보 위협, 장기 국력의 근본적인 결정 요인을 간과하지 말하야 한다. 전쟁술은 싸우지 말아야 할 때를 아는 것의 중요성에 대해 강조한다. 싸우는 대신에 외교력을 포함한 국가가 가지고 있는 전방위적 수단을 사용하여 무력 사용의 횟수와 규모를 제한하는 방안을 추천한다. 이러한 측면에서 미국의 전략적 문화는 전 세계에서 그리고 안보 공약에 있어 미국의 역할을 지나치게 공세적으로 해석하는 방향으로 치우쳐 있다. 예를 들어 워싱턴 또는 북대서양 조약 기구 헌장 제5조와 같은 동맹국과의 상호 방위 의무에 대해 미국은 동맹에 대한 적의 소규모 침입에도 군사적으로 신속하고 공세적으로 대응해야 한다는 의미로 해석한다. 일단 교전이 시작되면 접촉과 동시에 초기에 적의 세력을 약화시키고자 하는 미 국방부의 개념은 기결정된 작전 계획이 소규모 위기를 불필요하게 그리고 너무나 빠른 속도로 전면전으로 확장하는 상황을 낳을 수 있다. 제1차 세계 대전의 사례가 이러한 경향을 잘 보여준다.

물리적 위협으로부터 국가의 안보를 보장할 수 있는 전반적인 접근 방식이라 할 수 있는 미국의 대전략은 이러한 상충되는 현실을 반영해야 한다.6 이러한 미국의 대전략이 추구하는 가장 핵심목표는 당연히 현재 명백한 위험

(dangers)은 물론 임박하거나 눈에 보이지 않게 교묘하게 침투하는 위협(threats)으로부터 국민, 영토, 정치 및 경제를 보호하는 것이다. 역사를 통해 우리가 배운 교훈은 미국이 이러한 목표를 성취하기 위해 세계 질서를 유지해야 한다는 점이다. 이러한 세계 질서하에서는 대규모 전쟁 발발 가능성은 희박하며, 대부분의 주요 국가들은 미국에 대해 우호적이거나 군사적으로 대척에 서지 않는다. 또한 대량살상무기는 일부 소수의 국가들에 의해 가능한 안전하게 관리되며 언제든 발생할 수 있는 새로운 위험에 대비태세를 갖추고 있다. 미국이 이러한 세계 질서를 유지하지 않는다고 해서 미국이 단기간 내 공격을 받거나 위협에 처하지는 않을지 모른다. 그러나 예측 불가능한 지정학적 변화로 인해 언제든 위험에 빠질 수 있는 가능성을 배제할 수 없다.

이러한 안전한 국제질서는 미국이 기존의 규칙 기반의 세계 질서가 갖는 핵심요소들을 지켜 나갈 때 가능하다. 이를 위한 핵심요소에는 동맹국의 주권과 안전을 수호하고 국제 공공재에 누구나 접근할 수 있도록 보장하며 세계에서 가장 위험한 기술들을 통제하는 것 등이 포함된다. 이러한 요소들은 미국에 적대적인 세력이 발전하거나 대규모 전쟁이 일으키지 않도록 하는 방안이기도 하다. 이와 반대로 미국이 보다 인내하면서 천천히 추진해야 하는 분야도 있는데, 이는 일부 자유질서(liberal order)라고 부르는 가치(values)와 관련된다. 미국은 가치를 증진함에 있어 군사력 또는 군사 동맹의 확장이라는 방식으로 추진해서는 안 된다. 특히 전략적 중요성이 다소 떨어지는 지역에 위치한 국가들의 민주주의 또는 인권을 수호하기 위해 안보공약을 사용하는 일은 자제해야 한다.

세계가 다양한 의미에서 위험하다는 사실에 대해 부정하는 사람은 없을 것이다. 그러나 미국이 강력한 전략적 위치를 차지함에 따라 균형 잡힌 국제질서를 유지하고 있는 것 또한 사실이다. 이에 미국은 보다 강한 군사력과 함께 항상 경계태세를 늦추지 말아야 하며 동시에 국제적인 개입을 고도화해야 한다. 동시에 역사상 드러내지 않는 힘을 가진 국가들이 여전히 점진적으로 자국의 목표와 가치를 수호하기 위해 노력하고 있다는 점을 인식하면서 인내심과 침착함을 갖추어야 한다.

또한 미국은 미국의 위치와 힘에 대해 분명히 자각해야 한다. 예를 들어 미국이 추진하는 전략적 목표와 정책들은 그 의도와 달리 러시아와 중국과 같은 국가들의 시각에서 바라보면 공세적으로 보일 수도 있다는 점을 분명히 인식해야 한다.

거대한 구상

오늘날 전 세계의 안정과 번영을 위해 미국은 단호한 자제라고 부를 수 있는 대전략이 필요하다. 제목에서 알 수 있듯이 어느 한쪽에 치우치지 않도록 "단호(resolute)"와 "자제(restraint)"라는 두 단어는 동일한 무게감과 중요성을 갖는다.

필자는 미국이 이러한 전략을 실행함에 있어 조금의 후퇴나 지체함이 있어서는 안 된다고 생각한다. 국내외 발전과 더불어 새로운 안보위협에 대해 다자적인 협력을 통해 성공적으로 대처하기 위해 미국이 전 세계와 함께 할 수 있는 가장 최선의 노력은 미국의 강력한 리더십을 보여줄 수 있는 대화와 단호한 외교정책이다. 그러나 동시에 인내력을 발휘해야 할 시기를 분명히 인식하고 위기를 고조시킬 수 있는 행동을 자제하며 보다 장기적인 안목에서 상황을 관망할 줄도 알아야 한다.

이러한 측면에서 필자가 이 책을 통해 제시하고자 하는 자제는 무력 사용에 대한 국가의 결정을 규정짓는 개념이다. 이러한 개념에는 전쟁을 시작할지 여부와 함께 만약 전투에 개입한다면 이를 전면전으로 확대할지 등을 결정하는 내용이 포함된다. 미국은 모든 전쟁, 특히 핵을 보유한 국가에 대해 선제공격을 하는 방안에 대해서는 신중을 기해야 한다. 또한 제2차 세계 대전 이후 우리에게는 너무나 익숙해져 버린 전승(all-out victory)이라는 개념에 대해서도 재고할 필요가 있다. 먼저 일반적으로 전쟁 이외에 국정 운영에 활용되는 수단에는 무엇이 있는지 살펴보아야 한다. 이러한 수단으로는 군사력 재배치 및 강화, 다양한 유형의 경제 제재 및 외교 등이 있다. 만에 하나 핵을 보유한 다른 국가와의 전쟁이 발생하게 된다면 완전한 승리를 목표로 하기보다 분쟁을 종료하고 위기를 완화하는 데 중점을 두어야 할 것이다.

또한 이러한 자제라는 개념에는 미국이 동맹국의 수를 추가로 늘리는 데 반대하는 의미도 내포한다. 특히 동맹국의 수뿐만 아니라 이러한 동맹이 세계 안보질서를 지원하기 위해 수행하는 기능적인 측면 또한 포함한다. 더불어 북한 및 이란과의 핵 협상을 포함한 국제 외교상의 논쟁적인 문제에 대해 실용적인 타협안을 찾는 과정에서도 이러한 자제라는 개념을 염두해야 한다. 미국의 동맹국들 가운데 이러한 문제들에 대해 이미 상당 수준의 정교함과 이해를 바탕으로 어떻게 접근해야 하는지 잘 알고 있는 경우가 많다. 미국이 그러한 동맹국들의 조언을 매번 반드시 따라야 하는 것은 아니지만, 그럼에도 불구하고 보다 경청하고 심사숙고하는 태도를 견지해야 한다. 예를 들어 한국은 북한에 대해, 호주와 한국은 중국에 대해, 독일, 프랑스 및 기타 유럽 국가들은 러시아와 이란에 대해 보다 폭넓은 이해를 바탕으로 정교한 접근방식을 발전시키고 있는 경우가 많다.

단호함이란 기존 동맹국들의 핵심 안보이익에 대한 미국의 지속적인 공약으로 표현할 수 있다. 대부분의 경우 미국은 동맹국이 나아가고자 하는 방향성에 맞춰 함께 움직인다. 때때로 대전략가들 중 일부는 기존 동맹국가들 중 일부는 유지하고 나머지는 파기할 것을 제안하기도 한다. 이는 이론적으로는 일정 부분 유용한 측면이 있으나 극단적인 상황을 제외하고 실제로 구현하기는 어렵다. 억제의 신뢰성과 미국이 추구하고자 하는 핵 비확산 정책은 동맹국의 핵심 안전과 안보가 위험에 처할 경우 조약을 기반으로 한 동맹 관계를 유지하는 데 있어 일정한 신뢰성과 일관성이 필요하기 때문이다. 그러나 동맹에 대한 의무를 준수한다는 것이 동맹국에 대해 공격의 징후가 포착되거나 적대국의 소규모 공격에 대응한 군사력 사용만을 의미하는 것은 아니다. 또한 동맹국이 무계획적으로 주변국과 위기를 일으킨 후에 미국이 동맹국을 무조건적으로 구출하고자 연루되는 모습도 아니다.

오히려 필자가 생각하는 단호함은 국가 간의 갈등이나 다른 강대국의 영토 확대에 강력하게 반대하면서 국가 간의 상호 의존을 촉진하는 전 세계 규칙 기반 질서에 대한 약속을 이행하는 굳은 의지로 표현할 수 있다. 미국은 좀 더 **자유로운(liberal)** 질서(민주주의와 인권에 대한 보편적인 존중을 특징으로 하는)를 구축하는 데 보다 인내하고 점진적인 발전을 수용할 수 있다. 자유주의적 또는 진보적 의제는 추구될 수 있고 마땅히 추구되어야 하지만, 주로 외교 및 기타 소프트 파워 수단을 통해 이루어질 것이다.

규칙 기반(rule-based) 질서의 핵심은 국가 간의 전쟁을 방지하고 베리 포젠(Barry Posen)이 전 세계 공공재(global commons)라고 부르는 항로(sea lanes)와 기타 국제 공간을 보호하는 데 그 의의가 있다. 이를 통해 안전한 여행, 글로벌 무역 및 세계 경제가 제 기능을 발휘할 수 있으며, 이러한 과정에는 위험할 수 있는 첨단기술에 대한 통제 역시 포함되어야 한다. 또한 최근 눈에 띄게 두드러지고 있는 전염병, 기후 변화 및 기타 급속한 도시화 및 인구 증가 등과 관련된 추세에 대해서도 분명히 관심을 가져야 할 것이다.

대전략의 관점에서 자제와 단호함이라는 두 가지 요소에 대한 구분은 매우 중요하다. 자유주의 질서를 향한 진전은 느려지거나 부분적으로 역전될 수 있지만 규칙 기반의 국제질서는 상당히 양호한 상태로 자리를 잡아가고 있는 중이다. 오늘날의 국제 안보환경은 핵무기, 세계 대전 이후의 여파, 공동번영 그리고 이 모든 것을 뒷받침하는 미국의 리더십이 있기에 과거와는 많은 부분에서 차이가 난다.[7]

단호한 자제라는 대전략은 냉전 시기 봉쇄정책의 아버지라고 불리는 조지 F. 케넌(George F. Kennan)의 생각을 많은 부분에서 차용했다. 케넌은 확실히 미국의 강력한 국제적 역할의 중요성을 믿었다. 그러나 그의 견해에는 미묘하게 대립되는 개념 또한 포함되어 있다. 이러한 개념은 종종 과소평가되기도 하나 오늘날 미국이 대전략을 발전시키는 데 도움이 될 만한 내용들이다. 여기서는 그들 중 세 가지 측면에 대해 소개하고자 한다.[8]

첫째, 전 세계 일부 지역은 다른 지역에 비해 전략적으로 더 중요하며, 미국 국가안보정책 수립 시 우선시되어야 한다는 점이다. 케넌은 그가 글을 쓰던 당시의 지정학적 환경을 고려하여 서유럽, 일본 및 러시아를 강조했다. 오늘날 안보환경을 고려한다면 논리적으로 동아시아의 일부와 중동지역 역시 추가될 것이다. 이러한 방향성을 생각한 것은 케넌이 처음은 아니었으나 시기적으로 그의 생각은 세계 대전 이후 세계 질서를 발전시키는 데 크게 공헌하였다.[9]

둘째, 군사동맹은 미국의 국익을 증진시키는 데 유리하게 작용할 수 있다는 점이다. 그러나 동맹은 전략적으로 중요한 지역을 방어하기 위해 선택적으로 결성하여야 한다. 미국은 현재 유럽과 동아시아에서 가장 신성하고 엄숙한 동맹 관계를 맺고 있고 중동 지역에서는 가장 중요한 안보 협력관계를 맺고 있기 때문에 케넌의 전략적 기반이라는 개념을 2020년대에 적용해보았을 때 상당히 좋은 위치를 선점했다고 볼 수 있다.

셋째, 국가안보정책을 수립하는 데 있어 경제적 수단은 군사적 수단만큼이나 중요하다는 점이다. 그리고 강력한 경제적 기반은 해당 국가의 군사력과 장기적인 시각에서 국가안보를 유지하는 데 필수적이다. 자연적이든 인공적이든 다양한 충격에 대비한 일정 수준의 경제적 회복탄력성(resilience)을 갖는 것은 미국과 동맹 모두에게 매우 중요하다.[10]

이러한 대전략이 군사력을 사용하고자 하는 국가의 의지를 약화시켜서는 안 된다. 상황에 따라 미국이 반드시 싸울 수밖에 없는 경우도 있기 때문이다. 그리고 가능한 한 싸움을 피하는 것이 훨씬 더 바람직하기 때문에 군사력을 통한 억제는 여전히 중요하다. 특히 북대서양 조약 기구와 동아시아 내 위치한 동맹국들을 방어하는 것은 그중에서도 가장 우선순위에 있다.

또한 미국은 러시아와 중국이 각각 발트해 연안 국가와 대만을 차지하지 못하도록 충분한 군사적 우세를 지속할 것이다. 브리지 콜비(Bridge Colby)와 웨스 미첼(Wes Mitchell)이 정확히 지적한 바와 같이 미국의 입장에서 이러한 목표는 충분히 추구할 가치가 있다.[11] 그러나 만약의 경우에 대비한 예비방안도 필요하다. 왜냐하면 필자는 콜비와 미첼 또는 트럼프 행정부 시기 국방전략에서 제시한 것과 같이 미국이 매우 불비한 여건에서도 우위를 달성할 수 있는 충분한 역량을 확립하거나 재구축할 수 있을 것이라 확신할 수 없기 때문이다. 전쟁의 결과를 예측하는 것은 본질적으로 어려운 일이다. 역사적으로 군사력이 충분한 군대는 종종 승산이 없는 전투나 전쟁을 승리로 이끌어 가기도 한다. 이미 필자가 서문을 통해 언급한 바와 같이 전쟁의 승패를 예측하는 다양한 방법론은 정확도면에서 생각만큼 훌륭한 결과를 도출해내지 못한다.[12] 전쟁은 본질적으로 사람들 간의 매우 복잡하고 불확실한 상호작용이기 때문이다. 예를 들어 전쟁은 스포츠 경기보다 더 예측하기가 어렵다(스포츠 경기는 적어도 양측이 비슷한 수의 참가자를 보유하고 제한된 시간 동안 이루어지며 한정된 물리적 공간 내에서 동일한 규칙에 따라 진행된다). 전투 결과에 대한 예측은 사상자 범위, 전쟁 기간의 측면에서 최상의 경우와 최악의 경우를 설정하기 위해 2, 3, 5배 또는 심지어 10배까지 차이가 나는 변수를 고려해야 한다. 사전에 승자와 패자를 확신하는 것은 한쪽의 능력이 상대적으로 너무나 저조한 경우를 제외하고는 불가능하다(심지어 그러한 경우라 하더라도 반군이나 약자가 강대국을 압도할 수 있다).[13]

비행장 또는 대규모 해양전력을 취약하게 만들 수 있는 정밀 공격 무기체계와 같은 현대 기술은 최근의 국방기술의 발전 속도를 고려하면 이러한 문제를 더욱 복잡하게 만든다.[14] 발트해 연안 해역이나 대만 인근 부근에서 미국의 군사작전이 승리할 가능성을 워게임(war games) 등을 통해 계산해보면 전면전으로 확대되지 않는 이상 실패할 가능성이 높다는 결론이 도출된다. 최근 정밀 타격 기술의 발전 추세와 중국의 경제 및 기술 발전속도를 고려할 때 이는 현실화될 가능성이 높다. 러시아의 경우 중국과 비교하여 경제적으로 다소 약하나 발트해 연안 국가 및 기타 여러 시나리오상에서 여전히 지리적 이점은 충분하다.[15]

트럼프 행정부 시기의 국방전략서(the National Defense Strategy)는 오바마 행정부 말기 제3차 상쇄전략(the Third Offset)과 마찬가지로 재래식 또는 핵무기를 사용하지 않는 군사 영역에서 러시아와 중국 대비 미국의 군사적 우위를 추구한다. 이는 분명 환영할 만한 소식이다. 그러나 과연 어느 정도의 성공이 현실적인가?

오늘날 미군을 비롯하여 국가안보와 관련된 단체 및 기관들은 미국의 동맹이 공격을 받을 가능성이 있는 전 세계 어느 곳에서든 중국이나 러시아를 물리칠 수 있는 역량을 갖추는 것이 당연한 목표라고 여기는 경향이 있다. 이는 최근 기술 동향과 러시아 그리고 특히 중국이 이용할 수 있는 풍부한 군사 자원 등을 고려하여 재고할 필요가 있다. 제임스 매티스(James Mattis) 장관이 2018년 1월 트럼프 행정부의 국방전략서를 통해 다른 강대국 대비 미국의 경쟁력은 최근 몇 년 동안 약화되고 있다고 밝힌 바 있는데, 이는 사실일 가능성이 크다. 그리고 단순히 현재 군사적 우선순위를 재조정하고 국방예산을 10% 또는 심지어 25%에서 50%까지 증가하는 것만으로 다시금 러시아와 중국 영토 주변에서 미국의 군사적 우위를 재달성할 수는 없을 것이다. 1990년대와 2000

년대 또는 1940년대 후반 우리가 알고 있던 절대적 우위의 개념은 아마도 영원히 사라졌을 것이기 때문이다. 군사적으로 절대적 우위를 달성할 수 있었던 기간 동안은 미국을 제외한 다른 많은 강대국들, 특히 미국의 적대국 및 중립국이 비정상적으로 약화되어 있었다는 점을 감안하면 대단히 부자연스러운 시기였음을 인식할 필요가 있다. 다시금 군사적으로 절대적 우위를 달성하는 것은 불가능한 일이다.

이에 러시아와 중국의 전략적 야망과 지리적 이점 그리고 최근 기술발전 속도를 고려하여 미국은 대전략에 대한 전반적인 재개념화가 필요한 실정이다. 보다 향상된 무기 및 전자전 체계와 함께 유무인 복합체계를 포함하여 보다 분산되고 은밀한 플랫폼의 필요성을 강조하는 것과 같은 최근 국방분야에서의 가장 창의적인 생각조차 이러한 최근 전쟁과 기술의 추세를 완전히 뒤집기는 어렵다.16 전시 주요 강대국의 영토 근처에서 효과적인 군사 작전을 수행하는 것은 매우 어려운 일이다. 예를 들어 중국 해안 근처 미국의 군사작전은 훨씬 더 어려워질 것이다. 그러나 오해는 하지 말아 달라. 무기한은 아니더라도 적어도 향후 수년 동안 미국과 동맹국들은 러시아 및 중국 인근 지역에서 여전히 경쟁력 있고 우월한 군사력을 보유할 것이다. 그러나 전쟁의 불확실성을 감안할 때 군사적으로 상당한 이점이 있더라도 절대적인 승리로 이어진다는 보장은 없다. 존 맥케인(John McCain)의 전 보좌관 크리스 브로즈(Chris Brose)가 주장했듯이 미국은 러시아 및 중국 인근 지역을 그 누구도 마음대로 활보할 수 없도록 분쟁 지역으로 만들 수는 있다. 그러나 대만이나 동부 발트해 연안에서 미국이 초강대국을 상대로 하여 결정적으로 물리칠 수 있는지에 대해서는 확신하기 어렵다.17

미국의 군사적 우위와 함께 주요 동맹국의 핵심 영토 주권을 보장하는 능력을 보유하는 것과 언제 어디서든 신속한 승리를 보장할 수 있는 역량은 별개의 문제이다. 전자는 달성 가능하지만 후자는 꼭 그렇지 않다.

경제 및 기타 국력을 증진할 수 있는 수단을 보다 강조한 대전략을 통해 미국은 어느 정도 중국과 러시아를 따라잡을 수 있을 것이다.18 러시아는 에너지 및 은행 부문에 있어 우크라이나를 경제적으로 불리한 위치로 몰았고, 다수의 나토 국가 대상 사이버 공격을 가했으며, 다양한 방식의 정보전을 통해 서방 국가에서 실시되는 선거에 개입하는 전술을 구사하였다. 중국 역시 주변국들을 대상으로 경제적 강압(economic coercion)을 시도하였다. 중국 정부는 2010년 일본을 대상으로 희토류 수출규제를 강화하였고 같은 해 중국 반체제 인사 류샤오보(Liu Xiaobo)가 노벨 평화상을 수상하자 노르웨이산 연어 수입을 동결했다. 2012년 남중국해 스카버러 암초(Scarborough Shoal) 영유권 분쟁과 관련하여 필리핀으로부터 수입과 관광객 출입을 제한했다. 2016년과 2017년 한국과 미국이 고고도 미사일방어체계(Terminal High Altitude Area Defense, THAAD)의 주한미군 기지 배치를 결정한 이후 중국은 한국에 대해 경제 제재 조치를 취했다.[19] 또한 중국은 서방과의 군사적 기술 격차를 좁히고 자국 경제를 발전시키기 위해 선진국의 지적 재산을 훔쳤다. 중국의 일대일로 이니셔티브(Belt and Road Initiative)는 부분적으로 많은 사람들이 혜택을 받을 수 있는 기반 시설을 구축하기 위한 바람직한 노력이다. 그러나 동시에 중국이 전략적 영향력뿐만 아니라 경제적 기회를 극대화할 수 있는 중상주의적 수단이기도 하다.[20] 미국은 중국의 일대일로 이니셔티브의 착취적인 요소에 반대하고 다른 국가가 중국을 더 높은 수준을 유지할 수 있도록 지원해야 한다. 그리고 미국은 이러한 과정에서 군사력이나 동맹 형성이 아닌 투명성, 정보 및 외교를 활용해야 한다. 미국은 주요 일대일로 프로젝트를 추적하는 데이터베이스를 만들고 국제적으로 확립된 모범 사례에 대한 기술기준에 따라 각 프로젝트를 평가할 수도 있다.

그러나 여기서 더 중요한 점은 러시아와 중국이 경제가 국가 권력과 국가 안보정책의 핵심이라는 것을 분명히 인식하고 있다는 것이다. 미국 역시 냉전과 같은 과거에도 이와 같은 사실을 분명히 인지하고 있었다. 따라서 필자는 근본적으로 새로운 이론을 제안하기보다 오래된 생각을 끄집어내 현 상황에 맞도록 쌓인 먼지를 털어내고 보강하며 동시에 더욱 발전시켜야 한다고 주장하는 것이다.

현재 미 국방부에서 자주 언급되고 있는 **거부**(denial)에 의한 억제라는 개념은 대중적이기는 하지만, 중국 근처 해역(또는 러시아 근처 지역)에서의 시나리오에 비추어 보면 비현실적이다. 거부의 군사전략은 지리적인 이점과 이중성과 은밀성을 사용할 가능성 등으로 인하여 비현실적인 방안일 수밖에 없다. 특히 서태평양의 섬이나 중부 및 동부 유럽의 러시아 근처에 있는 작은 마을과 관련해서는 더욱 그렇다.

그러나 **처벌**(punishment)에 의한 억제 전략은 여전히 유효할 수 있다. 이는 제재를 가했을 때 그 결과를 너무나 가혹하게 만들어서 적으로 하여금 공격을 감행할 가치가 없다고 생각하게 만드는 것이다. 처벌에 의한 억제를 통해 이상적으로 미국의 적들은 보복을 하더라도 미국 주도의 연합군보다 더 큰 고통을 겪을 것이다. 그러나 그러한 처벌을 가하겠다는 위협이 신뢰성을 갖는다면 그들이 미국과 동맹국보다 더 많은 고통을 겪는 것이 꼭 필요한 것은 아니다. 서방 세계는 전체적으로 러시아나 중국 그리고 심지어 2030년 또는 2040년의 중국보다 훨씬 강력하기 때문에 제재 기반 정책이 실제로 상대방에게 피해를 가할 필요는 없는 것이다. 중요한 점은 필요 시 잠재적인 처벌이 강화되고 확대 또는 지속할 수 있다는 점이다.

미국과 동맹국은 많은 유형의 경제적 수단을 보유하고 있으며, 21세기 들어 이를 보다 집중적이고 효과적으로 적용할 수 있다. 20년 전 코넬대학교 조나단 컬스너(Jonathan Kirshner) 교수는 한 기사를 통해 제재에 대해 다음을 포함한 다양한 방식으로 분류하였다.

- **경제 원조**(및 원조 철회)
- **자산 동결 또는 압류**
- **금융**(및 미국 은행을 통한 금융제재)
- **통화 정책**(해당 국가의 통화를 대상으로 함)
- **무역**(완제품 또는 중간 제조 또는 상품)[21]

물론 제재는 남용되거나 오용될 수 있다. 예를 들어 트럼프 행정부 시기와 같이 아군, 적군, 중립국 모두에 대해 관세나 제재를 무차별적이고 광범위하게 사용하는 것은 결코 바람직하지 않다.[22] 예를 들어 미국은 2014년부터 러시아의 침공과 관련하여, 2017년부터는 북한에 대해, 2015년부터는 포괄적 공동 행동계획(Joint Comprehensive Plan of Action)이 협상될 때까지 이란에 대해 제재를 가했던 것과 같이 보다 선별적인 접근을 통해 다양한 형태의 경제 제

재와 전쟁을 수행하는 강력한 서방 연합을 유지할 수 있어야 한다.[23]

만약 위기가 지속된다면 간접적이고 비대칭적인 군사적 수단과 함께 경제적 수단을 강조하는 전략은 보다 확대되고 강화될 수 있다. 예를 들어 러시아가 발트해 연안 국가의 작은 마을이나 지역을 공격했다면(최소한 전쟁 초기 제한된 영토에 대해), 북대서양 조약 기구와 유럽연합은 최초부터 무력으로 대응해서는 안 된다. 물론 초기 대응에도 러시아가 침공한 발트해 연안 근처 병력을 포함한 나토의 군사 배치 강화 등을 포함하여 군사적인 측면이 있어야 한다. 그러나 그렇게 배치된 부대의 규모와 성격은 상황이 더욱 복잡해지는 것을 막고 더 이상의 침략을 억제하기 위한 목적으로 설계되어야 한다. 미국, 북대서양 조약 기구 및 유럽연합 대응의 핵심은 러시아의 석유 및 가스 수출을 축소하는데 주안점을 두어야 한다. 사실상 전략을 실행하는 데 있어 이러한 처벌은 단계를 서서히 높이거나 감소시킬 수 있는 여지를 두고 가장 활발하고 유동적으로 조정할 수 있는 부분이 될 것이다. 만약 상황이 신속하게 해결되지 않는다면 에너지 무역에 대한 감축은 전면 금지로 바뀔 수도 있으며, 유럽은 이제 과거에 비해 그러한 경제분야 전쟁을 어느 정도 견뎌낼 수 있을 것이다. 이후 만약 러시아가 중국에 에너지 수출을 확대하고자 한다면 중국에 2차 제재가 가해질 수 있다. 소위 양면 경제전쟁은 물론 도전적이겠지만 양면 군사작전에 비해 미국과 동맹국이 훨씬 더 잘해낼 수 있는 영역이다. 예를 들어 미국 주도의 연합군이 발트해 연안에서의 러시아의 초기 공격에 군사적으로 대응하는 상황을 상상해보자. 그 이후 미국이 러시아를 비롯한 반대 진영의 반격에 상응하는 대응 준비를 제대로 하지 못하고 그 사이 중국이 침략을 위한 기회를 포착하는 경우를 떠올려보라.

이러한 전략이 갖는 장점과 소규모 위기에 대해 무력에 의존하는 위험성에도 불구하고 미군은 자국의 경제적 수단을 거의 활용하지 않는다. 미국 정부는 비상 계획과 관련하여 대부분 각 부처별 또는 기관별 서로 다른 태도를 취한다.[24] 제재를 비롯하여 관련 수단은 일반적으로 미국 재무부, 무역대표부, 미국 외국인투자위원회와 같은 기관의 영역으로 간주되어 국가안보 위기 시 군사력에 대한 대안 또는 보완할 수 있을 것이라고 생각하지 않는 것이다.

단호한 자제라는 새로운 전략을 통해 경제 전문가를 전투 사령부 및 합동

참모부에 배치한다. 또한 다음과 같은 정부 조직체계 또는 관행의 변화를 고려한다. 첫째, 비군사 기관 내 전쟁을 기획하는 부서를 신설한다. 비록 이러한 부서들은 필연적으로 규모가 작고 정책의 세세한 개발이나 실행보다 큰 그림을 그릴 수 있는 아이디어 발굴에 더 초점을 맞출 것이다. 무엇보다도 이러한 부서들은 국방부의 경직된 사고에 도전하는 데 도움이 되는 레드팀(red team)의 기능을 할 수 있다. 둘째, 전쟁대학의 커리큘럼상에서 경제학을 훨씬 더 강조할 것이다. 여기서 말하는 경제학이란 거시경제나 미시경제 이론과 같은 경제학자들이 가르치는 방식이 아니라 현대 세계경제의 세부적인 작동 방식에 대한 이해를 도모하는 데 그 목적이 있다. 셋째, 국가안전보장회의(National Security Council, NSC) 내 새로운 직위를 신설하여 안보 정책의 도구로서의 경제와 국방부의 러시아, 중국, 북한, 이란 및 폭력적 극단주의의 4＋1 목록을 넘어서는 보다 광범위한 위협에 초점을 맞춘다. 그러나 넷째, 국가안전보장회의에 대한 과도한 의존을 피하고, 특히 로버트 게이츠(Robert Gates) 전 국방장관이 주창한 바와 같이 미 국무부를 정책 개발 및 집행 기관으로 강화한다.[25] 다섯째, 전쟁계획에 대한 정부 차원의 검토와 함께 독립적인 위원회의 연구를 의무화하는 법안을 통과시켜 이 전반적인 의제를 빠르게 시행할 수 있도록 노력한다.

북대서양 조약 기구 역시 미국 정부와 유사한 제한사항이 있다. 그리고 아마도 다른 동맹국들의 사정 역시 크게 다르지 않을 것이다. 2018년 전 국무부 소속 에드워드 피쉬맨(Edward Fishman)이 "미국 관리들은 위기가 시작되기 전에는 제재에 대한 생각을 거의 하지 않는다"라고 밝힌 바 있는데, 이러한 상황을 잘 보여주는 예이다.[26] 또한 미국 관리들은 장기간의 경제 전쟁 중 발생할 수 있는 적대적 행동으로 인해 피해를 받을 수 있는 미국 경제의 취약성에 대해 충분히 고려하지 않을 것이다. 바로 이러한 점들이 미국과 북대서양 조약 기구가 바뀌어야 하는 이유다. 일본과 같은 국가와의 쌍무적 사령부(bilateral command) 역시 새로운 접근방식을 채택해야 한다.

국방기획을 담당하는 입장에서 볼 때 경제에 대해 너무 많이 생각하는 것이 부적절해 보일 수도 있다. 궁극적으로 군사전문가의 입장에서 경제문제를 전쟁 계획에 포함시키는 것이 무슨 이득이 있겠는가? 그러나 이보다 더 나은 질문은 위기가 발생할 때 어떻게 적절한 대응방안을 확보할 수 있느냐는 것이다. 이 질문은 규모가 작고 즉각적인 위험이 있지만, 잠재적으로 더 큰 의미를 내포하고 있는 위기에 특히 중요한 점이다. 이러한 경우 단호한 대응이 필수적이지만 화를 내며 첫 발을 쏘는 것은 적절하지 않다. 미국 정부는 적의 침략에 대한 유일한 강력한 의지의 표명이 전면전으로 이어질 위험이 높은 군사적 대응뿐이라는 입장이 되어서는 안 된다. 전쟁을 계획하는 사람은 그들의 전문분야 외의 국가가 활용할 수 있는 수단에 대해 치열하게 고민하지 않는다면 결코 제 소임을 다하는 것이 아니다. 이러한 측면에서 로버트 블랙윌(Robert Blackwill)과 제니퍼 해리스(Jennifer Harris)는 "지구상에서 가장 강력한 경제력을 가지고 있음에도 불구하고 미국은 국제적으로 지갑 대신 총에 손을 대는 경우가 너무 많다"고 지적한 바 있다.27 이 책에서 다루고 있는 시나리오상 미국과 동맹국은 총과 지갑을 **모두** 사용해야 하는 상황에 직면할 수 있겠으나 장전하고 준비하되 결코 먼저 총을 발사해서는 안 된다.

물론 경제적 제재가 항상 실효성이 있는 것만은 아니다.28 이미 결정된 정책을 즉시 철회하거나 계획된 침략을 취소하도록 적군을 설득하지는 못한다. 몇몇 전문가들은 사실상 20세기 들어 제재를 통한 결과는 그리 좋지 못했다고 주장하기도 한다.29 그러나 국제사회는 경제적 고통을 가할 수 있는 보다 효과적인 접근방법을 강구하는 한편 제재가 단기간 내 성과를 낼 수 있으리라는 기대치를 낮춤으로써 제재라는 수단을 활용하는 법을 개선해 나가고 있다. 제재를 적용하는 방법을 개선하고 기대치를 낮춤으로써 얻는 이점들이 있는 것이다. 확실히 제재는 최근 이란 및 북한과 관련하여 어느 정도 유용했던 것으로 보인다. 또한 블라디미르 푸틴(Vladimir Putin) 대통령이 우크라이나 또는 발트해 연안 국가를 더 이상 공격하지 않도록 설득하는 데 효과가 있었을 가능성이 있다. 비록 그가 크림반도 반환을 거부하거나 우크라이나 동부의 돈바스(Donbas) 지역에서 분리주의적 폭력을 종식시키기를 거부했음에도 불구하고 말이다. 적절한 상황하에서 특히 적의 추가적인 침범을 저지하기 위해 신뢰할 수 있는 군의 배치와 함께 결합될 때 제재는 여전히 결의를 표명하고 폭력을 저지하기에 충분한 처벌을 가할 수 있다. 특히 제한전쟁의 경우 이러한 대응만으로 효과를 달성하는 데 충분할 수 있다. 제재는 올바르지 않은 행동을 처벌할 수도 그리고 처벌해야만 하기도 하다. 그러나 그와 동시에 제재를 통해 올바르지 않은 행동은 더 큰 처벌을 받게 될 것이라는 메시지를 전달해야 한다. 일반적으로 억제(deterrence)가 강제(compellence)에 비해 훨씬 쉽다. 추가적인 침략을 억제하는 것이 이미 벌어진 침략을 되돌리는 것보다 훨씬 중요하다는 점에 대해서는 누구나 공감할 것이다.30 예컨대 동중국해 또는 오키나와(Okinawa)를 포함한 류큐 열도(Ryukyu Islands)에 대한 중국의 영유권 주장을 억제하는 것이 센카쿠 열도(Senkaku island)에서 중국을 신속하게 퇴출하는 것에 비해 훨씬 더 중요하다.

이러한 미국의 정책이 동맹국들을 완전히 안심시킬 수는 없을 것이다. 그러나 동맹국들이 가질 수 있는 모든 사소한 불안에 대해 미국이 지정학적 치료사(geostrategic therapist)가 되는 것이 미국의 임무는 결코 아니다. 사실 미국의 전면적인 보장(assurance)은 일부 동맹국으로 하여금 만약 상황이 위태로워진다면 엉클 샘(Uncle Same) 미국이 언제든 달려와 자국을 방어할 수 있다고 믿으면서 필요하지 않은 위험을 감수하거나 다른 국가와의 외교적 관계에서 유연성을 가지지 못하게 만들 수 있다. 이는 미국이 동맹을 맺는 목적이 아니다. 오히려 핵심적인 우선순위와 사활적 국익과 관련된 이슈들에 대해 동맹국들의 지지를 받는 것이 미국의 임무이다. 국가의 생존을 보장하는 것은 매우 중요한 일이다.31 그러나 특정 국가가 이웃 국가들과 발생할 수 있는 모든 분쟁에 대해 미국이 보장하는 것은 현실적이지도 않고 바람직하지도 않다.

사실상 많은 경우 미국 동맹국은 전쟁의 위험을 줄일 수 있기 때문에 이 책에서 제안한 종류의 대전략을 선호할 것이다. 이러한 측면에서 2015년 러시아의 우크라이나 침공 직후 2015년 퓨 자선재단(Pew Charitable Trusts)에서 실시한 설문 조사결과는 참고할 만하다. 만약 러시아가 동유럽 회원국을 침공할 경우 북대서양 조약 기구가 군사적으로 대응해야 하는지에 대한 설문이었다. 조사 결과는 북대서양 조약 기구 회원국들 간의 일종의 양면성을 보여주었다. 사실 회원국들 대다수가 그러한 러시아의 행동에 명백한 반대입장을 표명하였다. 북대서양 조약 기구가 기존 회원국으로부터 러시아와 가까운 동유럽권으로 확대됨에 따라 많은 사람들은 멀리 떨어진 지역을 방어하기 위해 자신의 아들이나 딸을 실제로 보낼 수 있을 것인지 의구심이 들었다. 이는 지리적 범위,

기간 및 치사율이 제한적인 공격에 대응할 경우 더욱 그러한 의구심이 증폭될 수 있다. 그러나 여론 조사와 이후 유럽 정부의 후속조치는 북대서양 조약 기구 회원국들이 침략자에게 심각하고 지속적인 경제적 고통을 가할 의향이 있음을 분명히 보여주었다.[32] 아마도 푸틴 대통령은 유럽연합과 북대서양 조약 기구가 러시아의 우크라이나 침공에 대응하여 수년에 걸친 장기적인 제재 정책을 통해 얼마나 잘 협력해왔는지를 깨닫고는 분명 놀랐을 것이다.

점령당한 영토를 즉각 탈환하지 않고 제재와 같은 비대칭적 대응에 기반한 미국의 국가안보전략은 일부 동맹국들에게는 다소 패배주의적으로 비춰질 수도 있다. 그러나 그러한 접근 방식은 냉전 기간 동안 봉쇄 전략의 근간을 이뤄왔다. 군사적으로 서방은 소련이 이미 여러 지역을 정복한 이후 추가적인 공격을 막고자 노력했다. 그러한 접근 방식은 자유를 위해 수십 년을 기다려야 했던 많은 동유럽 국가들의 독립과 주권을 보장할 수 없었다. 그러나 이는 보다 폭넓고 장기적인 외교 정책 측면에서 민주주의, 번영 및 평화를 증진하는 데 매우 성공적이었던 전략이었음이 판명되었다. 군사적 수단은 미국과 동맹국의 경제적, 외교적, 정치적, 문화적 수단이 결과적으로 승리를 가져오기에 충분할 정도로 오랫동안 그리고 효과적으로 추가 침략에 대한 보루를 제공했다. 따라서 군사정책을 통한 방어는 경제를 포함한 보다 조용한 권력과 영향력을 발휘할 수 있는 수단이 시간이 지남에 따라 유리한 방식으로 효과를 낼 수 있도록 하는 검증된 방식이라 할 수 있다.[33] 또한 제재 중심 전략은 세계 경제에서의 미국의 역할과 더불어 유럽과 동아시아 내 부유하고 강력한 동맹국들의 역할을 고려할 때 미국이 가지고 있는 강점을 가장 잘 활용할 수 있는 전략이다.[34]

나아가 이 전략은 군사적 옵션을 절대 배제하는 것이 아니다. 미국은 시나리오에 따라 궁극적으로 군사력을 사용할 수도 그렇지 않을 수도 있지만 이를 자세하게 밝히지 않는다. 미국의 주요 동맹국의 핵심적인 국가안보 또는 항해의 자유와 같이 최우선순위에 위치한 미국의 국익이 위협받지 않는 한 레드라인(red line)을 너무 명확하게 그려서는 안 된다. 필자가 제안하고자 하는 패러다임은 비대칭적(asymmetric) 또는 통합적 억제(integrated deterrence)로도 설명될 수 있으며, 이는 기존 옵션을 배제하는 것이 아니라 사용 가능한 옵션을 늘리도록 설계되었다. 그러나 가벼운 도발이나 규모가 비교적 작은 위기에 대한 군사적 대응에 대한 가정에 대해서는 강하게 반대한다. 목표는 일반적으로 어떠한 위기에서도 특히 핵으로 무장된 적과 관련된 위기에서 먼저 피를 흘리지 않는 것이다. 이와 관련하여 필자가 제시한 전략은 위기나 갈등의 초기에 우위를 달성하고자 하는 트럼프 행정부 시기 국방부의 개념을 완전히 배제하지는 않는다. 그러나 결코 그러한 접근 방식에만 의존하지 않으며, 실제로 먼저 피를 흘리지 않고 상황을 확대하지 않는 간접적인 접근 방식을 선호한다.[35]

일각에서는 이러한 접근방식이 미국의 약점, 우유부단함 또는 과도하게 사상자를 낳지 않으려는 경향과 맞물려 적이 미국의 이익에 도전하는 데 있어 더 큰 위험을 감수할 수 있다고 믿게 만들 수 있다고 우려한다. 워싱턴이 위기에 대처하는 방식에 있어 이러한 우려를 진지하게 받아들여야 하는 것은 사실이다. 그러나 미국은 금세기만 해도 이미 전 세계 최소 6개 국가에서 여러 차례에 걸쳐 군사력을 사용한 바 미국의 결단력에 대한 평판이 크게 달라지지 않을 것이다.

마지막으로 단호한 자제라는 대전략과 함께 미 국방부가 가지고 있던 기존의 러시아, 중국, 북한, 이란 및 초국가적 폭력적 극단주의 또는 테러리즘이라는 4+1 목록에 더해 두 번째 4+1 위협 목록을 추가할 것을 제안한다.[36] 핵, 생물학 및 전염병, 디지털, 기후 및 국내 위험으로 구성된 새로운 4+1은 기존의 위협 목록과 동일한 차원이나 축에 배열된 추가적인 위협의 성격이 아니다. 그들은 적의를 가지고 있는 적이 아니다. 오히려 현대사회를 더욱 복잡하게 하고 악화시키고 가속화함으로써 다른 위협을 더 위험하게 만들 수 있다. 새로운 목록의 마지막 요소는 미국 내 사회적, 경제적, 정치적 결속력을 의미한다. 이는 다른 요소들과 종류가 다르기 때문에 4+1 프레임을 사용했다(기존 목록에 있는 초국가적 폭력적 극단주의가 특정 민족 국가와 명확하게 연관 지을 수 있는 다른 위협과 종류가 다른 것처럼). 새로운 4+1 위협은 미 국방부의 주 영역이 아니다. 그러나 보다 넓은 차원에서 국가 자원을 분배하고 정책 입안자의 관심을 고조시킨다는 측면에서 위협 매트릭스 내 두 번째 차원 또는 2차원적 위협 공간으로서 이러한 새로운 위협 목록을 인식해야 할 것이다.

또 다른 주장들

단호한 자제 대전략은 오늘날 논쟁 중인 대부분의 다른 주장들과 여러 가지 측면에서 상이하다.[37] 대전략은 추상적인 용어로 논의되는 경우가 많아 실제 외교정책 의사결정 과정과 관계가 없어 보일 수 있다. 이에 이쯤에서 단호한 자제라는 개념이 갖는 함의점을 다른 개념들과 대비하여 명확히 설명하는 것이 이해를 돕는 데 보다 유용하겠다.

첫째, 필자가 제안한 전략이 의미하는 바를 미국의 전략적 공동체의 관습적인 지혜에 빗대어 생각해보자. (아래에서 오바마와 트럼프 대통령 시기의 구체적인 아이디어와 비교하겠다.) 강력한 미군, 동아시아, 유럽 및 중동 지역 내 미군 주둔 지원 및 동맹국의 영토와 관련된 핵심이익과 국가 생존을 수호하기 위해 기꺼이 전쟁에 참여할 의사 등을 강조한다는 측면에서 유사점이 있다.

또한 일반적으로 위에서 언급한 가치들을 추구하는 수단으로 군사력을 적당한 도구라고 보지는 않으나 필자가 제안한 전략 또한 민주주의와 인권 수호, 폭력 감소, 전 세계 번영과 같은 핵심 가치에 대한 공약 등에 대해서는 동일하게 중요시한다. 이러한 가치는 그 자체로 중요할 뿐만 아니라 미국의 동맹 리더십에 목적과 정당성을 부여한다.[38]

그러나 다음 장에서 자세히 설명하겠지만 필자가 제안한 전략은 동맹의 추가 확대를 경계하고 동맹국의 제한적이고 상대적으로 중요하지 않은 이슈에 대한 분쟁에서 먼저 피를 흘리는 경우를 피하며, 북한 및 이란과 관련하여 미국이 외교에 있어 그간 주로 채택했던 팽창주의적 접근방식을 꺼린다. 또한 기존의 군사적 접근보다 새로운 위협과 장기적인 국력의 국내적 기반에 중점을 둔다.[39]

필자는 오바마 행정부의 제3차 상쇄전략과 트럼프 행정부의 국방전략서에 대해서도 회의적이다. 미국의 재래식 군사 우위를 재확인하고 강화하는 데 중점을 둔 이러한 이니셔티브의 추진은 환영할 만하다. 그러나 전쟁을 사전에 억제하거나 모든 전쟁에서 신속하게 승리하기 위한 결정적인 전쟁수행능력이 갖춰진 수준의 우위를 달성한다는 목표 자체가 현실적이지 않을 수 있다. 미래 제한전쟁의 최초 접촉 및 초기 단계에서 거부에 의한 억제와 적 자산에 대한 성공적인 공격과 같은 개념은 실현가능하지 않거나 타당하지 않을 수 있다.

필자가 추천하는 전략은 근본적으로 미국의 "역외균형(offshore balancing)"의 개념과 다르다.**40** 역외균형 전략은 다른 국가의 방위에 대한 구속력 있는 공약을 회피하고자 한다. 따라서 미국은 오늘날 이미 많은 동맹을 맺고 있기 때문에 필연적으로 기존의 동맹 및 안보 공약의 해체로 이어질 수밖에 없다. 이러한 전략은 미국의 역할을 유라시아를 지켜보는 역할로 축소하고 궁극적으로 서반구를 위협할 수 있는 방향으로 형성될 수 있는 적대적인 힘의 우세를 막기 위하여 절대적으로 필요한 경우에만 위기나 갈등에 대응할 준비를 갖춘다. 이는 집단적 자위 동맹체제와 연계하여 적어도 오늘날 경제, 전략 그리고 군사력의 대부분의 주요 요소를 지키기보다 사실상 다극 체제를 수용하는 전략이다. 참고로 현 동맹체제는 전 세계 국내총생산의 약 2/3과 국방예산의 1/3을 차지한다. 이러한 동맹 네트워크로 인해 오늘날 세계는 더 이상 단극으로 묘사되지 않을 수 있으나 동시에 다극 체제와도 거리가 멀다. 많은 동맹국들과 함께 미국은 여전히 전 세계 경제와 안보의 중추국가이다.

필자는 미국이 각 세계 대전 이전에 기본적으로 국내 문제에 초점을 맞추었던 탓에 대외적으로 공표하거나 의식하진 못했지만 이미 실질적으로는 역외균형 전략을 시도했다고 생각한다. 그러한 대전략은 두 번 모두 치명적인 실패로 돌아갔다. 다극화된 세계질서와 미국의 불개입(disengagement)은 과거의 평화를 지켜 주지 못했다. 이것은 경험적, 역사적 사실이다. 20세기 전반기 미국은 잠재적인 적을 억제하기 위해 평시에 동맹을 맺거나 해외에 병력을 배치하지 않았다. 그 결과 두 번의 세계 대전이 발발했다. 이후 약 75년간 우리는 동맹체제를 유지하고 해외 주요전역에 부대를 배치하였다. 더 이상의 세계 대전은 발생하지 않았다.

이와 관련하여 미국 최고의 안보 전문가이자 MIT 교수인 베리 포젠(Barry Posen)은 자제(restraint)라는 개념을 중심으로 한 미국의 대전략을 지지한다. 그의 주장은 많은 부분에서 설득력을 얻고 있다. 특히 가능한 한 전쟁을 회피해야 한다는 그의 주장은 앞으로 우리가 미국의 대전략을 고민할 때 일종의 길잡이가 되어야 할 것이다. 많은 저명한 학자들과 함께 포젠 교수는 2003년 미국 주도의 이라크 침공에 대해 경고한 바 있는데, 필자는 이러한 공로는 인정받아 마땅하다고 생각한다. 특히 이라크 침공에 들어간 비용은 현재 정당화될 수 없다고 생각한다(언젠가 이러한 평가는 달라질 수도 있지만 그러한 결론을 내리기에는 아직 이르다). 또한 필자는 동맹의 추가적인 확대와 함께 군사력을 남용하는 현 미국의 대전략이 가지는 경향에 대해 경고한다.

그러나 **자제**에 대한 지지는 미국의 **축소**(retrenchment), 즉 구체적으로 기존 동맹을 약화시키거나 해체하자는 주장과는 다르다. 후자는 필자가 생각하기에 설득력이 떨어진다. 포젠 교수의 계산 결과 그러한 전략은 미국의 국방예산을 약 20% 정도 줄일 수 있다고 보았다. 이는 국방예산을 GDP의 3%를 약간 넘는 수준에서 약 2.5%로 줄이는 결과이다. 이는 분명히 의미 있는 수치이지만 거시경제적 관점에서 볼 때 국가의 자원이나 예산 분배 측면에서는 그리 큰 변화를 가져오지는 못한다. 그러한 전략은 오늘날의 전쟁이나 강대국 간의 고강도 군비경쟁이 줄어들 가능성을 만든 경우에야 비용과 편익 측면에서 정당화될 수 있을 것이다. 그러나 역사적으로 일어난 사실만 두고 보면 반세기 동안 개입이라는 미국의 대전략이 없는 상황에서 두 차례의 세계 대전이 발생한 반면, 미국이 리더십을 발휘한 75년 동안 강대국 간의 전쟁은 일어나지 않았다. 동맹 관계를 약화하거나 중단하는 것이 과연 어떻게 더 안전한 세상을 만들 수 있을 것인지 현재로서는 알기 어렵다.[41]

역사상 이러한 규모의 축소정책은 아직 시도된 적이 없으며, 따라서 사실상 획기적이기는 하겠지만 신중한 결정은 아니다. 가장 유사한 경험은 아마도 제1차 세계 대전 직후의 시기가 아닐까 싶다. 이 시기 동안 연합군 승전국들은 최초 평화유지를 위해 미국 주도의 국제연맹(League of Nations)을 결성하려 했으나 이후 이를 해체하고 각 국의 군 규모를 획기적으로 축소하였다.[42] 미국이 전 세계적으로 동맹관계를 끊고 개입을 축소하는 등의 축소전략을 실행한다면 정말 낙관적으로 상황을 예상하더라도 위험한 과도기를 초래할 것이라는 점은 자명하다.[43]

미국의 축소정책을 옹호하는 사람들은 전 세계 지역 강대국들이 이웃 국가들과 평화롭게 지내는 방법을 스스로 찾아야 한다고 주장한다. 물론 이는 일상적인 외교문제에 한해 매우 건전한 조언이다. 그러나 유사시 당장 당면한 이해관계에는 상대적으로 무관심하면서도 동맹국의 핵심안보에 전념할 수 있는 외부에 위치한 초강대국의 존재는 이러한 상황을 안정화시키는 데 큰 도움이 될 수 있다.

아시아 전문가 리처드 부시(Richard Bush)는 그의 훌륭한 저서 "근접의 위험(Perils of Proximity)"을 통해 지리적으로 가까운 이웃 국가들 간의 갈등을 경고한 바 있다.**44** 친숙함이 항상 이해를 높이는 것은 아니다. 때로는 경멸을 낳기도 한다. 이웃 국가들 간에는 종종 복잡하게 얽힌 역사, 계속되는 불만, 그로 인한 불신을 가지고 있는 경우가 많다. 미국과 같이 지리적으로 떨어져 있으나 개입할 수 있는 강대국의 역할은 이러한 역학관계를 긍정적으로 바꿀 수 있다.

북대서양 조약 기구의 초대 사무총장인 헤이스팅스 리오넬 이스메이(Hastings Lionel Ismay)경은 북대서양 조약 기구가 "소련은 배제하고 미국은 안으로 독일은 진압"하기 위해 만들어졌다는 말을 남겼다.**45** 오늘날 독일을 무너뜨리는 것은 필요하지 않을 수도 있다. 그러나 나머지 말은 시의 적절하다. 신뢰할 수 있는 미국의 힘 없이는 한때 소련이나 바르샤바 조약의 일부였던 국가 내 러시아의 간섭, 기만, 강요, 위협은 물론 심지어 공격까지 감행할 가능성이 커질 수 있다. 가까운 지역 내 어느 정도 러시아의 지배력이 입증되면 러시아는 수 세기 간 유럽 강대국이 그랬듯 서쪽 지역까지 확장하고자 할 것이다. 미국의 안보 공약이 철회되는 경우 실제 전쟁으로 이어질 가능성이 있을까? 대답하기 어려운 문제다. 아마도 전쟁으로 이어지지는 않을 것이다. 그러나 모스크바는 반발할 수 있는 능력이 없는 국가들을 대상으로 점차 도발을 하고 싶은 유혹을 받을 수도 있다. 또한 처음에는 그 누구도 그러한 결과를 의도하지 않았더라도 어느 시점에 갑자기 상황이 악화될 수 있다. 오스트레일리아 역사가 제프리 블레이니(Geoffrey Blainey)가 주장했듯이 일반적으로 우연히 시작되는 전쟁은 없지만 만약 한쪽 편이 신속하게 승리하기 위해 제한된 군사력을 통제된 방식으로 사용할 수 있다고 믿는다면 전쟁이 발발하기도 한다. 통상 그러한 기대는 잘못된 것으로 판명됐다.**46**

그러한 우려가 냉전이 종식된 후 북대서양 조약 기구가 동쪽으로 확장하는 것을 배제해야 했는지 여부에 대해 논쟁의 여지가 있을 수 있다. 필자 역시 1990년대와 2000년대 북대서양 조약 기구 확장과 관련하여 역외균형을 주장한 사람들과 같은 입장이었다. 그러나 한번 저지른 일은 다시 되돌릴 수 없다. 어떠한 경우에도 러시아는 냉전 시기 철의 장막(Iron Curtain)으로 나뉜 지역을 지배할 수 있는 권리는 없다. 다음 장에서 논의하겠지만 우크라이나와 같은 지역으로 북대서양 조약 기구가 확대하는 것에 대해 모스크바가 특히 우려할 수 있다는 점을 인정하는 것과 폴란드 또는 체코와 같은 국가 내 러시아가 우위를 점한다는 점을 인정하는 것은 별개의 문제이다. 오늘날 유럽 안보를 위해 우리에게 주어진 선택지가 북대서양 조약 기구를 그대로 유지 또는 확장하거나 전체 또는 일부를 해체하는 것이라면 필자는 첫 번째 방안을 강력하게 지지한다. 현시점에서 북대서양 조약 기구를 구소련 지역으로 확대하는 것은 러시아를 심각하게 자극할 것이다. 또한 나토를 해체하는 일 역시 러시아 강경파의 손을 들어주는 모습인 동시에 유럽 내 더 많은 권력과 지배에 대한 욕구를 부추기는 결과를 초래할 것이다.

　　지리적으로 가까운 국가들이 자율적으로 원만한 관계를 유지하기 어렵다는 사실은 다른 지역에도 동일하게 적용된다. 예를 들어 오늘날 동북아시아 지역 내 안보환경을 고려할 때 미일동맹과 한미동맹없이 안정화될 수 있을 것이라 믿기는 어렵다. 역사적으로 중국, 일본 그리고 남한과 북한은 원만한 관계를 지속하지 못했다. (러시아 역시 역내 국가들과 원만한 관계를 유지하지 못했으나 향후 몇 년간 미국과 동맹에 도전하기 위해 중국과 협력하거나 최소한 협의할 가능성이 있다.) 그러나 주지하다시피 현재 동북아시아 지역은 미국의 관여와 개입으로 평화가 유지되고 있으며, 일본은 재무장의 길을 다시는 걷지 않았고 북한을 제외하면 전반적으로 역내 과도한 군비경쟁을 피할 수 있었다.[47]

　　필자가 제안하는 대전략은 사실 버락 오바마(Barack Obama) 대통령의 철학을 공유한다. 오바마 대통령은 러시아의 귀환과 중국의 부상은 물론 테러위협에 대한 과잉 대응을 피하고자 했다. 이러한 측면에서 그의 보좌관 데릭 숄레이(Derek Chollet)는 그의 저서 **"장기간의 게임: 오바마 대통령은 어떻게 워싱턴에 도전하고 전 세계 미국의 역할을 재정의하였는가**(The Long Game: How Obama Defied Washington and Redefined America's Role in the World)"를 통해 44대 오바마 대통령이 가진 철학에 대해 통찰력 있게 분석하였다. 숄레이에 따르면 오바마 대통령은 미국이 보다 공세적인 국제사회 리더십을 발휘하기를 요구하는 전문가와 정책결정자들의 의견을 회피하였는데, 이는 결과적으로 올바른 판단이었다고 생각한다. 오바마 대통령은 행동하지 않는 것만큼이나 미국의 과도한 확장에 대해 우려했다. 이러한 그의 생각은 향후 몇 년간에 걸쳐 다양한 정책결정 과정에 반영되었는데, 그중 일부는 추후 긍정적인 평가를 이끌어내기도 했다. 오바마 대통령은 이라크 전쟁에 반대하면서 2009년 연설을 통해 아프가니스탄에 잠정적인 미군 추가 파병과 이후 즉각적인 미군 철수를 약속했다. 2011년 미국은 북대서양 조약 기구가 리비아에서의 군사적 주도권을 장악하도록 지원했다. 같은 해부터 그는 만약 미국이 역할을 하지 않는다면 시리아에서 바샤르 알아사드(Bashar al-Assad) 정부는 축출될 것이라고 생각했다. 또한 오바마 대통령은 2014년부터 러시아와의 외교적 관계를 강조하며 우크라이나에 대한 미국의 군사적 개입을 배제하겠다는 뜻을 밝히기도 했다. 2015년 그는 이란의 핵 프로그램과 관련하여 불완전하고 임시적이기는 하나 전쟁의 위험을 감수하기보다 이란과의 거래를 택하였다. 솔레이에 따르면 오바마 대통령의 이러한 결정은 모두 감탄할 만한 수준의 자제된 모습을 보여준 사례들이다. 오바마 대통령의 이러한 모습은 그가 스스로 이야기 했듯이 "어리석은 짓은 하지 말고 매 순간 홈런을 바라기보다 1루타나 2루타를 꾸준히 치려고 노력하되 모든 일을 장기적인 시각에서 바라볼 것"이라는 그의 마인드를 잘 반영하고 있다.

그러나 오바마 행정부는 출범 이래 너무나 많은 불행한 사건들이 발생하는 불운을 겪었다. 일부는 대통령의 잘못에서 비롯된 것이었다. 대표적으로 시리아와 리비아를 들 수 있는데, 당시 오바마 행정부의 외교정책은 목적과 수단이 일치하지 않았고 무엇보다 명확한 전략이 부재했다.[48] 그러나 그의 재임기간 동안 발생한 대부분 사건의 원인은 오바마 행정부 이전으로 거슬러 올라가 보다 폭넓은 시각에서 찾아야 한다. 보다 거세지는 러시아와 중국의 모험주의, 실패로 돌아간 아랍의 봄과 함께 보다 공세적인 이란의 등장, 이라크·시리아 등 이슬람국가(The Islamic State of Iraq and Syria, ISIS)의 부상, 북한의 핵 개발 고도화가 지속되는 가운데 기타 위기까지 더해지면서 공화당은 물론 일부 민주당까지 오바마 행정부의 외교정책이 자제보다는 결단력이 부족하다는 결론을 내렸다. 또한 오바마 행정부에서 국방부 장관을 지낸 애슈턴 카터(Ashton

Carter)가 인정했듯이 그토록 언변이 뛰어난 오바마 대통령이었지만 아이러니하게도 그는 그의 외교정책의 논리에 대해서는 제대로 설명하지 못했다.[49] 그러나 오바마 대통령에 대한 이와 같은 비판은 다소 도가 지나친 면이 없지 않다. 오바마 대통령은 그의 재임기간 동안 아프가니스탄에 군대를 주둔시켰고 전임자에 비해 알카에다(al Qaeda)에 대한 훨씬 더 많은 드론 공습을 수행했으며, 오사마 빈 라덴(Osama bin Laden) 제거 작전을 승인했다. 또한 아시아 태평양지역에서의 재균형(rebalancing) 정책을 채택하였고 보수적인 티파티(Tea Party) 공화당의 감축 요구에도 불구하고 매해 6천억 달러 이상 규모의 국방예산을 유지하였다(냉전 시기 인플레이션을 감안한 평균 국방예산 규모를 훌쩍 뛰어넘는 수준). 2014년 러시아가 우크라이나를 침공한 이래 동유럽 지역 내 나토 군사력을 증강하였으며, 동중국해 미 해군의 작전을 통해 인근 지역 내 자유로운 항행에 대한 미국의 의지를 강조하였다.

그러나 이러한 행동은 종종 유약하다는 평가를 받았고 그의 외교정책 비전은 역사가들이 종종 제시하는 명확한 교리나 패러다임과 같이 논리적으로 일관성을 유지하고 있는 것처럼 보이지 않는 맹점을 가지고 있다. 빌 번즈(Bill Burns) 전 국무부 부장관은 향후 미국의 전략적 선택 방향을 축소(retrenchment), 복원(restoration) 또는 재창조(reinvention)(마지막 옵션을 강력히 권고)라는 프레임을 사용하여 구체화하였다. 이 프레임을 바탕으로 보면 많은 사람들의 눈에 비친 오바마 행정부의 접근방식은 축소에 가깝게 느껴질지도 모른다.[50] 그러나 필자는 적어도 철학적으로 오바마 대통령이 추진했던 자제 측면의 많은 부분을 향후 미국의 외교정책에 대한 발전 시 참고할 필요가 있다고 생각한다.

단호한 자제라는 케난주의적(Kennanesque) 대전략은 트럼프 대통령의 접근 방식과 어떻게 다른가? 가치 기반의 미국 리더십에 기반한 대전략은 본질적으로 트럼프의 세계관과 많은 부분에서 상이하다.

그럼에도 불구하고 필자는 흥미롭게도 필자가 제시하고자 하는 외교전략과 트럼프 대통령의 접근방식 사이에 최소한 네 가지 측면에서 일치하는 점을 발견했다. 첫째, 필자는 트럼프 대통령이 미국의 군사력 사용 가능성에 대해 회의적이었다는 측면에 동의한다. 둘째, 그는 최초 김정은 북한 국무위원장을 상대함에 있어 대담하고 창의적인 방식을 택했다. 물론 이후 그의 소위 "거래의 기술(the art of the deal)"은 더 이상 그 효과를 발휘하지 못하고 북한의 핵무기 프로그램을 저지할 수 있는 타협의 기회를 놓쳐 버리기는 했으나 북한문제에 대한 새로운 방식을 시도했다는 점은 사실이다. 셋째, 그는 북대서양조약 기구가 구소련 지역으로 확대되는 데 관심이 없었다. 넷째, 전반적으로 트럼프 대통령의 전술에는 결함이 있었으나 그럼에도 불구하고 그는 미국이 국정 운영의 수단으로써 경제 및 재정적 수단의 잠재적 영향력을 이해하고 있었다. 특히 그는 종종 안보문제를 다룰 때조차 이러한 경제 및 재정적 수단을 우선시하기도 했다.

　필자가 제시하는 단호한 자제라는 대전략은 그간 미국의 의사결정자들이 군사력 사용을 결정하는데 참고했던 다른 프레임과 어떤 점에서 차이가 날까? 미국외교협회(Council for Foreign Relations) 회장 리처드 하스(Richard Haass)는 그의 저서를 통해 미국이 "선택하는 전쟁(wars of choice)"이 아닌 반드시 "필요한 전쟁(wars of necessity)"을 수행해야 한다는 점을 강조했다.[51] 그가 제시한 구분은 간결하고 유용하다. 그러나 그에 반해 분석과 판단 없이는 어떤 유형의 전쟁이 선택한 전쟁인지 또는 필요한 전쟁인지 쉽게 알 수 없다(물론 하스는 다른 많은 통찰력 있는 글을 통해 그러한 광범위한 분석을 제공하고 있다). 필자는 이 책을 통해 그러한 결정에 도움이 될 수 있는 틀을 제시하고자 한다. 1980년 캐스퍼 와인버거(Caspar Weinberger) 전 국방장관은 이후 와인버거 독트린(Weinberger doctrine)이라고 불리는 미국의 국제적 개입(intervention) 전에 참고할 수 있는 몇 가지 규칙을 구체화하였다. 이러한 규칙에는 미국이 전쟁을 택해야만 하는 경우의 수를 구체화하고 있는데, 먼저 위기를 해결하기 위한 다른 모든 시도가 실패한 경우 미국의 사활적 이익(vital national interests)이 위태로운 경우 작전에 대한 강력한 국가적 합의가 도출되었을 때 그리고 군사작전을 수행하기 전 전쟁을 승리로 이끌 수 있는 명확한 계획을 세울 수 있는 경우 등이 이에 해당된다. 이를 통해 와인버거 전 국방장관의 경험과 통찰력이 엿보인다. 그러나 이러한 규칙은 전쟁이 마치 통제 가능한 결과를 도출할 수 있는 기술적인 영역으로 간주하여 전쟁이 본질적으로 예측이 불가능하다는 점을 간과했다. 또한 실제로 미국의 사활적 이익이 과연 무엇인지에 대한 문제를 해결하지 못했다.[52] 그리고 마지막으로 콜린 파월(Colin Powell) 장군의 이름을 딴 파월 독트린(Powell doctrine)은 와인버거에 비해 중요한 미국의 이익을 결정하는 데 보다 유연한 태도를 취한다. 대신 군사력 사용의 어려움을 미리 예상하고 대비함으로써 모든 군사작전의 성공을 보장할 수 있어야 함을 강조한다.[53] 이러한 파월 독트린은 와인버거 독트린과 마찬가지로 군사력 사용에 대해 신중해야 함을 강조한다. 그러나 파월 독트린은 국가이익을 우선시하고 적어도 전쟁만큼이나 억제(deterrence)의 측면에 보다 초점을 맞추는 대전략이라기보다는 일종의 군사력 사용에 대한 경고 또는 조건에 가깝다. 이를 보다 구체적으로 이해하기 위해 다음은 억제에 대해 살펴보고자 한다.

억제가 실행 가능한 이유

만약 억제(deterrence)가 극도로 어렵고 동맹국에 대한 공약으로 인해 미국이 자국의 안보와는 직접적인 관련도 없는 전쟁에 휘말리게 된다면 역외 균형(offshore balancing)의 대전략은 보다 설득력이 가질 수 있을 것이다. 그러나 사실 최근 수십 년간의 역사는 우리를 그보다 훨씬 더 낙관적으로 만들었다. 여기서 핵심은 어떤 이익이 싸울 만한 가치가 있는지 그리고 그러한 이익을 지켜낼 수 있는 국가적 의지와 역량을 일관되게 보여주는 것이다. 동시에 위기가 발생하기 전에 명확한 레드라인 설정이 어렵거나 바람직하지 않은 복잡하고 모호하며 회색지대(gray-zone) 문제들에 대처할 수 있는 기타 비군사적, 비살상적 수단을 확보해야 한다.

억제는 수사적인 공약이 실제 군사력, 동맹국가에 대한 공식적인 공약, 국가의 지속적인 결의로 뒷받침되지 않을 때 종종 실패한다.[54] 예를 들어 냉전 초기 베를린 위기의 경우 소련 지도자들이 미국의 강력한 대응 의지에 대해 의구심을 가지면서 발생하였다. 또한 크렘린(Kremlin)은 러시아가 적어도 지역 내 군사력 우위를 달성할 수 있으며, 따라서 미국은 대규모 준비나 확전이 없는 한 베를린 장벽 건설을 막을 수 있는 역량이 부족하다고 인식하였다.[55]

1956년 헝가리 혁명에 대한 소련의 진압 역시 미국의 주요 부대가 주둔하는 지역과 훨씬 더 멀리 떨어져 있는 곳에서 발생했다. 김일성과 사담 후세인 (Saddam Hussein)은 각각 1950년과 1990년 딘 애치슨(Dean Acheson) 국무장관 과 이라크 대사 에이프릴 그라스피(April Glaspie) 이라크 주재 미국대사의 발언 이후 한국과 쿠웨이트 침략에 대한 미국의 의지에 대해 의구심을 가졌다(미국 은 당시 이들 국가의 안보와 관련하여 어떠한 공식적인 공약을 제시하지 않았고 따라 서 이들 국가를 방어하는 데 관심이 없음을 표했기 때문에 사실상 이러한 사례를 억제 실패로 분류하기는 어렵다).**56** 소련은 1979년 아프가니스탄 침공을 결정할 당시 미국이 군사적 개입을 고려할 것이라고 생각할 근거가 없었다.**57** 지난 11년 동 안 러시아의 조지아, 우크라이나, 시리아 침공 역시 미국의 공식적인 동맹공약 이 없거나 지역 내 군사력이 배치되어 있지 않는 등 미국의 대응의지에 대해 러시아가 의구심을 가졌을 때 발생하였다.**58**

로버트 게이츠(Bob Gates) 전 국방장관이 자주 인용하던 문구 중 하나는 "미국은 언제 어디서 전쟁이 발생할 것인지 항상 예측하지 못한다"였다.**59** 이 는 미국이 항상 억제에 성공하지 못한다는 말로 바꿔 쓸 수 있다. 실제로 맞는 말이기도 하다. 그러나 반대의 경우도 마찬가지인데, 즉 미국이 진정으로 국가 적 의지를 가지고 자원을 투입하고 군대를 배치하는 곳에서는 대규모 침략을 방지할 수 있었던 거의 완벽한 기록을 가지고 있다. 미국은 미래 전쟁의 가능 성을 정확하게 예측할 수 있을 때 그것을 방지하는 데 상당히 능숙해 보일 수 있다. 예를 들어 일본, 서유럽 그리고 초기 전후 한국에서와 같이 우리가 우리 의 의도, 공약 및 능력에 대해 명확히 할 때 일반적으로 억제는 작동하였다. 보다 정확하게는 (우리는 반대의 경우를 알 수 없기 때문에) 이러한 지역 내에서 억제는 실패하지 않았다. 다른 국가들은 일반적으로 워싱턴이 단호하다는 사실 을 알게 되면 미국과 전쟁을 수행하는 위험을 감수하지 않을 것이다. 특히 갈 등이 일어날 가능성이 큰 지역 내 미국의 군대를 주둔시켰을 때 더욱 그렇다. 이러한 측면에서 도널드 트럼프 전 대통령은 2017년 북대서양 조약 기구와 동 아시아 내 동맹국을 방어하겠다는 그의 의지가 기껏해야 조건부임을 시사하면 서 미국의 억제력은 의도치 않게 시험대에 오르게 되었다. 그러나 이 기간 동 안 그 어느 국가도 미국의 동맹국을 공격하지 않았으며 공격을 진지하게 고려 했다는 증거도 찾을 수 없었다.**60** 동맹의 가치를 의심했던 트럼프 대통령의 발언에도 불구하고 미국의 전투부대의 대규모 재배치나 조약의 폐기로 이어지지 않았다는 사실이 이러한 이유의 주된 배경일 것이다.

물론 이것이 억제가 쉽다는 것을 의미하는 것은 아니다. 진지한 의지와 역량이 요구된다. 이러한 역량에는 세계 최고의 군대를 유지하는 것이 포함된다. 그리고 진지한 의지에 관해서는 사실상 21세기 내내 여러 번의 군사작전을 수행해 왔으며, 로버트 케이건(Bob Kagan)의 기억에 남는 구절에서 건국 이래 "위험국가(dangerous nation)"였던 미국의 의지를 보여주었다. 핵심 동맹국을 방어하기 위해 싸울 미국의 의지는 미국 내 전략가들이 생각하는 것보다 훨씬 견고하다.[61]

미국이 항상 싸울 준비가 되어 있다는 인식이 단호했던 것은 아니다. 1998년 오사마 빈 라덴(Osama bin Laden)은 ABC 뉴스 존 밀러(John Miller) 특파원에게 다음과 같이 이야기했다. "우리는 지난 10년 동안 미국 정부의 쇠퇴와 장기간의 전쟁을 치를 준비가 되어 있지 않은 미군의 약점을 보았다. 이것은 베이루트(Beirut)에서 두 차례의 폭발 이후 해병대가 도주했을 때 입증되었다. 이와 같은 일은 소말리아에서도 반복되었다. 몇 번의 타격 끝에 미군은 패배 후 도망쳤으며, 미국이 전 세계 리더이자 새로운 세계 질서의 리더라며 떠들어댔던 헛된 선전과 언론 프로파간다(propaganda)를 잊어버렸다."[62] 그러나 빈 라덴은 그 이후 일단 미국인 사상자의 수가 특정 임계값을 넘으면 테러로부터 스스로 방어하려는 미국의 의지를 확인할 수 있었다. 다른 잠재적인 적 또한 이 점을 주목했을 것이다. 핵심이익을 수호하기 위해 전쟁의 위험까지 감수하겠다는 미국의 의지에 대해서는 오늘날 전 세계 대부분의 잠재적 적대국가 및 침략자들 또한 의심하지 않을 것이다.

억제에 관해 또 다른 긍정적인 부분도 있다. 미국은 일반적으로 단지 강인함이나 결단력을 위한 미국의 명성을 지키기 위해 싸울 필요는 없다. 다트머스 대학의 대릴 프레스(Daryl Press) 교수와 워싱턴 대학의 조나단 머서(Jonathan Mercer) 교수를 비롯한 학자들이 베를린과 쿠바 미사일 위기와 같은 사례를 검토하면서 설득력 있게 주장한 것처럼 말이다. 적대국의 마음에 신뢰를 형성할 때 가장 중요한 점은 특정 국가 또는 이슈에 대한 단순한 수사 이상의 명확한 공약과 결합된 군사력 배치이다. 오늘날 세계에서 핵으로 무장한 적을 상대할 때 미국은 아마도 핵 억제력으로 뒷받침되는 재래식 전력을 필요로 할 것이다.

주요 전구(theater)에서 억제력을 유지하기 위해 전 세계 모든 지역과 이익에 대한 신뢰성 유지와 같은 모호한 입장을 유지할 필요는 없다.[63] 이는 시리아 내 인도주의 위기를 무시하거나 우크라이나에서 블라디미르 푸틴(Vladimir Putin)이 행한 범죄에 눈을 감는다거나 미얀마에서 베네수엘라인과 미얀마 로힝야족 그리고 내전으로 피해를 입은 중부 및 사헬 아프리카 국가들의 곤경을 잊으라는 말이 아니다. 그러나 잠재적인 침략자들은 미국이 단지 부차적인 전략적 중요성을 가진 위기에 대해 전념하지 않는다고 해서 주요 동맹국에 대한 미국의 공약에 대해 의심하지 않을 것이다. 예를 들어 2013년 오바마 대통령이 시리아 아사드 정권에 의한 화학무기 사용을 용인할 수 없다던 레드 라인을 지키지 않았다고 해서 김정은이 한국을 공격할 기회를 엿보려 하거나 찾지 않았다는 사실과 같은 맥락이다. 미국은 앞으로도 위기에 대처하거나 전략적으로 중요도가 다소 떨어지는 지역 내 갈등을 다루는 데 있어 수많은 실수를 저지를 것이다. 다행스럽게도 이러한 실수들이 미국이 자국의 최상위 국가안보이익에 대한 위협을 억제하는 데 있어 발목을 잡지 않을 것이다. 그리고 이는 특히 미국의 전투부대가 제 위치에 배치되었을 때 더욱 그렇다.

그러나 알렉산드르 조지(Alexander George)와 리처드 스모크(Richard Smoke)가 냉전 초기 억제에 관한 연구에서 체계화한 바와 같이 전면적인 공격을 억제하는 데 성공하더라도 동맹국의 이익과 기존 질서에 대한 작은 도전을 억제하는 것은 더욱 어렵다.[64] 그러한 유형의 위기와 갈등은 어떤 의미에서는 본질적으로 덜 위험하다. 그러나 다른 의미에서 그러한 작은 위기와 갈등은 항상 확전될 가능성을 안고 있다. 1960년대, 1970년대, 1980년대 북한이 남한과 미군을 대상으로 저지른 다양한 폭력적인 행위, 냉전시대 중동지역 내 군사고문 활용, 베트남 전쟁에서 중국의 지원 역할, 미국의 접근을 막고 베를린 장벽을 건설한 소련의 결정 또는 1950년대 금문도(Quemoy)와 마조열도(Matsu)를 점령하기 위한 중국의 시도를 생각해보라.

프레드 이클레(Fred Ikle)가 확대의 위험에 대해 언급했듯이 "전쟁은 적대감을 날카롭게 한다. … 정부와 국민 모두가 전쟁의 결과가 초래한 희생을 정당화해야 한다고 느낄 것이기 때문에 합의 결과에 대해 기대하는 바가 크다.

또한 다양한 제도적 영향력이 평화를 만드는 데 어려움을 가중시킬 것이다."[65] 일단 전쟁이 개시되고 사람들이 죽기 시작하면 멈추기 어렵다. 그렇기 때문에 핵심은 소규모 또는 회색지대 침략을 저지하기 위해 초기에 군사력 사용의 위협에 의존하지 않는 것이다. 다음의 4개 장에서는 오늘날 미국의 안보에 직접적인 위협이 될 수 있는 가장 큰 가능성에 대한 비군사적 수단을 개선할 수 있는 방안에 대해 논의하고자 한다.[66]

그러나 과도한 억제는 위험하다

미국이 앞으로 핵심이익과 동맹국에 대한 억제가 달성할 수 있다고 해서 미국의 모든 외교정책 목표가 달성 가능하다는 의미는 아니다. 모든 외교정책이 바람직하거나 신중하게 결정되었다는 의미도 아니다. 일반적으로 많은 외교정책 전문가들은 글을 쓸 때 미국의 국제문제에 대한 무관심과 외교정책을 충분히 지원하기보다 자원을 쓰지 않으려는 미국의 태도를 비판하곤 한다. 그러나 그 이면의 위험 또한 도사리고 있는데, 그것은 바로 외교정책의 과용(overdo)에 있다.

오늘날 우리가 상대하는 적은 히틀러(Hitler), 도조(Tojo) 또는 스탈린(Stalin)과 같지 않으며, 따라서 나치(Nazis)나 소련(Soviet) 또는 전시 일본에 적용했던 방식으로 문제를 접근해서는 안 된다. 미래 갈등은 근본적으로 사악한 정권이 전 세계 정복을 시도하려고 했던 제2차 세계 대전보다는 강대국 간의 경쟁과 불신으로 인한 작은 위기가 확전된 제1차 세계 대전과 같이 시작될 가능성이 크다.[67]

실제로 미래 전쟁이 발발한다면 윤리적 복잡성의 측면에서 제1차 세계 대전 양상과 유사한 방향으로 전개될 수 있다. 미국은 1917년 4월과 12월이 되어서야 독일과 오스트리아-헝가리 제국에게 선전포고를 하였다. 그 이전에 우드로 윌슨(Woodrow Wilson) 대통령은 어느 한쪽의 완전한 패배보다는 소위 "승리없는 평화(peace without victory)"를 선호하면서 영국과 프랑스의 공격적이고 제국주의적인 방식에 대해 유보적인 입장을 표했다.[68] 당시 전쟁은 독재

정권 대 민주주의, 공세적인 국가 대 평화로운 국가와 같이 단순한 흑백논리로 설명할 수 없다. 적어도 많은 사람들의 시각에서 미국과 동맹국 대 중국 간의 전쟁은 세부사항에 따라 물론 달라질 수 있겠으나 윤리적인 판단이 분명치 않을 수 있다.

　미국은 지난 세기의 대부분 광범위한 목표를 가진 적에 대항하며 보냈기 때문에 컬럼비아 대학교 스티븐 세스타노비치(Stephen Sestanovich) 교수가 "확대주의(maximalist)"라고 부르는 경향을 발전시켜왔다. 이와 관련하여 제임스 스타인버그(Jim Steinberg) 전 국무부 차관보와 필자는 2014년 중국에 대한 책을 통해 비슷한 주장을 한 바 있다. 물론 미국의 이러한 성향은 나름의 장점을 가지고 있다. 그럼에도 불구하고 확대주의적 성향은 과거 히틀러나 스탈린을 상대했던 시기와 달리 현대와 같이 회색 음영이 짙은 복잡한 세계에서는 상황을 더욱 위험에 빠뜨릴 가능성이 크다.**69**

　미국의 전략적 사고 방식 중 가장 위험하고 널리 알려진 생각은 동맹, 특히 북대서양 조약 기구가 확대되어야 한다고 믿는 것이다. 북대서양 조약 기구가 구소련 지역으로 확대될 가능성은 필자가 가장 우려하고 있는 시나리오이기도 하다(동맹확대 이슈는 미래 남아시아, 동남아시아 및 동아시아 내 베트남 또는 다른 국가들과 관련하여 다시금 제기될 가능성이 있음에도 불구하고). 이는 서구권 주요 정책결정자들이 잘못된 동기를 가지고 있기 때문에 비롯된 것이 아니다. 관련하여 냉전 이후 전 세계 논의과정을 지켜보았던 필자는 북대서양 조약 기구 확대에 대한 미국의 전폭적인 지지는 유럽의 평화와 민주주의를 공고히 하고자 하는 합당한 이유에서 비롯되었다고 확신한다. 결코 러시아를 당황하게 하거나 위협할 목적이 아니었다. 실제로는 북대서양 조약 기구 확대를 옹호하는 그룹 내에서도 러시아의 부활을 두려워하는 목소리도 있었으며, 동유럽 국가들이 러시아로부터 위협을 받기 전에 안보 보장을 제공하기를 바랐다. 이러한 과정에서 목표는 분명히 러시아를 약화시키거나 공격하지 않으며, 동시에 러시아가 굴욕감을 느끼지 않는 방식으로 추진하는 것이었다. 이러한 목표에도 불구하고 본디 자부심이 강한 정치적 문화와 역사를 가지고 있고 그간 서구권 국가들과 많은 우여곡절을 겪었던 러시아의 입장에서 강하게 반발하는 것은 충분히 가능한 일이다. 지금 와서 러시아에게 사과를 해야 한다는 말이 아니

다. 한번 뱉은 말은 주워 담을 수 없는 법이다. 다시 강조하지만 미국과 북대
서양 조약 기구의 확대를 지지하는 서구권 국가들은 나름의 합리적인 동기를
가지고 있다. 오늘날 우리는 북대서양 조약 기구 회원국 중 일부가 공격을 받
았을 경우 미국이 보호할 필요가 없거나 그럴 가치가 없다고 암시할 수 있는
위험을 감수할 수는 없다. 억제를 실패하고자 한다면 이만한 방법이 없다. 그
러나 2008년으로 거슬러 올라가 언젠가 우크라이나와 그루지야를 나토에 가입
시키겠다고 약속했던 것처럼 현재 이들 국가를 북대서양 조약 기구에 편입시
키는 것은 별개의 문제이다. 3장에서 더 자세히 논의하겠지만 미국은 이러한
정책을 재고할 필요가 있다. (블라디미르 푸틴(Vladimir Putin) 대통령이 이러한 상
황을 뒷짐지고 바라만 보고 있지 않을 것이기 때문이다.)

　　또한 미국은 전쟁과 외교 양 전선에서 승리의 정의를 지나치게 확대 해석
할 수 있다. 미국은 신기하게도 제2차 세계 대전 이후 여러 차례 전쟁을 경험
했음에도 불구하고 여전히 국가안보 이슈들에 대해 완전한 승리를 기대하는
경향이 있다. 이는 아마도 미국의 시각에서 제2차 세계 대전과 냉전 모두 완전
한 승리를 거두었다고 판단하기 때문일 것이다. 이러한 결과 미국이 진정으로
노력한다면 원하는 모든 결과를 얻을 수 있으리라는 헛된 희망을 품게 되었다.
이러한 미국의 태도는 핵 프로그램과 관련하여 이란 및 북한과 거래하는 과정
에서 매우 야심찬 목표를 추구하는 결과를 낳았다. 물론 미국의 동기가 어리석
다는 것은 결코 아니다. 핵무기를 보유한 국가가 많아질수록 그리고 그 가운데
일부 극단주의적 독재 또는 전제정치 국가가 핵을 보유하게 된다면 세상은 더
욱 위험해질 것이다. 핵보유국이라면 전쟁 또는 핵전쟁으로 이어질 수 있는 결
정을 내리지 않을 것이라고 가정하는 정치학자들은 불완전한 인간, 불완전한
의사결정과정 그리고 취약한 지휘통제시스템으로 이루어진 세상에서 너무나
많은 합리성과 예측가능성을 기반으로 가정하고 판단한다.[70]

　　추후 자세하게 설명하겠지만 북한이 보유한 수십 개의 핵무기를 단번에
포기하도록 설득하는 것은 분명 비현실적인 목표이다. 그러한 비현실적인 목표
를 달성하려는 시도가 잦을 수록 위험을 줄이기보다 증가시킬 가능성이 높아
진다. 비록 2015년 이란과의 핵 합의가 결점이 있었다 한들 그 대안으로 이란
내 실질적인 정권교체와 같은 목표를 추진해서는 안 된다. 이를 달성할 가능성

은 매우 희박하다.

　동맹체제를 강화하고 북한 및 이란과 같은 국가와의 외교전략을 발전시키는 것에 더해 미국은 일단 전투에 참여하게 된 다음 싸울 시기와 목표를 결정하는 미국만의 전쟁 수행방식이 있다. 이 경우에도 미국은 과도한 자만심과 함께 확대주의적 야망에 빠지는 경향이 있다. 미국이 아무리 뛰어난 군을 유지하고 있어도 생각만큼 위기를 통제할 수 있는 능력은 없다. 따라서 미국은 적대적인 핵보유국과의 군사적 경쟁을 하지 않도록 상당한 주의를 기울여야 한다. 정부 내 아첨하는 보좌관, 집단사고 및 자기애가 강한 지도자들이 있는 특정한 상황에서 여전히 큰 실수를 범할 가능성이 있음에 특별히 유의해야 한다. (이러한 상황은 미국 내에서도 발생할 수 있다.)[71]

　기술적 문제 역시 발생할 수 있다. 예를 들어 재래식 전쟁 초기 핵 무력에 있어서도 중요한 정찰 및 통신 자산이 오작동하거나 파괴될 가능성이 있다. 이러한 경우 해당 국가는 자신이 처한 상황에 대해 거의 알지 못하게 되고 이는 자칫 과잉반응하는 결과를 초래한다. 이미 수십 년 전 브루킹스 연구소의 브루스 블레어(Bruce Blair)와 그의 동료들은 이러한 경우에 대해 경고한 바 있으며, 이는 오늘날에도 여전히 위험한 시나리오 중 하나다. 이러한 경우 미국이 문제를 해결했다고 해도 다른 핵보유국들은 적절한 조치를 취하지 못할 경우도 있을 수 있다. 또한 베리 포젠(Barry Posen) 교수와 케이틀린 탈마지(Caitlin Talmadge) 교수가 설득력 있게 주장한 바와 같이 재래식 분쟁에서도 적의 핵무장 잠수함을 선제적으로 파괴하려는 미국의 표준 관행은 재래식 전쟁과 핵전쟁 사이의 경계를 흐리게 만들 수 있다.[72] 사이버, 우주 및 해저 광섬유 케이블이 가지고 있는 취약성은 완전히 새로운 차원의 위험을 초래하기도 한다.[73] 단순 사고나 조직 간 잘못된 의사소통 역시 위기를 일으킬 수 있다.[74] 핵 시대에 이와 같은 사건이 여러 차례 발생하였고 모두 참혹한 결과를 낳았다. 전쟁 중 이러한 상황이 다시금 발생한다면 확전 방지는 매우 어려울 것이다.

　케네디 대통령의 국가안보 보좌관이었던 맥 조지 번디(McGeorge Bundy)는 쿠바 미사일 위기 시 위험이 그리 크지 않다고 생각했다. 그것은 그가 핵심 지도자, 특히 케네디 대통령의 침착함과 자제된 리더십에 집중했기 때문이다. 그는 만약 케네디 대통령이 아닌 다른 지도자가 그 위치에 있었다면 매우 다른 결과를 낳을 수도 있을 전쟁의 불확실성(the fog of war)과 일단 전쟁이 발발하면 그로 인해 발생하는 폭력성에는 크게 집중하지 않았다. 케네디 대통령은 많은 결점을 가지고 있었음에도 불구하고 그 위기를 침착하면서도 우선순위에 대한 탁월한 감각을 바탕으로 대응했다. 위기 시 모든 지도자들이 케네디 대통령과 같이 대응할 수 있는 것은 아닐 것이다.[75]

미국은 제2차 세계 대전 이후 평시 또는 소규모 위기가 발생한 경우라도 결의를 보여주기 위해 군사력을 사용해야 한다고 생각하는 경향이 있다. 이러한 미국의 사고(thinking)는 냉전 시 팽창주의적 공산주의 이념을 가진 국가들과 경쟁을 하는 경우에는 유효한 방식이었다. 이러한 방식은 현재까지도 그 목적에 따라 여전히 유효한 경우가 있으나 동시에 미국을 곤경에 빠뜨릴 가능성 또한 배제할 수 없다. 미국이 외교정책상 지속적으로 자제(restraint)와 재보장(reassurance)을 하지 않는다면 말이다. 미국은 이미 이러한 경향을 잘 보여주고 있다. 예를 들어 미 국방부는 동맹국에 대한 소규모 공격(우려스럽기는 하지만)을 대규모 공격과 준하여 작전계획을 세우며, 전략사령부의 경우 핵공격이 발생한 경우 대규모 핵공격과 관련된 계획을 선호하는 경향을 보여준다.[76]

매파(hawkishness)는 작은 위기를 확대시킬 가능성을 높이는 경향이 있다. 예를 들어 중국과 일본이 동시에 영유권을 주장하는 동중국해 내 위치한 센카쿠 열도 중 하나 이상의 섬을 점유한다면 미국은 어떻게 대응해야 할까? 미국은 이 섬이 누구의 섬이 되어야 하는지에 대해 어떠한 견해도 가지고 있지 않다. 그러나 미국은 일본의 이해가 위협받을 경우 이를 보호하겠다는 공약을 한 바 있다. 따라서 작고 가치가 없어 보이는 암석에 대한 분쟁은 미국과 중국 간의 직접적인 갈등으로 이어질 수 있다. 만약 블라디미르 푸틴(Vladimir Putin) 대통령이 우크라이나에 대한 침략을 확대하거나 비동맹이지만 친서방 국가인 핀란드나 스웨덴에 공격을 시도하거나 에스토니아, 라트비아 또는 리투아니아와 같은 나토 회원국에 대해 제한된 형태의 은밀한 공격을 감행한다면 어떻게 될 것인가?

그러한 상황에서 많은 미국인들은 신속하고 강력한 군사대응을 유일한 옵션으로 여길 것이다. 만일 그들이 전 세계 안보환경을 미국에 적대적인 상황으로 인식하는 경우 더욱 그렇다. 이미 전쟁이 발생할 위기에 처해 있거나 전략

적 조건이 악화되어 미국을 극단까지 밀어붙여 더 이상 용납할 수 없는 상황
인 경우 말이다.**77** 즉각적이고 강력한 군사적 대응방안을 아예 기각하거나 군
사적 대비태세를 어떤 식으로든 낮추고자 하는 입장에서 군사적 접근을 취하
게 된다면 마을을 구하기 위해 마을을 파괴하는 꼴이 되는 건 아닌지 심히 우
려스럽다. 사실상 실제로 핵을 보유한 강대국 간 전쟁이 시작되면 그 끝이 어
디일지는 알 수 없다.**78**

　사실상 미국은 이러한 위기에서 다양한 선택지가 있을 것이다. 북대서양
조약 기구와 미일동맹의 기반을 이루는 각 조약의 핵심조항 제5조는 일반적으
로 특히 미국 국방 및 국가안보 서클 내 절대적이고 융통성이 없는 것으로 해
석된다. 실제로는 그렇지 않다. 회원국 일방에 대한 무력 공격을 전체 회원국
에 대한 공격으로 간주하여 무력의 사용을 포함하여 필요하다고 판단되는 조
치를 취한다는 제5조는 대서양 양안 공동방위조약의 요체라고 볼 수 있다. 다
소 다르지만 유사한 제5조는 미일안보 조약의 근간이기도 하며, 이와 관련된
규정은 미－필리핀 군사 및 방위협정 제4조에도 나와 있다. 구체적으로 북대
서양 조약 기구 제5조는 다음과 같다. "당사자들은 유럽이나 북미에서 그들 중
하나 이상에 대한 무력 공격이 그들 모두에 대한 공격으로 간주되어야 한다는
데 동의한다. 결과적으로 그러한 무력 공격이 발생하는 경우 각 당사자는 유엔
헌장 제51조에 의해 인정된 개인 또는 집단의 자위권은 필요하다고 생각하는
조치를 다른 당사자와 함께 개별적으로 즉시 취함으로써 공격을 받은 당사자
를 도울 것이다. 북대서양 지역의 안보를 회복하고 유지하기 위해 무력 사용을
포함한다."**79** 한편 1960년 일본과 미국 간 체결된 상호협력 및 안전보장조약은
다음과 같다. "각 당사국은 일본의 관리하에 있는 영토에서 일방 당사국에 대
한 무력 공격이 자국의 평화와 안전에 위험할 수 있음을 인식하고 헌법 조항
및 절차에 따라 공동의 위험에 대처하기 위해 행동할 것임을 선언한다."**80** 미
국과 필리핀 공화국 간 1951년에 체결된 상호방위조약은 다음과 같이 명시하
고 있다. "각 당사국은 어느 당사국에 대한 태평양 지역의 무력 공격이 자국의 평
화와 안전에 위험할 수 있음을 인식하고 헌법 절차에 따라 공동의 위험에 대처
하기 위해 행동할 것임을 선언한다."**81** 동맹국 영토의 일부에 대한 어떠한 침입
도 그 국가의 안보와 동맹 신뢰에 대한 근본적인 위협으로 취급되어야 한다.

그러나 이러한 조항 중 그 어느 것도 자동적으로 미국이 특정 유형의 반격을 해야 한다고 명시하고 있지 않다. 이에 우리는 얼마든지 창의적이고 현명하며 간접적이고 비대칭적인 방안을 강구할 수 있다. 제임스 매티스(James N. Mattis) 국방장관은 2018년 국방전략을 통해 미국은 국가안보정책상 "전략적으로는 예측이 가능하지만 작전상 예측할 수 없어야 한다"고 강조했다.[82] 또한 그는 미국이 "경쟁력 있는 공간을 확장"해야 한다고 강조했는데, 이 또한 참고할 만하다.[83] 그의 말은 지리적으로 해석할 수도 있으나 때에 따라 보다 광범위한 전략적 용어로 볼 수도 있다. 미국은 모든 안보 위기나 경쟁을 반드시 군사적으로 대응할 필요는 없다.

또한 제5조의 유연성은 전쟁을 선포할 수 있는 의회의 헌법적 권한을 유지하는 데 매우 중요하다. 그것은 미국 동맹국이 전쟁을 일으키는 과정에서 미국이 조약 협정의 일부 자동 조항을 통해 전쟁에 끌려갈 함정에 빠질 위험을 줄인다. 사실상 워싱턴은 이미 분쟁 발발에 책임이 있는 동맹국을 지원하지 않기로 결정했다. 예를 들어 이러한 상황은 1965년과 1971년 파키스탄과 인도 간의 전쟁에서 발생하였다. 당시 미국은 공식적으로 동남아시아 조약 기구와 중앙 조약 기구를 통해 이슬라마바드의 안보 파트너였지만 파키스탄의 군에 결집하지 않았다. (물론 그 조약은 북대서양 조약 기구나 미일조약과는 약간 다르게 표현되지만 더 넓은 의미는 여전히 유효하다.)

1964년 린든 B. 존슨(Lyndon Johnson) 대통령은 터키에 서신을 보내 만약 터키가 그리스와의 경쟁에서 키프로스섬을 공격하는 상황에서 소련이 이에 대응하여 터키를 공격한다면 미국은 북대서양 조약 기구 5조항에 구속되지 않을 것임을 알렸다. 이를 통해 공식적인 조약 동맹임에도 불구하고 미국은 동맹국의 실수로 발생한 전쟁에 미국을 자동적으로 끌어 들이지 못하도록 하는 선례를 세웠다.[84]

대전략을 말하다

이 책의 나머지 부분은 미 국방부가 가장 우려하는 다섯 가지 위협을 다

루고 있다. 러시아, 중국, 북한, 이란 및 초국가적 폭력적 극단주의(라 쓰고 전
세계적 테러리즘이라 읽는다)다. 국방부가 가지고 있는 목록은 다음과 같은 이유
로 매우 합리적으로 보인다. 이 목록에는 전 세계 핵을 보유한 초강대국과 기
타 주요 산업－군사 강국들이 포함되어 있다(미국을 제외한). 또한 세계 최대의
핵무기고를 보유한 불량 국가(북한) 또는 아마도 가장 큰 핵을 보유하려는 야
망을 가진 극단주의 정권(이란)이 포함된다. 그리고 현재 대부분의 테러리즘이
발생한 더 넓은 중동지역이 포함된다. 또한 중동은 세계 석유 경제에서 여전히
매우 중요한 위치를 차지하고 있으며, 동시에 핵무기를 추구했거나 다시 추구
할 수 있는 여러 국가를 포함하고 있다.

　전 세계 산업 능력과 더불어 군사력 및 핵심 원자재는 미국 동맹국 및 인
접 파트너와 함께 이들 국가에서 발견된다. 따라서 그들을 미국의 최상위 잠재
적 위험이라고 정의해도 무방할 것이다. 더욱이 만약 다른 종류의 위협이 발생
하더라도 이 다섯 가지 위협 목록은 1990년대와 2000년대 "2개의 주요 전역
전쟁(two major regional war)" 또는 2개 주요 전역의 우발사태 패러다임에 비해
보다 다양한 가능성에 대비할 수 있는 충돌 시나리오의 합리적인 범주 내에
있다고 본다.[85]

　이 목록으로 인해 남미, 아프리카 그리고 중부, 남부 및 동남아시아는 미
군의 우선순위에서 후순위로 밀려났다. 필자는 이러한 지역들이 중요하지 않다
고 말하는 것이 아니다. 21세기 중 이 지역들은 세계 인구의 절반 이상을 차지
할 것이다. 예를 들어 남아시아에서 핵과 관련된 사고나 전쟁이 발생한 이후
대규모 재건과 구호작전이 필요하거나 전염병 발생 후 지역을 봉쇄하는 등 이
지역 내 어떠한 방식으로든 미국의 개입이 필요한 군사 시나리오가 발생할 수
있다. 그러나 이 지역에는 세계의 주요 산업 강국, 대규모 군사 조직 또는 핵
보유국 등이 없기 때문에 미국의 5대 국가 또는 위협만큼 미국 국가안보에 중
요하지는 않다. 적어도 이 지역 내 세계적인 사건을 만들고 미국에 심각한 피
해를 줄 수 있는 역량을 보유한 국가는 위치하고 있지 않다. 전략적 우선순위
를 설정하기 위한 조지 F. 케넌(George F. Kennan)의 방법론은 미국의 핵심적
인 국가안보에 있어 이러한 국가들의 중요성을 이해하는 데 도움이 된다.

　이들 또한 새로운 위협이며, 이 중 다수는 러시아, 중국, 북한, 이란 그리

고 초국가적 폭력적 극단주의나 테러리즘이라는 4+1보다 전반적인 국가안보 우선순위를 낮추도록 강등되어서도 안 된다. 대량살상무기나 전염병은 수백만 명을 죽일 수 있고 기후 변화의 경우 국제정치에 중대한 결과를 초래할 수도 있는 수억 명의 이주민을 발생시킬 수 있다. 사이버 위협은 군, 국가기반시설 또는 민주적 투표절차를 중단시킬 수 있다. 미국의 이미 쇠약해진 정치체제는 세계적으로 리드하고자 하는 의지를 상실할 수 있으며, 이는 궁극적으로 세계 질서에 잠재적으로 매우 심각한 결과를 초래할 수 있다.

따라서 위에서 언급한 바와 같이 필자는 미국이 기존 국방부의 4+1 위협 틀을 다른 4+1 위험요인과 함께 보완해야 한다고 주장한다. 다른 위험에는 핵무기, 생물학 무기 및 전염병, 사이버 및 디지털 위협, 기후 변화와 함께 미국 국내 결속력 약화 등이 포함된다. 따라서 이 책에서는 미 국방부의 기존 4+1 위협틀을 다룸과 동시에 4+1 위험의 두 번째 차원에 대한 내용 또한 포함되어 있다. 마지막 장에서는 미군의 미래에 초점을 맞춘다.[86]

대전략은 단지 위협에 대응하기 위해 필요한 것이 아니다. 이는 국가안보에 기여할 수 있는 국가의 강점을 보존하고 강화하기 위함이다. 미국의 경우 미국의 광범위한 동맹체제, 거버넌스 및 경제의 민주적 시장 모델 그리고 과학과 엔지니어링에서 제조 및 서비스, 정보 기술 및 혁신에 이르는 거의 모든 분야에 걸쳐 미국만이 가지고 있는 내부 강점을 포함한다. 이 책을 통해 필자는 이러한 분야에 대해서도 이야기하고자 한다. 동시에 오늘날 질서를 신속하고 치명적으로 파괴할 수 있는 위협에 대해서도 다루고자 한다.

미국의 동맹은 이러한 기존 세계질서의 강점을 강화하는 데 유용할 수 있다. 동맹국은 군사적 부담 분담과 함께 이미 잘 알려진 바와 같이 러시아, 북한, 이란과 같은 국가들에 대한 경제 제재 등 미국의 하드파워 수단을 강화하는데 이바지할 수 있으며 또 그래야만 할 것이다. 그러나 동맹국들은 필자가 향후 설명할 4+1 위험의 두 번째 차원과 관련하여 특히 가치 있는 기여를 할 수 있다. 한 가지 예로 한국, 호주, 뉴질랜드 및 싱가포르와 대만과 같은 파트너들은 코로나19에 효과적으로 대응하였다. 미래 대유행을 포함하여 생물학적 위협에 대한 전략을 발전시키는 데 많은 노력을 함께할 수 있을 것이다. 한편 대부분의 유럽 국가와 일본은 탄소 배출을 제한하고 환경을 보호하는 데 더욱 효율적이다. 독일을 비롯한 유럽에 위치한 동맹국뿐만 아니라 많은 동아시아 동맹국들은 최근 강력한 기반 시설, 효과적인 교육체계, 국가 경제 및 정치적 목적 등에 대한 보다 일관된 공약을 보여주고 있다.

지역 및 주제별로 단호한 자제 전략을 실행하는 방법은 — 미국의 외교정책에 있어 신중하고 자신감 있는 경제와 외교의 사용과 더불어 동맹 체계에 대한 선택적이고 신중한 접근이라는 측면에서 조지 캐넌의 생각과 맥을 같이 한다 — 이 책의 나머지 부분에서 다루고자 하는 핵심 질문이다.

제3장

유럽과 러시아

　　필자의 기억 속에 남아있는 유럽의 이미지는 2017년 방문했던 자랑스러운 역사가 빛나는 아름다운 우크라이나가 떠오른다. 우크라이나는 미국이 큰 빚을 진 국가이기도 하다. 1990년 초 소련이 해체된 후 우크라이나는 당시 자국 영토에 배치되었던 소련 핵무기의 상당 부분을 포기하는 데 동의했다. 이는 전 세계 핵확산을 저지하는 데 있어 미국의 국가안보에 크게 기여한 결정이었다. 이러한 결정에 대해 미국은 영국 및 러시아와 함께 안보 보장을 제공하기로 약속했지만 불행히도 모스크바는 2014년 우크라이나를 침공하면서 그 약속을 저버렸다.

　　2월 여전히 쌀쌀한 날씨에 미국이나 서유럽에서는 멀리 떨어져 있고 러시아와 가까운 키예프(Kiev)를 여행하면서 필자는 문득 의문이 들었다. 미국은 왜 이토록 멀리 떨어진 우크라이나를 북대서양 조약 기구 동맹에 끌어들이고 자국의 아들 딸들의 목숨까지 희생시키면서까지 우크라이나를 보호해야 한다는 결심을 하였는지 말이다. 북대서양 조약 기구는 북대서양 조약 제5조에 명시된 집단 방어의 원칙에 따라 "회원국 일방에 대한 무력 공격을 전체 회원국에 대한 공격으로 간주한다"는 원칙을 고수하고 있다. 우리는 그 개념이 너무 오래전부터 존재했기 때문에 다소 익숙해져 있다. 그러나 다른 나라의 영토를 자국의 영토처럼 취급하고 그것을 방어할 것을 엄숙히 맹세한다는 개념 자체는 여전히 놀랍고 심지어 부자연스럽기까지 하다.

2008년 조지 W. 부시(George W. Bush) 대통령은 우크라이나가 북대서양 조약 기구에 최종 가입할 수 있도록 다른 북대서양 조약 기구 국가들을 설득하였다(아직 그 결과에 대한 확실한 날짜도 없고 잠정적 안보 보장도 없다). 이러한 부시 대통령의 행동은 필자가 보기에 현실가능성이 결여된 모습으로 비춰졌다. 왜냐하면 군사적으로 우크라이나를 보호할 수 있을 만큼 충분한 미국 및 기타 북대서양 조약 기구 군을 확보하는 것은 결코 쉬운 일이 아니기 때문이다. 전략적 또는 심리적인 측면에서 바라본 우크라이나는 너무나 멀게 느껴진다. 물론 러시아는 우크라이나의 의사 결정에 대해 거부권을 행사할 자격은 없다. 그러나 서방세계는 진정으로 유라시아 대초원 깊숙한 곳에 위치한 이 눈 덮인 땅을 더 이상 존재하지도 않는 구소련에 대항하기 위해 설립된 조약 기구의 회원국으로 가입시켜야 할까? 북대서양 조약 기구가 점차 동유럽까지 확대되는 상황에서 러시아의 반응이 아무리 지저분하고 탐욕스럽다 하더라도 이와 같은 반응은 놀라운 일이 아니며 이미 예상된 수순이다.

유럽을 생각하면 떠오르는 또 다른 국가는 작지만 아름다운 발트해 연안 국가인 리투아니아다. 리투아니아는 현재 북대서양 조약 기구의 가입국이다. 제2차 세계 대전 당시 소련에 강제 병합되었으나 소련이 해체되면서 독립 후 2004년 북대서양 조약 기구 회원국이 됐다. 필자는 2019년(이번에는 감사하게도 늦은 봄에 방문할 수 있었다!) 워싱턴에 위치한 아틀란틱 카운슬(Atlantic Council) 대표단의 일원으로 리투아니아를 방문할 기회가 있었다. 여행하는 동안 우리는 리투아니아 해안 경비대 함선을 타고 해안선이 복잡한 발트해를 볼 수 있었다. 주변을 둘러보니 발트족의 상황을 충분히 이해할 수 있었는데, 그도 그럴 것이 남서쪽(러시아의 칼리닌그라드 지역)과 북동쪽 양면에 걸쳐 러시아와 인접해 있기 때문이다. 그러나 유럽의 지도를 한쪽으로 기울이고 러시아의 관점에서 본다면 상트페테르부르크는 좁은 해협을 통해서만 접근할 수 있는 발트해의 한 모퉁이에 있다. 그곳에서 내다보면 거의 북대서양 조약 기구 가입국과 나토와 우호적인 관계를 유지하는 국가들, 즉 발트해 연안 국가들, 폴란드, 독일, 덴마크, 노르웨이 그리고 중립적이지만 서구적 성향을 지닌 스웨덴과 핀란드가 보인다. 마치 발트해는 북대서양 조약 기구 호수처럼 보인다. 물론 그 어떤 국가도 러시아를 공격할 의도는 없다. 그리고 러시아가 북대서양 조약 기구 선박이나 이 지역 내 해안선을 해치는 행동을 하는 것은 무모해 보인다. 그러나 인간 의 심리라는 것은 처한 환경과 국제관계에 있어 중요한 요소이다. 이러한 까닭 에 러시아의 시각에서 바라본 이러한 지리적 환경은 흡사 고립된 느낌을 줄 수 있는 것이다. 발트해 연안국을 나토의 회원국으로 가입시키거나 스웨덴 및 핀란드와 우호적인 관계를 유지해야 할 이유는 충분하다. 그러나 북대서양 조 약 기구의 확장이 이쯤에서 충분히 이루어졌다고 생각할 만한 이유 역시 충분 하다.

유럽은 여러 가지 측면에서 끔찍한 십여 년이 넘는 세월을 보냈다. 2008 년 금융위기를 시작으로 미국보다 훨씬 더 오래 지속된 대공황 이후 아랍의 봄 실패까지 이어지며 난민 유입, 주요 도시에 대한 이라크 시리아 이슬람국가 (The Islamic State of Iraq and Syria, ISIS)의 공격, 러시아의 우크라이나 침공, 사 이버 및 허위정보 캠페인, 브렉시트(Brexit) 그리고 2020년 코로나바이러스까지 유럽 대륙은 정말 놀라울 정도로 일련의 좌절을 겪어왔다.

그럼에도 불구하고 유럽은 여전히 유럽이다. 유럽은 세계에서 가장 위대 한 문명, 강력한 경제, 발전된 민주주의와 함께 여전히 지구상에서 최고 수준 의 삶을 영위하는 지역이다. 한 가지 대표적인 예로 유럽인들을 대상으로 현실 적인 수치를 기준으로 자신의 삶을 평가하는 행복도를 측정해보니 세계 그 어 느 곳보다 유럽이 높은 수치를 기록했다.[1] 유럽의 1인당 국내총생산 수준은 일 반적으로 미국보다 낮지만, 여가, 일과 삶의 균형, 지역사회 참여도 등을 포함 한 보다 포괄적인 삶의 질 척도 측면에서 볼 때 유럽은 최상위권 또는 상위권 에 위치해 있다.[2]

최근 일련의 어려움에도 불구하고 역사적으로 유럽은 풍요로운 민주주의 국가 공동체를 건설하는 데 큰 진전을 이루었다.[3] 북미와 서유럽 사이의 대서 양 공동체는 세계 질서에 있어 매우 중요한 위치를 차지한다. 이는 세계 국내 총생산의 약 40%, 세계 군사 지출의 50% 이상을 차지하는 역사상 동류(like-minded) 민주주의 국가들의 최대 규모의 공동체이다. 북대서양 조약 기구는 이 러한 공동체를 유지하고 회원국이 공격받을 가능성에 대비하는 보험과 같은 정책에 대한 현명하고 경제적인 투자를 한다는 측면에서 그 의의가 있다. 헨리 키신저(Henry Kissinger)가 지적했듯이 북대서양 조약 기구가 더 이상 존재하지 않는 소련에 대항하여 설계되었음에도 불구하고 유라시아 내 미국을 위협할 수 있는 블록이 형성되는 것을 사전에 방지할 수 있는 미국을 위한 핵심적인 전략 논리는 여전히 설득력을 갖는다.[4]

또한 필자는 최근 대서양 및 유럽 내 발생하는 불화에도 불구하고 서방 동맹은 여전히 제 역할을 충실히 수행할 수 있는 회복력을 보유하고 있다고 믿는다. 이는 현실에 안주하거나 트럼프 대통령이 자주 사용했던 수사적 표현이 결코 아니다. 그러나 동시에 트럼프 대통령 집권 초기 동맹에 대한 무례한 발언에 발끈한 독일 앙겔라 메르켈(Angela Merkel) 총리가 언급한 바와 같이 유럽이 자신만의 독자적인 길을 걸어갈 것이라 기대하는 것도 아니다. 유럽은 그 자체로 경제 강국이지만 최상위 글로벌 전략강국은 아니다. 특히 유럽은 자체적으로 러시아 위협에 대응할 수 없다. 트럼프 대통령이 취했던 방식으로 차기 미국 대통령이 동맹을 모욕하지만 않는다면 그리고 미국 주도의 또 다른 전쟁에 이러한 동맹국을 끌어들이지 않는 한 향후 동맹관계는 견고하고 강력하게 유지될 수 있을 것이다. 민주주의의 퇴보, 특히 헝가리의 상황에도 불구하고 유럽 동맹국 내 전반적인 국내정치는 비교적 안정적이다. 물론 터키는 리제프 타이이프 에르도간(Recep Tayyip Erdogan) 대통령 통치 아래 좌절을 경험하기도 했다. 에르도안의 터키를 북대서양 조약 기구에서 축출해야 한다는 의견이 제기되고는 있으나, 그 전에 미국은 터키가 여전히 동맹국으로서 얼마나 많은 강점을 지니고 있는지 그리고 미국의 실수와 부주의로 발생한 시리아 내전으로 인해 터키가 그간 얼마나 많은 고통을 겪었는지 상기해야 한다.[5]

일부에서는 최근 유럽대륙과 국제문제에서 유럽연합(European Union)의 독자적 역량을 확보하고자 하는 노력이 대서양 유대의 약화로 이어질 가능성에 대해 우려하기도 한다. 그러나 북대서양 조약 기구와 유럽연합의 회원국들의 연간 총 국방예산이 약 3000억 달러 규모인 데 반해, 미국의 경우 약 7000억 달러가 넘는다. 유럽 국가들은 단순히 미국의 지원없이 자체적으로 영토를 방어할 수 있다고 말하기 위해 자국의 국방예산을 두 배 내지 세 배로 늘리지는 않는다(발트해 연안 국가들을 상기해보라. 차후 보다 자세하게 설명하겠지만 핀란드와 스웨덴은 모두 유럽연합 회원국이지만 방어하기 쉽지 않다). 그럼에도 유럽 국가들은 그들의 외교정책에 대해 스스로 결정을 내리고자 할 것이며 이는 당연히 그래야만 한다. 만약 미국과 의견이 상충한다면 그만한 이유가 분명 있을 것이며, 미국과 유럽 국가들은 서로의 의견에 귀를 기울여 결국 더 나은 정책결정을 도출해낼 수 있을 것이다.**6**

유럽연합이 자체 국방력 강화를 위해 추진하고 있는 다양한 이니셔티브는 그만한 가치가 있지만 전반적으로 전략적인 자율성을 추구하는 형태를 취하지는 않으며 결정적으로 그 규모가 매우 작다. 새로운 본부를 설립하거나 자산을 공유하는 목적으로 배정되는 유럽연합(및 북대서양 조약 기구)의 국방비는 기껏해야 연간 수백만 달러 또는 수십억 달러이다.**7**

혁신적인 기술 공동연구를 촉진하기 위해 조성된 유럽방위기금(European Defense Fund)은 2018년 약 20억 달러 규모의 자금이 지원되었으나 코로나 이후 절반 규모로 축소되었다.**8** 유럽과 북미의 거의 모든 국방정책은 브뤼셀이나 다른 국제기구가 아닌 개별 국가에 의해 기획, 예산 편성, 집행 및 통제된다. 가장 최근 유럽연합이 추진하여 관심을 끌었던 항구적 안보 협력체제(Permanent Structured Cooperation, PESCO)는 관련분야 전문가를 제외하고는 이미 잊혀진 상태이다.**9** 이는 유럽 국가들이 국방 조달을 보다 효율적으로 수행하여 국방예산은 절약하면서도 군사력을 강화하려는 이전 노력의 연장선으로 볼 수 있다. 이마저도 사실상 대부분 소규모에 그쳤다. 미국은 유럽의 방위비 분담금 규모와 신 무기체계에 대한 투자에 대해 걱정하기보다 유럽의 이러한 노력에 박수를 보내야 한다. 또한 실제로 많은 유럽 국가들이 미국 기업 및 국방부와 국방협력을 지속하고 있어 유럽 내 자체적인 협력은 다양한 이유로 인하여 실질적으로 제한될 수밖에 없을 것으로 보인다.**10**

그러나 미국과 유럽을 중심으로 서방 국가들 간 협력관계가 아무리 강력하고 단합되어 있다 한들 심각한 위협은 여전히 존재한다. 중동과 북아프리카 지역에서의 안보상황은 특히 우려스럽다. 이에 대해서는 다음 장에서 자세히 다루기로 한다. 이 장에서는 주로 러시아와 관련하여 다룰 예정으로 특히 러시아가 과연 미국은 물론 유럽 전체를 어떻게 위험에 빠뜨릴 수 있는지에 관해 살펴본다.

최근 미국과 유럽이라는 한 축과 러시아라는 다른 축 간의 관계가 얼마나 악화되었는지 살펴보면 놀라울 정도다. 냉전 이후 러시아와의 관계는 매우 긍정적으로 평가되곤 했다. 당시 러시아와 관련하여 가장 큰 위협이라고 한다면 수만 개의 핵탄두와 함께 관련 기술력이 중동이나 극단주의 국가들의 손에 들어갈 가능성 정도로 예상하여 최근의 상황과는 사뭇 다른 분위기였다. 따라서 어떤 의미에서 최근의 강대국 간 충돌과 대결의 회귀는 큰 실망감과 함께 정책적 실패로 간주되어야 할 것이다.

그러나 다른 측면에서는 2010년대 중반 이후 서방의 대 러시아 정책은 나름 효과적이었다고 생각한다. 단적으로 북대서양 조약 기구의 지속적인 존재와 결속만으로도 많은 성과를 달성할 수 있었다. 북대서양 조약 기구의 국방예산을 증가시키고 최근 폴란드와 발트해 연안국가 내 군사력을 증강 배치하는 움직임 역시 같은 선상에서 이해할 수 있다. 오바마 행정부의 제3차 상쇄전략, 도널드 트럼프 대통령 – H.R. 맥마스터(H.R. McMaster) 국가안보보좌관 – 제임스 N. 매티스(James N. Mattis) 국방장관의 국가안보전략 및 국방전략은 중국은 물론 러시아와의 군사적 경쟁을 시기 적절하게 재강조한 바 있다. 미국은 이러한 일련의 전략문서를 통해 미국의 결의에 대한 강력한 메시지를 보낸 것이라 생각한다. 서방의 강력한 경제제재 역시 고무적이다. 그리고 아직 앞으로 많은 부분 개선되어야 하지만, 그럼에도 불구하고 러시아의 허위정보를 식별하고 대응하는 능력 또한 향상되었다.

동시에 또 다른 측면에서 1990년대 이후 상황이 얼마나 악화되었는지 상기해보면 미국과 유럽의 대 러시아 정책은 성공적이라거나 적절하다는 평가를 내릴 수는 없을 것이다. 우리가 어떻게 이러한 상황에 이르렀는지 역사적으로 그리고 전략적으로 폭넓게 이해하고 러시아와의 대립을 완화하기 위해 더 많은 노력을 기울여야 한다. 단기적으로 특정 침략이나 공격을 저지하는 것만으로는 충분치 않다. 미국-러시아 및 북대서양 조약 기구-러시아 간의 관계는 불필요할 정도로 위험한 상황이다. 이러한 상황의 원인은 대부분 푸틴 대통령과 러시아 정책으로부터 비롯되어 러시아 내 새로운 지도자가 부상할 때까지 기다리는 인내가 요구된다. 그러나 이는 15년 아니 그 이상이 걸릴 수 있다. 동시에 미국은 물론 캐나다와 유럽 국가들이 반드시 해야 하는 숙제가 있다면, 이는 북대서양 조약 기구를 동유럽으로 확대하려는 방향성을 재고하는 것이다. 이 정책은 사실상 러시아와의 긴장관계를 고조시킴은 물론 전쟁이 발생한 가능성까지도 높일 수 있다.

북대서양 조약 기구는 최초부터 유럽 내 모든 안보 문제를 해결하기 위해 설립되지도 않았으며 현재 그렇게 사용되어서도 안 된다. 북대서양 조약 기구의 확대 역시 최초의 의도와 맞지 않다. 단 12개 국가로 시작하여 이후 40년에 걸쳐 독일, 터키, 그리스, 스페인 등 4개 국가가 추가되었다. 당시 이러한 결정 역시 목표는 북대서양 조약 기구의 확대를 위한 것이 아니었다. 사실상 북대서양 조약 기구의 모든 결정은 브뤼셀에 위치한 북대서양 이사회(North Atlantic Council)의 합의에 따라 내려지기 때문에 회원국가들이 함부로 결정 내리지 못하게 하는 안전장치와 같은 역할을 수행해왔다. 이에 북대서양 조약 기구의 주요 활동범위는 핵확산 금지와 관련된 활동과 함께 상호 집단적 자위권 행사에 주로 초점이 맞춰져 있다. 무엇보다도 조지 캐넌(George Kennan)과 같은 선구자들은 북대서양 조약 기구 지도자들과 함께 서구 진영의 협력은 전 세계 핵심 산업, 경제 및 군사력이 적대 세력의 손에 넘어가지 않도록 하는 데 그 목적이 있음을 강조한 바 있다.

우크라이나, 조지아 및 기타 구소련 연방 소속이었던 국가들은 이러한 기준을 충족하지 않는다. 물론 그들이 훌륭하고 자랑스러운 주권국가임에는 틀림없으나 과학, 산업 또는 경제적 능력 면에서 전략적으로 핵심지역은 아니다. 그 밖에 북대서양 조약 기구의 확대는 이미 긴장상태인 서방과 러시아 간의 관계를 더욱 악화시킬 것이다. 이러한 경색국면의 관계를 낳은 주된 원인이 러시아 측에 있는 것만은 분명한 사실이지만 이에 대해 북대서양 조약 기구를 확대하는 것만이 유일한 해결책은 결코 아니다.

동맹이 본질적으로 동맹국가와 그렇지 않은 국가로 나누어 생각할 수밖에 없음을 고려하여 이러한 정책에 대해 신중하게 재고해야 한다. 미하일 고르바초프(Mikhail Gobachev)와 조지 케넌(George Kennan)이 예견한 바와 같이 이와 같은 북대서양 조약 기구의 확대 정책은 러시아와 서방의 관계뿐만 아니라 러시아의 민주주의 자체에도 큰 영향을 미쳐왔기 때문이다. 냉전에서 승리를 거둔 16개 국가의 두 배 가까이 되는 오늘날의 30개국이면 충분하다.

푸틴의 사고방식과 러시아의 야망

향후 우리가 러시아에 대응할 수 있는 선택지를 평가하기 위해서는 오늘날 블라디미르 푸틴(Vladimir Putin) 대통령을 비롯한 러시아 지도부의 동기(motive)를 명확하게 파악할 필요가 있다. 최근 경제제재, 러시아의 인구변화 및 코로나19 위기가 러시아에 미친 영향 또한 고려해야 한다. 특히 러시아 경제는 2009년 이래 평균 경제 성장률이 1% 수준으로 지난 10년여에 걸쳐 침체된 상황이다.[11]

오늘날 러시아는 열렬한 이데올로기와 세계 정복에 대한 원대한 야망을 가진 과거 구소련이 아니다. 푸틴 대통령이 좋은 사람은 아니지만 그렇다고 스탈린은 아니다. 그는 러시아가 전 세계 주요 전략 강국 중 하나로 재부상하기를 원하지만 이를 추진하는 방식은 종종 환영받지 못한다. 그러나 푸틴 대통령은 최근 몇 년간 아프가니스탄, 이란, 북한과 같은 이슈뿐만 아니라 핵 비확산 문제에 대해서도 서방과 부분적으로 협력하고 있다.[12] 서방 정책결정자들이 러시아가 추진하고 있는 정책 중 어떠한 측면에서 협력이 가능한지, 최소한 묵인할 수 있는 정도인지 또는 위험한 수준인지 판단하는 것은 매우 중요한 일이다. 동시에 이러한 분석에 비해 실제로 러시아는 훨씬 더 야심차고 공격적일 수 있다는 가능성에 대비하는 것 또한 중요하다. 그러나 이러한 헤징(hedging)을 하는 과정에서 미래를 스스로 예측하려는 우를 범해서는 안 되며, 러시아와의 경쟁을 악화시키는 안보 딜레마(security dilemma)에 빠지지 않도록 주의해야 한다.

피오나 힐(Fiona Hill)과 클리포드 개디(Clifford Gaddy)가 묘사한 것처럼 푸틴은 기본적으로 민족주의자이자 러시아 역사와 문화에 대해서는 낭만주의자 그리고 상대편을 잘 믿지 않고 스파이 활동을 편애하는 전직 KGB 요원으로 가장 잘 이해할 수 있다. 그는 냉전 이후 북대서양 조약 기구의 확장, 유엔 승인없이 코소보와 이라크 내 군사력 사용 및 2000년대 우크라이나와 그루지야를 포함한 구소련권 국가들의 색깔혁명(color revolution) 지원 등을 포함한 미국과 동맹국의 행동을 미국 패권의 남용으로 인식해왔다. 그는 아마도 2012년

제3대 대통령 선거를 앞두고 러시아 내 정치적 다원주의를 조장하려는 미국에
분개했을 것이다(당시 힐러리 클린턴 국무장관에 대한 그의 분노 또한 컸을 것으로
2016년 러시아가 미국 대선에 개입한 이유를 짐작케 한다).¹³ 2016년 푸틴 대통령과
그의 최측근이 부패한 경제활동에 연루되었다는 사실을 폭로한 일명 파나마
페이퍼스(Panama Papers) 역시 그를 분개하게 만들었을 것이다.¹⁴

 그러나 푸틴은 똑똑하면서도 계산적이다. 그는 러시아의 위대함을 믿지만
러시아의 한계 또한 인정한다. 북대서양 조약 기구와 비교하면 러시아는 5분의
1 규모의 인구, 20분의 1 수준의 국방예산 및 25분의 1 규모의 국내총생산을
가지고 있다. 서방 국가들의 시각에서 최근의 유럽 안보 상황은 다소 불안정해
보일 수 있으나 전반적인 역량과 영향력은 흔들림이 없으며, 이는 러시아 또한
분명히 인식하고 있는 사실이다. 주요 북대서양 조약 기구 국가들은 때때로 어
려움을 겪을 수는 있겠으나 붕괴되거나 독재화되지는 않는다. 영국은 유럽연합
을 탈퇴할지언정 유럽이나 북대서양 조약 기구를 떠나지 않을 것이며, 경제협
력개발기구(Organization for Economic Co-Operation and Development, OECD)
국가들과 긴밀한 경제적 상호연계 또한 포기하지 않을 것이다. 프랑스와 독일
의 우익정당은 과거에 비해 그 영향력이 더욱 커지기는 했으나 선거에 승리할
정도는 아니다. 북대서양 조약 기구는 30개의 회원국으로 구성되어 있고 그중
28개 국가가 유럽에 위치해 있다. 또한 북대서양 조약 기구의 국방예산은 전
세계 군사비의 절반 이상 수준이며 전 세계 국내총생산의 40%를 차지한다. 푸
틴은 이러한 사실 또한 명확히 인지하고 있을 것이다. 푸틴의 시각에서 북대서
양 조약 기구는 자신들의 편협한 이익을 앞세워 글로벌 무대에서 일방적으로
행동하고 할 수 있다면 러시아를 이끄는 푸틴 자신의 권리에 도전하려는 군사
적, 경제적 권력의 집합체이다. 그는 이러한 북대서양 조약 기구에 대항하고자
한다.

 푸틴의 세계관이나 그의 대외정책에서 어떠한 이상적인 측면을 발견하기
는 어렵다. 그가 러시아의 힘을 언제 그리고 어디서 보여주기로 마음 먹었다면
이러한 그의 행동은 제국주의적 세계 정복자와 같은 모습이라기보다 반격자
(counterpuncher)나 기회주의자로 보일 것이다. 조지타운대학교 안젤라 스텐트
(Angela Stent) 교수는 지정학(geopolitics)을 바라보는 푸틴 대통령의 시각이 마

키아벨리식(Machiavellian) 3차원의 글로벌 체스게임보다는 그가 개인적으로 선호하는 유도경기와 유사하다고 지적했다.[15] 즉 그는 적절한 기회를 기다리면서 상대편의 실수와 안보 공백을 이용하여 가능한 한 합리적인 비용과 위험을 들여 러시아의 영향력을 극대화하고자 한다.

그는 목적 달성을 위해 다양한 고려사항을 신중하게 고려하여 군사작전을 수행하며 이때에도 제한된 군사력을 활용한다. 예를 들어 2014년 러시아의 크림반도 합병 시에는 리틀 그린 맨(little green men)이라고 불리는 소규모 병력을 투입하였고 오바마 행정부가 시리아 문제에 큰 관심이 없음을 확인한 이후 이듬해 수천 명 규모의 군대를 이끌고 시리아에 잠입하였다. 또한 러시아의 영향력을 확장하기 위해 러시아 용병기업 바그너 그룹(Wagner Group)으로 하여금 리비아를 지원하도록 하였다.

현재까지는 적어도 대규모 침략은 없었다. 필자가 2장에서 제시했던 억제 프레임에 비추어 보면 대다수 지도자들과 마찬가지로 푸틴 대통령 역시 핵심 영토나 미국 동맹의 주권을 공격하는 것을 억제하는 것은 비교적 쉬운 일로 보인다. 그러나 상대적으로 미국의 이익과 관련하여 모호하거나 일관성 있게 정립되지 않는 경우 이러한 억제는 결코 쉽지 않다. 이러한 상황을 대처하기 위해 우리가 할 수 있는 최선의 노력은 크림반도나 시리아와 같은 지역에 실제보다 관심이 있는 척을 하거나 전 세계 지도상에 레드 라인(red line)을 남발하는 것과 같은 행동은 결코 아닐 것이다. 이에 우리는 당면한 위험과 이해관계에 상응하는 적절한 수단이 필요하다.

푸틴도 결국 사람이다. 그러나 여론 조사와 심지어 그를 비판하는 많은 사람들의 평가에 비추어 볼 때 푸틴 대통령은 러시아 사상을 대표하는 인물이기도 하다. 더구나 그의 집권기간은 최대 2036년까지 이어질 가능성도 배제할 수 없다. 그렇지 않다 하더라도 그리고 러시아 내 민주주의가 다시금 회복된다 한들 또 다른 강경한 러시아 민족주의자가 푸틴 대통령을 대신할 수 있다.[16]

1999년과 2000년 사이 푸틴이 집권하기도 전에 서방 국가들 사이에서는 이미 자부심 강한 그러나 때때로 까다롭고 악의적이기도 한 러시아의 민족주의에 대한 평가가 그리 긍정적이지만은 않을 것이라는 것은 예측된 수순이었다. 2006년에서 2008년 사이 푸틴 대통령의 복수심에 가득한 일련의 정치적 행보는 이러한 예측을 재확인시켜주었다. 역사학자 토니 주트(Tony Judt)는 소련이 히틀러로부터 벗어날 수 있도록 도움을 줬던 국가들이 냉전 이후 러시아에 대해 어떠한 감사함을 표하기를 기대했던 러시아 민족주의자들의 "비통한 기억(aggrieved memory)"의 정치에 대해 글을 썼다. 많은 국가들이 러시아의 공산주의를 통해 자유를 되찾을 수 있었으나 러시아의 힘, 위대함 또는 영향력 등에 대해서는 깊게 생각하지 않았다. 러시아 민족주의자들은 서방의 러시아에 대한 경제적 충격요법, 북대서양 조약 기구의 확장 및 발칸 반도와 중동 지역 내 군사력 과시 등의 일련의 행동에 대해 분노를 금치 못했다.[17]

콜럼비아 대학교 리처드 K. 베츠(Richard K. Betts) 교수는 "전통적인 전략적 관점에서 북대서양 조약 기구의 확장은 러시아에 위협이 되었던 반면 서방권 국가 지도자들은 이러한 전략적 관점을 과거의 시대에 뒤떨어진 현실정치로 치부했다"고 평가했다. 또한 "미국인은 누구나 그들의 선한 의도를 잘 알고 있을 것이며, 미국이 선한 방향으로 추구하고자 하는 세계질서를 반대할 국가는 없을 것이라고 가정하는 경향이 있으나 대부분의 러시아인들은 그렇게 생각하지 않는다"고 덧붙였다.[18]

토마스 그레이엄(Thomas Graham)은 그의 책을 통해 러시아와 미국에 대해 "양국은 세계 질서에 대해 근본적으로 다른 개념을 지지한다. … 미국의 새로운 러시아 전략은 이전 행정부의 이상적인 생각 대신 장기적인 시각에서 보다 점진적으로 미국 이익을 증진할 수 있는 전략을 추구해야 한다"고 주장했다. 미국은 모스크바가 자국의 이익을 미국과 별개로 생각하도록 설득하기보다 미국과 때로는 경쟁을 통해 때로는 협력을 통해 이익을 추구하는 편이 훨씬 안정적임을 입증해야 한다.[19]

서방은 러시아 국가안보 내러티브(narrative)의 불쾌하고 오만하며 이기적인 측면에 굴하지 않고 핵을 보유한 강대국인 러시아 내 어떠한 반응을 일으킬 것인지 충분히 고려하면서 미래의 정책을 수립해야 한다. 이 평가는 러시아에 대한 미국과 서방의 미래 정책에 대한 몇 가지 점을 시사한다.

단호한 북대서양 조약 기구 역량의 필요성

최악의 경우 러시아의 위협은 전면전으로 이어질 수 있다. 이러한 전망은 실제로 가능성은 그리 높지 않으나 그렇다고 아예 무시할 수 있는 수준도 아니다. 따라서 미국의 대전략상 러시아와 관련하여서는 강력한 군사적 대비가 요구된다.

유럽 및 그 외 기타 지역 내 러시아의 기만적인 행위는 끝날 기미가 보이지 않는다. 저강도 탐색 및 공격행위 또는 자칫 목숨을 앗아갈 수도 있는 사고는 자칫 상대방으로 하여금 잘못된 오해나 확전으로 이어질 수도 있다. 사이버무기, 극초음속 미사일 및 기타 새로운 첨단기술은 안정성을 유지하고 확전을 방지하는 기술적 작업을 복잡하게 할 뿐만 아니라 일부 상황에 따라서는 재래식 전쟁과 핵전쟁 사이의 경계를 흐리게 만들 수 있다.[20] 핵무기는 위험을 극적으로 높인다. 특히 러시아가 발트해 연안 해역을 침공하고 합병하는 경우에도 위협을 가하려는 의지를 어느 정도 시대에 뒤떨어지거나 불가능한 것으로 치부할 수는 없다. 최근 러시아의 경제적 어려움에도 불구하고 현대화와 우수성, 대규모 핵전력까지 갖춘 군을 유지할 수 있는 러시아의 능력을 의심하기는 어렵다.[21]

전쟁으로 이르는 경로는 다양하다. 러시아는 사이버 공격으로부터 2014년 크림반도의 은밀한 침공 시 활용되었던 러시아군의 신속한 기동 그리고 해군 봉쇄에 이르기까지 다양한 방식으로 발트해 연안 국가를 위협할 수 있다.[22] 아마도 국가를 완전히 장악하기 위한 고전적인 침략이 미군의 작전계획 중 가장 어려운 사례일 것이다.[23] 실제로 러시아는 2017년 여름 벨라루스에서 수만 명의 군대가 참가한 훈련을 통해 그러한 역량을 입증하면서 서방 국가의 두려움을 일으키기 바랐는지도 모른다.[24]

그러한 시나리오상에서 북대서양 조약 기구는 지리적으로 불리하다. 이 지역은 비교적 개방된 지형으로 대규모 군대의 이동이 용이하다.[25] 러시아는 이 지역에서 대규모 병력과 함께 신속하게 이동할 수 있는 유리한 위치를 선점하고 있는 데 반해 북대서양 조약 기구는 그렇지 않다.

최근 미국의 랜드 연구소(RAND)에서 실시한 워게임 결과에 따르면 발트 해 연안 국가 내 부분적으로 실행 가능한 방어를 유지하기 위해 북대서양 조약 기구는 약 7개 여단이 필요할 것이라고 평가하였다. 이는 지원 및 공군 역량과 함께 약 50,000명의 병력을 의미한다.[26] 오늘날 발트해 연안에 배치된 발트해 연안 국가 군과 북대서양 조약 기구 군은 이러한 수준의 약 절반 정도를 보유하고 있다.

주요 반격 작전에서 승리를 확신하기 위해 북대서양 조약 기구는 수십만 병력으로 구성된 다양한 기능부대를 배치해야 할 것이다. 북대서양 조약 기구는 가능한 증원을 포함하여 러시아군을 물리치기 위한 전투부대뿐만 아니라 전구에 기지와 보급선을 구축하고 보호하는 능력 또한 필요하다.[27] 그러나 이러한 배치를 달성하는 것만으로 승리를 보장할 수는 없다. 북대서양 조약 기구는 오늘날 그러한 기준을 충족할 준비가 되어 있지 않은 상태다. 2014년 9월 웨일스 정상회담(Wales summit)에서 북대서양 조약 기구는 4천 명 규모의 신속 대응군 창설을 제안했다.[28] 이러한 부대는 상황 발생 시 자동으로 개입하게 되는 의미에서 인계철선(trip-wire) 억제에는 유용할지라도 러시아 위협에 대한 전투 능력은 미미할 것이다.[29] 약 한 달 내 영국, 프랑스, 독일은 각각 여단을 배치하여 총 10,000명 이상의 병력을 집결할 수는 있겠으나, 이는 견고한 방어를 위해 필요로 하는 병력규모 대비 여전히 저조한 수준이다.[30]

북대서양 조약 기구가 동유럽 내 물리적으로 강력한 전방방어 역량을 배치하지는 않았지만, 다행히 현재까지는 다소 모호하지 않은 명확한 인계철선을 설정했다. 필자가 판단하였을 때 이는 적절한 수준이다. 왜냐하면 푸틴이 첫 전투에서 승리할 수 있다고 생각하더라도 북대서양 조약 기구와의 전쟁을 선택하지 않을 것이 거의 확실하기 때문이다. 미국에서는 유럽 수호(European Reassurance) 또는 억제 이니셔티브(Deterrence Initiative), 북대서양 조약 기구에서는 애틀랜틱 리졸브 작전(Operation Atlantic Resolve)이라고 알려진 협력방안을 통해 20개 북대서양 조약 기구 국가들이 발트해 연안 국가 내 약 5,000명의 병력을 지속적으로 순환 배치하고 있다. 미국은 인근 폴란드 내 비슷한 수의 병력을 배치하고 있으며, 이를 전방증강전개군(an enhanced Forward Presence, eFP)이라고 일컫는다.[31] 또한 약 9개국에 걸친 동유럽 내 여단 규모의 중장비를 사전 배치되어 있다.[32] 2018년 북대서양 조약 기구는 이러한 초기 병력에 더해 30,000명의 지상군, 30여 척의 지원함 및 항공기 편대를 30일 이내 배치할 수 있도록 제안한 바 있다.[33] 이것이 2018년 7월 브뤼셀 정상회담 이후 북대서양 조약 기구 선언으로 공식 발표된 Four 30s 이니셔티브다.[34] 속도는 느리지만 올바른 방향성으로 진행되고 있다.

전방증강전개군은 매우 의미 있는 인계철선의 역할을 수행한다. 왜냐하면 발트해 연안 국가에 대한 러시아의 어떠한 대규모 침략에도 대부분의 북대서양 조약 기구 회원국과 모든 주요 강대국이 필연적으로 신속하게 대응한다는 의미를 담고 있기 때문이다. 만약 30/30/30/30 이니셔티브가 실제로 구현된다면 북대서양 조약 기구가 동부 지역에서 일어나는 상황을 주의 깊게 경계하고 신중하게 계획하고 있음을 보여줄 것이다. 이러한 정책은 러시아의 전면적인 공격으로 발트해 연안이 장악되고 합병될 위험을 줄인다. 아마도 러시아는 폴란드 내 수왈키 회랑(Suwalki corridor)을 통해 벨라루스(Belarus)에서 칼리닌그라드(Kaliningrad)로 병력을 이동시켜 발트해 연안을 지원하기 위한 북대서양 조약 기구의 육로를 차단하려는 작전을 펼쳤을 것이다. 상설 본부를 설치하고 물류 지원부대를 사전 배치하는 등 추가 조치도 바람직할 것이다. 이러한 조치들은 발트해 연안에 대한 북대서양 조약 기구의 공약이 순전히 인계철선만의 역할을 수행하는 것이 아니라는 점을 명확히 하면서 동시에 동부 강화하기 위한 북대서양 조약 기구의 잠재력을 촉진할 수 있을 것이다.[35] 2020년 4월 애틀랜틱 카운슬(Atlantic Council) 보고서를 통해 제시한 바와 같이 유럽 철도 노선 개선, 위기 시 군사목적으로 사용할 수 있는 유럽 민간 예비 항공기 배정, 더 많은 비행장 건설, 일부 기반 시설 강화 및 유럽의 군사적 이동성을 향상하기 위한 더 많은 역량을 창출하는 것 또한 도움이 될 것이다.[36] 그러나 기본 정책은 건전하다.

그러나 다양한 북대서양 조약 기구 정책으로 인해 러시아가 발트해 침공과 합병을 감행할 가능성이 희박해 보이더라도 아직 안주해서는 안 된다. 특히 전통적인 정복 전쟁의 성격이 아닌 소규모 또는 회색지대 침략이나 우크라이나와 같이 북대서양 조약 기구에 속하지 않은 국가를 대상으로 여전히 상당한 위험이 도사리고 있기 때문이다. 예를 들어 모스크바는, 특히 인구의 약 25%

를 차지하는 라트비아나 에스토니아에서 러시아어 원어민을 보호하기 위해 제한된 작전을 수행할 수 있다. 이러한 경우 러시아의 목표는 적어도 단기적으로는 발트해 연안 지역에 대한 러시아의 완전한 통제를 재확립하는 데 있지 않을 것이다. 북대서양 조약 기구가 핵심조항 제5조 의무를 이행하겠다는 약속이 단순히 종이호랑이(a paper tiger)에 지나지 않았음을 밝히는 편이 어쩌면 동맹의 전반적인 약화 및 실존적 위기를 초래할 수 있기 때문이다.37 결국 북대서양 조약 기구 조약 제5조의 상호방위조약은 군사적 대응을 위해 미리 정해진 계획이 아니다. 주어진 상황에서 해석이 필요하다. 다시금 조약을 살펴보면 다음과 같다. "당사자들은 유럽이나 북미에서 그들 중 하나 이상에 대한 무력 공격이 그들 모두에 대한 공격으로 간주된다는 데 동의하고 결과적으로 그러한 무력 공격이 발생하는 경우 각자가 다음 권리를 행사한다는 데 동의한다. 유엔 헌장 제51조에 의해 인정된 개인 또는 집단적 자위는 무력사용을 포함하여 필요하다고 판단되는 조치를 다른 당사자와 함께 개별적으로 즉시 취함으로써 공격을 받은 당사자를 도울 것이다. 북대서양 지역의 안보를 회복하고 유지하기 위해 군대를 파견한다."38

"**무력사용을 포함한다**(including the use of armed force)"는 표현이 불가피한 군사적 대응을 시사하는 것 같지만, 앞의 "**필요하다고 판단되는**(as it deems necessary)"이라는 표현은 상당한 모호성을 내포한다. 일부 동맹국은 군사적 대응을 거부하고 심지어는 군대를 파견하기로 한 북대서양 조약 기구의 공식 결정을 승인하지 않기 위해 이러한 모호성을 내세울 수도 있다. 북대서양 조약 기구 동맹을 약화 또는 무력화시키거나 심지어 해체는 푸틴에게 분명히 중요한 전략적 승리로 간주될 것이다. 그는 또한 주요 지역 내 러시아어 사용자가 위협을 받고 있다는 구실(허위 정보 캠페인 및 기타 수단을 사용하여)을 만든다면 제한된 침공을 피할 수 있다고 믿을 수도 있다. 푸틴 정부가 최근 전 세계 러시아어를 사용하는 사람(또는 스스로를 "러시아인"이라고 생각하는 모든 사람)을 보호할 권리를 주장하는 것은 그러한 침략에 대한 전략적 전제를 제공한다.39 이러한 측면에서 러시아의 전략적 야망이 한때 소련의 일부였던 지역, 특히 많은 수의 러시아어 사용자가 거주하는 지역으로 확장될 가능성은 매우 높아 보인다. 위장전(maskirovka), 하이브리드 전쟁(hybrid warfare) 및 단계적 확대(적의 후퇴를 설득하기 위해 핵무기로 위협)와 같이 최근 러시아 내 등장한 새로운 군사 개념들은 이러한 시나리오에 대해 러시아의 전략 및 군사 커뮤니티에서 적극적으로 검토하고 있음을 보여준다.**40** 공격의 노골적인 군사적 요소는 보다 광범위한 전략의 한 요소일 뿐이다.

일부 북대서양 조약 기구 동맹국이 대응이 요구되는 상황에서 싸우지 않기로 결정하는 이유는 무엇인가? 여기에는 헌장 제5조에 내재된 의미론적 모호성 외 더 깊은 전략적 이유가 있다. 일부 동맹국은 러시아의 현 군사대비태세가 북대서양 조약 기구 영토 내로 침투할 수 있는 역량이 부족하다는 판단하에 초기 침략이 허용되더라도 실질적인 위협이 되지 않는다고 생각할 수 있다.**41** 이와 반대로 다른 동맹국들은 러시아가 더 큰 전쟁을 일으킬 수 있는 가능성에 대해 두려워한다. 최근 몇 년 동안 러시아는 우랄(the Urals) 서부의 지상군이 개선된 결과 시간이 지남에 따라 증원군을 투입할 수 있는 역량을 갖추었다.**42** 핵무기 또한 보유하고 있다. 이러한 배경에서 일부 북대서양 조약 기구 국가는 러시아가 제한된 공격을 감행하더라도 더 이상 러시아를 자극하는 위험을 감수하지 않는 것을 선호할 수 있다. 러시아가 정규군 대신 특수부대 리틀 그린 맨(little green men)을 동원하여 전쟁 발발의 책임을 부인할 수 있는 방법을 채택하더라도 이에 속아 넘어가는 사람은 거의 없었을 것이다. 그러나 러시아와의 전면 대결을 피하고자 하는 일부 국가들은 모스크바의 변명을 군사적 대응을 지연시키고 우선 외교를 통한 문제해결을 시도하려는 이유로 들 수 있다.

이러한 측면에서 서방은 영토를 탈환하거나 초기 침략에 대한 보복을 위해서 즉각적인 반격 역량에만 의존하지 않을 수 있는 방안이 필요하다. 즉 우리는 북대서양 조약 기구가 러시아의 침략 행위에 대한 분노하여 먼저 총격을 가하는 계획에만 전적으로 의존해서는 **안 된다는 뜻이다.** 또한 우리는 전쟁을 확대하는 데 중점을 두어서도 안 된다. 서방은 조기에 서둘러 군사력을 사용하기 보다는 통합적, 비대칭적 그리고 간접적인 방식의 보다 통합된 대응방안을 모색해야 한다. 다만 이러한 접근 방식은 러시아가 탈취한 발트해 연안의 마을이나 영토를 탈환하는 데 수년이 걸릴 수 있다. 그러나 적어도 마을을 탈환하기 위해 마을을 파괴하거나 핵전쟁의 위험을 감수하는 등의 우를 범하는 경우를 막을 수 있을 것이다.

　이러한 전략에 있어 가장 중요한 요소는 경제전쟁이다. 경제전쟁 수단에는 특정 목표에 대한 징벌적 제재가 포함될 것이며 시간이 지남에 따라 제재 범위를 확대할 수 있다. 이러한 범위에는 적대국의 전반적인 경제와 국내총생산의 기본적인 궤적에 영향을 미치도록 고안된 부문별 제재, 적대국 행위에 비례하도록 설계된 자산 압류, 미국 또는 글로벌 금융 시스템에 대한 접근 제한, 장기간에 걸쳐 적대국의 기술 발전을 제한하도록 설계된 수출 통제 등이 포함된다. 동시에 상호 간의 경제전쟁을 수행함에 있어 러시아보다 오래 버틸 수 있도록 미국과 동맹국의 경제 회복력을 향상시킬 수 있는 다양한 조치 또한 중요하다. 이러한 조치에는 첨단소재(key materials)의 전략적 비축을 확대하고 유럽 국가들이 (조금 더 비싸더라도) 대체 에너지원에 대해 접근할 수 있도록 여건을 보장하는 방안 등이 포함되어야 한다. 이러한 조치들은 신중하게 접근하면서도 억제력을 강화하는 수단으로서 현재 착수해야 할 일이다.

　현재 대부분의 서유럽은 에너지 시장과 파이프라인 시스템을 통합하여 액화 천연가스 수입 증가와 같은 수단을 통해 러시아 탄화수소를 대체할 방법을 찾을 수 있다. 물론 이러한 경우 연간 비용은 현재 수준보다 높을 수 있으며 연간 수백억 달러에 달할 수도 있다.**43** 그러나 유럽의 풍부한 경제력은 러시아에 비해 이러한 무역 중단에 보다 유연하게 대응할 수 있을 것이다. 만약 전쟁이 발생할 경우 드는 수십조 달러에 이르는 비용과 비교한다면 이는 합리적인 선택이 될 수 있다. 유럽의 경제 회복력을 더욱 강화하기 위해 북대서양 조약 기구 기반시설 기금을 활용하여 항만 액화천연가스 터미널을 건설할 수도 있다.

　일부에서는 지금까지의 제재가 그다지 효과적이지 않고 미래 전략이 될 수 없다고 주장하기도 한다. 필자는 이에 동의하지 않는다. 현재까지 러시아는 제재로 인해 경제적으로 큰 타격을 입었다. 푸틴의 지지율 역시 상당한 영향을 받았고 많은 젊은이들은 이제 러시아를 떠나고 싶다고까지 말한다.**44** 러시아의 침략이 지속된다면 제재는 더욱 확대될 수 있으며, 푸틴 역시 이를 분명히 인지하고 있다.

　제재는 모스크바가 크림반도를 우크라이나에 반환하도록 설득하거나 동부 지역 내 우크라이나 분리주의자에 대한 지원을 철회하도록 만들지는 못했다. 그러나 제재를 통해 엘리트를 처벌하고 서방 은행과 비자에 대한 접근을 제한했으며 러시아의 특정 첨단기술에 대한 접근을 제한할 수 있었다. 러시아가 침략하는 지리적 범위를 확장하지 않았다는 것은 놀라운 일이다. 그리고 그 이유에 대해서는 추측만 할 뿐이다. 그러나 아마도 블라디미르 푸틴과 측근들은 서방이 그토록 오랫동안 러시아의 침략에 대해 그토록 단호한 태도를 취한다면 러시아군을 보다 야심 차게 운용하는 것은 어리석은 일이 될 것이라고 추론했을 것이다.[45] 나아가 이는 러시아 경제를 장기 불황으로 몰아넣는 추가 제재를 초래할 가능성이 높다고 판단했을 것이다(이미 현재까지 부과된 제재로 인해 러시아는 지난 50년 동안 순 성장이 거의 없었다). 미국의 대전략적 관점에서 볼 때 북대서양 조약 기구 회원국에 대한 공격을 방지하는 것은 먼 유라시아에서 상대적으로 사소한 영토 문제를 해결하는 것보다 훨씬 더 중요하다. 미국 안보에 진정으로 영향을 미칠 수 있는 중요도 측면에서 이러한 제재는 실패로 간주되어서는 안 된다.

북대서양 조약 기구 너머 동유럽 내 새로운 안보질서 구축

미국과 유럽 국가들이 유럽과 북미 양 대륙 간의 안보 증진을 위해 추진하고 있는 대다수 조치는 나름의 경험과 논리를 바탕으로 적절하게 수립된 반면, 단 한 가지 점에 대해서는 재고할 필요가 있는 것으로 보인다. 이는 바로 북대서양 조약 기구의 확장을 멈추는 것이다. 단 이는 동유럽 국가의 안보 증진을 위한 목적에 대해 모스크바와 폭넓은 의미에서 이해를 공유할 때 가능하다.

북대서양 조약 기구 확장 정책은 현재 좌초된 상태다. 2008년 초 미국과 북대서양 조약 기구 회원국들은 우크라이나는 물론 국가 크기가 작고 멀리 떨어진 조지아까지도 북대서양 조약 기구에 가입시키겠다고 약속했다. 그러나 조지 W. 부시(George W. Bush) 행정부의 자유 확장 의제(Freedom Agenda)로 거슬러 올라가는 이러한 정책적 열망은 이미 10년이 넘도록 동결 상태이다. 오바마 대통령은 2014년 러시아의 우크라이나 침공 전후 시기조차 이러한 정책에 크게 관심을 보이지 않았다. 트럼프 대통령은 북대서양 조약 기구 확장 개념에 대해 전 행정부에 비해 더욱 신중을 기했다.

그러나 북대서양 조약 기구 확대 정책은 여전히 논의 중으로 그 누구도 이를 철회하지 않은 상태다. 푸틴 역시 이러한 사실을 잘 인식하고 있다. 2017년 마이크 펜스(Mike Pence) 부통령은 조지아 방문 간 공개적으로 조지아의 북대서양 조약 기구 가입을 다시금 추진할 것이라 공표했다. 미국과 다른 회원국들이 이를 얼마나 진지하게 받아들였는지는 알 수 없지만 적어도 트빌리시(Tbilisi)와 모스크바는 심각하게 여겼을 것임에 틀림없다. 미하일 고르바초프로(Mikhail Gorbachev) 전 대통령, 조지 케넌(George Kennan), 샘 넌(Sam Nunn) 미국 조지아주의 전 연방 상원의원, 윌리엄 페리(Willian Perry) 미국 전 국방장관이 예상한 바와 같이 이러한 북대서양 조약 기구의 확장은 푸틴을 비롯한 러시아 민족주의자들을 격분시키기에 충분했다. 또한 자국에 대한 서방의 음모를 외쳤던 국수주의적 민족주의자들에게 힘을 실어줌으로써 러시아의 민주주의를 후퇴시키는 요인으로 작용했을 가능성이 크다.[46]

동맹 형성 과정에서 지리의 중요성을 이해하기 위해 러시아의 영향력을 언급하지 않을 수 없다. 러시아 코앞까지 진격한 북대서양 조약 기구를 러시아의 민족주의자들이 긍정적으로 평가할 가능성은 거의 없다. 러시아의 시각에서는 이미 전 세계적으로 영향력을 행사하는 미국이 이제 유라시아 중심부까지 깊숙이 확장하고자 하는 야욕으로 비춰질 것이다.

1990년대 후반 클린턴(Clinton) 행정부 시기 폴란드, 헝가리, 체코 공화국을 북대서양 조약 기구에 편입시켰을 때까지만 해도 상황은 그리 심각해 보이지 않았다.[47] 이어 조지 W. 부시(George W. Bush) 대통령은 그의 첫 임기 간 에스토니아, 라트비아, 리투아니아를 추가로 가입시켜 그 규모가 보다 확장되었다. 당시 워싱턴은 당연하게도 1940년 모스크바가 발트해 연안 국가들을 합병한 후에도 이들 국가를 소련의 일부로 인정하지 않았다. 그럼에도 불구하고 역사적으로 러시아와 매우 밀접하게 얽혀 있는 이러한 구소련의 핵심 지역을 북대서양 조약 기구에 편입시키는 것은 전혀 다른 차원의 문제이다.

설상가상으로 우크라이나와 그루지야의 북대서양 조약 기구 가입에 대한 공약에도 불구하고 이에 대한 구체적인 계획도 임시 안보 보장 대책도 부재한

상황이다. 더구나 북대서양 조약 기구에 가입하기 위해서는 책임 소지와 상관
없이 이웃 국가와의 영토 분쟁을 먼저 해결해야 한다고 명시하고 있다. 이러한
일련의 상황은 2008년 그루지야 그리고 2014년 이후 우크라이나 상황과 같이
러시아가 우크라이나와 그루지야 내 불안과 갈등을 지속적으로 조장하고 각
국가의 일부 지역을 탈취하는 데 분명한 근거를 제공했다.

물론 북대서양 조약 기구 확장 개념 자체는 스티븐 파이퍼(Steven Pifer)
대사가 강조했던 바와 같이 2014년 러시아의 크림반도 병합과 동부 우크라이
나의 분리주의 세력을 지원을 부추긴 직접적인 원인은 아니다.**48** 우크라이나가
유럽연합(the European Union) 가입에 깊은 관심을 보였던 사실이 이러한 위기
의 촉매제 역할을 했다고 보는 편이 더 타당하다. 이는 푸틴 대통령과 그의 측
근이 유지하고 있던 정실자본주의(the crony capitalism)와 경제 기반을 위협할
수 있기 때문이다. 그럼에도 불구하고 북대서양 조약 기구의 확장은 수년에 걸
쳐 러시아의 불안과 분노를 불러일으켰다. 이는 2013~2014년 우크라이나의
유로마이단(the Maydan crisis) 혁명과 같은 사건이 발생한 배경이 되었으며, 모
스크바의 시각에서는 경쟁적인 제로섬(zero-sum) 측면이 가중될 수밖에 없었
다. 이로 인해 우크라이나가 1990년대 빌 클린턴(Bill Clinton) 대통령이 예상한
바와 같이 러시아의 보복에 노출되는 결과를 가져왔다.**49**

북대서양 조약 기구와 같은 동맹은 다른 유형의 기관들과는 여러 가지 측
면에서 다르다. 가장 눈에 띄는 차이점은 북대서양 조약 기구는 본질적으로 배
타적인 성격을 띠고 있다는 점이다. 또한 북대서양 조약 기구가 전쟁과 평화
문제를 다룬다는 측면에서 여타의 조직과는 다른 유형의 열정을 불러일으킨다
는 점이다. 고대 그리스 학자 투키디데스(Thucydides)가 블라디미르 푸틴
(Vladimir Putin) 대통령을 인간적으로 좋아했을지는 알 수 없지만 적어도 필자
는 투키디데스만은 푸틴의 열망을 이해할 수 있을 거라 생각한다. 투키디데스
는 국가가 전쟁을 택하는 이유에 대해 명예, 두려움, 이익이라는 세 가지 요인
을 들어 설명한다.**50** 푸틴을 비롯한 많은 러시아인들에게 전쟁은 모두 명예와
관련이 깊다. 보다 정확하게 표현하자면 상처받은 자존심이다. 러시아의 시각
에서 북대서양 조약 기구는 냉전의 승리를 악용하고 이를 바탕으로 그 영향력
과 함께 군사기지를 유라시아 심장부 깊숙이 배치함으로써 자국의 공격을 지

속하고 있다고 보고 있다.

일부에서는 북대서양 조약 제10조에 명시된 개방 정책을 존중해야 한다고 주장한다. 그러나 동맹에 가입하고자 하는 국가들에게 권리가 있다면 미국인과 북대서양 조약 기구의 기존 회원국들 역시 마찬가지다. 예를 들어 미국의 경우 특정 국가의 안보를 책임지겠다는 공약할 수 있는 권리가 이에 해당한다. 북대서양 조약 기구는 여전히 압도적으로 미군이라는 안전장치(backstop)에 의존하고 있는 상황이다.[51] 물론 제10조만으로 동맹에 가입하고자 하는 국가를 허용하지도 허용할 수도 없다. 사실상 회원이 될 자격은 "북대서양 지역 안보에 기여할" 경우에만 권고한다.[52] 그러므로 어떤 유형의 북대서양 조약 기구 확장이 지역 안보에 긍정적인 영향을 미칠 것인지와 부정적인 측면이 있을 수 있는지에 대한 판단이 필요하다.

우크라이나가 진정한 국가가 아니라는 푸틴의 주장은 당연히 거짓이다. 우크라이나와 러시아의 역사는 수 세기에 걸쳐 러시아와 발트해 국가의 역사보다도 훨씬 더 오래전부터 긴밀하게 얽혀 있다. 우크라이나에 대해 러시아가 민감하게 반응하는 것도 이러한 연유에서 비롯된다. 그러나 스티븐 파이퍼(Steven Pifer) 대사가 지적했듯이 우크라이나 역사상 우크라이나 독립과 주권에 대한 러시아의 공격만큼이나 우크라이나를 하나로 결집시키고 명확한 정체성을 부여한 요인도 없을 것이다.[53] 나아가 푸틴이 우크라이나가 독립적이고 주권적인 국가로서 유럽연합에 가입하고자 하는 권리를 거부할 수 있는 근거 또한 부재하다. 우크라이나의 입장에서는 이러한 경제적 협력이 절실한 상황이다. 한 예로 냉전 직후 우크라이나와 폴란드 양국은 인구 규모뿐만 아니라 국내총생산 역시 비슷한 수준이었으나 이후 키예프(Kyiv)의 경제는 미흡한 정책으로 인하여 폴란드 경제의 4분의 1 수준으로 하락했다.

당연하게도 모스크바에게 자국의 국경과 맞닿아 있는 많은 이웃 국가를 희생시킬 권리는 없다. 제2차 세계 대전과 그 이후와 같이 강대국들이 유럽을 각각의 영향력이 미치는 영역으로 분할하는 제2의 얄타 회담과 같은 일이 다시금 반복되어서는 안 된다. 동유럽 국가들은 완전한 주권 국가이며 자국의 국내외 정책 결정을 내릴 수 있는 모든 권리를 가질 자격이 있다. 더구나 서방 국가들은 우크라이나에 여전히 큰 빚을 지고 있다. 1990년대 초 소련이 해체된 이래 우크라이나는 약 2천 개에 달하는 핵탄두를 포기하면서 전 세계적인 비확산 노력에 가담했고 당시 서방은 1994년 부다페스트 각서(the Budapest Memorandum)를 통해 다자간 안보 보장을 제공하는 데 동참했던 것이다.[54] 그러나 이러한 과정에서 러시아는 이 각서를 위반했으며 이는 결코 허용되어서는 안 된다. 보다 광범위한 시각에서 푸틴의 책략은 민주주의, 법치, 언론의 자유, 개방경제 및 기본적인 인간의 존엄성에 대한 직접적인 공격과도 같다.[55] 더구나 수년간 저조한 경제성장과 정치적 배척에 빠져 있는 러시아의 현 상황을 보면 러시아의 입장에서도 결코 승리한 상황이라고 보기도 어렵다.[56]

미국은 북대서양 조약 기구 동맹국 및 유럽연합과 함께 이러한 러시아를 대상으로 반격해왔다. 푸틴이 시작한 우크라이나 전쟁으로 인하여 2014년 이래 우크라이나 동부에 위치한 돈바스 지역에서만 약 15,000명의 사상자가 발생했다. 돈바스는 러시아가 분리주의 운동을 촉발하고 무장을 지원한 지역이기도 하다. 미국은 우크라이나를 대상으로 처음에는 비살상용 무기 지원과 훈련을 통해 최근에는 대전차 미사일과 같은 무기를 지원하고 있다. 러시아의 침략이 더 이상 용납될 수 없음은 자명하다. 미국의 군사적 지원은 우크라이나가 러시아의 지원을 받는 분리주의자들을 대상으로 전쟁을 치르는 과정에 큰 도움이 되었다. 나아가 돈바스 지역을 넘어 우크라이나의 다른 지역까지 진출하려는 러시아의 야망을 저지하는 데 기여하고 있다.[57]

그럼에도 불구하고 현 상황은 그리 좋지만은 않다. 미국이 러시아군을 상대로 전쟁을 수행하는 국가에 치명적인 무기를 지원하는 상황은 정당화될 수는 있겠지만 동시에 아프가니스탄이나 시리아와 같은 지역 내 러시아의 보복을 야기할 가능성을 높일 수 있기 때문이다. 더욱이 현재 우크라이나가 진정으로 필요로 하는 지원은 경제 개혁과 개발분야이다. 트럼프 행정부 시기 시행된 우크라이나 정책은 이러한 문제를 제대로 다루지 못했다. 트럼프 대통령은 우크라이나가 내부적으로 직면하고 있던 부패와 경제 문제와 러시아와의 관계를 개선하고자 하는 외부적 상황을 개선하는 데 도움을 주기보다는 개인의 정치적 이득을 위해 우크라이나를 활용하고자 했다.

우크라이나와 러시아에 대한 전략을 재고해야 할 때다. 그리고 이러한 전략의 핵심은 동유럽을 위한 새로운 안보 아키텍처이다. 현재 우크라이나와 그루지야는 러시아의 표적이 되어 단기적으로 북대서양 조약 기구에 편입되거나 보호를 받지 못한 채 흡사 불확실성으로 가득한 기로에 서 있는 형국이다. 새로운 안보 아키텍처는 이와 같은 국가의 복지와 미래 전망을 개선할 수 있는 방식으로 구상되어야 한다.

핵심 개념은 동유럽 국가가 영구적인 중립을 유지하는 것이다. 이러한 국가들은 유럽의 최북단에서 최남단에 이르기까지 총체적으로 분할된 호를 이루는 핀란드와 스웨덴, 우크라이나, 몰도바 및 벨로루시, 그루지야, 아르메니아 및 아제르바이잔, 마지막으로 키프로스와 세르비아 그리고 여러 발칸 국가들이다. 이러한 과정에서 가장 중요한 국가는 구소련 국가들이다(예를 들면 필자의 시각에서는 스웨덴이나 핀란드와 같은 국가들이 북대서양 조약 기구에 가입하는 것은 바람직한 현상은 아닐 수 있으나 구소련 국가들에 반해 덜 우려되는 것도 사실이다). 이러한 새로운 구상하에서 비동맹 국가들과 북대서양 조약 기구 및 러시아 간의 기존 안보협력이 지속될 수는 있으나 공식적인 안보공약은 더 이상 연장되거나 확장되거나 않을 것이다.

이러한 구상은 어떤 국가에도 강요되어서는 안 되며 더욱이 소수의 초강대국들이 보다 규모가 작은 국가들이 부재한 상황에서 일방적으로 그들의 운명을 결정하는 얄타(Yalta) 방식으로 수행되어서는 더더욱 안 된다. 또한 실제 협의과정은 북대서양 조약 기구 내에서 시작하더라도 신속하게 해당 중립국들을 포함해야 할 것이다. 그러나 지금은 우리 자신과 그들에게 정직해야 할 때다. 기존 정책하에서 구소련 국가들은 그 어떠한 경우에도 단기간 내 북대서양 조약 기구에 가입을 위한 회원국 행동계획(membership action plans, MAP) 절차를 밟지 못할 가능성이 있음을 인식해야 한다. 일단 우리가 현 상황을 보다 객관적으로 인식 및 평가하고 향후 나아갈 방향에 대한 합의에 도달한다면 이들 국가와 공식 협상이 이루어질 것이다. 러시아와의 협상은 이러한 과정 이후에 가능할 것이다. 북대서양 조약 기구에 공식적으로 제안하기 전 정책 입안자와 함께 비공식적으로 관련 분야 연구자들이 참여하는 트랙 1.5 대화 프로세스를 통해 이러한 구상을 보다 구체화할 수도 있을 것이다.

이러한 과정을 거쳐 발전시킬 새로운 안보 아키텍처는 북대서양 조약 기구와 마찬가지로 러시아 역시 우크라이나, 그루지야, 몰도바 및 이 지역의 다른 국가의 안보를 유지하는 데 기여할 것을 요구한다. (그러나 크림반도에 대해서는 보다 정교한 검토가 필요한 동시에 동부 우크라이나와 북부 조지아의 지역에 대해서는 자치 협정(autonomy arrangements)을 발전시켜야 할 것이다.)**58** 이러한 과정에서 러시아는 검증 가능한 방식으로 이들 국가로부터 군을 철수시켜야 한다. 갈등이 어느 정도 진정된 이후 조지아와 우크라이나에 대한 공격으로 인하여 부과된 러시아에 부과된 제재가 해제되는 절차를 밟게 될 것이다.

　이러한 외교적 해법을 추구함에 있어 북대서양 조약 기구의 확대에 대해 사과를 하는 듯한 제스처는 금물이다. 실제로도 이는 적대적인 의도에서 비롯된 것이 아니다. 러시아가 북대서양 조약 기구(및 유럽연합)의 확대에 대해 분노하고 모두의 예상대로 행동했다고 해서 폭력과 다른 전술에 기반한 러시아의 행동이 정당화될 수 있다는 의미는 결코 아니다. 북대서양 조약 기구의 확대 개념이 항상 모호한 성격을 내포했을 수는 있으나 그 목적과 의도가 부정적이거나 제국주의적이지는 않는다. 북대서양 조약 기구의 시각에서 조지아와 우크라이나 역시 다른 회원국들과 동등한 위치를 갖는다. 북대서양 조약 기구의 과거 결정과 정책에 대해 후회하는 듯한 모습은 러시아를 더욱 대담하게 만들고 러시아가 그리고 있는 새로운 안보질서를 추구하기 위해 다른 국가와의 타협을 꺼리게 만들 뿐이다. 자칫 북대서양 조약 기구의 일부 회원국들이 다른 회원국에 비해 상대적으로 더 중요할 수 있다는 인식을 심어줄 수 있는 메시지는 일부 지역에서 북대서양 조약 기구의 억제력을 약화시키는 결과를 초래할 것이다. 물론 모스크바는 이러한 기회를 놓치지 않고 시험할 가능성이 농후하다. 만약 일련의 협상이 궁극적으로 실패로 판명될 경우 이러한 가능성은 현실로 나타날 가능성이 크다. 2018년 7월 헬싱키 정상회담 직후 도널드 트럼프 대통령이 몬테네그로와 같은 동맹국을 방어하고자 하는 미국의 의지에 대해 의구심을 제기하여 회원국들의 우려를 자아냈다. 북대서양 조약 기구 내 지도자들은 이러한 경우가 반복되지 않도록 각별한 주의를 기울어야 한다.**59**

　이러한 체계가 조약의 형태로 성문화되고 주요 입법기관에 의해 비준된다면 가장 이상적일 것이다. 미국의 경우 이러한 입법기관에 상원을 포함한다. 그러나 우리는 이러한 절차에 지나치게 집착할 필요는 없다. 왜냐하면 탄도탄요격미사일 조약(Anti-Ballistic Missile Treaty)과 같이 성공적으로 공식화된 일부 조약조차 대통령의 결정에 의해 일방적으로 탈퇴하는 경우도 발생하기 때문이다. 이러한 과정에서 의회가 할 수 있는 역할은 그리 크지 않다. 반면 포괄적 핵실험 금지 조약(Comprehensive Nuclear Test Ban Treaty)과 같이 일부 비공식 협정이나 비준되지 않은 조약의 경우에는 향후 장기간에 걸친 지침이 되기도 한다.

이러한 새로운 안보 패러다임은 무기한 지속되어야 한다. 언젠가 러시아까지도 포괄하는 새로운 안보질서가 가능한 정도 또는 러시아의 정치와 전략 문화가 더 이상 북대서양 조약 기구를 반대하지 않는 수준까지 발전한다면 북대서양 조약 기구(또는 새로운 조직)는 더욱 확장될 수 있을 것이다. 그러나 이러한 경우 역시 상호 합의에 도달한 이후 가능할 것이다.

보다 넓은 시각에서 언젠가 러시아가 현재 유럽연합에 가입하지 않은 국가들 역시 언젠가는 유럽 연합에 가입할 수 있는 특권을 가지고 있음을 인정하게 될 것이다. 그리고 이는 유럽 연합뿐만 아니라 러시아에게도 이익이 될 것이다. 유럽 연합의 안보 관련 조항은 이러한 의미에서 북대서양 조약 기구의 제5조와 같은 무게를 싣지 않도록 보다 세심하게 조정될 수 있다.

이를 통해 푸틴은 자국 국민들을 대상으로 경쟁국으로부터 국경을 수호했음을 홍보할 수 있을 것이다. 동시에 2000년대 정권 초기 푸틴의 정치적 인기의 배경이 되었던 러시아의 지속적인 경제성장 역시 다시금 전망해볼 수 있다. 이러한 측면에서 필자는 푸틴 역시 이러한 새로운 구상에 관심을 가질 가능성이 적지 않을 것이라 생각한다.

그럼에도 불구하고 이러한 안보구상은 하루아침에 푸틴을 좋은 사람으로 만들거나 단기간 내 서방과 러시아 간의 관계를 우호적으로 만들지는 못한다. 그러나 분명히 긴장과 전쟁의 위험을 낮추는 결과를 가져올 수는 있을 것이다. 이는 러시아와 유럽에 대한 미국의 대전략이 향후 몇 년에 걸쳐 수행해야 하는 가장 큰 목적이자 가치이다.

러시아의 허위 정보, 선전 및 사이버전

러시아가 제기하는 국가안보 위험을 분석함에 있어 허위 정보와 선전을 빼놓고 이야기할 수 없다. 러시아는 단순한 괴롭힘에 더하여 이러한 수단을 통해 러시아는 서방세계의 불화를 조장하고 전 세계 민주주의를 약화시키며 러시아의 야망에 부합하는 후보자가 선거에서 유리하도록 분위기를 조장한다. 서방에 대한 이러한 러시아의 책략은 가장 위험한 유형의 공격은 아닐지 모르나 일어날 가능성이 가장 높으며 이에 높은 수준의 경계를 요구한다.[60] 최악의 경우 이러한 러시아의 책략은 북대서양 조약 기구 내 주요조직의 기본 기능과 신뢰성에 도전함으로써 진정으로 국가안보를 위협하는 수준까지 올라갈 수 있다.

최근 러시아의 이러한 활동이 누그러졌다고 생각할 이유가 거의 없다. 한 예로 잭 리드(Jack Reed) 상원의원은 2019년 10월 하루에만 페이스북 내 러시아의 크렘린과 연결된 트롤 조직인 인터넷 연구소(Internet Research Agency)와 관련된 계정 50개를 삭제했다고 보고했다.[61] 비록 트럼프 대통령은 이러한 주제에 대한 일관성 없는 발언을 지속하고 있으나 미국 공화당원 대다수는 이러한 위협을 충분히 인정하고 있다.[62]

이에 대해 다니엘 프리드(Daniel Fried)와 알리나 폴리아코바(Alina Polyakova)는 다음과 같은 방안을 제시한다.

- 세계 정세 및 국내외 화제 이슈에 관한 정보 출처에 대해 정부가 부과하는 투명성 기준 제정
- 지원 및 신뢰성 소스에 따라 소스에 레이블을 지정하고 허위 데이터 유포로 알려진 가해자 계정을 강등하거나 제거하는 소셜 미디어 플랫폼의 협력
- 딥페이크(deep fake)와 같은 새로운 정보 전쟁 방식을 모니터링하고 이해하는 비정부 기관과의 협력
- 인터넷상 악의적이고 신뢰할 수 없는 정보의 출처를 추적하고 대응하는 초국가적 클리어링 하우스(clearinghouse) 도입[63]

이러한 모든 대책들은 공공 캠페인을 통하여 지속적으로 보완되고 동시에 미국 대중에게 널리 알려야 한다. 미국 국민들 간 당파적 불신이 높은 상황임을 감안하여 미국 선거기간 중 또 다른 위기가 닥치기 전에 유권자들은 러시아를 비롯한 다른 외국 행위자들이 얼마나 많은 문제를 일으키고자 시도하는지 정확히 이해할 필요가 있다.

나아가 이러한 공공 캠페인은 백악관이 주도하지 않는 것이 가장 이상적이다. 왜냐하면 백악관이 주도적으로 진행할 경우 자칫 정치적으로 비쳐 전반적인 신뢰도를 저하시키기 때문이다. 대학들 간의 컨소시엄, 초당적 의회 태스크 포스, 심지어 미국 정보 커뮤니티가 더 나은 대안이 될 수 있다.

이는 선거 자체에 있어서도 중요한 문제이다. 다행히 부정선거를 방지하는 방안은 널리 잘 알려져 있다. 이러한 방안은 유권자에 대한 문서상의 기록과 실제 투표 결과를 보장하고 신속하게 결과를 확인하는 신속한 수단(즉 부분적으로 실제 투표수를 집계할 수 있는 충분한 인원)을 확보하는 데 중점을 둔다. 그리고 미국의 헌법상 독립기관인 미국 선거 관리위원회(Election Assistance Commission, EAC)는 전국적으로 선거 시행과 관련된 가이드라인을 채택하고 안내하는 역할을 하고 있다. 불행히도 2020년 기준 모든 주(state)가 이러한 기본적인 검증 조치를 취한 것은 아니며, 각 주가 투표와 관련하여 일어나는 일에 대한 궁극적인 책임과 통제권을 가지고 있다. 예를 들어 현재 미국 유권자의 약 90%는 그들의 투표에 대한 백업(backup) 용지를 보유하고 있다.[64] 이는 일견 다행스러운 면이기는 하지만 여전히 충분치 않다.

결론

마지막으로 필자는 미국의 대러시아 및 유럽정책에 대해 경고를 하고자 한다. 최근 미국 내 많은 전략 전문가들은 중국의 위협이 커지는 반면, 러시아에 대해서는 크게 관심을 두지 않는다. 그러나 러시아는 여전히 11개 시간대가 존재하는 거대한 영토와 약 1억 4천만 명(비록 감소하더라도)의 인구가 거주하는 전통적으로 세계 최고수준의 과학기술 및 핵을 보유한 초강대국이다. 이러한 러시아가 여전히 자국의 지정학적 목표를 추구하고 있다는 사실은 어찌 보면 당연한 사실이다. 최근 수년에 걸쳐 러시아의 국방예산은 미국과 북대서양 조약기구를 20대 1이라는 비율로 압도하고 있다. 지리적으로는 동유럽으로부터 중동의 레반트(Levant) 지역에까지 팽창하는 모습이다.

우리가 미러 관계에 대해 다시금 안주하거나 동맹의 우월성을 과신한다면 향후 몇 년 또는 수십 년 내 러시아는 중국을 제치고 또다시 미국의 주요 도전자가 될 것이다.

다행히도 이러한 상황에 대해 조치가 아예 없는 것은 아니다. 대부분의 경우 북대서양 조약 기구와 유럽연합이 중점적으로 군사력을 증강하고 경제제재를 지속함으로써 그들의 저력을 보여주었다. 특히 이러한 조치들은 트럼프 대통령 임기기간조차 지속되어 그들의 결속력을 다시금 입증하기도 했다. 특히 러시아 경제가 제재, 코로나19, 저유가의 시대에 허덕이고 있는 상황하에서 푸틴을 비롯한 강경한 러시아 민족주의자들이 정신을 차릴 수 있도록 이러한 단호한 조치들은 유지되어야 한다. 동시에 우리는 동유럽을 위한 새로운 안보 아키텍처를 지지하고 북대서양 조약 기구의 추가 확장을 중단함으로써 긴장을 완화하기 위한 정책을 병행해 나가야 할 것이다.

제 4 장

태평양과 중국

필자가 중국을 마지막으로 방문한 시기는 2018년으로 당시 몇몇 미국학자들과 함께 중국 내 싱크탱크를 방문하여 북한 핵위기에 대해 미국과 중국이 협력할 수 있는 방안을 모색하고자 했다. 당시 분위기는 굉장히 화기애애했고 중국학자들이 제시한 내용들 역시 전문성이 돋보였던 것으로 기억한다. 미국과 중국이 한반도에서 추구하는 목표들은 당연히 일치하지 않았지만 그럼에도 불구하고 대체적으로 양립 가능한 수준이었다. 중국 전문가와의 회의를 통해 얻은 가장 큰 소득은 양국 모두 한반도에서 전쟁을 원치 않았다는 점을 상호 인식하는 계기가 되었다는 점이다. 필자는 당시 그리고 그 이후에도 중국 학자들과의 교류를 통해 공통적으로 깨닫게 된 점이 있었다. 그것은 바로 중국은 자국의 이익을 위해 태평양 지역에서 과거에 비해 보다 비중 있는 역할을 원하지만 미국에 대해 적대적인 구상은 가지고 있지는 않다는 점이다. 이반 오스노스(Evan Osnos)는 그의 저서 **야망의 시대: 새로운 중국의 부, 진실 그리고 신뢰를 쫓아서**(Age of Ambition: Chasing Fortune, Truth, and Faith in the New China)를 통해 이러한 중국의 심리를 잘 표현하고 있다.1 부제목에 주목하여 생각해보자. 필자가 아는 중국인들은 대다수 야심가인 경우가 많지만 실제로는 고전적 현실주의(realpolitik) 또는 마키아벨리적(Machiavellian) 시각에서 본다면 꼭 그렇다고 볼 수 없다. 그들은 중국이 강성(强盛)하기를 바란다. 그러나 그들은 이러한 목표를 추구하는 과정에서 전쟁이라는 수단을 고려할 정도로 비이

성적이지 않다. 동시에 중국은 미국이 여전히 태평양 지역 내 동맹과 핵심이익을 수호하기 위해 모든 노력과 자원을 쏟고 있다는 점을 분명히 인식하고 있다. 최근 몇 년간 중국의 공세적인 행동이 증가하고 있음에도 불구하고 중국의 국방예산은 서구권 국가들이 일반적으로 국방예산 항목에 편성하는 모든 항목들을 포함하더라도 대체로 국내총생산의 2% 미만이다. 핵무기 현대화 역시 중국이 어느 정도 스스로 자제하고 있다는 점을 잘 보여주는 예이다. 현시점을 기준으로 중국은 세계 최고의 제조강국이다. 중국이 만약 핵무기 생산을 통해 초강대국 지위를 갖기를 원한다면 언제든 가능한 일이다. 그러나 현재 중국은 미국 또는 러시아가 보유한 핵무기의 10분의 1 수준에 만족하는 것처럼 보인다.[2] 이러한 수치와 예는 조금이나마 미래 대중관계에 대해 희망을 가져볼 여지를 준다.

　　그러나 물론 다른 해석이 없는 건 아니다. 특히 중국은 비민주국가로 참고할 수 있는 정보의 양이나 질이 제한적이므로 투명성이 결여되어 있다고 볼 수 있다. 필자 역시 이러한 주장들을 일축하기 어렵다고 생각한다. 서구권 국가들과 교류하고 소통하는 많은 중국인들은 영어를 사용하며 미국에서 공부를 했거나 일해본 경험이 있는 경우가 대다수다. 중국의 속담을 인용하자면 이들은 중국의 가치와 사상을 대변하도록 교육된 "야만인 중재자(barbarian handlers)"라는 점에 유의할 필요가 있다는 것이다. 그들은 미국과 대화하고 회유하는 법을 알고 있다. 좀처럼 외국인들과 소통할 기회가 없는 강경파들에 비해 훨씬 유화적이다. 강경파의 경우 중국의 국내총생산이 커질수록 권력에 대한 욕구 역시 커지는 법이다. 더욱이 중국의 최고 지도자들은 때때로 위험할 정도로 과신에 가까운 과시를 하는 경향이 있다. 맥마스터(H.R. McMaster) 국가안보 보좌관은 2017년 트럼프 대통령 중국 국빈방문 간 이루어진 리커창(Li Keqiang) 중국 국무원 총리와의 회담에 대해 다음과 같이 회고한다. "리커창 총리와의 회담은 중국이 가지고 있는 미국과 미중관계에 대한 생각을 분명하게 해주었다. 리 총리는 중국은 이미 산업 및 기술 기반을 발전시켰기 때문에 더 이상 미국을 필요로 하지 않는다는 견해를 시작으로 말을 꺼냈다. 그는 불공정 무역과 경제적 관행에 대한 미국의 우려를 일축했으며, 미래 세계 경제에서 미국의 역할은 중국이 세계 첨단산업 및 소비재 생산에 필요한 원자재, 농산물 및 에너지를 제공하는 것일 뿐이라고 지적했다."3 맥마스터 국가안보 보좌관의 이러한 생각은 정치적이거나 그 혼자만의 견해가 아니다. 오바마 정권 당시 마지막 국방장관이었던 애슈턴 카터(Ashton Carter)의 생각 역시 맥마스터의 견해와 맥을 같이 한다. 카터 장관은 중국의 국력이 성장함에 따라 중국의 세계관이 발전하고 동시에 중국 지도부들의 과시가 심화되었다는 점을 지적한 바 있다.4

또한 중국이 신생국이던 시기 전략산업을 육성하기 위해 중앙집권적으로 추진했던 그간의 계획경제 방식은 중국이 일단 강대국의 대열에 들어서면 위태로워질 수 있다.5 나아가 중국의 대만통일에 대한 국가적 열망은 충분히 이해할 수 있지만, 남중국해 내 중국의 행동과 대외 정책은 보다 넓은 시각에서 보면 자칫 패권국가로의 열망을 시사하는 것으로 보일 수 있다. 중국의 구단선 (nine-dash line)과 같이 국제 수로에 대한 실질적인 소유권을 주장하는 것은 제2차 세계 대전 이후 사실상 전무후무한 일이기도 하다. 중국의 이러한 야망은 미국이 추구하는 규칙 기반 국제질서(the rules-based global order)의 심장 한가운데를 단검으로 겨냥하는 행위와 같다. 이러한 미중관계를 관리하는 일은 향후 몇 년 아니 수십 년에 걸쳐 매우 중요한 일이다.

러시아를 제외하고 미국이 직면한 중요한 지정학적 과제는 의심할 여지 없이 중국이다. 러시아는 보다 공세적이고 핵무기 보유량 역시 중국에 비해 많다. 그러나 전반적으로 중국의 국력이 강해지고 있으며 지금도 성장하고 있다는 점을 유의해야 한다.6 이러한 점에서 미국은 하버드 대학교 그레이엄 앨리슨(Graham Allison) 교수가 주창한 "투키디데스의 함정(Thucydides trap)"을 피할 수 있는 계획이 필요하다. 앨리슨 교수는 역사상 신생 강대국의 국력이 커가는 과정에서 기존 강대국과의 충돌이 일어난다는 점을 투키디데스의 함정이란 표현을 통해 경고한다. 주로 유럽 사례를 바탕으로 분석해볼 때 이러한 충돌이 발생할 확률은 약 75%이다.7 이렇듯 높은 확률에도 불구하고 충돌은 결코 불가피한 것만은 아니다. 워싱턴과 베이징은 필자가 7장에서 보다 자세하게 설명할 두 번째 4+1 위협을 함께 해결하는 등 과거 강대국보다 더 폭넓은 이해관계를 공유하고 있다. 또한 세계 대전 이전에 비해 전쟁이 얼마나 치명적인지에 대해서도 분명히 인식하고 있다. 오늘날 핵무기가 갖는 억제 효과는 양국 간

분쟁의 가능성을 줄이는 결과를 가져올 수 있으나 그럼에도 불구하고 다모클
레스의 칼(sword of Damocles)에 의존하는 위험성을 동시에 내포한다. 이에 미
국은 중국 부상의 불가피성을 인식하면서도 그 칼날의 방향이 상대적으로 위
협적이지 않은 방향으로 돌릴 수 있는 수 있는 현명한 전략이 필요하다.

　중국이 이미 패권주의적 야망을 바탕으로 미국이 제시하는 긍정적 때로는
부정적인 인센티브에 영향을 받지 않는 상태라면 이러한 정책은 성공하지 못
할 가능성도 배제할 수 없다. 그러나 중국 지도자들이 자국에 대한 야심 찬 비
전을 갖고 있는 것은 분명하지만 그 목표를 달성하기 위한 구체적인 계획까지
발전시켰는지에 대해 결론 내리기는 아직 섣부르다. 더불어 이러한 목표 달성
을 위해 어디까지 희생을 하고 어떠한 대가를 치를지에 대해 결정했는지 알
수 없다. 포괄적인 의미에서 양국 간의 경제적 디커플링(economic decoupling)
을 넘어 심지어 미국과의 전쟁을 치를 위험까지 감수할 것인지에 대해서는 구
체적으로 아직 알려진 바는 없다. 중국이 오만할지는 모르지만 그렇다고 무모
하지는 않다. 서구권 국가들이 어떠한 정책을 펼치느냐에 따라 중국 지도부가
추진하고자 하는 목표를 특정한 정책 의제로 바꾸는 과정과 방법에 영향을 미
칠 수 있는 가능성은 아직 남아있다. 대부분의 리더들은 기회주의자인 경우가
많고 이중 특정 이데올로기를 강하게 주창하는 경우라도 그 면모를 자세히 들
여다보면 실용주의적 성향이 짙음을 알 수 있다. 그렇지 않다면 자국 내 권력
을 지향할 수 있는 방법을 찾기 어려웠을 것이며, 혹 권력을 장악한 이후라도
그 권력을 유지하지 못했을 것이기 때문이다.

　초기 냉전시대 중국은 조지 케넌(George Kennan)이 작성한 전략 지도상에
서 중요한 위치를 차지하지는 못했다. 실제로 과거 아시아 정책에 대한 대전략
은 일반적으로 지역 개방과 접근을 보장하는 데 중점을 두었다. 제2차 세계 대
전 중 일본을 무너뜨리고 동맹을 통해 일본 재건을 지원하였으며 그 이후에는
경쟁국들을 상대하기보다 한국과 베트남에서 공산주의를 견제하는 데 방점을
두었다.[8] 그러나 이러한 상황은 과거와는 전혀 다른 방향으로 변화하고 있다.[9]
케넌의 논리를 오늘날 적용시킨다면 중국은 필히 미국 외교정책의 중심에 위
치할 것이다.

　지난 40년 동안 중국의 부상, 보다 정확하게는 역사적인 시각에서 중국

문명의 위대한 부활은 전 세계를 놀라게 만들기 충분하다. 중국은 과거 빈곤한 농업 사회로부터 세계 최고의 제조 강국, 제2의 군사 강국, 제2의 연구 개발 강국이자 아시아 내 전 국가들의 제1의 무역 국가로 성장했다. 중국인들만큼 중국인으로서 자기 자신과 자국의 문화 그리고 중국이라는 국가의 중요성에 대해 자부심을 가진 민족도 드물다.[10] 역사적으로 중국만큼 다른 국가로부터 학대와 억압을 받았다고 느끼는 국가 역시 거의 없다.[11] 중국인들과 같이 과거 역사문제에 대해 분노에 가득 찬 민족 역시 찾아보기 힘들다.

역사적으로 초강대국이 겪어온 경험에 비추어 보면 중국의 군사력 운용은 현재에 이르기까지 **상대적으로** 잘 억제되어 왔다고 평가할 수 있다. 중국의 국내총생산과 국방예산은 1980년 이후 7~10년마다 2배 이상 증가했음에도 불구하고 중국은 1979년 이후 단 한 번도 전쟁을 치르지 않았다. 이 정도 규모의 지정학 구조적 변화는 종종 전쟁을 야기했다.[12] 분쟁은 다양한 형태로 발생할 수 있다. 예를 들어 중국의 지도자들과 국민들은 역사적 문제에 대해 일본에 다시 한번 제기할 기회를 모색할 수도 있다.[13] 양국은 최근 잠잠해졌지만 그럼에도 여전히 잠재적으로 분쟁이 일어난 소지가 다분한 영토분쟁을 이어가고 있는 상황이다. 중국의 야망과 다시금 되찾은 국력이 일본의 자부심과 함께 일본이 중국에 대해 점차 포위망을 좁혀온다는 인식이 만나게 되면 양국의 긴장 상태가 향후 어떻게 흘러갈지는 그 누구도 장담할 수 없다. 물론 공고한 미일동맹으로 인해 중국이 전쟁이라는 방안을 선택하기에는 현실적으로 무리가 있다. 그럼에도 불구하고 중국이 이러한 방안을 선택하는 것이 완전히 불가능한 것만은 아니다. 미국과 중국은 여전히 대만 또는 남중국해에 대한 접근을 놓고 전쟁을 일으킬 소지가 다분하다. 또는 한반도에서의 의도하지 않은 전쟁에 개입할 가능성도 있다.

중국의 부상은 세계 역사상 가장 놀라운 경제적 성과 중 하나이자 동시에 미국 외교정책의 큰 성공 사례이다. 중국의 부상은 제2차 세계 대전 이후 미국이 주도해온 개방경제질서가 없었다면 애초에 불가능한 일이었기 때문이다. 미국은 지난 40년간 중국에 대한 관여와 함께 미국 주도의 규칙기반 질서 내 중국을 참여시키는 방안에 초당적 합의를 이루었다. 이러한 미국의 전략은 역사적으로 1970년대 초 키신저와 닉슨 행정부의 중국경제 개방조치로 거슬러 올라간다. 이러한 미국의 전략은 냉전시기 현실정치(realpolitik)라는 전략적 논리를 기반으로 하나 베를린 장벽이 무너진 후에도 지속되었다. 이러한 과정에서 미국은 중국이 언젠가 자유화되고 규칙 기반의 세계질서를 지지하기를 바랐다. 그리하여 중국의 경제력과 군사력이 미국의 잠재적 **위협이 되기 전에** 중국이 자유화되고 개혁을 하기를 희망하였던 것이다. 그러나 오늘날 우리가 잘 알고 있듯이 이러한 미국의 셈법은 통하지 않았고 중국에 대한 관여정책은 미국의 양당으로부터 더 이상 지지를 받기 어렵게 되었다. 지난 몇십 년에 걸쳐 쌓아온 미국과 중국 사이의 선의와 상호존중에 대한 인식 역시 큰 타격을 받았다. 예를 들어 코로나19 이전 여론 조사에서 미국과 중국 양국 국민들은 상대 국가에 대한 긍정적인 견해보다 부정적인 견해가 더 많았다. 코로나19 이후 퓨 여론 조사(Pew polls)에 따르면 미국인의 약 75%는 중국에 대해 부정적인 견해를 가지고 있으며, 이는 민주당과 공화당 간에 차이가 거의 없었다.[14]

　최근 베이징의 몇몇 조치들은 중국의 국력에 대한 이러한 우려를 더욱 증폭시켰다. 특히 남중국해와 같은 지역 내 중국의 행동은 보다 위협적이다. 중국이 구단선(nine-dash line)을 통해 남중국해 주변 소유권을 주장하면서 미 해군 함선, 필리핀 어부 및 국제 해역을 이용하려는 다른 국가들에 대한 위협의 수위를 높이고 있기 때문이다.[15] 헤이그의 상설중재재판소(the Permanent Court of Arbitration in The Hague)가 남중국해에서 중국이 주장해온 구단선에 법적 근거가 없다고 판결한 이후에도 중국은 공세적인 행동을 누그러뜨리지 않고 있다.[16] 시진핑 국가주석의 장기 집권을 유지하기 위한 준비, 시민에 대한 국가 통제 강화, 위구르 소수민족과 홍콩에 대한 탄압 등 역시 중국에 대한 심각한 우려를 거두지 못하게 하는 요인이다.[17]

　이러한 중국에 대한 미국의 대응은 약 10년 전으로 거슬러 올라간다. 2011년경 오바마(Obama) 대통령의 아시아 태평양 지역 중시(a pivot) 또는 재균형(rebalance) 정책으로부터 시작된다. 이러한 재균형은 주로 경제와 외교에 초점을 맞추면서도 군사분야 또한 포함되어 있었다. 이러한 군사적 측면은 아시아 태평양 지역 내 배치되는 미 해군의 비중을 약 50%에서 60%까지 증강하기로 한 결정에서 잘 나타나 있다.[18] 이후 오바마 2기 행정부 기간 동안 미 국방부는 중국에 중점을 두고 정책 및 전략을 발전시켰고 이후 이러한 노력은

2017~2021년 트럼프 대통령의 임기 동안 더욱 활기를 띠게 되었다. 지난 6년 간 미군은 다른 모든 임무에 비해 강대국 간의 경쟁과 미국의 재래식 군사 억 제력의 복원을 우선시했다. 앞서 언급했듯이 중국의 부상으로 인해 일부에서는 4＋1 위협 프레임을 2＋3 패러다임으로 재해석했으며 러시아와 중국을 우선순 위에 두었다.[19]

코로나19는 보다 광범위한 위협의 축소판으로 시의적절하게 대처할 수밖 에 없는 기회를 제공하였다. 트럼프(Trump) 대통령은 평소와 다름없이 코로나 19를 "중국 바이러스(Chinese virus)"라고 묘사하는 등 직접적인 비판을 자제하 지 않았고 실제로 그의 말이 아주 틀린 이야기도 아니었다. 그러나 중국은 국 내외 이동을 강력하게 제한하고 강제로 격리하는 등 단호한 조치를 취함으로 써 코로나19 위기를 효율적으로 대처하는 모습을 보였다. 이러한 중국의 조치 는 이란, 유럽, 미국 등 다른 국가들의 더딘 대응과 극명히 대비되면서 중국 자체 거버넌스 모델의 효율성을 입증한 사례가 되기도 했다.[20] 또한 중국은 자 국 내 위기가 어느 정도 진정되자 이탈리아 등과 같은 국가에 의료 및 장비에 대한 일정 규모의 지원을 제공하기도 했다. 이러한 중국의 행동이 전 세계 여 론에 어떠한 파장을 일으킬 수 있을지 결론을 내리기에는 아직 이른 감이 없 지 않다. 그러나 지금 예측할 수 있는 가능성 있는 결론은 이러한 논쟁이 향후 몇 년간 지속될 것이라는 점이다. 미국은 향후 중국을 상대함에 있어 이러한 복잡성과 미묘한 차이에 익숙해지는 것이 필요하다. 미국은 필요 시 단호하게 거절할 줄도 알아야 한다. 동시에 중국을 일방적으로 비난하거나 중요한 이슈 에 대해 다른 국가들이 중국에 맞서 미국의 편에 설 것이라는 무조건적인 기 대는 버려야 한다.[21]

짐 스타인버그(Jim Steinberg) 전 국무부 부장관과 필자는 미국이 이러한 중국의 부상을 어떻게 대응해야 할지에 대해 **전략적 보증과 결의**(Strategic Reassurance and Resolve)라는 책을 통해 이야기하고자 했다. 우리는 미중관계 를 지속적으로 유지하기 위해서는 미국의 단호함과 함께 중국을 안심시키려는 노력이 끊임없이 요구된다고 주장했다. 그의 정부 재직 기간 동안 미중관계를 다루었고 중국의 역사를 광범위하게 연구해온 스타인버그는 미중관계를 관리 하는 데 있어 어려움이 있을 것이라 예견했다. 미국의 글로벌 목적의식과 책임

의식이 중국이 강대국으로 부상함과 동시에 스스로를 왕국이라고 보는 자신감과 마주할 때 양국은 직접적으로 전략적 대립에 빠질 수 있다는 것이다.[22]

몇 년이 지난 이후 우리는 과거의 평가를 재검토할 기회가 있었는데 다행히 일정 부분 진전이 있었다. 미국 정부는 몇몇 전문가들과 함께 제시했던 건의안을 받아들여 실행했던 것이다. 미 국방부는 공해전(Air－Sea Battle) 개념을 오늘날 중국을 냉전시대 소련에 빗대어 유추하는 것을 피하기 위해 재구성하였다(미국과 북대서양 조약 기구는 냉전시대 소련을 상정하여 공해전 교리를 개발하였기 때문이다). 또한 미사일 방어시스템 배치에 있어서도 일정 부분 자제하는 모습을 보였다. 중국 역시 우리가 제시했던 핵 현대화 자제, 평화유지 및 기타 다자협력 군사작전에 적극 참여, 군사 자산에 대한 접근을 통제하기 위한 핫라인 개설 및 행동강령 준수 등에 유의하여 행동하였다. 또한 미중 양국은 핵무기 및 위성요격 시스템 실험 등을 자제하는 모습을 보였다.[23]

그러나 이와 같이 긍정적인 진전만 있었던 것은 아니다. 지난 7년간 남중국해 부근에서 중국의 공세적인 행동은 더욱 심화되었고 중국과 대만 간의 긴장상태 역시 지속되었다. 남중국해 영유권을 주장하는 중국으로 인해 때때로 미국과 중국 해군 함정 사이에 위험한 격돌이 일어나기도 하였다. 한반도 급변사태에 대한 미중 간의 대화는 비공식적인 자리조차 성사되지 못했다. 스타인버그와 필자가 제안했던 공중 감시를 위한 "개방형 하늘(open skies)" 개념과 같은 신뢰구축 조치는 이루어지지 않았으며 사이버 분야에 있어서도 돌파구가 될 만한 획기적인 변화는 없었다.[24] 중국은 남중국해 영유권을 주장하며 군사적 활동을 확대해오고 있다. 그 과정에서 중국은 정보를 수집하고 지적재산권을 탈취하는 등 수단과 방법을 가리지 않고 있다. 한 예로 화웨이라는 기업의 5G 네트워크 기술은 중국이 전 세계 국가들 관련 정보에 접근하고 해킹까지 할 수 있는 기회를 제공할 위험이 있다. 왜냐하면 중국의 "민군융합(military－civilian fusion)" 정책에 따라 민간 기업은 중국의 인민해방군과 연합군에 정보를 공유하도록 명시되어 있기 때문이다.[25]

여러 불확실성 가운데 단 한 가지는 확실하게 말할 수 있다. 미중관계는 지금 이 책을 읽고 있는 모든 사람들의 남은 생애 동안 더욱 복잡해지고 변화의 부침이 심할 것이며 나아가 전 세계에 큰 영향을 미칠 것이라는 점이다. 이에 중국에 대한 대전략 개념을 발전시키는 데 있어 너무 큰 욕심은 금물이다. 필자는 이 책을 통해서 중국에 대한 미래 미국 정책의 전체 로드맵을 작성하고자 함이 아니다. 그보다는 현시점에서 가장 중요하고 즉각적인 관심을 가져야 하는 두 가지 문제에 집중하고자 한다. 첫째 미국은 가장 가능성이 높고 우려스러운 시나리오상에서 대규모 전쟁이 일어날 가능성을 줄여야 한다. 둘째 장기적으로 미국과 동맹국들이 경제, 과학, 기술분야에서 뒤쳐져 불리한 위치에 서게 됨으로써 중국의 지정학적 위치가 보다 위험해지고 나아가 위협적인 상황이 되지 않도록 노력해야 한다. 이러한 측면에서 스타인버그와 필자가 제안했던 재보증이라는 의제는 아직까지 유용하고 중요하지만, 그럼에도 불구하고 현시점에서 미중관계에 있어 변혁적인 결과를 가져올 가능성은 희박하다. 이에 지금부터는 군사 및 경제분야에 있어 미중 간의 세력 균형을 검토한 후 이러한 평가를 바탕으로 발생 가능한 다양한 유형의 위기 대응 방안을 살펴보고자 한다. 미국 국방정책에 대한 함의에 대해서는 8장에서 추가로 살펴본다.

중국과 미국 간 힘의 균형에 있어 유리한 추세 유지

군사기획과 위기관리에 대한 정책적인 세부사항을 살펴보기 전에 미국과 미국의 동맹국들 그리고 중국이 각각 가지고 있는 강점과 약점에 대해 폭넓게 검토하는 것은 중요하다. 힘의 균형 측면에서 미래 중국 대비 미국과 동맹국이 유리한 위치를 유지하는 것은 필수적이다. 미국은 현재까지 경제와 영향력 측면에서 사실상 대등한 경쟁국을 마주한 적이 없다. 1930년대와 1940년대 나치 독일은 고도로 산업화되었지만 국내총생산은 미국의 절반에 훨씬 못 미쳤다. 소련은 언뜻 보기에 강력했지만 냉전 초기 수십 년 동안 경제는 알려진 것보다 훨씬 약했으며 국내총생산의 경우 미국의 절반 정도에 불과했다.26 이에 반해 중국의 국내총생산은 이미 미국의 70%이다. (사실상 구매력평가지수를 사용하여 계산하면 미국 경제 생산량을 초과한다. 공식 환율을 사용하는 국내총생산은 환율로 전환할 수 있는 자원을 반영하기 때문에 국제적인 힘을 평가하는 더 정확한 척도일 수 있다.)

중국의 1인당 부의 크기와 전반적인 경제 발전 수준은 서구에 비해 크게 뒤처지지만, 핵심 전략부문에 자원을 집중적으로 투입할 수 있는 능력은 뛰어나다. 리커창 총리가 맥매스터 국가안보보좌관과 트럼프 대통령에게 했던 말을 떠올려보라. 사안을 보다 긍정적으로 바라보자면 미국의 동맹국과 긴밀한 안보 파트너의 국방예산을 모두 합치면 거의 미국의 군사비 수준이며 이는 미국 국내총생산의 약 두 배 수준이다. 그럼에도 불구하고 미국 동맹 시스템은 다소 산만하고 느슨하다. 중국과의 권력 비교 시 서구 국가들을 하나로 합쳐 계산할 수는 없다. 모든 평가는 보다 세심하게 이루어져야 한다.[27]

미국은 국방예산 측면에서 중국에 비해 약 3:1의 이점을 누리고 있다. 그리고 그 격차는 최근 미국에 유리하게 증가하고 있다. 보다 구체적으로 미국의 연간 국방예산은 2015년 약 6000억 달러에서 2020년 거의 7500억 달러로 증가했다. 지난 10년 동안 중국의 국방예산 역시 미국에 비해서는 적지만 그럼에도 2010년 1,250억 달러에서 1,500억 달러 사이에서 2020년까지 2010년에 비해 1,000억 달러 더 증가했다.[28] 그러나 미국의 군사력은 동아시아를 포함하여 전 세계 세 개 주요 지역에 나뉘어 배치되어야 하지만 중국은 대부분 동아시아에 집중할 수 있다는 점을 기억해야 한다.

현재 전 세계적으로 악명 높은 중국의 현대화 프로그램에는 DF-21 및 대함 탄도 미사일, 러시아에서 구입한 킬로급 잠수함 및 소브레멘니급 구축함, J-11B, J-20 및 J-31을 포함한 항공기, 중국 인민해방군이 최초로 실전배치한 항공모함 등이 포함되어 있다.[29] 전반적으로 중국군은 최근 수십 년 동안 보다 체계화되고 전문화되어 1950년에서 1953년까지의 시기에 비해 한반도 내 훨씬 더 강력한 잠재적 적이 되었다. 최근 중국 인민해방군은 정보, 연합 및 합동 작전 그리고 이동성을 강조하는 동시에 훈련과 군수역량을 개선하고 있다. 물론 여전히 중국 인민해방군은 개선할 점이 많다.[30]

미국과 중국은 선박 수 측면에서 거의 비슷한 규모의 해군을 보유하고 있다. 미 해군의 선박은 중국에 비해 선박의 톤수 측면에서 전반적으로 이점을 가지고 있으며 일반적으로 규모가 훨씬 크고 능력이 뛰어나다(중국이 2척의 항공모함을 보유한 데 반해, 미국은 10척의 대형 항공모함과 11척의 소형 항공모함 보유하고 있다). 그러나 다시 말하지만 미국 자산은 전 세계 주요 지역에 분산되어 있는 반면, 중국 자산은 한 지역에 집중되어 있다. 미국은 스텔스 항공기와 스텔스 잠수함에서 상당한 이점을 갖고 있지만 중국은 이를 바짝 추격하고 있는 형국이다. 중국의 단거리 및 중거리 탄도 미사일과 순항 미사일은 보유량과 정확도면에서 미국에 뒤지지 않는다. 미국의 기존 미사일 방어체계는 상당수의 중국의 일제 사격을 처리할 수 없다. 물론 미국이 훨씬 더 많고 훨씬 더 강력한 동맹국을 보유하고 있으며 중국의 10배가 넘는 핵무기를 보유하고 있다.[31]

오늘날 미군은 1979년 이후 전쟁을 하지 않은 중국보다 훨씬 더 많은 전투 경험을 가지고 있다. 그러나 미국의 전투 경험은 대부분 중동지역에서 비정규전 형태로 서태평양 지역 내 강대국 간의 경쟁과는 특별히 관련이 없을 수도 있다.

이러한 조각들을 종합해보면 군사력 측면에서 미국은 중국에 비해 모든 객관적인 지표상 앞서고 있다. 그럼에도 불구하고 중국은 크게 두 가지 측면에서 이점을 가지고 있다. 첫째 미국과 중국이 서로 맞붙는 시나리오는 중국의 해안 근처에서 발생할 것이라는 점이다. 둘째 최신 기술 발전의 추세는 활용할 자원이 적은 국가들조차 정밀 타격 무기를 훨씬 더 널리 사용할 수 있음을 의미한다.

8장에서는 현재의 이점은 유지하고 취약성을 완화하는 방법에 대한 방안과 함께 미래의 미군에 대해 논의하고자 한다. 그러나 이번 장에서 논의할 내용과 같이 과거 중국 대비 절대적으로 우세했던 미국의 군사적 우위를 회복하는 것은 이제는 비현실적임을 명심해야 한다. 중국 해안 근처의 전투 시나리오는 과거에 비해 예측하기 어렵고 미국이 승리하기는 더욱 어려울 것이다. 미국은 오늘날 이러한 핵심적인 사실을 충분히 인식한 상태에서 전쟁을 계획해야 한다.

경제 부문에 있어 중국은 이제 전반적인 제강 및 자동차 생산과 같은 여러 핵심 산업 부문에서 세계를 주도하고 있다. 항공 우주와 같은 일부 다른 영역에서도 점차 미국을 따라잡고 있다. 또한 미래 경제 및 군사력을 기획함에 있어 인공 지능과 같은 첨단 기술을 우선시하고 있다.[32] 미국은 연구개발 및 제품 디자인의 우수성은 말할 것도 없고 심지어 소비자 전자 제품과 같이 중국이 생산을 주도하는 분야에서도 항공우주 및 화학과 같은 첨단기술 분야에서 여전히 강력한 제조 강국이다.[33] 미국은 번영뿐만 아니라 풍부한 물, 농경지, 풍부한 광물 매장지, 탄화수소 등을 포함하여 미래 발생할지도 모르는 경제 전쟁에 대한 회복력 측면에서도 유리한 이점을 보유하고 있다. 서반구에는 미국과 유사하거나 보완이 되는 자원을 가진 국가들 또한 곁에 있다.

독일, 다른 유럽연합 국가들, 일본과 한국, 캐나다와 멕시코, 그 외 우호적인 국가를 고려하면 미국 주도의 서방 동맹 체제가 전체 산업 생산량에서 중국을 크게 능가한다. 예를 들어 조선업의 경우 총 생산량에서 중국이 한국보다 앞서는 경우가 많지만 격차가 좁고 일본 역시 세계 생산량의 많은 부분을 차지한다.[34] 자동차 생산에서 중국은 쉽게 연간 가장 많은 수를 생산하지만, 개별 자동차의 상대적 가치의 차이를 고려하지 않더라도 모든 서방 국가의 생산량을 합친 것이 중국을 능가한다.

미국은 공공과 민간을 합친 총 연구개발 측면에서 다른 주요 국가 또는 국가 그룹보다 더 큰 비용을 지출하고 있다. 중국이 미국을 따라잡고 있지만 전반적으로 서구 세계가 여전히 상당한 우위를 유지하고 있다. 대략적으로 미국은 R&D에 연간 5,000억 달러 이상을 지출하고 중국은 4,500억 달러(구매력 평가 기준)로 2위, EU는 모두 약 4,000억 달러, 일본은 1,700억 달러, 한국은 1,700억 달러를 지출한다. 한국은 연간 800억 달러, 러시아는 400억 달러를 지출한다.[35] 또한 미국은 세계 최고의 대학을 보유하고 있으며, 최근 한 순위에서는 미국 내에서 세계 상위 20개 고등 교육 기관 중 15개를 선정했다.[36]

미국은 세계경제포럼의 경쟁력 순위에서 주요 국가들 중 1위를 유지하고 있으며 2019년 싱가포르에 이어 전체 2위를 기록했다. 이러한 수치는 미국의 대규모 소비자 시장, 혁신 문화, 적절한 기반 시설, 투자 및 무역에 대한 우수한 법적 보호, 강력한 금융 시스템, 뛰어난 대학, 비즈니스의 주요 언어로 영어 사용하는 등을 잘 보여준다. 높은 순위권을 기록하는 국가들로는 미국의 동맹국인 독일, 영국, 일본(모두 상위 10위 안에 들었음)이지 중국이나 러시아(각각 28위와 43위)가 아니다.[37]

그럼에도 장기간의 경제 전쟁을 상정해볼 때 미국은 자체적으로 약점이나 취약성을 가지고 있으며, 이는 필연적으로 대외의존도로 나타난다. 가장 대표적인 취약점으로는 천연자원, 특히 특정 광물이나 에너지와 관련이 깊다. 다음으로 취약한 영역은 주요 제조 제품으로 이는 완제품 자체 또는 첨단 군사 시스템을 포함한 기타 기술에 쓰이는 주요 품목들을 의미한다. 세 번째 영역은 금융 분야이다. 그리고 이 모든 취약성과 관련하여 미국은 자국의 종속성뿐만 아니라 주요 동맹국의 종속성 또한 함께 고려해야 한다.

광물의 경우 미국은 수입을 통해 이를 충족해야 하는 만큼 높은 대외의존도를 가지고 있다고 할 수 있다. 만약 공급이 부족하다면 많은 경우 절약, 재활용 및 대체가 가능하다. 따라서 중국, 러시아 또는 기타 국가에 대한 어느 정도의 의존도는 주요 관심사가 아니다. 그러나 미국 수입 의존도가 100%에 근접하고 중국이나 러시아가 주요 공급국가인 경우 주의와 함께 대안이 강구되어야 할 것이다. 오늘날 비소, 갈륨, 흑연, 운모, 석영, 비스무트, 탄탈륨, 스칸듐, 이트륨 및 기타 희토류가 이러한 경우이다. 호주, 인도, 미국에도 상당한 잠재적 공급원이 있으나 현재 대부분 중국에서 생산되고 있다.[38] 게르마늄, 안티몬 및 중정석과 관련하여서는 다소 덜 우려스럽기는 하나 상황은 그리 다르지 않다. 코발트 역시 시간과 기술 성숙도에 따라 조금씩 달라질 수는 있으나 그럼에도 주로 첨단 배터리에 사용되기 때문에 문제가 될 소지는 충분하다.[39] 중국은 이러한 전략적 광물의 대부분을 미국에 공급하는 주요 공급국이다.[40] 미 국방부는 중국에 대한 의존도를 낮추기 위해 캘리포니아와 텍사스에 가공시설을 갖춘 미국 생산자에게 보조금을 지급하기 시작했으나 이미 너무 늦은 조치가 아닐 수 없다.[41]

에너지와 관련해서는 상황이 다소 나은 편이기는 하지만 대부분의 미국 동맹국들이 가지고 있는 종속성으로 인해 전망이 그리 밝지만은 않다. 미국은 자국이 소비하는 에너지의 85% 이상을 생산한다.[42] 그리고 미국 에너지 정보청에서 분류한 바에 따르면 미국의 석유 및 석유 관련 생산량은 하루 1,500만 배럴 이상으로 크게 늘었다. 이는 세계 최대 일일 생산량이다.[43] 또한, 미국 6억 6천만 배럴의 전략비축유(Strategic Petroleum Reserve)는 사용 방식에 따라 몇 주, 몇 달 또는 그 이상을 버틸 수 있다.[44] 그러나 미국의 소비량은 여전히 하루 평균 약 2천만 배럴이므로 미국은 여전히 순 수입국이다. 실제로는 생산량의 일부를 수출하기 때문에 하루에 약 천만 배럴을 수입하는 꼴이다.[45] 약 40%를 캐나다에서 수입하며 그 외 주요 공급국가로는 사우디아라비아, 이라크

및 멕시코가 있다.[46]

중국은 달러 가치 기준으로 많은 양의 원유를 수입하고 있으며, 최근에는 연간 1000억 달러 이상을 구매하고 있다. 중국은 석유의 경우 거의 80%, 천연가스는 약 50%를 수입에 의존하고 있어 미국과 비교하면 해외 에너지 공급 중단에 대한 취약도가 훨씬 높다.[47] 적어도 향후 20년 동안은 수입 의존도가 높을 것으로 보인다.[48] 중국은 일대일로 구상의 일환으로 안정된 에너지 공급로 확보를 통해 이러한 높은 의존도에 대한 전략적 영향을 완화하려는 시도를 하고는 있으나 쉽지만은 않아 보인다.

문제는 미국의 많은 동맹국들 역시 비슷한 사정이라는 점이다. 유럽연합은 2015년 기준 전체적으로 원유 수입 의존도가 거의 90%에 달했다. 유럽연합 전체 석유 수입량의 약 30%는 러시아에 의존하고 있으며, 천연가스와 석탄의 경우 이와 유사하거나 오히려 더 큰 의존도를 가지고 있다.[49] 일본, 중국, 한국 역시 상당한 양의 천연가스를 수입한다.[50] 특히 한국과 일본은 각각 전체 에너지 소비량의 80% 이상과 90% 이상을 수입에 의존하고 있다. 일본에서 소비되는 대부분의 석유 및 천연가스는 중동에서 공급되며 러시아에서 추가로 공급된다. 대부분의 석탄은 호주, 인도네시아 및 러시아에서 생산된다.[51]

이렇듯 상호의존도가 증가하는 가운데 글로벌 공급망 이슈 역시 눈여겨볼 부분이다.[52] 미국이 중국으로부터 수입하는 잠재적으로 높은 기술적 성숙도와 파급효과를 가진 제품으로는 주로 통신 장비, 컴퓨터 장비, 반도체 및 기타 전자 부품이 포함되어 있다.[53] 이러한 분야는 중국이 잠재적으로 미국 경제, 기반시설, 산업 기반 및 군사 장비에 대해 큰 영향을 끼칠 수 있으므로 향후 주의 깊게 관찰해야 하는 분야이다.

이러한 측면에서 가장 대표적인 예로 반도체를 들 수 있다. 오늘날 반도체 분야는 비록 전 세계 생산기지의 약 6분의 1만이 실제로 미국에 위치하고 있다 하더라도 미국 기업이 전 세계 반도체 산업 생산기지의 절반을 소유하고 있어 미국에게 상당히 유리한 상황이다. 나머지 대부분의 생산기지 역시 한국, 일본, 대만과 같은 미국에 우호적인 국가 내 위치하고 있다(사실 이 세 지역을 합하면 전체 최첨단 반도체 생산의 약 2/3를 차지한다). 이에 중국은 수단과 방법을 가지지 않고 반도체의 생산량을 높이고 자체 설계능력을 갖추고자 노력하고 있다.**54** 그러나 현재로서 중국은 여전히 반도체 분야에 있어 외부에 대한 부품 의존도가 크다(중국은 수입한 부품을 조립하여 완제품으로 생산하고 대부분 해외에 판매하고 있으며 실제로 현재 전 세계 반도체 구매량의 절반 이상을 차지하고 있다).**55** 이러한 반도체 시장은 세계 경제에 있어 매우 역동적이고 활발하게 발전하는 축을 담당하고 있으나 동시에 지속적이고 면밀한 조사를 받고 있는 영역이기도 하다. 최근 미국 의회에서는 미국 내 반도체 제조 능력을 갖추기 위해 보조금 지급에 대해 고려하고 있는데 이는 향후에도 진지하게 고려할 만한 정책으로 향후 실제로 추진될 가능성이 높다.**56**

마지막으로 국제적 상호의존도와 함께 잠재적인 의존도가 좋은 영역으로 금융 분야가 있다. 중국은 엄청난 양의 미국 재무부채권을 보유하고 있는데, 그 규모가 자그마치 2019년 약 1조 1000억 달러로 이는 모든 외국 기업이 보유한 금액의 약 6분의 1에 해당하는 액수다. 과연 중국은 계속해서 더 많은 채권 구매를 거부하거나 세계 시장에서 가격을 낮추기 위해 기존 보유 자산을 덤핑함으로써 미국을 압박할 수 있을까? 중국 전문가이자 컬럼비아대학교 교수인 톰 크리스텐슨(Tom Christensen)이 지적한 바와 같이 중국이 그렇게 하는 것은 거대한 미국 시장의 경제를 약화시키고 중국에 유리하게 작용하는 국제무역의 패턴을 방해함으로써 베이징에게도 결국 막대한 피해를 입히는 결과를 초래할 것이다. 그러나 미중 무역 전쟁이 심화됨에 따라 그러한 조치 역시 고려하지 않을 수 없다. 이에 미국 연준은 미국 재무부채권의 덤핑에 대응할 수 있는 금리 조정 및 잠재적으로 채권 구매와 같은 조치들을 발전시키고 있다. 따라서 중국의 이러한 조치가 낳는 효과는 제한적일 것이다.**57**

이와 같은 경제적 현실과 추세를 바탕으로 필자는 미국이 취할 수 있는 몇 가지 주요정책 우선순위와 함께 단계적 접근을 제안하고자 한다.

첫째 과학 및 공학 분야에서 미국과 서구 국가들의 우수성을 유지하는 것은 매우 중요하다. 이는 교육 정책에서부터 연구개발 예산 책정, 이민 정책 및 7장에서 더 자세히 논의할 기타 분야에 이르기까지 다양한 의미를 갖는다.**58**

둘째 경제적이고 따라서 파레토 최적이라고 가정하는 한 제조생산이 일어나는 불가지론적인 세계에 대한 경제학 기초의 관점을 수정하는 것이 중요하다. 많은 국방분야 전문가들은 전쟁의 어려움과 소요되는 비용을 과소평가하여 최근 수십 년 동안 국가에 큰 해를 끼쳤다. 이와 유사하게 많은 경제학자들은 무역과 제조업에 대해 논할 때 국력과 장기적인 경제 건전성의 중요성을 설명하지 못했다. 이러한 관점에서 트럼프 행정부 시기 중국과 경제적 경쟁의 장을 평준화하려고 했던 전술은 불완전하기는 하지만 근본적으로 잘못된 것은 아니다. 국가안보의 측면에서 미국은 일정 수준의 산업 기반 시설과 제조 능력을 유지하고 잠재적인 적대국에 대한 의존도를 제한해야 한다.

일라이 래트너(Ely Ratner)가 제안한 바와 같이 미국이 위에서 논의한 것과 같은 전략적 제품에 들어가는 주요 부품을 수입할 수 있는 다양한 대체 가능한 수입원을 유지하는 것은 중요하다. 오늘날 적어도 몇 가지 주요 영역에서 미국의 러시아와 중국에 대한 의존도는 여전히 너무나 크다.[59] 미국 정부는 래트너가 소위 국가 경제안보전략이라고 일컫는 전략을 지속적으로 발전시키고 업데이트하면서 주요 제품의 생산과 그 성과를 추적해야 한다.

이러한 전략에는 국가안보 측면을 고려하여 필수품, 글로벌 공급망의 핵심 구성 부품 및 최종제품에 대한 수입원의 다양화를 의무화하거나 장려하기 위해 규제 및 재정적 수단을 결합해야 한다.[60] 이는 특히 미군 및 국가안보와 관련된 첨단 기술 영역에서 중요하다. 중국이 미국의 기술회사를 인수하는 것을 제한하기 위해 미국 외국인투자위원회를 활용하는 것은 그러한 전략상에서 하나의 좋은 방안일 수 있다.[61] 중국이 에너지 기업이나 다른 첨단 기술 관련 회사를 인수하려고 할 때에도 같은 논리가 적용될 수 있다.[62] 이런 측면에서 모든 핵심 기술 분야에 있어 미국이 용인할 수 있는 중국 의존도에 대한 기준점(25% 또는 50%)을 마련하는 것은 중요하다. 코로나19 상황은 이러한 사고방식이 단지 국방기술에 국한된 것이 아니라 민간 기반 시설 및 의료분야에까지 확장되어야 함을 인식할 수 있었던 계기가 되었다.

또한 미국은 냉전 기간 동안 국가 비상시를 대비하여 국가방위비축(National Defense Stockpile) 제도를 통해 전략적 광물 등을 비축하였다. 현재는 국방조달본부(Defense Logistics Agency)를 통해 관리하고 있다. 1980년 국가방위비축의 총 가치는 약 150억 달러에 달했다. 다양한 광물의 수입에 대한 미국의 의존도는 그 이후로 증가한 반면, 37개 주요물품을 포함한 비축량은 2009년까지 총 가치가 약 14억 달러로 감소했으며 2016년에는 11억 달러로 더욱 축소되었다.**63** 이러한 수치를 현 상황에 비추어 살펴보면 2016년 미국의 수입양은 전략 원자재로 45억 달러, 가공 금속 및 화학품은 약 1,220억 달러(전체 원자재로 100~200억 달러) 규모였다.**64** 따라서 전략적 비축량은 일반적으로 한 해 요구량의 10% 미만 규모이다. 물론 실제 국가 비상시에는 우선되거나 대체되는 물품 등이 발생할 수 있다. 연례 미국 광물 통계상에는 전략광물을 대체할 수 있는 거의 모든 대체 광물을 열거하고 있다.**65** 그럼에도 불구하고 보완재나 대체재를 찾는 데 걸리는 시간과 몇 달 이상 지속될 수도 있는 위기의 기간을 고려하면 현재 비축량에 비해 약 10배 이상의 많은 양을 보유하는 것이 보다 합리적인 출발점으로 보인다.

셋째 미국은 주요 동맹국들의 경제 의존도를 완화하고 위기 상황에서 회복력을 유지할 수 있는 수단을 개발하도록 장려해야 한다.**66** 여기서 가장 주목할 만한 것은 주요 동아시아 동맹국의 높은 에너지 의존도이지만 이는 지금 해결해야 하는 보다 광범위한 과제의 일부일 뿐이다. 위기가 닥쳤을 때는 이미 늦었다.

안보 위기 및 전투 시나리오

현재까지 살펴본 이 모든 것을 감안해볼 때 만약 미국과 중국 사이에 전쟁이 일어난다면 어떠한 방식으로 일어날 수 있을까? 이것은 다른 핵보유국과의 대규모 갈등을 방지하는 것을 최우선 과제로 삼아야 하는 미국의 대전략에 있어 중요한 문제이다.

중국이 가지고 있는 모든 결점에 비추어 보아 중국이 인구가 밀집한 일본의 주요 섬이나 심지어 한국을 침략할 것이라 보기는 어렵다. 대만은 특별한 경우이며 동시에 위험한 경우이다. 중국은 대만을 자국 영토의 핵심 부분으로 이를 반할 시에는 배신으로 간주하여 기회를 놓치지 않을 것이다. 그러므로 상당한 주의를 요한다.

그러나 필자가 가장 우려하는 시나리오는 베이징이나 워싱턴 또는 다른 주요 국가들이 통제할 수 없는 방식으로 확대될 가능성이 있는 소규모 분쟁의 경우다. 예를 들어 중국은 댜오위다오, 일본은 센카쿠라고 각각 주장하고 있는 섬을 탈취하기 위해 중국이 무력을 사용하기로 선택한다면 미국과 지역 내 동맹국들은 어떻게 대응할 것인가? 중국은 최근 몇 년에 걸쳐 이러한 섬들 근처에서 자국의 입지를 강화해오고 있다. 중국은 2013년 센카쿠 영공을 포함하여 방공식별구역(Air Defense Identification Zone)을 선포하고 인근 지역을 항공기가 통과하려면 중국의 허가를 받도록 요구했다.**67** 미국은 아직까지 그 섬이 어느 국가의 소유인지에 대한 공식적인 입장을 밝히지 않았으나 일본이 섬을 방어하는 데 지원하겠다고 공약한 상황이다. 이것은 억제 실패를 불러일으킬 수 있는 소지가 다분한 혼란스러운 정책이라 하지 않을 수 없다. 예를 들어 남중국해의 작은 섬이나 지층에 대한 중국과 필리핀 간의 경쟁으로 인하여 유사한 문제가 다시금 발생할 소지가 다분하다.

　몇 해 전 한 기자가 던진 센카쿠/댜오위다오 열도에 관한 질문에 대해 존 위슬러(John Wissler) 미국 해병대 중장은 "미국은(그리고 일본은 물론) 이 섬들을 되찾을 수 있다"라고 답했다.**68** 미일 안보조약 제5조에 비춰보아 존 위슬러 중장의 이러한 답변은 모두가 공감하지 않을 수는 있으나 대다수 당연한 것으로 비춰질 수 있다. 실제로 제5조는 "각 당사국은 일본의 관리하에 있는 영토에서 일방 당사국에 대한 무력 공격이 자국의 평화와 안전에 위험할 것이라는 점을 인식하고 헌법 규정이나 절차에 따라 양국이 공통의 위험에 대처하기 위해 행동할 것임을 선언한다"라고 명시하고 있다.**69**

　오바마 대통령은 미일 안보조약 제5조가 센카쿠/댜오위다오 열도에 적용된다고 명시적으로 밝힌 최초의 미국 대통령이다. 2017년 2월 제임스 매티스(James M. Mattis) 국방장관은 이를 재확인했다.**70** 나아가 위슬러 장군은 중국군이 만약 이들 섬 중 하나를 점거하거나 점령할 경우 폭격이 가장 이상적인 대응전술일 수 있다고 암시한 바 있다.

　군사적 측면에서만 본다면 위슬러 장군의 이러한 발언은 적절할 수 있다. 예상되는 가상의 상황에서 미국과 일본이 이용할 수 있는 전술적 방안에 대한 진지한 검토가 반영된 결과이기 때문이다. 중국에 대한 억제라는 궁극적 목적을 달성하기 위해 이러한 방안이 고려될 수 있다는 점을 중국이 인식하는 것 또한 바람직할 수 있다. 실제로 일본은 단독으로 강력하게 대응할 수도 있지만 두 동맹국이 협력하여 공동으로 대응할 수 있는 계획 역시 적절한 것으로 평가된다.

그럼에도 불구하고 위슬러 장군의 발언은 외교적 잡음을 발생시키기에 충분했다. 수십 명 이상의 중국군이 사망하고 부상을 당하는 상황이 발생한다면 이러한 갈등이 어떻게 끝날지 예상하기란 어렵다. (분쟁의 여지가 있는 해당 섬에 대한 중국의 점거는 현재 이 섬에 아무도 살지 않고 일본군이나 미군의 배치 역시 없기에 사상자를 일으키지 않을 가능성이 높다.)

예를 들어 중국이 러시아의 기만전술을 모방하여 폭풍우가 몰아치는 날씨에 우연히 섬 근처에 좌초된 관광객이나 어부들을 구출하는 시늉을 하기라도 한다면 상황은 더욱 어려워질 수 있다. 흡사 이러한 길리건의 섬(Gilligan's Island)과 같은 시나리오는 중국에 해당 섬의 해안으로 접근할 수 있는 구실을 제공할 수 있으며 그 이후에는 영구적으로 섬에 머물 수 있는 이유를 찾을 것이다.

미국과 일본은 반격이나 폭격보다는 섬에 주둔하고 있는 중국군을 대상으로 봉쇄하는 방안을 고려할 수도 있다. 이러한 접근은 어떤 면에서 쿠바 미사일 위기의 선례를 따를 것이다. 언뜻 쿠바에 위치한 핵무기에 비해 무인도에 배치된 인민해방군 병사 1~2개 중대가 덜 위협적으로 보일지 모른다. 그러나 센카쿠/댜오위다오 열도의 경우 마찬가지로 미국과 중국이라는 핵보유국 간의 갈등이 심각한 수준으로 고조될 가능성을 배제할 수 없다. 또한 폭격을 가하는 방안에 비해 봉쇄를 취하는 방안이 약해 보일지는 모르나 실제로 봉쇄로 인한 영향만큼은 절대로 약하지 않다. 중국은 해당 섬의 소유권을 주장하고 있기 때문에 이와 같은 봉쇄를 전쟁 행위로 해석할 수 있다. 봉쇄는 일반적으로 국제법에 따라 전쟁행위로 간주된다. 그러나 센카쿠/댜오위다오 열도의 경우에는 소유권에 대한 논란이 있기 때문에 봉쇄가 전쟁행위에 해당하는지 여부에 대한 해석 역시 의견이 분분할 수 있다.

과연 이러한 교착 상태를 어떻게 끝낼 수 있을까? 중국은 끈질기게 비행기나 잠수함 또는 상선으로 위장한 소형 보트를 통해 해당 선의 해안으로 보급품을 몰래 들이려고 할 것인가? 필요 시 일본과 미국은 이러한 중국의 재보급을 방해하기 위해 무력을 사용할 준비가 되어 있는가? 이러한 경우 중국은 봉쇄를 시행하는 미국과 일본의 비행기와 선박을 공격할 것인가? 이렇듯 해답을 찾기 어려운 많은 질문들 가운데 한 가지 분명한 사실은 이 시나리오가 더욱 폭력적으로 확대될 가능성이 있다는 것이다. 지리적으로 그 어느 국가가 군사적으로 우위를 점할 수 있을 것이라고 단정짓기는 어렵다.[71] 그 어느 쪽이든 타협의 해결책을 찾기보다 각자의 야망을 추구하려는 유혹이 더욱 클 수 있다.

지리적으로도 확대될 수 있다. 이 지역에서 작전을 수행하기 위해 중국은 아마도 연안 중부와 남부의 해안 기지에 의존할 것이다. 미국과 일본의 경우 오키나와 류큐섬 일부, 괌 그리고 아마도 큐슈섬과 일본 본토 내 기지에 의존할 것이다. 이는 적국의 인구가 밀집한 지역 내에 위치한 군사 기지와 함께 전 지역에 걸쳐 운용되는 선박 및 항공기에 대한 공격 가능성을 증가시키는 요인으로 작용한다.

작은 규모의 무인도로 인하여 미국, 일본, 중국을 포함하는 총력전이 발생할 수 있다는 사실은 얼핏 개연성이 없어 보인다. 그러나 이 시나리오가 일단 시작되면 어떻게 끝날지 그 누구도 자신 있게 예측하기 어렵다. 재래식 교전이 시작되고 어느 한쪽이 지고 있다는 사실을 깨닫게 된다면 핵 확대를 고려하거나 최소한 위협할 가능성 또한 배제할 수 없다. 미국은 중국 대비 10배 이상 차이가 나는 자국의 핵 우위가 이러한 상황에서 우위를 점했다고 여길 수 있다. 중국 역시 자국의 지리적 근접성이 보다 유리하다고 판단할 수 있다.

어느 쪽이든 역사와 핵 이론에 기초하여 핵 치킨 게임이나 심지어 제한된 핵전쟁에서 승리할 수 있다고 생각하는 믿을 만한 근거를 찾을 수 있다. 인간은 도박을 하고 종종 직관적인 의사결정을 내리는 존재이다. 이로 인하여 이러한 확대 옵션이 무모하고 문제에 대해 합리적인 평가의 범위를 넘어선 것처럼 보이기 때문에 배제될 것이라고 가정하기는 어렵다. 더욱이 미국의 핵전략, 무기 개발 및 위기관리에 대한 냉전의 역사는 지구상에서 가장 위대한 민주주의의 지도자들조차도 실제 또는 인지된 핵 이점에서 지렛대를 얻을 수 있음을 시사한다. 많은 저명한 전략가들은 제한적 핵전쟁의 가능성을 매우 심각하게 받아들였다. 필자는 미국뿐만 아니라 중국 역시 사전에 제한된 핵무기 사용에 대한 교리 개발 여부와 관계없이 재래식 전쟁에서 순순히 패배를 받아들이기보다 제한된 핵무기 사용을 고려할 가능성이 있다고 생각한다.[72]

중국이 수년에 걸쳐 핵무기 무기고의 규모를 전반적으로 억제한 점은 인정받아 마땅하다. 그러나 최근 들어 중국은 이러한 핵무기를 현대화하고 있다. 중국은 소규모 핵무기를 이미 실험했는지도 모른다(포괄적 핵실험 금지 조약이 발효되지 않았음에도 불구하고 1990년대 중반 이후 그 효력을 유지하고 있는 사실상의 실험 중단을 위반한 경우다).[73] 중국의 미사여구와 공식 교리가 무엇을 주장하든 이러한 제한된 전쟁 시나리오상에서 중국의 핵 능력을 간과해서는 안 된다.[74]

남중국해 상황은 더욱 악화될 수 있다. 남중국해 내에는 미국의 동맹국인 필리핀이 위치해 있다. 비록 현 미국-필리핀 동맹이 다소 불안정한 상태임에도 불구하고 2019년 마이크 폼페이오(Mike Pompeo) 국무장관은 1951년 양국 간 상호 방위조약을 남중국해에 적용할 수 있다는 점을 재확인했다. 즉 필리핀군의 공용 선박 및 항공기에 대한 중국의 군사공격이 있을 경우 미국-필리핀 방위협정에 의거 상호방위의무를 발동시킨다는 점을 분명히 한 것이다. 이러한 공약이 남중국해 섬에 대한 필리핀의 적극적인 군사행동을 보호하는 것까지 포함하는지 여부는 다소 모호한 측면이 없지 않다. 특히 최근 마닐라에서 로드리고 두테르테(Rodrigo Duterte) 대통령의 수사적 발언과 정책까지 고려하면 더욱 모호하다. 불행히도 남중국해를 둘러싼 이러한 분쟁에 대한 워 게임은 핵전쟁으로 확대될 수 있는 가능성을 시사한다.[75]

분명한 것은 미국과 주요 동맹국이 남중국해 항로와 관련하여 상당한 경제적 이해관계를 갖고 있다는 점이다.[76] 이렇듯 공해에 대한 접근은 워싱턴의 오랜 주장에 따른 것이기도 하다. 즉 항해의 자유 프로그램은 규칙 기반의 국제질서에 있어 기둥과도 같다. 이는 특정 지역 또는 잠재적인 적을 초월하며 미국 동맹의 이익에 의존하지 않는다.

그러나 중국은 남중국해 섬뿐만 아니라 거의 모든 공해에 대해서도 중국의 핵심이익이라고 선언했다. 또한 과거 자국의 역사에 기반하여 그 악명 높은 구단선을 설정하고 해당 지역에 대한 소유권을 주장해오고 있다. 그리고 중국은 인공섬을 건설하고 군사화할 뿐만 아니라 (과거 그렇게 하지 않겠다고 약속했음에도 불구하고) 다른 국가의 선박 및 미 해군의 이동을 간섭함으로써 자신들의 주장을 더욱 강력하게 요구한다. 만약 이러한 과정에서 충돌이 시작된다면 단지 두 척의 함선 충돌과 같이 상대적으로 작은 규모의 전술적 이해관계에서

그칠지 예견하기 어렵다.[77]

　　대만 시나리오는 더욱 우려스럽다. 대만이 독립을 추진하거나 중국 정부의 입장에서 통일을 기다리다 지치는 상황에서는 언제든 문제가 발생할 수 있다. 중국 정부는 대만에 대한 봉쇄 중심 작전(blockade-centered operation)은 어느 정도 수용 가능한 범위 내에서 위험을 감내할 수 있을 것이라고 스스로 판단하는지도 모른다. 원칙적으로 중국은 필요 시 언제든 봉쇄의 규모를 축소하거나 작전 자체를 중단할 수 있다. 특히 잠수함에 의한 봉쇄의 경우 체면을 유지한 가운데 작전 축소 및 중단을 시행할 수도 있다. 이에 중국은 부분적인 해상 봉쇄만으로도 대만을 상대로 강력한 강제 수단이 될 수 있다고 생각할 수 있는 것이다.[78] 중국은 대만을 오가는 모든 상선을 중단할 필요가 없다. 단순히 대만의 경제를 충분히 압박할 수 있는 정도의 선박을 중단하는 것만으로도 충분하다. 여기서 중국의 목표는 대만이 항복하도록 경제적으로 압박을 가하는 것으로 보인다. 이러한 방책은 베이징의 관점에서 매우 우아해 보일 수 있다. 즉 인명 손실이 거의 또는 전혀 없고 대만에 대해서도 직접적인 피해가 거의 없기 때문이다. 또한 중국은 언제든 미국이 개입할 의사를 비치거나 국제 사회가 중국에 대해 무역 제재를 가하고자 한다면 비교적 용이하게 물러날 수 있다.[79]

　　이러한 봉쇄 작전상 중국은 사이버 공격을 포함한 다양한 군사력 요소를 하나의 다차원적 작전(a multidimensional operation)으로 결합하여 수행할 가능성 또한 높다.[80] 이러한 과정에서 대만의 지휘통제 능력을 공격하거나 미국의 개입 시 미국의 우주 기반 자산을 무력화할 수 있다. 이러한 접근 방식의 핵심에는 중국의 잠수함 전력이 존재한다. 잠수함이나 대만 항구에 매설한 기뢰를 통해 화물선을 침몰시킴으로써 대만 안팎의 모든 해상 항해에 중대한 위험을 가할 수 있는 것이다.[81] 중국의 잠수함 전력은 최근 수십 년 동안 비약적으로 향상되었다. 지난 20년에 걸쳐 중국의 최신형 공격 잠수정은 2척에서 40척으로 증가했다.[82] 중국의 정밀타격능력 역시 향상되어 대만 내 비행장, 항구 및 기반시설에 대해 선제적으로 미사일과 공중 공격을 사용하여 대만의 반격을 방해할 수 있을 정도이다(이러한 향상된 중국의 능력에도 불구하고 중국은 아마도 선제공격을 하지 않는 방안을 택할 가능성이 높다).[83]

베이징은 대만에 대한 인도지원을 위해 항해하는 외국선박을 검열하기 위해 대만에 도착하기 전 중국 항구에 먼저 정박하는 방안을 제시할 수 있다. 이러한 또는 비슷한 방안을 통해 무고한 민간인에 대한 위험을 제한할 수 있다. 이러한 전략은 중국의 입장에서 단지 몇 척의 선박 및 몇백 명의 선원만을 희생시키는 것이기 때문에 최악의 경우에도 베이징은 스스로 인도적으로(humanely) 행동하고 있다고 믿을 수 있다. 대만과 관련된 이해 관계의 중요성을 감안할 때 베이징의 시각에서 이 정도의 희생은 합리적인 위험으로 간주할 수 있는 것이다.

만약 미국과 대만이 이와 같은 중국의 봉쇄를 해제하기로 결정했다면 미국과 대만의 작전개념은 아마도 서태평양에 충분한 병력을 집결하여 대만 동쪽에 보호 항로를 설정하는 일일 것이다. 이러한 임무 수행을 위해 미국과 대만 그리고 아마도 일본은 우선적으로 이 지역 대부분에 걸쳐 공중 우위를 점해야 할 것이다. 또한 대만 항구 근처의 기뢰 위협에 대처하면서 동시에 중국의 해저 공격으로부터 선박을 보호해야 한다. 이러한 모든 작업은 일부 위성체계에 대한 접근을 보장할 수 없는 여건에서 수행해야 할지도 모른다. 중국이 최근 직접상승 요격체계(direct-ascent interceptors) 또는 지향성 에너지 무기(directed-energy weapons) 등을 통해 저궤도 위성을 격추하거나 무력화할 수 있는 역량을 갖추었기 때문이다(우주에 접근할 수 있는 미국의 역량이 과거에 비해 분산되고 탄력성을 갖추었음에도 불구하고 말이다).[84]

20년 전 필자는 이러한 시나리오를 검토한 결과 동맹의 지원 유무와 상관없이 미국은 교전에서 승리할 수 있을 것이라고 자신 있게 결론 내렸다. 그러나 오늘날 필자는 이에 확신하기 어렵다. 중국의 사이버 무기, 위성 요격 체계 및 기타 무기체계 발전은 이미 중국이 강력한 전략적 역량을 보유하고 있음을 의미한다. 나아가 중국은 이러한 역량을 바탕으로 만약 재래식 전투에서 패배할 경우 핵전쟁까지도 고려할 수 있음을 시사하기도 한다.[85] 공대공 전투(air-to-air warfare)와 같이 미국이 여전히 우위를 점하고 있는 영역에서 미국이 가진 이점은 과거에 비해 줄어들고 있으며, 미사일 공격에 의한 미국의 주요 기지에 대한 취약성이 증가함에 따라 전략적 계산법 역시 매우 복잡해지고 있다.[86] 중국은 기존 잠수함에 비해 훨씬 조용한 잠수함을 배치하면서 해저전

(undersea warfare)에서 역시 큰 진전을 이루었다. 그러나 미국이 아직까지 이러한 영역에서 중국을 앞서고 있다는 점을 상기해야 한다. 일반적으로 중국 잠수함은 본국의 기지로부터 2~3회 왕복 임무를 수행할 수 있는 역량을 갖추었다.[87] 그리고 이는 미국의 수상함 몇 척 정도는 충분히 침몰시킬 수 있는 수준이다.[88]

지금까지 살펴본 모든 상황은 미국이 군사력 운용 및 전쟁을 계획하는 데 있어 반드시 고려해야 할 요소들임과 동시에 결코 녹록지 않은 상황임을 의미한다. 그러나 이러한 군사작전의 어려움에도 불구하고 미국은 어떤 식이든 대만을 방어하는 데 어려움이 있다는 신호를 베이징에 내비쳐서는 안 된다. 왜냐하면 이러한 전쟁은 중국에게도 분명 어렵고 매우 위험한 분쟁이 될 것이므로 미국이 억제를 달성할 수 있는 기회를 스스로 놓치는 결과를 초래하는 우를 범하지 않도록 주의해야 한다. 그러나 동시에 미국은 다른 방안을 모색하는 노력 또한 필요하다. 왜냐하면 위기 또는 갈등 발생 초기 갈등의 책임 소지를 밝히기 어렵거나 모호한 경우가 대다수이기 때문이다.[89]

센카쿠(Senkaku) 또는 남중국해 시나리오와 달리 대만을 둘러싼 대부분의 전투는 물리적인 생존은 아닐지라도 적어도 2,400만 명의 대만 국민의 복지를 위태롭게 할 것이다. 봉쇄조차도 대만 내 빈곤과 경제 붕괴라는 결과를 초래할 가능성이 농후하다. 따라서 미국의 목표는 봉쇄를 끝내는데 주안점을 두어야 할 것이다. 다른 경우와 달리 중국이 추가적으로 침해하려는 동기를 억제하기 위한 방안으로서 제한적인 위반행위에 대한 처벌은 억제 측면에서 적합한 것으로 판단된다. 이러한 경우 중국의 후퇴를 강제할 수 있는 지렛대(leverage)와도 같은 역할이 요구된다.

따라서 미국은 중국의 봉쇄를 막을 수 있는 방안에 더해 강제적이면서도 간접적인 보다 창의적인 군사적 대응방안을 모색해야 한다. 이상적으로 이러한 방안은 상대적으로 위협의 규모가 작고 피해 대상이 소수라는 의미에서 확전이 되지 않는 선에서 이루어져야 한다. 미국의 강점은 살리고 중국 본토에서의 전투는 피하기 위해 지리적으로 비대칭적인(asymmetric) 방안을 모색할 수도 있을 것이다.

보다 구체적인 예를 들자면 페르시아만에서 중국으로 석유나 가스를 수송

하는 선박을 대상으로 정밀 또는 첨단 비살상 무기를 사용하여 압수되거나 무력화시키는 방안을 고려해볼 수 있다. 어떤 선박이 중국으로 향하고 있는지 항상 알 수는 없더라도 초대형 유조선은 때때로 석유 구매자가 결정되기 전에 출항하기 때문에 이러한 방법은 여전히 유효할 수 있다.[90] 또한 중국과 지속적으로 교역한 회사의 자산이나 이전에 제재 회피에 연루된 것으로 확인된 선박은 시간이 지남에 따라 봉쇄의 표적이 될 수 있다.

매일 약 2천만 배럴의 석유가 페르시아 만과 오만 만 사이의 호르무즈 해협을 통과한다. 이러한 흐름은 지역 내 언제 어디서든 적게는 10여 척 많게는 수십 척에 이르는 초대형 유조선에 의해 유지된다(각 선박에는 일반적으로 최대 20명의 승무원이 탑승한다).[91] 넓은 페르시아만 지역 내 미국이 제공권(air supremacy)을 확보하기 위해서는 해안으로부터 수백 마일 이내에 있는 두 척의 항공모함이면 가능하다. 미군 교리에 의하면 두 척의 항공모함은 주 임무를 교대하면서 제한된 위협에 대해 임무를 수행한다. 그러나 관련 이해관계, 위기의 성격, 주요 적의 잠재적 능력 등을 고려하면 지역 및 유럽 내 지상 기반 항공 지원과 더불어 4~6척의 항공모함을 투입하는 것이 보다 바람직하다고 판단된다. 이러한 무력 과시는 중국이 희망적인 생각을 품을 수 있는 가능성을 낮춘다. 예를 들어 중국은 공격 잠수함으로부터의 사격을 통해 지역 내 서방 군사력을 무력화는 물론 운이 좋으면 임무 종료까지 시킬 수 있을 것이라는 기대를 할 수도 있다. 하루에 수십 척의 유조선에 물리적으로 승선해야 한다면 항공모함 외 추가적으로 12~24척의 선박(해안 경비대를 포함하여)이 필요할 것이다. 또는 과거 제재 회피에 관여한 것으로 알려진 선박에 대해 보복이 강조될 수 있다. 중국은 지부티(Djibouti) 기지를 포함하여 중동 지역 내 과거에 비해 더 많은 군 부대를 배치하고 있으나 지역 내 중국의 군사력은 여전히 미국과 격차가 크다. 특히 서태평양 지역 내에서 중국이 수행할 수 있는 일들과는 거리가 멀다.[92]

이러한 상황에서 중국은 다양한 보복을 할 것으로 예상된다. 따라서 이러한 고려사항을 바탕으로 미국은 주요 미국 동맹국의 회복력을 강화에 중점을 두어야 한다. 특히 중국이 가장 많이 의지할 것으로 보이는 제한된 공격과 부분적인 공급망 차단 방안에 대해 대비해야 한다.

앞에서 언급한 바와 같이 필자가 제안하는 전략의 핵심은 중국 해안 근처에서 직접 전투를 피하는 것이다. 그러나 일부 시나리오상에서 미국과 동맹국들은 대만의 생존을 보장하기 위해 봉쇄 해제까지 고려해야 할 수도 있다. 이러한 측면에서 서태평양 내 위치한 기지로부터 순찰, 대잠전(anti-submarine warfare operations), 해군 보급 및 유지 보수를 지속할 수 있는 역량을 갖추는 것은 의미가 있는 일이다. 만약 위에서 검토했던 종류의 위기가 실제로 시작된다면 미국은 다음에서 제시할 방안을 추진할 수 있는 방안에 대해 고민해야 할 것이다.

- 마닐라의 동의하에 필리핀 군도 서부에 위치한 섬에 강화된 대피소, 지하 연료 및 탄약 저장고를 갖춘 비행장을 포함한 요새를 건설한다. 또한 중국 인민해방군 예하 특수부대의 습격을 저지할 수 있는 대공 및 미사일 방어 체계와 함께 지상군을 배치함으로써 이러한 요새를 보호하는 임무를 부여한다.

- 미국 수상함과 잠수함을 일본, 필리핀, 괌 그리고 베트남과 같은 지역으로 이동시켜 수용가능한 범위 내에서 작전을 지속한다. 순환 배치, 훈련 및 해군 합동 순찰 등 지역 내 다양한 국가와 군사협력을 강화하는 노력 또한 이러한 활동의 연장선상이다.[93] 이러한 과정에서 미국은 베트남과 같이 지리적으로 방어하기 어렵고 전략적 중요성이 떨어지며 러시아 및 중국과 관련하여 정치적으로 민감한 국가들과 동맹을 맺지 않도록 유의해야 한다.

- 더욱 다양한 역할을 수행할 것으로 예상되는 무인 함정의 신속한 개발은 미군이 작전을 수행하는 과정에서 노출될 위험과 함께 함대당 소요되는 비용을 줄이며 향후 정찰 및 심지어 타격 작전을 수행할 수 있는 가능성을 보여준다.[94]

- 중국이 대만 인근에서 부분적으로 실시한 엄격한 봉쇄로 인하여 중단되었던 미국 상선의 이동은 시간이 지남에 따라 필요 시 미군의 지원 아래 재개할 수 있다.

- 보다 광범위한 페르시아만에서의 군사 작전을 수행하기 위해 유럽 동맹국들에게 지원을 요청한다. 이러한 지원에는 해군 및 해안경비대는 물론 지상

기반 공군력, 미사일 및 방공망을 갖춘 역량을 포함한다. 이로 인하여 미군은 지역적으로 보다 확장된 지역 내 작전을 수행하는 과정에서 과도한 압박을 받는 상황을 방지할 수 있다(따라서 서태평양 내 작전을 더 이상 확장하기는 사실상 불가능하다).

물론 그러한 옵션이 실제로 구현되는 속도는 위기가 어떻게 전개되었는지에 달려 있다. 경우에 따라 위기는 향후 수년 동안 지속될 수도 있다. 그러나 광범위한 경제적 손실과 치명적인 군사적 위험부담을 야기할 이러한 시나리오가 진행됨에 따라 양측은 보다 진지하고 창의적인 외교를 수행할 강력한 동력이 작용할 것이다.

결론: 미국, 중국 … 그리고 인도

중국에 대한 대전략에 대한 이야기를 마치면서 인도에 대해 한마디 덧붙이지 않을 수 없다. 현재 전 세계 10대 경제대국 중 하나이자 세계 9대 핵보유국 중 하나이며, 곧 가장 인구가 많은 나라가 될 인도는 미래 지정학에서 중요한 역할을 할 것이다.

인도는 향후 7장에서 논의할 새로운 4+1 위협에 대해 미국이 다른 국가들과 공동으로 대처할 때 분명히 함께 고려되어야 할 대상이다. 또한 고전적 지정학적인 측면에서 향후 몇 년 동안 미국과 인도 간의 관계는 부상하는 중국을 어떻게 협력적으로 처리할 것인지에 크게 좌우될 것이다. 만약 인도가 인도 고유의 민주적이고 포용적인 전통에 충실한다면 미국과 인도의 관계가 긍정적으로 발전할 수 있는 가능성은 충분하다. 나렌드라 모디(Narendra Modi) 총리가 때때로 탐닉하는 것처럼 보이는 힌두 민족주의(Hindu nationalism)와 같은 사상에 빠지지 않는다면 특히 그럴 것이다. 미국과 인도는 이미 오랫동안 중국에 대해 함께 대처해온 경험이 있다. 향후 몇 년 동안은 이러한 관계가 바뀔 만한 이유를 찾기는 어렵다.[95]

미국은 클린턴 행정부 말기(미국이 1999년 카르길 위기 간 파키스탄으로 하여금 물러나도록 압력을 가했을 때)부터 지난 20년 동안 인도와의 전략적 관계를 개선하기 위해 인내심을 가지고 노력을 기여해왔다.[96] 그러나 미국은 인도와의 관계에 있어 분명한 한계가 있음을 이해할 필요가 있다. 예를 들어 인도는 이란과 러시아와의 긴밀한 관계를 중시한다. 최근 수십 년에 걸쳐 훨씬 더 나은 성장률을 보였음에도 불구하고 인도의 국내 문제 또한 엄청나다. 그 결과 인도는 때때로 전 세계 또는 지역 전략을 열정적으로 추구하다가도 어느 순간 수그러드는 등 일관성과 신뢰성이 결여된 모습을 보이기도 한다.[97] 또한 인도는 외교 정책에 있어 전략적 자율성이라는 원칙을 높이 평가한다. 최근 미국은 인도를 "주요 방위 파트너(현대 인도가 갖는 중요성을 상징적으로 보여주기 위해 고안된 용어)"로 지정하면서 양국관계는 보다 원만한 국면에 접어들었으나 그럼에도 불구하고 인도는 미국의 동맹이 되는 데 큰 관심이 없다. 미국 역시 유라시아 강대국과의 보다 구속력 있는 안보 공약을 원해서도 안 된다.

확실히 인도는 이전보다 훨씬 더 많이 미국으로부터 무기를 계속 구매할 것이다. 경제적 관계 또한 계속 확대될 것이다. 이슬라마바드와 뉴델리 사이의 긴장이 지속되고 있다는 점을 감안할 때 최근 워싱턴의 파키스탄과의 거리두기는 인도와의 관계를 더욱 개선할 수 있다. 조지 W. 부시(George W. Bush) 대통령의 미-인도 핵 협정과 같은 결정 역시 민간분야에 있어 원자력 협력을 가능케했다.[98]

그러나 인도는 중국과 미국 중 어느 편에도 서지 않을 것이다. 어느 쪽의 편을 들겠냐는 질문에 전직 인도 고위 관리의 말을 빌리자면 인도는 인도 편에 설 것이다. 예를 들어 위에서 언급한 미국과의 관계에 있어 긍정적인 요인들은 인도가 러시아의 무기를 구매하거나 이란으로부터 석유를 구매하는 것을 막지 못할 것이다. 인도가 유엔의 감시하에 있지 않는 한 남중국해 또는 인도양에서의 중국의 군사적 행동에 대응하여 다국적 해양 순찰에 참여할 가능성은 없다. 인도는 중국의 행동에 대한 대응을 미세하게 조정하는 수준의 대응방안을 찾으려고 할 것이며, 이는 적어도 중국이 일종의 인도가 생각하는 경계를 넘지 않는 한 지속할 것이다. 2020년 인도와 중국 간의 분쟁 접경 지역에서의 군사적 충돌이 있던 시기에도 인도는 미래 인도와 중국 간의 관계에 대한 기대치를 조정하는 등의 대응은 하였지만 그 이상으로 분쟁을 키우거나 다른 전

략적 대응은 회피하고자 노력했다.[99]

　　미국이 향후 아시아 태평양 지역에서 협력할 수 있는 다른 국가와도 동일한 기본 논리가 적용될 것이다. 중국의 행동이 워싱턴, 하노이 또는 자카르타 간의 상호 이익에 해가 될 정도로 악화된다면 베트남, 인도네시아와 같은 국가와 함께 훈련 확대 및 주둔과 같은 비폭력 군사 조치를 고려할 수는 있다. 예를 들어 중국이 계속 남중국해 분쟁을 일으킬 경우 다양한 경제적 압력과 제재를 사용할 수 있다. 미국은 중국과 직접적인 충돌을 하거나 개입하지 않으면서도 보다 간접적이고 장기적인 대응을 추구할 수 있는 것이다. 미국은 이렇듯 유리한 위치를 차지하면서 장기적으로 미국에 유리하게 작용할 수 있는 다양한 요인들에 대해 신중하게 판단해야 한다.

제 5 장

한 국

"고요한 아침의 나라(the land of the morning calm)" 서울에서의 어느 화창한 9월 아침이었다. 필자는 여느 미국인들과 마찬가지로 한국 시차로 아침 일찍 일어났다. 정원과 작은 개울과 연못을 지나 언덕을 조깅하다가 남산 공원에 위치한 그 유명한 북서울 타워에 이르면 사방으로 울창한 구릉이 펼쳐져 그 사이 큰 건물이 있는 장면의 아름다움에 매료되곤 했다. 서울은 말 그대로 아침 햇살에 조용히 반짝거렸다. 지구상에서 가장 크고 인상적인 도시 중 하나 (최악의 교통체증으로 저주를 받기도 함)인 이 대도시에 대한민국 인구 5천만 명의 절반이 거주하고 있다. 필자의 아버지가 근무했던 1960년 당시 한국은 국민의 대다수가 생계형 농민이었고 독재자가 통치하던 시기였다. 경제적으로 북한에 비해 더 나은 것이 없었던 시기다. 그렇기 때문에 초기 냉전 시대의 조지 케넌(George Kennan)과 다른 전략가들은 북한이 소련과 중국의 비호 아래 남한을 침공할 때까지 한국을 우선시하지 않았다.

오늘날 대다수의 북한 주민들은 여전히 가난에 허덕이고 지도자인 김정은 (그의 아버지인 김정일과 그의 할아버지 김일성의 뒤를 이은)에 의해 억압받고 있다. 이에 반해 한국은 첨단 과학기술강국이자 전 세계 11번째로 큰 경제대국이다. 생활수준은 일본, 유럽 및 미국과 비슷하며 최근 한국의 코로나19에 대한 대응은 매우 인상적이었다. 이러한 한국의 발전은 미국과의 동맹과 미국이 주도하는 개방된 세계 경제질서 없이는 일어나지 않았을 것이다.

그러나 필자가 2017년 가을(그리고 그 이후로 두 번에 걸쳐) 방문하여 느낀 서울에 대한 인상은 이 모든 발전이 인상적임에도 불구하고 너무나 연약하게 느껴졌다는 것이다. 서울 내 인구밀도와 배치된 무기체계의 치명성을 고려하면 한국에서 전쟁 발발 시 문자 그대로 수백만 명이 사망할 수도 있음을 의미한다. 이는 사상자 수 측면에서 이라크 또는 아프가니스탄 전쟁보다 훨씬 좋지 않은 결과를 나올 수 있다는 뜻이다. 실제로 필자의 서울 방문 전후 몇 주 동안 김정은과 도널드 트럼프(Donald Trump) 대통령은 서로 군사적 위협을 지속했다. "작은 로켓맨(little rocket man)"과 같은 갖은 욕설과 모욕이 태평양을 가로질러 이리저리 날아다녔고 트럼프 대통령은 "화염과 분노(fire and fury)"를 언급하며 미국의 핵 버튼이 김 위원장의 것보다 크다고 위협했다.

실제로 미군 장교들은 동 시기 필자에게 미군은 만일의 경우에 대비하여 대비태세를 갖추고 있으며 한국 내 여분의 연료와 탄약을 배치하였다고 언급했다. 적어도 일부 미 고위급 군 지휘관은 전쟁이 일어날 가능성이 두 자릿수에 이를 것이라고 생각했던 것이다. 그러나 다행히 당시 우리는 총알을 피할 수 있었는데, 얼마 지나지 않아 북한은 서울올림픽 기간 중 매력공세를 펼쳤기 때문이다. 몇 달 후 트럼프와 김 위원장은 싱가포르에서 만났는데, 이는 현직 미국 대통령이 북한 독재자와 직접 처음으로 대면한 것이다. 현재까지 총 세 번의 만남 중 첫 번째 만남이었다. 그러나 그러한 북미 간의 외교적 관계가 흔들린다면 다시금 한국에서의 전쟁 가능성이 커지는 것인가?

북한 정권은 아마도 말 그대로 지구상에서 가장 최악의 정권이 아닐까 싶다. 전 세계 그 어떠한 지도자도 김정은만큼 그의 국민 그리고 심지어 그의 가족에게 잔인하진 않을 것이다. 또한 우리는 최근 미국인 오토 웜비어(Otto Warmbier)의 죽음에서 북한 정권의 타락을 생생하게 목격할 수 있었다.

지구상의 그 어떤 곳도 북한만큼이나 이오시프 스탈린(Joseph Stalin)이 인정할 만큼 경찰 국가와 같지 않다.1 북한만큼이나 자국의 경제를 관리하는 국가 또한 없다. 오늘날 북한은 국내총생산의 25%를 군사비에 지출하고 있으며, 이는 단연코 지구상에서 가장 높은 비율이다.2 금세기 핵무기를 실험한 유일한 국가로 2006년, 2009년, 2013년, 2016년(2회), 2017년 총 6번의 핵실험을 감행했다. 마지막 시험은 적어도 100킬로톤(히로시마 원폭의 적어도 6배)의 위력을 가진 열핵폭탄 또는 수소폭탄일 가능성이 높다.3 2017년에 있었던 6번의 핵실험과 3번의 장거리 미사일 실험으로 인해 모스크바와 중국 역시 이에 대응했다.4 유엔 안전 보장이사회는 최근 북한에 대해 매우 강력한 제재를 가하여 북한 무역의 상당 부분을 차단했다.

북한의 새로운 지도자 김정은은 보다 현대적이고 번영하는 북한의 미래를 그리고 있으며 이를 위해 **병진(竝進)**, 문자 그대로 "병행 발전(parallel development)"의 교리를 통해 번영과 안보를 동시에 추구하고자 한다. 그는 수도인 평양을 필자의 동료이자 전직 CIA 연구원이었던 정 박(Jung Pak)이 "평하탄(Pyounghattan)"이라고 부르는 곳으로 바꾸려고 한다. 그러나 그 또한 그의 아버지와 할아버지의 잔혹하고 독재적이며 고도로 고립된 방식을 공유하며 진정한 의미의 개혁주의자와는 거리가 멀다.5 게다가 그는 사담 후세인(Sadam Hussein)이나 무아마르 엘−카다피(Muammar el−Qaddafi)와 같이 핵무기를 소유하지 않고 미국에 맞섰던 지도자들이 종국에는 권력을 잃거나 그보다 더 좋지 않은 결과를 맞이했다는 사실을 충분히 인지했을 것이다.6 그는 한반도 비핵화를 논할 때에 미국의 핵무기로 뒷받침되는 한미동맹의 종식을 일차적으로 강조할 가능성이 높다.7 그는 사실상 한미동맹이 종료되고 남한 국민이나 정치 지도자들조차 어쩔 도리가 없는 상황이 된다면 북한 주도의 한반도 통일이라는 희미한 열망을 품고 있을지도 모른다.

그녀의 뛰어난 저서인 **김정은 되기(Becoming Kim Jon Un)**(그녀의 이전 글인 "김정은의 교육(The Education of Kim Jong Un)"을 바탕으로 한)에 따르면 미국, 한국 및 기타 지역에서의 우리의 역할은 김정은을 교육하는 것이다. 즉 목적과 메시지의 단호함과 일관성을 통해 또는 부분적으로 필요에 따라 공존해야 할 현실적인 길을 제공함으로써 그가 비현실적인 야망을 남용하지 않도록 해야 한다.8

미국은 오랫동안 제재를 통해 원천적으로 북한과의 교역, 투자 및 지원을 금지해왔다. 이러한 제재에는 미국, 미국 시민과 기업 및 미국이 참여하는 국제기구가 포함된다. 이러한 미국 제재는 1940년대, 1950년대, 1960년대 및 1970년대 수많은 법률(예를 들어 1961년 해외원조법, 1976년 무기수출통제법, 1979년 수출관리법)에 성문화되어 있으며, 보다 최근에는 2000년 이란, 북한 및 시

리아 비확산법에 반영되어 있다.[9]

유엔 제재 역시 북한이 2003년 핵확산방지조약(Nuclear Non-Proliferation Treaty, NPT)을 파기한 이후 강화됐다. 2006년 유엔 안보리는 북한의 미사일 및 대량살상무기(Weapon of Mass Destruction, WMD) 관련 물자 이전과 금융거래 금지 및 북한 화물에 대한 검색 등을 골자로 하는 유엔안보리 결의 1718호를 만장일치로 채택하였다. 2009년 유엔안보리 결의 1874호를 시작으로 본격적으로 핵·미사일·여타 대량살상무기 프로그램과 연관 있는 북한의 자산을 동결하고 금융거래를 금지하는 내용의 금융 및 경제제재를 강화하였다. 이후 2013년 1월 유엔안보리 결의 2087호를 통해 대량살상무기와 탄도미사일을, 2016년 3월 유엔안보리 결의 2270호를 통해 무기체계 전반에 대한 이전 조치를 강화하고 집행을 강화하기 위한 다양한 노력이 이루어졌다. 가장 최근의 유엔 제재는 북한 정권의 상업적 수입원과 북한으로부터 또는 북한과 거래하는 개인 및 기업의 자산을 목표로 삼았다. 이는 2017년 유엔안보리 결의 2371호, 2397호와 더불어 유엔안보리 결의 2270호는 연료, 해산물, 기계, 섬유 및 기타 교역품의 수출입에 대한 엄격한 제한 및 보다 강화된 집행 조치를 목표로 한다.

이러한 유엔 차원의 노력과 체계적으로 관리되지 못한 북한의 지휘체계로 인하여 가뜩이나 취약한 북한 경제는 더욱더 악화되는 모습이다. 2017년과 2018년 사이 북한경제에 대해 한국은행은 연간 3~4% 위축될 것이라 전망한 바 있다.[10]

북한은 극심한 경제난을 겪으면서도 여전히 연간 수십 개의 미사일을 지속 생산하고 있다(이러한 미사일은 대부분 사거리가 짧지만 그럼에도 불구하고 여전히 20만 명의 미국인이 살고 있는 한국이나 일본을 공격할 수 있는 역량은 충분하다).[11] 스탠포드 대학교의 지그프리드 해커(Siegfried Hecker) 박사, 일부 전문가들 및 38노스(38 North) 프로젝트에 의하면 북한은 매년 6개 이상의 핵을 생산하는 것으로 평가된다.[12] 현 위치에서 서울을 공격할 수 있는 수백 대의 포병으로 무장된 북한군은 여전히 건재하다.[13]

이는 중국이 동맹인 북한에 대해 전반적으로 염려하고 있으면서도 북한이 붕괴되는 상황은 원치 않기 때문에 가능한 것으로 보인다. 북한이 붕괴된다면 중국과의 접경지역 내 불안정한 상황을 초래할 뿐만 아니라 동북아시아에서 영향력을 확대하고자 하는 미국에게 있어 하나의 기회로 작용할 가능성이 농후하기 때문이다. 이러한 측면에서 베이징과 워싱턴은 북한에 대해 비슷한 이해관계를 유지하면서도 각 국의 우선순위 측면에서는 상이한 측면이 존재한다. 실제로 미국과 중국이 조선민주주의인민공화국에 대한 입장은 몇몇 중요한 측면에서 매우 간격이 크다.

　이렇듯 복잡하면서도 위험한 안보환경 속에서 군사적 억제(military deterrence)는 필수불가결한 요소로 그 중심에서 미국은 핵심적인 역할을 수행하고 있다. 이러한 과정에서 미국은 단호한 자세를 견지해야 할 것이다. 미국의 전략적 과잉확장(overextension)을 피하고자 했던 딘 애치슨(Dean Acheson) 국무장관은 1950년 미국은 한국을 **방어할 의도가 없다**는 뜻을 밝혔다(조지 케넌(George F. Kennan) 역시 다양한 글을 통해 미국의 전략적 핵심이익에서 한국을 제외하는 데 동참했다는 사실은 주목할 만하다). 이러한 애치슨 미 국무장관의 말은 스탈린과 김일성으로 하여금 그들이 대한민국을 침략하더라도 미국이 이에 개입하지 않을 것이라는 믿음을 갖게 하였다. 이를 공격의 청신호로 받아들인 김일성은 몇 달 후 군대를 남쪽으로 보내 한강을 건너 서울을 정복하고 한반도의 대부분을 차지했다. 그해 말 더글라스 맥아더(Douglas MacArthur) 장군의 인천상륙작전을 통해 한국군과 연합군은 추진력을 되찾았다. 그러나 우리의 운은 거기까지였다. 한미 양군이 북쪽으로 압록강과 중국 국경에 도달한 시점에 마오(Mao)가 인민해방군(People's Liberation Army)의 반격을 승인했던 것이다. 극도의 피비린내 나는 전투와 군사적 교착 상태가 뒤따랐다. 마침내 1950년 6월 한반도에서의 전쟁 행위를 멈추게 한 한국 군사 정전(armistice)에 관한 협정이 체결됐다. 이후 냉전 종식을 제외하면 아직 한반도에서의 이러한 상황은 현재에 이르기까지 지속되고 있다. 이에 더해 이제는 북한 핵무기까지 전략적 방정식의 일부가 되었다.[14]

　도널드 트럼프(Donald Trump)는 1970년대 독재정권하에 있던 한국과의 동맹을 종료하거나 적어도 한반도에서 미군 철수를 생각했던 지미 카터(Jimmy Carter) 대통령 이후 가장 급진적인 미국 대통령이었다. 트럼프는 주한미군 방위비 분담금을 두고 한국정부와 실랑이를 벌이기도 했고 나아가 한반도로부터 미군을 철수하는 방안을 주장하기도 했다. 그러나 한국은 이와 관련하여 이미 충분히 부담하고 있으며 이러한 측면에서 트럼프의 요구는 정상 범위를 넘어섰다. 그리고 트럼프와 김 위원장 간 세 차례(2018년 6월 싱가포르, 2019년 2월 베트남, 2019년 6월 한국의 비무장지대)에 걸친 회담 이후 더 이상의 추진력을 얻지 못하고 외교 과정에서 사라졌다.

당연하게도 이러한 결과를 모두 트럼프 탓으로 돌리고 싶겠지만 이는 맞는 이야기도 정확하지도 않다. 북한의 핵무기 프로그램은 부시와 오바마 대통령 시절에도 빠르게 성장했다. 그리고 적어도 북한은 2017년 이후로 핵무기나 장거리 미사일을 실험하지 않았다.

미국은 단호함과 자제를 한 축으로 그리고 인내를 다른 축으로 한 두 가지 축을 기반으로 하여 대북정책을 발전시켜야 한다. 첫째, 한국과의 군사 동맹에 대한 단호하고 꾸준한 공약을 지속해야 한다. 둘째, 위기가 폭력적으로 전이되는 것을 방지하고 단기간 내 북한의 핵무기를 제거하는 데 목적을 두기보다 확대되는 데 중점을 둔 유연하고 실용적인 대북 외교적 접근을 추진해야 한다. 이러한 접근 방식은 시간이 지남에 따라 평양이 자국민과 전 세계를 대상으로 보다 인도적으로 행동하도록 유인책을 제공할 수 있다. 그러나 한반도에서의 전쟁 방지가 최우선 순위여야 하기 때문에 이러한 목표는 어느 정도 시간이 소요될 것이다.[15] 물론 이러한 접근 방식이 문제를 신속하게 해결할 수 있다고 장담할 수는 없다. 그러나 김정은의 타고난 선한 본성에 대한 헛된 생각을 접고 주어진 사안에 대해 지속적인 접근방식을 취해야 한다.[16]

보다 현명한 방안에 대해 알아보기 전에 몇 가지 짚고 넘어갈 부분이 있다. 특히 핵협상이 결렬되면서 (그리고 2020년부터 시작된 김 위원장의 건강에 대한 새로운 불확실성으로 인하여) 일각에서는 단기간 내 북한과 곧 대화로 되돌리고 싶어 할 수 있다. 그러나 이는 잠재적으로 바이든 행정부의 치명적인 실수가 될 것이다.

군사적 방안?

북한이 가지고 있는 전반적인 약점에도 불구하고 예방적, 선제적 그리고 선택적인 측면에서 좋은 군사적 옵션이란 사실상 존재하지 않는다. 전쟁을 통한 승리와 정권 교체가 아닌 억제(deterrence)를 목표로 삼아야 한다. 더불어 북핵 문제가 더 이상 확산되는 것을 막고 이후 점진적으로 경제적인 압력과 유인책을 바탕으로 평양이 보다 나은 또는 최소한 평화로운 행동을 취하도록 유도해야 한다.[17] 2017년 하반기 트럼프 행정부가 고려했던 제한전 또는 코피(bloody nose) 전술과 같은 향후 한미 양국의 군사행동을 고려한다면 이러한 방안이 필요한 이유를 이해할 수 있을 것이다.

하나의 군사적 방안은 북한이 대륙간 탄도 미사일(Intercontinental Ballistic Missile, ICBM) 기술을 완성하기 위해 더 이상 장거리 미사일 발사 시험을 완료하지 못하도록 하는 것이다. 이는 2006년 민주당 국방장관 윌리엄 페리(William James Perry)와 애슈턴 카터(Ashton B. Carter)가 제안한 방안으로 대륙간 탄도 미사일은 항공기에서 발사된 정밀탄에 의해 선제적으로 파괴될 수 있다.[18] 또는 비행 중 미국 미사일 방어시스템에 의해 격추될 수 있다. 과거 시험발사를 기반으로 오늘날 알래스카(Alaska)와 캘리포니아(California)에 위치한 중간단계 미사일 방어체계(midcourse interceptor system)를 감안한다면 이러한 격추가 성공할 확률은 약 25~75% 정도이다.[19]

그러나 북한은 이에 대응하기 위해 이미 시험발사가 가능한 고체 및 액체 연료 대륙간 탄도 미사일 개발에 박차를 가할 수 있다.[20] 미국은 이러한 미사일에 대해 선제적으로 대응하기 어렵다. 더불어 이러한 방안은 오늘날 한미 양국에 거주한 30만 명의 미국인을 포함하여 이미 사정권 내 위치한 한국과 일본을 대상으로 한 북한의 단거리 미사일의 가파른 발전에 대해서는 전혀 고려치 않는다.

이에 미국과 동맹국의 해군에 의한 봉쇄(blockade) 방안은 국제사회 제재의 준수를 보증할 수 있는 또 다른 합리적 방안으로 고려될 수 있다. 물론 국제법상 해상봉쇄는 군사행위다. 이를 시행하기 위해서는 승선 및 조사를 거부하는 북한 선박 또는 기타 선박에 대해 무기를 사용해야 할 수도 있다. 북한은 이러한 봉쇄에 대응하기 위해 우리 측 선박에 사격을 가함으로써 사상자를 발생시킬 가능성 또한 충분히 예상할 수 있다. 나아가 지역의 근접성을 고려할 때 미국과 중국의 해군 간의 충돌 위험도 있을 수 있다. 더욱 중요한 점은 이러한 방안으로는 결코 북한의 국경이나 영공을 가로지르는 무역 규모를 축소시킬 수 없다는 것이다. 따라서 북한과 관련한 기존 위협을 감소시키거나 향후 핵 및 미사일 발전속도를 늦추지는 못한다. 결국 이러한 방안은 북한에 대한 경제적 압박은 가능하나 군사적 위협을 줄이는 데는 실패할 가능성이 크다. 북한의 민감한 무기 기술에 대한 국제적 확산이라는 측면에서 이러한 방안이 기여할 수 있는 영향 또한 확신할 수 없다.[21]

이스라엘이 1981년과 2007년 이라크와 시리아의 원자로를 선제 공격한 사례와 같이 미국은 한국과 함께 또는 독자적으로 북한 내 핵무기 기반시설 중 일부를 공격할 수도 있다. 이러한 경우 스텔스 공격기를 활용할 가능성이 크다. 특히 건설 중이지만 아직 운용 전의 핵 관련시설은 우라늄 원심 분리기 시설과 같이 고방사성 물질의 유출없이 파괴될 수 있다.

불행히도 그러한 예방적 공격으로는 북한 내 아직 위치가 알려지지 않은 우라늄 농축시설을 제거할 수는 없을 것이다. 또한 지금까지 북한의 플루토늄을 모두 생산한 가동 중인 연구용 원자로를 인도적으로 파괴할 수도 없다. 이러한 공격은 소형 체르노빌 또는 후쿠시마와 같은 결과를 만들어 내며 바람이 부는 수백 평방 마일의 영역에 고방사성 원자로 폐기물을 퍼뜨릴 것이며 이로 인한 결과는 치명적이다. 무엇보다도 이러한 공격은 북한이 이미 보유하고 있을 가능성이 있는 수십 개의 탄두 중 그 어느 것도 파괴하지 못할 가능성이 농후하다. 미국이 아직까지 정확한 탄두 위치를 알지 못하기 때문이다.

마지막으로 조지 W. 부시(George W. Bush) 행정부가 사담 후세인(Saddam Hussein) 암살을 시도하고자 했던 2003년 이라크 자유 작전이 시작된 것과 같이 미국과 한국은 김정은 국무위원장을 표적으로 삼을 수도 있다.[22] 미국 연방법(federal law)은 외국 정치지도자 암살을 금하고 있다. 그러나 만약 김 위원장이 법기술적으로 여전히 전쟁상태(technically at war)에 있는 국가의 최고사령관으로서 지속적으로 정전협정의 의무를 위반하는 경우 (수년에 걸쳐 반복되는 한국에 대한 도발로 인하여) 이는 적어도 법적으로는 문제가 되지 않을 수 있다. 그러나 2003년 이라크 사례에서도 알 수 있듯이 미국은 이러한 암살 과정에서 김 위원장을 놓칠 가능성도 크다. 그리고 이러한 공격의 성공 여부에 관계없이 북한은 서방 지도자들에 대해 유사한 시도로 대응할 것이다. 더불어 핵무기 사용으로 이러한 시도에 대한 반대 목소리를 표명할 수도 있다. 결국 많은 전략가들은 북한정권의 생존이 위협받을 경우 핵무기가 사용될 가능성이 가장 높다고 결론 내린다. 만약 이러한 작전이 성공한다 한들 미국에게는 어떠한 이득이 있는지 진지하게 고민해야 할 부분이다. 미국이 사전에 거의 모든 북한 고위급 지도자들을 대상으로 사면과 망명을 하도록 설득하지 않는 한 김 위원장의 암살은 단순히 또 다른 독재 정권의 지도자 교체를 초래할 뿐이다. 특히 북한의 정치 엘리트 체계에 대한 상세한 정보가 부족한 미국의 상황을 감안할 때 이러한 방안이 성공할 가능성은 희박하다. 설상가상으로 북한의 군사 지휘통제가 붕괴될 경우 일부 항복보다는 미국과 한국에 대해 극단적인 대응을 선택할 가능성도 배제할 수 없다. 즉 그 누구도 이러한 과정이 어떻게 진행될지 자신 있게 예측할 수 있을 만큼 북한의 핵전력 지휘통제체계에 대해 충분히 이해한다고 확신할 수 없는 상황이다.[23]

요컨대 지금까지 검토한 방안은 각기 장단점을 지니고 있으나 중요한 점은 어떠한 방안이든 북한의 위협에 대해 결정적 효과를 보장하지는 못한다는 것이다. 더욱이 이러한 방안을 시행하는 과정에서 전면전이 벌어질 경우 수백만 명 이상의 사상자를 초래할 것이다. 나아가 한반도에서 적대행위가 발생하면 중국이 개입할 가능성이 농후하다. 북한에서 핵이나 화학 물질이 누출되지 않더라도 난민 유입을 두려워하는 베이징은 북한과의 국경을 봉쇄하기를 원할 것이다. 그리고 국경을 보호하는 것이 중국의 목표라면 중국의 입장에서 국경 전방에서 작전을 수행하는 것이 보다 안전한 방책일 것이다.[24] 북한으로부터 수십 마일 떨어진 완충 지대를 설정하는 방안 또한 중국의 입장에서 매력적일 수 있다.[25]

이러한 중국의 의사결정은 장기간에 걸쳐 북한의 붕괴가 어떠한 결과를 초래할 것인지에 대한 평가에 따라 달라질 수 있다. 특히 북한이 붕괴한다면 중국 지도자들은 국경 안보에 대한 우려를 넘어 한반도 내 전쟁이 종식된 이후 미래 병력 배치에 대해 고민할 수 있다. 미국은 통일과 안정화 노력 이후에도 주한미군을 유지하려 할 것이라는 점을 예상되는 바 중국은 이러한 가능성에 대해 대응방안을 모색하고자 할 것이다. 이러한 시나리오는 중국 내 주로 표출되는 두 가지 관점에 비추어 볼 때 그 신뢰성이 높다. 첫 번째 견해는 아시아 내 미군이 주둔하는 것은 친미 연합군에 의한 포위를 피하면서 더 큰 영향력과 안보영역을 구축하려는 중국의 장기적인 이익에 해롭다는 것이다.[26] 두 번째 중국은 역사적으로 한국이 중국의 오랜 속국(a tributary state)이라고 인식한다는 점이다.[27]

이러한 측면에서 수만(또는 그 이상) 명 규모의 중국군을 한반도에 배치하는 것을 기정사실화(a fait accompli)하는 방안은 좋은 협상카드로 사용할 수 있을 것으로 보인다. 베이징의 주장은 명시적이든 암묵적이든 일단 한반도의 상황이 안정화되면 미군이 철수하기로 동의한다는 전제하에 자국의 군 역시 철수할 의향이 있다는 것이다. 중국이 이러한 동기를 가지고 있다면 아마도 국경 주변 작전에 소요되는 것보다 더 남쪽에 군사력을 배치하고 그렇지 않은 경우에 비해 더 많은 병력을 배치할 가능성도 있다. 동시에 중국은 한반도에서 적대행위가 종료된 이후 북한 내 새로운 정부의 필요성은 인정하면서도 미국과 한국 사이의 완충 기능은 유지하기를 희망할 가능성 또한 크다.

최근 몇 년 동안 중국의 군사 현대화 노력은 해양영역(maritime domain)에 초점을 맞추고 있다. 그러나 중국의 군 현대화 관련 프로그램 중 상당수는 한반도 분쟁 발발 시 직접적인 역할을 수행할 수 있도록 권한을 부여하고 더 나아가 이를 독려하도록 기획되어질 수 있다.

중국 인민해방군(People's Liberation Army, PLA)의 개입은 한반도의 재앙이 될 소지가 크다. 특히 미군과 중국군이 수년 동안 한국에 대해 거의 접촉하거나 논의하지 않았다는 점을 감안하면 이러한 가능성은 농후하다. 이에 한국과 미국 국민 대다수는 이러한 중국의 침입(encroachment)에 대해 한미 연합사령부의 단호하고 강력한 대응을 요구할 것으로 예상된다.[28] 잘못된 의사소통이나 지역 사령관의 임의적인 행동으로 인한 의도하지 않은 확전 또한 발생할 수 있다. 이러한 상황은 고위 정치지도자들이 주창하거나 승인하지 않더라도 그들이 명령을 전달하는 과정에서 발생할 수 있는 모호성으로 인하여 충분히 발생할 수도 있다.

약 한 세대 동안 전쟁에 참여하지 않은 중국 인민해방군의 경우 자칫 전쟁의 위험이 경시되거나 과소 평가될 가능성이 있다. 앤드류 에릭슨(Andrew Erickson)이 지적했듯이 현 중국군은 자국 내에서 쿠바 미사일 위기(Cuban

Missile Crisis)와 같은 시기를 경험할 기회가 없었다.29 이러한 부족한 경험은 자칫 과신을 불러올 수 있다. 즉 과거 여러 세대에 걸쳐 많은 군 지도부와 정치지도자들이 생각했던 것과 같이 전쟁의 위험에 대한 부적절한 인식이나 첨단기술이 과거에 비해 더 신속하고 결정적인 전쟁 수행을 가능케 할 것이라는 헛된 희망에 빠질 수 있다.30

위와 같은 고려사항은 미국과 중국 양국이 한반도 위기대응과 관련하여 서로 조정하지 않는다면 잃을 것이 많기도 하지만 반대로 조정을 통해 각기 얻을 수 있는 것이 많다는 점을 시사한다. 오늘날 서울과 워싱턴은 베이징에 비해 이러한 사실에 대해 잘 이해하고 있으며, 유감스럽게도 베이징은 이러한 시나리오에 대한 논의 자체를 거부한다. 중국은 비공식, 트랙 2 또는 트랙 1.5 대화를 시작으로 이러한 상황에 대해 재평가해야 할 것이다. 이러한 조정과정은 의도치 않은 전쟁 발발의 위험을 낮출 수 있다. 또한 북한 북부 지역 내 안정화 작전을 위한 한미 양국의 군 소요(U.S. and ROK troop requirements)를 감축할 수도 있다. 중국 역시 한미 양국과의 사전 협력을 통해 얻을 수 있는 이익이 적지 않으나 이러한 대화로 인하여 평양 내 야기할지 모르는 불안을 감안할 때 기밀로 유지해야 할 필요가 있다.

그러나 이러한 모든 과정은 강력한 미국의 역량 없이는 건설적인 방향으로 발전할 수 없다는 점을 명심해야 한다. 이러한 미국의 역량에는 상황 발생 시 한반도 내 군단 규모의 증원군을 신속하게 배치하는 것과 함께 평시 항구적인 병력 주둔을 포함한다. 미국은 중국 인민해방군과의 진정한 협력을 추진할 수 있는 영향력을 유지하기 위해 중국 대비보다 강한 위치를 선점해야 할 것이다. 특히 만에 하나 한반도에서 다시금 전쟁이 발발할 경우 중국이 스스로를 가장 중요하고 영향력 있는 외부 세력이 될 것이라는 인식을 갖게 해서는 안 된다. 만약 중국이 스스로를 가장 중요한 세력으로 인식하게 된다면 원하는 방향대로 일을 추진하기 위하여 자국의 특권을 주장하고자 하는 욕구가 커질 수 있다.

더불어 한반도에서 전쟁 또는 전후 안정화 노력은 이미 그 자체만으로 충분히 어려울 수 있기에 한국의 역량 있는 군사력에 더해 전반적으로 상당한 규모의 미군 증원이 요구된다.31 안정화 작전의 경우 한국은 약 50만 명 이상의 병력을 투입하여 작전을 수행할 수 있는 역량을 갖추었음에도 불구하고 전후 서울과 주변지역 내 사상자 및 피해를 감안한다면 자국의 안보 역시 큰 노력이 요구될 것이다. 이러한 측면에서 실질적으로 한반도 전쟁 발발 시 미국의 역할은 필수적이다. 즉 신뢰할 수 있는 억제를 갖추기 위해 지금은 신중할 때다.

그간 한미동맹은 경제적 그리고 전략적인 측면에서 역동적인 동북아 평화를 검증된 방식으로 유지하는 데 기여해왔다. 이러한 의미에서 최근 들어 북한이 제한적인 도발을 감행하기는 했지만 수십 년에 걸쳐 한미연합군을 직접적으로 공격하거나 감히 전면전 위협을 가하지는 못했다는 점은 주목할 만하다. 이러한 큰 그림 속에서 미국의 부재로 인한 결과는 예측하기 어렵다. 2010년 대한민국 해군 장병 40명이 사망하고 6명이 실종된 천안함 피격 사건이나 2015년 한반도 비무장 지대 지뢰폭발사건은 여전히 북한의 모험주의(adventurism)와 강압(coercion) 시도가 증가할 가능성이 있음을 시사한다.32 이러한 상황에서는 모험을 시도할 가치가 없다. 미국의 입장에서 연간 100억 달러에서 200억 달러 범위의 비교적 적은 예산으로 수행할 수 있는 이미 검증된 방식을 변경할 이유는 없다.33

전작권 전환

이렇듯 역사적으로 입증된 한미동맹의 강점과 성공으로 인하여 필자는 2000년대 초반부터 제기되어온 작전통제권(Operational Control, OPCON) 이전 또는 전환에 대해 매우 회의적이다. 한국과 미국은 수십 년간의 협력을 통해 놀랍도록 통합되고 효과적인 시스템인 한미 연합사령부(Combined Forces Command)라는 군사 지휘구조를 구축했고 지난 약 12년이 넘는 기간 동안 이러한 구조를 혁신하고자 노력하고 있다. 한미 연합사령부는 미군이 전 세계에 걸쳐 구축한 통합 지휘통제체계 중 가장 견고한 체계 중 하나이다. 한미 양국의 군 전반에 걸친 모든 단계의 전술적 작전에서 한국군은 미군을 지휘하고 미군은 한국군을 지휘한다. 상상하기도 어려운 북한을 상대로 한 전쟁이 만에 하나 발발한다면 예비군을 포함하여 약 100만여 명의 한국군과 수십만 명 규모의 미군은 한국을 방어하기 위해 함께 싸울 것이다. 더불어 일본 및 태평양 지역 내 위치한 미군 기지는 유엔 사령부와 함께 일본과 괌 등 지역 이익을 보호할 뿐만 아니라 한반도에 대한 지원을 제공할 것이다. 현 계획은 전쟁 발발 시 한미동맹을 총괄하는 미군 사령관을 한국의 4성 장군으로 교체하는 것이다.[34]

현재 미국 장군이 이미 양국의 민간 대통령으로부터 동등하게 명령을 받고 있음에도 불구하고 많은 한국 국민들에게 전시작전통제권을 환수하는 것은 완전한 주권 회복의 중요한 상징과도 같다.

이러한 개념의 시작은 미국의 조지 W. 부시(George W. Bush) 행정부와 한국의 노무현 정부로 거슬러 올라간다. 두 정부 모두 한미동맹을 단호하게 지지하던 시기는 아니었다. 오늘날 한국의 문재인 대통령은 자신의 대통령 임기 동안, 즉 2022년까지 전시작전통제권 환수를 마무리하고자 한다. 그러나 이러한 전시작전통제권 전환을 이행하기 위해 사전에 합의했던 안정된 동북아시아 지역을 포함한 전제조건은 근시일 내에 충족할 기미가 보이지 않는다.

워싱턴과 한국은 당초 2012년경으로 예정됐던 이 계획을 단순히 연기하기보다 이를 폐기하는 방안을 모색해야 할 때다. 돼지 입술에 립스틱을 바른다고 나쁜 생각이라는 사실이 바뀌는 것은 아니다. 전통적인 군사 상식으로부터 오늘날 한국과 주변지역의 전략환경, 더 광범위한 전 세계 관심사 및 미국 국내 정치에 이르기까지 폐기해야 할 이유는 다양하다.

비록 한국이 정예군을 보유하고 있음에도 불구하고 한미동맹에 있어 주니어 파트너이며 이는 앞으로도 유지될 것이다. (한국이 대부분의 미국 동맹국들에 비해 높은 비율의 국방예산을 투입하더라도 말이다.) 한 국가의 연간 국방예산이 400억 달러 규모인 데 반해 상대 국가는 연간 7000억 달러 이상을 지출하고 5,000개의 핵무기를 보유하고 있으며, 전 세계 유일하게 영향력을 미칠 수 있는 군을 보유하고 있다면 이는 상식선에서 어느 정도 판단이 가능하다. 미국의 군 지도자들이 한국의 지도자들보다 더 똑똑하거나 용감하지 않을 수 있다. 그러나 적어도 그들은 중동, 유럽 또는 다른 지역 내 다양한 근무 경험을 바탕으로 더 폭넓은 글로벌한 시각을 견지하고 있는 경우가 많다.

남북 간의 어떠한 분쟁이든 한반도가 가장 우선순위이자 주요 전장이지만 이는 필연적으로 지역 및 전 세계에 큰 영향을 미칠 것이다. 현재 북한은 수십 개의 핵무기를 보유하고 있는 것으로 추정되며, 이 중 일부는 한반도 너머로 운반될 수 있다. 더구나 북한의 주요 동맹은 중국이고 한국의 동맹은 미국이다. 베이징과 워싱턴은 한반도 내 전쟁에서 각 군의 직접적인 충돌을 원치 않겠지만 가능성은 배제하기 어렵다. 21세기 미국과 중국 간의 전쟁만큼 전 세계의 미래에 큰 영향을 끼칠 수 있는 사건도 없을 것이다. 남북 간의 갈등은 지역이나 한반도만의 문제가 아니다.

현재 한미연합군사령부 사령관은 주한미군 사령관과 유엔군사령관을 겸직한다. 이러한 지휘체계는 1986년 골드워터-니콜스 국방재조직법(Goldwater-Nichols Defense Reorganization Act of 1986)에서 강조한 바와 같이 지휘통제상 통합성과 명확성이라는 측면에서 볼 때 바람직하고 일관성 있는 것으로 평가된다. 서로 상이한 사령관의 지휘 아래 별도의 사령부를 유지하여 임무를 분할하는 것은 효율적인 군사작전 수행을 위해 요구되는 이와 같은 통합성과 명확성이라는 원칙에 어긋난다.

만약 한국이 한미동맹에서 연합군 최고사령관을 맡게 된다면 이와 관련된 핵심 정책들은 어떻게 추진해야 하며 그 과정에서 어떠한 어려움이 있을까? 예를 들어 영국, 프랑스, 독일이 북대서양조약기구 최고사령관 직위를 요구하지 않는 이유는 무엇일까? 이들 국가는 한국과 비교하여 더 높은 수준의 국방예산을 부담하고 있다. 제1차 세계 대전으로 거슬러 올라가는 이른바 퍼싱(Pershing) 원칙에 기반하여 미군은 그간 다른 국가의 군인에게 지휘권을 내주지 않았다. 미국의 군사력이 동맹국에 비해 압도적으로 우세한 상황에서 이러한 기본적인 개념이 의미가 있다는 점을 설득하기 위해 광신적이고 폐쇄적인 애국주의자(chauvinistic)가 될 필요는 없다.

많은 정책들 가운데 일부는 아예 필요가 없거나 쓸모없는 나쁜 아이디어인 경우도 있다. 전시 작전통제권(Wartime Operational Control, OPCON) 전환이 바로 이러한 범주에 속한다. 이에 대한 논의를 추후로 연기하거나 아예 더 나은 방법으로 완전히 폐기하는 방안을 고려해야 할 것이다.

북한문제

한미동맹에 대한 초당적이고 양자적 지지가 유지되고 양국 내에서 발생할 수 있는 부정적인 여론을 적절하게 관리할 수 있다는 가정하에 한국 문제의 핵심이라고 할 수 있는 북한의 핵 프로그램과 함께 궁극적으로 한반도 내 적대관계 해소에 대한 외교적 접근방식을 고민해볼 수 있다. 일단 이러한 문제에 대한 외교적 협상이 추진력을 확보할 수 있다면 시간이 지남에 따라 협상은 재래식 및 화학무기 통제 그리고 심지어 인권과 같은 문제까지 확장하여 추진할 수 있을 것이다.

최근 보다 강화된 국제사회의 대북제재는 그 자체로 의미가 있다. 그러나 우리는 보다 실질적인 협상 전략 또한 강구할 필요가 있다.[35] 실제 올바른 전략은 핵 합의를 추진하기 위해 제재를 활용할 것이다.

그간 어느 정도 진전은 있었다. 북한은 적어도 지난 3년간 핵 및 장거리 미사일 시험을 중단했다. 한미 양국은 한반도 내 대규모 연례 군사훈련, 특히 수만 명의 병력이 참여하는 을지연습과 독수리훈련 등 대규모 훈련을 중단하거나 축소했다. 북한의 핵 및 장거리 미사일 시험과 한미 양국의 대규모 훈련은 지속적으로 중단되어야 할 것이다. 이는 워싱턴과 서울의 입장에서 적절한 거래이며 특히 위기가 고조될 가능성을 낮추고 추후 성공적인 협상에 유리한 환경을 조성하는 데 기여한다.[36]

이러한 부분적인 긴장 완화의 노력에도 불구하고 북한은 여전히 핵무기 개발을 지속하고 있으며 지속되는 제재로 인해 어려움에 봉착하고 있을 것이다. 우리는 현재 한반도 내 부분적으로 평온해 보이는 상황에 안주해서는 안 된다.

한미 양국은 북한의 핵무기 프로그램에 대해 빅딜(big deal)을 추진해야 한다. 그러나 이러한 북한과의 거래를 함에 있어 야심한 목표를 추진하되 그 실현가능성을 충분히 고려해야 할 것이다. 북한의 완전한 비핵화를 위한 대내외적 여건은 아직 무르익지 않았다. 김 위원장은 북한의 핵 프로그램을 아버지와 할아버지의 자랑스러운 유산이자 국가 권력의 핵심적인 상징이라고 생각한다.

또한 그는 세르비아의 밀로셰비치(Slobodan Milošević), 아프가니스탄의 탈레반(Taliban) 지도부, 이라크의 사담 후세인(Saddam Hussein), 리비아의 무아마르 엘－카다피(Muammar el－Qaddafi)가 핵무기 없이 미국에 맞선 경우 결과적으로 모두 축출되었거나 일부는 사망했다는 사실을 분명히 인식하고 있다.[37]

핵무기의 위험성을 고려한다면 북한이 핵을 보유하지 않는 편이 가장 바람직하다. 일각에서는 이라크가 대량살상무기를 보유할 가능성에 기반하여 사담 후세인(Saddam Hussein) 축출을 승인했던 조지 W. 부시(George W. Bush)를 지지하면서 북한의 경우 역시 핵무기를 보유하기 전 예방전쟁(preventive war)을 수행하는 위험을 감수할 가치가 있었을 것이라고 주장할 수도 있다. 그러나 지금은 너무 늦었다. 아이러니하게도 북한에 대해 예방전쟁을 수행할 수 있는 기회는 조지 W. 부시 정권이 마지막이었다. 조지 W. 부시(George W. Bush), 딕 체니(Dick Cheney), 도널드 럼스펠드(Donald Rumsfeld)조차도 재래식 무기로 인하여 서울이 파괴되는 위험을 감수할 수 없었다. 이후 북한은 1994년 미북 제네바 기본합의(Agreed Framework)에서 탈퇴하고 국제원자력기구(International Atomic Energy Agency, IAEA) 사찰단을 철수시켰으며, 약 6개 규모의 핵무기를 생산할 수 있는 플루토늄 재처리를 준비하였다. 미국은 이러한 과정을 특별한 군사적 대응 없이 지켜보았다. 오늘날 북한 내 수십 개의 핵무기는 여러 곳에 흩어져 있으며 그 위치 또한 정확히 식별되지 않아 군사적 측면에서 취할 수 있는 방안은 그리 많지 않다.

우리는 더 실용적인 방안을 추구해야 한다. 미래 이러한 방안의 기본적인 원칙은 2016년과 2017년 북한의 노골적이고 위험한 핵과 미사일 실험 이후 4년여에 걸쳐 부과된 유엔 제재를 중단 및 해제하는 대가로 북한이 더 이상의 핵무기를 생산할 수 있는 역량을 검증 가능한 방식으로 종료하는 데 있다.[38]

즉 우리는 북한에 어느 정도의 경제적 지원을 제공함과 동시에 북한의 핵무기는 현재의 규모 및 수준 이상으로 발전하는 것을 막아야 한다. 이러한 방식을 통해 북한은 중국, 한국 및 기타 이웃 국가들과 정상적인 무역 및 투자를 재개할 수 있을 것이다. 이는 하나의 큰 유인책이 될 수 있는데, 왜냐하면 북한은 지난 수년 동안 대외 무역의 대부분을 중국과 한국(특히 오늘날에는 중국)에 의존해왔기 때문이다. 그러나 추후 북한 비핵화가 완전하게 이루어지기 전까지 미국, 일본, 유럽과의 기술개발 협력 및 지원은 보류할 것이다. 이러한 실용주의적 제안은 한국의 문재인 대통령 역시 긍정적으로 검토할 수 있을 것이라 생각한다.[39]

이러한 합의가 이루어진 후 충분한 검증절차와 일부 제재가 적절하게 유지된다면 이는 비교적 현명한 거래가 될 것이다. 이러한 합의를 통해 최초 트럼프 대통령이 주장했던 완전한 북한 비핵화를 달성하지 못하겠지만 그럼에도 불구하고 현실적이고 이상적인 목표 간의 교차점을 식별하고 추구할 수 있는 기회를 제공한다. 이는 북핵위협이 더 이상 고조되거나 발전하는 것을 방지하고 김 위원장이 한반도 내 적어도 부분적으로 긴장 완화를 추진하는 데 동력을 제공할 것이다.

이러한 관점에서 수십 년에 걸쳐 북한에 부과된 미국의 제재는 여전히 유효하다. 이에 대부분의 미국 원조, 무역, 투자 및 협상은 금지되어야 한다. 미국이 큰 영향력을 끼치는 세계은행(the World Bank)과 같은 조직으로부터의 대북지원도 마찬가지다. 북한은 공식적으로 핵보유국으로 인정되지 않을 것이다. 어떠한 평화조약(peace treaty)이나 미국의 외교적 노력도 그 자체로 어떤 성과라기보다 미래 북한과의 의사소통을 강화하기 위한 실질적인 창구 개념으로 간주되어야 한다. 북한은 여전히 핵 무장을 추진하고 북한 주민의 인권을 짓밟는 고립된 국가로 비춰질 것이다. 북한이 핵을 모두 포기하고 재래식 및 화학무기를 폐기하며 정치범 수용소를 개방한 이후부터 진정한 의미에서의 북미간 정상적인 관계가 가능해진다. 이러한 시기에 미국의 제재 역시 해제될 것이다. 이러한 시기는 수십 년 내 도래하지 않을 수도 있다. 김 위원장이 이를 얼마나 원하고 있는지 또한 불분명하다. 그러나 그는 미국이 핵무장을 추진하고 북한 주민의 인권을 짓밟는 북한 정권과는 정상적인 관계를 가질 수 없다는 입장을 단호하게 취함에도 불구하고 유엔제재 해제를 통해 북한의 경제를 개선할 수 있는 충분한 기회를 얻을 수 있을 것이다.

핵 협정은 북한의 플루토늄 생산시설뿐만 아니라 우라늄 농축까지 확대되어야 한다. 우리는 핵무기와 관련하여 북한 능력의 대부분 또는 전부가 사실상 사찰단에 신고되고 동결되어 궁극적으로 해체할 수 있는 수준에 도달했다는 합리적인 확신이 필요하다. 이러한 노력 가운데 북한이 신고한 원심분리시설

내 시설 대비 우리가 인지하고 있는 그간 북한이 수입한 첨단기술 목록과 대조 확인하는 것이 핵심이다. 국제원자력기구는 이란과 같은 국가를 상대로 이행할 수 있는 추가의정서(Additional Protocol)에 의거 신고되지 않은 시설에 대해서도 점검할 수 있다. 이러한 방법을 북한에 적용한다고 해도 모든 비밀 핵시설을 배제하기 어려울 수 있다. 그러나 북한 내 알려진 핵시설을 해체하고 추후 평양이 비밀리에 다른 시설을 건설하고 숨기는 것을 어렵게 만듦으로써 북한의 핵무기 생산 능력을 극적으로 저하시킬 수 있을 것이다. 폭탄 자체와 달리 핵 생산시설은 그 규모가 크고 만약 원자로가 가동된다면 명확하고 결정적인 증거를 포착할 수 있을 것이다.

대규모 군사훈련 대신 미국과 한국은 전체적인 훈련의 강도는 유지하면서도 소규모 단위의 훈련을 수행할 수 있으며 이를 지속해야 한다. 일반적으로 대규모 훈련은 시기별로 예하부대를 연결하는 도상훈련과 병행하여 소규모 부대별 훈련으로 조정하여 시행한다. 미군은 이러한 훈련에 최대 수천 명의 전투병력이 참여시키겠지만 전반적으로 그 규모를 넘어서지 않는다. 주한미군에도 이러한 동일한 방식이 적용될 수 있다. 이는 한미 간의 전투역량에 얼마간의 영향이 있을 수 있지만 북한의 아직 상대적으로 미숙한 핵 및 미사일 실험이 영구적으로 중단될 경우 발생하는 제한사항에 비하면 그리 크지 않다.

한미 양국은 협력하여 평양과 힘든 협상을 추진해야 한다. 그러나 우리는 협상하기를 두려워해서는 안 된다. 이러한 협상으로 체결된 잠정적인 합의를 통해 향후 몇 년 또는 수십 년에 걸쳐 북한 핵군축을 완료하지 못할 수도 있다. 그럼에도 불구하고 이러한 목표는 공식적인 정책으로 유지되어야 하며, 동시에 국제적인 비확산정책에 미칠 영향을 고려하여 북한은 공식적인 핵보유국으로 인정될 수 없다. 그러나 이러한 잠정적이고 부분적인 거래는 2017년에 비해 더 나은 결과를 가져다줄 것이다. 동시에 김 위원장이 추구하는 우선순위와 합리적인 범위 내에서 일치할 가능성 또한 존재한다. 이에 대한 결과는 명확하고 일관되게 협상을 제안하고 실제로 시행함으로써 알게 될 것이다.

동맹의 미래

대전략에 관한 책이라면 한미동맹의 장기적인 미래에 대한 질문을 다루지 않을 수 없다. 만약 언젠가 북한의 위협이 완화된다면 우리는 언제까지 한미동맹을 지속할 것인가? 한국이 미국의 국익에 그리 중요치 않다는 1950년 딘 애치슨(Dean Acheson)의 발언은 여전히 떠나지 않고 맴돌고 있다. 이러한 가운데 지리적으로 멀리 떨어진 초강대국 미국이 중국과 러시아를 경유하여 거대한 유라시아 대륙 끝에 위치한 한국과 공식적으로 동맹을 유지하는지에 대한 질문은 여전히 언제든 제기되어도 이상하지 않다. 그만한 가치가 있는가? 신중한 결정인가? 이러한 문제들은 핵 협상 과정에서도 언제든 제기될 수 있으므로 현재 고민해보는 것은 의미가 있다.

필자는 한국이 동의한다는 전제하에 미국의 관점에서 이러한 질문에 답은 자명하다고 생각한다. 그러나 만약 한국(통일 후에는 남북한)이 동의하지 않고 한국이 지리적으로 멀리 위치하고 있고 방어하기 어렵다는 점을 감안할 때 미국 역시 이를 받아들일 수 있을 것이다.

첫째, 전 세계 11번째로 큰 경제 규모의 한국은 오늘날 매우 중요한 지위를 가진다. 필자가 앞서 역외균형(offshore balancing) 개념에 반대하는 입장에서 설명했듯이 100여 년 전 유럽과 동아시아 내 무정부상태로 돌아가고 싶지 않은 한 미국의 입장에서 한국과 같은 국가와의 동맹을 유지할 가치는 충분하다. 강대국들은 매우 약하고 변화의 부침이 심한 관계를 유지하기도 했으나, 이는 실질적이거나 지속적인 유대관계가 아니었다. 물론 그 결과 두 차례의 세계 대전과 함께 그 뒤를 이은 한국전쟁이 발발했다.

한국은 세계 11위의 경제 대국일 뿐만 아니라 다른 분야에 있어서도 그 중요성이 크다. 한국은 선박, 반도체 및 다양한 유형의 첨단 전자 제품을 생산하는 세계 3대 국가 중 하나이다. 또한 인도태평양 지역 내 미국과는 동맹관계를 맺은 국가들 중 일본 다음으로 강력한 국가다. 오바마 대통령의 재균형 또는 아시아 중시정책의 시작이자 트럼프 행정부에 의해 여러 방식으로 유지된 아시아 태평양 지역의 역동성을 고려할 때 미국의 전 세계 동맹시스템 내 한

국의 역할은 훨씬 더 중요한 위치를 차지한다.[40]

미국과 한국 대중은 이러한 사실을 잘 인식하고 있으며 동시에 동의하는 것으로 보인다. 한미 양국 국민은 상대국가를 호의적으로 평가하며 양국 간의 동맹을 지지한다.[41]

둘째, 지역적인 측면에서 한미동맹은 아시아 태평양 또는 인도 태평양 지역 내 미국이 준비태세를 유지하는 데 결정적인 역할을 한다. 전 세계적으로 미국은 많은 동맹을 유지하고 있으나 이는 유럽, 라틴아메리카 및 중동지역에 (다른 방식으로) 집중되어 있다. 이에 반해 아시아는 사정이 다르다.

실제로 미국은 아시아에서 완전히 기능 발휘가 가능하고 구속력이 있는 동맹이라는 측면에서 일본, 한국 및 호주 세 국가와 양자관계를 유지하고 있다. 이에 반해 필리핀, 태국, 뉴질랜드, 싱가포르(그리고 다른 방식으로 대만)와의 안보협정은 정치적으로나 외교적으로 그 형식과 군사적인 면에서 구속력이 떨어진다. 세 동맹국들 중 한국만이 아시아 대륙의 일부이다. 앞서 언급한 바와 같이 이는 미국의 입장에서 한국의 영토를 방어하는 데 어려움이 있음을 의미한다. 그러나 동시에 미국은 한미동맹을 통해 아시아 대륙과 연계함으로써 부대를 주둔하고 영향력을 발휘하며 이점을 누릴 수 있다는 뜻이기도 하다.[42]

셋째, 한미동맹은 군사적인 측면에서 한반도뿐만 아니라 베트남에서 중동까지 그 능력을 입증했다. 미국은 약 60개의 동맹국과 안보 파트너가 있다. 그 중 영국, 호주 그리고 캐나다와 프랑스만이 한국과 유사한 수준의 규모와 전투 역량을 바탕으로 미국과의 전 세계 군사작전에 대한 공약을 보여주었다.

오늘날 한국의 전반적인 군 규모는 줄어들고 있는 추세이기는 하나 여전히 미국의 동맹 중 가장 큰 규모의 군이다.[43] 한국군은 전 세계적으로 가장 강하고 전투태세를 잘 갖춘 군대 중 하나다. 미국의 동맹 중 국방예산 측면에서 5위 수준이며(사우디아라비아를 포함하면 6위), 공식적인 동맹이 아닌 중동 내 미국의 안보 파트너를 제외하면 가장 많은 국방비를 분담하고 있다. 국내총생산의 약 2.5%를 국방분야에 편성하고 있다. 동아시아, 유럽, 콜롬비아(트리니다드와 토바고)를 제외한 아메리카 대륙 내 위치한 미국의 동맹국들 중 가장 높은 수준으로 북대서양 조약 기구가 목표로 하는 2%와 실제로 차지하는 평균 1.5% 수준을 넘는 수치이다. 대테러에서부터 해상 항로 보호 및 사이버 방어에 이르기까지 미래 미국의 안보와 관련된 임무 수행을 이와 같은 동맹의 역할은 더욱 커질 것이다.

베트남전 당시 한국은 장기간에 걸쳐 미국과의 작전을 수행하기 위해 2개 사단 규모의 전투부대를 배치했다. 최근 몇 년간에 걸쳐 한국은 많은 임무들 가운데 레바논 유엔 임무 수행을 위해 기계화 보병대대를, 남수단에는 엔지니어링 회사를, 아랍 에미리트에는 특수부대를 배치했다. 미군의 아프가니스탄 파병 규모가 절정에 달했을 당시 수백 명 규모의 군 또한 배치함으로써 아프가니스탄 내 미국 주도의 임무 수행에 기여한 바 있다. 이러한 임무에는 약 24척의 수상함, 기뢰전함 및 상륙 능력을 갖춘 상당한 규모의 해군 또한 포함되어 있었으며 이는 필요 시 다른 지역 내 다자간 작전의 일부로 운용될 수 있다.[44]

넷째, 한국의 직접적인 안보 문제에 직면하고 있으며 무엇보다 대부분의 경우 중국과의 관계와 관련이 있다. 지난 30년에 걸쳐 한국과 중국은 중요한 경제 및 외교 파트너가 되었다. 특히 북한에 대해 어떻게 대응할 것인가에 대해서는 최소한 워싱턴만큼 일치하는 경우도 많다. 따라서 한국 정치권 내에는 현재의 한중관계를 보존 또는 강화하고자 하는 경향이 적지 않다.

이러한 판단에는 한국의 영토, 힘 그리고 위협에 대한 냉정한 계산 또한 반영되어 있다. 한국이 통일될 경우라도 중국 전체 인구의 5%에 불과하다. 이러한 관점에서 중국은 한국이 감당할 수 있는 적이 아니다. 이러한 측면에서 미국이 중국과의 분쟁, 특히 대만과 관련하여 한국을 끌어들이기 위한 노력은 지나치게 서두른 측면이 없지 않다. 조지 W. 부시 행정부가 한국에 대해 전략적 유연성과 더불어 다른 지역 내 작전을 수행하기 위해 한국에 주둔한 부대를 미국 정부가 사용할 수 있도록 허가를 요청한 경우가 바로 그러한 경우다. 미국은 보다 넓은 시각에서 중국에 대한 한국의 전략적 상황을 인식할 필요가 있다. 중국에 대한 한국의 전략적 상황은 명백히 미국과 동일하지 않으며 특히 일본과도 유사하지 않다.[45]

그러나 한국이 중국과 어떠한 잡음이나 불화 없이 지내기를 원할지라도 여전히 많은 한국인들은 한반도 북쪽과 서쪽에 강력한 영향력을 미칠 수 있는 중국이라는 거인에 대해 두려움을 표한다. 중국은 아마도 한국의 입장에서 신뢰하고 자체적으로 대응하고 싶은 국가는 결코 아닐 것이다. 특히 지난 10년

간의 여론 조사 결과 한국 국민들의 중국에 대한 호감도는 평균 50% 미만 수준이었고, 특히 갈등이 고조된 시기에는 40% 미만 수준까지 하락하기도 했다.[46] 역사적으로 고대 중국 왕조가 한반도를 자국의 영토 내 포함시켰던 경험은 중국이 언제든 한반도의 위협이 될 수 있다는 우려를 불러일으키기에 충분하다. 베이징은 지난 수 세기 동안 한국을 조공국으로 여겨왔다. 또한 한국은 일본, 러시아 그리고 중국이라는 강대국들 사이에 위치하여 수 세기에 걸쳐 충돌을 경험할 수밖에 없는 지정학적 위치에 놓여있다.[47] 최근 한반도 내 미국의 고고도 미사일방어체계인 사드(Terminal High Altitude Area Defense, THAAD) 도입을 둘러싸고 일어난 분쟁은 한국 기업과 국민들에 대한 중국의 경제적 보복으로 이어졌고, 이는 한국의 입장에서 중국을 더욱 신뢰할 수 있는 국가가 아님을 극명하게 보여준 사례다.

중국이 한국에 있어 가장 큰 지역적 관심사일 수 있으나 결코 유일한 문제는 아니다. 일본 역시 한국이 영유권을 주장하고 있는 섬들에 대해 영유권 주장을 지속하고 있는 상황이다. 1910년부터 1945년 사이 잔혹한 일본의 점령기와 이후 이에 대한 일본의 일관되고 진정성 있는 사과의 부재로 인해 일본에 대한 한국의 평가는 여전히 냉랭할 수밖에 없다. 이러한 까닭에 한국의 시각에서 미국과의 동맹은 이러한 이웃 국가의 위협으로부터 어느 정도 안보에 대한 안심을 할 수 있는 요인으로 작용한다. 그러나 장기적인 관점에서 한미동맹에 대한 평가는 결국 한국 국민들이 스스로 판단한 문제인 것만은 틀림없다.

언젠가 북한의 위협이 더 이상 서울과 워싱턴의 계획자들에게 주요 관심사가 되지 않을 수준까지 완화된다면 한반도 내 주한미군의 주둔은 여전히 현재 수준의 타당성을 가질 수 있을까? 이러한 질문에 대해 필자는 이미 2장에서 이미 언급한 바 있다. 즉 한반도 내 주한미군의 영구 주둔은 억제와 관련하여 반드시 필요하다는 것이다.

주지하다시피 오늘날 주한미군은 약 30,000명 규모에 달한다. 약 19,000명의 지상군 병력과 약 9,000명 규모의 공군이 주둔하고 있다. 그 외에도 소규모이기는 하지만 일부 해군, 해병대 및 특수부대 역시 주둔하고 있으며, 유사시 한반도에 투입되는 대규모 미군 증원전력의 전개를 준비하는 임무 또한 수행한다.[48] 냉전 초기 약 60,000명의 병력을 유지해오다가 1980년대와 1990년대

를 거쳐 약 40,000명 수준을 유지하게 되었다.[49]

주한 미군 규모 측면에서 냉전 이후 가장 큰 변화는 도널드 럼스펠드 (Donald Rumsfeld) 국방장관 시기였다. 그는 한반도 내 육군 2개 여단 중 1개 여단 규모를 이라크와 아프가니스탄 순환근무를 위해 철수시키겠다는 결정을 내렸다. 이에 반해 전투준비태세와 병력 배치 측면에서 가장 큰 변화로는 조지 H.W. 부시(George H. W. Bush) 행정부 시기 한반도 내 미국의 전술핵무기를 철수 결정과 함께 서울과 DMZ 인근 서울 북쪽에 배치되었던 대부분의 미군 지상군 병력을 남쪽에 위치한 캠프 험프리스(Camp Humphries)라는 거대한 기지로 재배치가 있다. 육군 배치의 경우 주로 기계화 보병 여단을 중심으로 고려하나 대공 및 미사일 방어, 장거리 포병 사격, 전장 이동성, 대규모 증원을 위한 군수지원에 중점을 두기도 한다. 공군의 경우 주로 군산과 오산 기지에 위치한다. 캠프 험프리스와 같이 서울을 기준으로 남쪽에 위치하기도 하지만 북서쪽에도 배치되어 있다. 이는 북한의 포병과 미사일 발사대에 대한 초기 공격과 연이어 계속되는 북한에 대한 합동 반격을 수행하는 데 있어 결정적인 전술적 수준의 전투력에 중점을 둔다.

미래 한반도를 상정하여 주한 미군을 생각하면 크게 두 가지 방안이 떠오른다. 첫 번째는 오늘날 주한 미군 주둔 규모에 비해 축소된 개념이다. 두 번째 경우에는 다자적이고 지역적인 성격과 함께 원정작전을 수행할 수 있는 개념으로 개편될 것이다. 그리고 규모는 훨씬 소규모일 것이다. 그리고 둘 중 어느 쪽이든 장기적인 시각에서 중국과의 관계를 고려하여 오늘날의 비무장지대 이북에는 미군을 배치하지 않을 것이다.[50]

미래 한반도와 관련된 모든 질문에 당장 답할 필요는 없다. 그러나 한미 간의 논의를 시작하기에 결코 이른 시점이란 있을 수 없다. 실제로 2018년 도널드 트럼프 행정부와 한국 정부는 핵 합의의 일환으로 한미동맹의 존폐 여부에 대해 고려하기도 했다. 미래 협상이 또다시 비슷한 상황에 처하거나 지역 및 세계 질서에 지속적인 영향을 미칠 결정을 내리기 전에 보다 신중하게 생각해야 한다.

그럼에도 불구하고 언급한 바와 같이 장기적인 시각에서 주한 미군의 한반도 주둔은 전략적인 측면에서 매우 흥미롭고 정책적인 측면에서 매우 논쟁의 여지가 있는 주제이다. 현재 그리고 미래 가장 중요한 두 가지 목표는 전쟁을 방지하고 핵무기 확산을 억제하는 것이다. 오늘날 한국 문제에 대한 미국의 대전략상에서 가장 강하게 각인되어야 하는 문제가 있다면 바로 이 두 가지 측면이기도 하다. 단호한 자제의 철학은 이 두 가지 문제와 함께 강력한 한미동맹을 유지하고 북한의 비핵화에 대한 실용적이고 부분적인 합의를 추구하기 위한 명확하고 유용한 조언을 제공할 것이다.

제 6 장

중동과 중부사령부

필자는 2007년 7월 케네스 폴락(Kenneth M. Pollack), 토니 콜데스만(Tony Cordesman)과 함께 전략가이자 학자로서는 처음으로 이라크 증파(surge)를 직접 목격할 수 있었다. 우리는 약 10일에 걸쳐 대부분 헬리콥터로 이동하면서 지난 4년여에 걸쳐 미국 역사상 악명이 높았던 팔루자(Fallujah)와 라마디(Ramadi), 바그다드(Baghdad) 인근 죽음의 삼각지대(triangle of death) 그리고 잠복 중인 저항세력과 급조폭발물이 설치된 바그다드의 빈민가와 같은 지역을 방문했다. 이러한 과정에서 약간의 위험이 따랐지만 미국의 용감한 군인들과 이라크 시민들이 매일 마주하는 위험에 비할 바가 아니었다.

다행히도 이러한 방문을 통해 마주한 상황은 긍정적이었다. 방문 이후 케네스와 함께 필자는 뉴욕 타임즈에 다음과 같은 글을 기고하였다. "오늘날 이라크 내 사기(morale)는 매우 높았다. 현지 파병 중인 육군과 해병대 장병과의 인터뷰 결과 그들은 데이비드 퍼트레이어스(David Petraeus) 장군과 같은 훌륭한 지휘관의 지휘 아래 그가 추진하는 전략에 확신을 가질 수 있다고 밝혔다. 이를 통해 실제로 새로운 결과를 체감할 수 있으며 진정한 차이를 만들 수 있는 충분한 병력 또한 갖추었다고 덧붙였다. 미 육군과 해병대는 전 지역에 걸쳐 이라크 시민을 보호하고 이라크 자체 안보군과 협력하여 지역 단위의 새로운 정치 및 경제 기반을 마련하는 한편 전기, 연료, 깨끗한 식수, 위생과 같은 기본적인 서비스를 제공하는 데 집중하고 있었다. 동시에 작전은 각 지역별 필요에 따라 적절하게 조정되었다." 이는 중동에서는 보기 드문 성공이다. 이러한 진전은 이라크에서조차 전반적으로 언제든 이전 상태로 되돌아갈 수 있는 것으로 판명되었다.

중동에서 기억에 남는 또 다른 곳은 수년에 걸쳐 선거에 대한 연구를 위해 10회 이상 방문했던 아프가니스탄이다. 필자는 로날드 뉴먼(Ronald Neumann) 아프가니스탄 주재 미국 대사의 배려로 하미드 카르자이(Hamid Karzai)와 애쉬라프 가니(Ashraf Ghani) 아프가니스탄 대통령들을 접견할 수 있는 특권을 누릴 수 있었다. 이 중 카르자이 대통령은 카리스마적이고 역량이 출중한 리더로 가끔은 대하기 어려운 인물이었는데, 한번은 회의 중에 함께 참석한 미국인들에게 미국은 세계 최고의 군사력을 보유하면서도 제대로 입지도 훈련받지도 못한 적대세력조차 물리치지 못하는 것 같다고 언급하기도 했다. 카르자이 대통령은 아마도 미국이 중국, 러시아, 이란을 경계할 수 있는 힌두 쿠시 산맥과 같은 전략적 지역을 떠나고 싶지 않을 거라 생각했던 것 같다. (그는 이미 다양한 매체를 통해 여러 차례 비슷한 말을 했으므로 필자는 어떠한 비밀도 폭로한 것이 아니다. 다만 그가 사석에서 한 말과 공개적인 상황에서 언급한 내용이 상당히 일치하는 것과 같다는 점을 확인했을 뿐이다.) 이에 필자는 미국은 아프가니스탄 외에도 이러한 국가들을 지켜볼 수 있는 더 나은 방법과 장소들이 있다고 넌지시 반박했다. 그러나 추후 필자는 보다 넓은 의미에서 카르자이 대통령이 한 가지 점에서 부분적으로 옳았다고 생각하게 되었다. 바로 미국은 아프가니스탄과 같은 지역 내 전쟁에서 승리하는 데 상당히 서툴다는 점이다. 그러나 어쩌면 대부분의 경우 이러한 전쟁에서 승리를 거둔다는 것 자체가 잘못되고 비현실적인 기준일 수 있다.

1940년대 후반 중동은 조지 케넌(George Kennan)이 구상하는 글로벌 전략 지도상 중심에 위치하고 있지 않았다. 그러나 이후 수십 년에 걸쳐 중동은 세계 최대 원유 생산지로서 그 중요성이 훨씬 더 커졌다. 또한 이스라엘이 자국의 안보를 위해 투쟁하는 지역이기도 하다. 더불어 미국은 이 지역으로부터 국민, 병력, 이익 그리고 심지어 영토에 이르기까지 끊임없는 테러 공격에 시달리기도 했다. 1983년 베이루트, 1996년 사우디 아라비아의 코바르 타워, 2000년 예멘 아덴 항구에 정박한 미 해군 함정을 대상으로 한 공격으로부터 2001

년 9월 11일 미국 본토에 이르기까지 소위 테러와의 전쟁은 장기간에 걸쳐 지속되어 왔다.

그러나 오늘날 상황은 또다시 변화하고 있다. 중동은 여전히 중요한 지역이지만 전략적 중요성은 다소 떨어질 수 있다. 중요도 측면에서 2류는 아닐지 모르지만 대략적으로 1.5류 정도에 위치한다고 볼 수 있다. 최근 마틴 인디크(Martin S. Indyk) 대사와 브루킹스 연구소의 타마라 위츠(Tamara Wittes)와 마라 칼린(Mara Karlin)이 설득력 있게 주장해온 바와 같이 미국의 전략은 이에 맞게 조정될 필요가 있다.[1] 그러나 어떤 면에서 그들은 오바마 대통령의 두 번째 임기와 그 이후 이미 일어나고 있는 일에 대해 이론적이고 개념적인 이야기를 하고 있을 뿐이다.[2] 그간 미국은 중동을 미국의 글로벌 전략적 우선순위에 있어 중간 정도의 위치로 적절하게 여겨왔다. 워싱턴은 이 지역 내 많은 협력대상과 전략 및 군사적 접근 지점을 확보하는 것은 여전히 중요하지만 지나치게 함몰되거나 헌신하지 않도록 경계해야 함을 깨달았던 것이다 .

2011년 이라크, 아프가니스탄, 아랍의 봄 이후 이 지역에서의 대규모 군사작전은 그만한 가치가 없다는 것이 분명해졌다. 셰일혁명 이후 이 지역에 대한 이해관계 또한 과거에 비해 줄어들었다는 점 또한 이러한 인식을 보다 공고히 하는 데 한몫을 했다. 아랍-이스라엘 문제는 역시 이슬람 세계와 미국의 관계에 있어 부차적이다.[3] 게다가 불행히도 이스라엘과 팔레스타인 간의 분쟁은 오늘날 지역 내 평화를 조성하기 위한 미국의 노력에 거의 영향을 미치지 않는 것처럼 보인다. 그럼에도 불구하고 필자가 보기에 미국은 여전히 팔레스타인에 대해 일견 도의적이고 실질적인 책임이 있으며, 향후 이를 해결할 수 있는 창의적인 방안을 마련해야 한다고 생각한다. (유감스럽게도 이스라엘의 서안 지구(West Bank) 점령 계획으로 인하여 훨씬 더 많은 문제를 야기하더라도 말이다).[4] 이러한 사안이 공정성과 인도주의의 문제라는 점에서 미국이 최우선적으로 추진해야 할 국가안보 과제인지는 분명치 않다.

미국은 중동 또는 파키스탄에 이르기까지 동쪽으로 뻗어 있는 중부사령부의 전역을 떠날 여유는 없다. 이 지역은 여전히 세계 석유의 4분의 1을 생산하며 원유 확인 매장량은 그 두 배 이상이다. 동시에 막대한 양의 천연가스를 보유하고 있는 지역이기도 하다.[5] 미국이 이전만큼 이러한 에너지를 필요로 하지

않을지 모르지만 세계 경제는 그렇지 않다. 동시에 이 지역은 태생적으로 불안
정하며 이를 자체적으로 규제할 역량을 갖추고 있지 않다. 이로 인해 수십 년
에 걸쳐 세계 최악의 폭력적 극단주의 운동이 일어났고 필자의 계산으로 최소
6개에 달하는 핵무기 프로그램을 양산했다.6 결론적으로 미국은 이러한 중동을
떠날 수 없는 것이다. 여기서 중요한 것은 워싱턴이 최소한의 노력을 통해 이
러한 지역에 중요한 이익을 유지할 수 있는 방법을 찾아야 한다는 점이다.

"이 전쟁이 어떻게 결론이 날지 이야기해달라(Tell me how this ends)"는
2003년 미국의 이라크 침공 직후 데이비드 페트라우스 장군이 릭 애킨슨(Rick
Atkinson) 기자에게 한 말이다. 오늘날 우리가 잘 알고 있듯이 이러한 페트라우
스 장군의 통찰력 있는 수사적 질문에 대한 답을 찾기란 쉽지 않다. 이는 단순
히 이라크 정책뿐만 아니라 보다 넓은 의미에서 미 중부사령부 및 중동 전역
에 대한 전반적인 미국의 개입과도 연관되어 있다. 그도 그럴 것이 이 지역은
심각한 종파 및 종교적 긴장으로 경직되어 있으면서도 동시에 전통적인 전략
적 경쟁과 야심 있는 지도자들이 격렬하게 혼재되어 있기 때문일 것이다.7

미국은 수년에 걸쳐 이러한 늪에서 벗어나기 위해 다양한 방법을 시도해
왔다. 조지 H. W. 부시(George H. W. Bush) 행정부 시기 미국은 사막의 폭풍
작전(Operation Desert Storm) 이후 직접 나서기보다 사담 후세인이 (비록 그 과
정이 잔혹하더라도) 이라크 내 질서를 재건하는 과정을 지켜보는 입장을 취했다.
그로부터 약 12년 후 부시 대통령의 아들은 이러한 전략이 효과가 없다는 판
단하에 바그다드의 도살자(the butcher of Baghdad), 즉 사담 후세인을 제거하는
결정을 내렸다. 그리고 단기간 내 종료될 것이라 여겼던 이러한 선제공격은 장
기간의 주둔으로 바뀌었다. 빌 클린턴(Bill Clinton) 대통령은 1998년 탄자니아
와 케냐 등지에서 발생한 미국 대사관 폭탄 테러 이후 알카에다를 추적하기
위해 순항 미사일이라는 방식을 택했다. 그러나 이러한 접근 방식은 주요 목표
를 놓쳤을 뿐만 아니라 문제가 전이되는 결과를 가져왔다. 조지 W. 부시 대통
령은 탈레반 전복 이후 아프가니스탄 내 미국의 개입을 최소화하고자 노력했
으나, 2007년 탈레반의 위협이 다시금 거세지자 결국 병력 증파를 결정했다.
오바마 대통령과 트럼프 대통령은 지속적으로 아프가니스탄 철수를 공약했으
나, 종국에는 그렇게 할 수 있는 실효성 있는 방안이 없다는 현실을 마주할 수

밖에 없었다.

이러한 일련의 경험은 다소 실망스러울 수 있지만 희망이 아예 없는 것은 아니다. 전 세계에 걸쳐 미국의 전략적 위치는 여전히 공고하기 때문이다. 미국이 장기간에 걸쳐 중동 전반 및 아프리카 사헬과 남아시아 아프가니스탄에 이르는 광범위한 지역 내에 적정 수준의 부대를 주둔시키는 방안은 여전히 실현 가능하다. 이러한 군사력에는 정보를 수집할 수 있는 능력뿐만 아니라 유무인 항공기 및 필요 시 위협에 신속하게 대응할 수 있는 특수부대가 포함되어야 한다. 또한 지역 내 자체 군과의 "파트너 역량 구축"을 지원하기 위한 훈련부대와 연락 장교를 위치시켜야 할 것이다.[8]

동시에 우리는 중동 사회를 보다 건강하게 만들고 시간이 지남에 따라 폭력적 극단주의 문제를 경감할 수 있도록 정치 및 경제 개혁을 추진해야 한다. 그러나 지난 수십 년 동안의 경험에 비추어 보아 이러한 개혁을 추진하기란 여간 어려운 것이 아니기에 앞으로도 오랜 시간이 걸릴 것이다. 외부로부터 정치적 변화를 도울 수 있는 쉬운 길이란 애초에 존재하지 않는다. 이러한 과정 가운데 일부는 경제 및 정치 개발을 위한 원조 프로그램을 통해 예산을 편성할 수도 있을 것이다. 그러나 이러한 프로그램은 해당 지역 내 올바른 파트너와 함께 협력해야 가능하다. 지역 내 개혁적인 지도자가 나타나기를 기다리고 인정하고 지지하기 위해서는 긴 인내의 과정이 요구된다. 설사 그러한 지도자들이 있더라도 역사적으로 뿌리 깊은 불만과 취약한 경제 그리고 정치가 제대로 작동하지 않는 환경에서 원하는 방향으로의 진전은 상당히 더딜 수밖에 없다.[9] 이러한 과정 간에는 최근 몇 년 동안 사우디아라비아의 예에서도 알 수 있듯이 때때로 차질이 발생할 것이다. 무하마드 빈 살만(Muhammad bin Salman)이라는 젊은 리더십을 통해 사우디아라비아 내 개혁의 전망이 긍정적으로 점쳐졌음에도 불구하고 미국과 사우디아라비아 간의 관계는 한동안 어려움을 겪었다. 예멘과의 잘못된 전쟁, 자말 카슈끄지(Jamal Khashoggi) 암살 및 독재주의적 방식은 전반적인 상황을 상당히 후퇴시켰다.[10]

다행히 워싱턴은 이 지역 내 전략적 융통성을 유지하고 있다. 군사적 측면에서 예를 들어보면 미국은 향후 필요 시 특정 지역에 접근하기 위해서 한 위치나 단일 국가에 의존하지 않을 만큼 주둔할 수 있는 충분한 방안을 마련하고 있다. 예를 들어 미군은 더 이상 사우디아라비아에 남아 있을 필요는 없다. 이미 사담 후세인의 정권이 무너진 직후부터 트럼프 행정부 초반에 이르는 약 15년이란 기간 동안 사우디아라비아에 병력을 배치하지 않았다는 사실이 이를 입증한다.

여기서 짚고 넘어갈 점은 미국은 이렇듯 결론을 내릴 수 없는 전략을 무기한으로 유지할 수 있는가 하는 점이다. 종종 미국의 인내심에 대해 다양한 주장이 제기되곤 하지만 필자는 이러한 주장들에 이의를 제기한다. 미국은 지난 40여 년에 걸쳐 수차례의 열전(hot combat)과 더불어 냉전(the Cold War)을 수행해왔다. 중동 내 이슬람 극단주의와 종파주의에 맞서 한 세대에 걸친 투쟁이 될 것이라고 했던 많은 전략가들의 예측은 어느덧 2세대에 접어들었다. 9.11 테러 직후 조지 W. 부시 대통령은 의회와 국민 앞에서 "미국인들은 한 번의 전투와 같이 단기간의 전투를 기대해서는 안 된다. 우리는 앞으로 한 번도 경험해보지 못한 장기간의 걸친 전쟁을 치르게 될 것이다"라고 강조한 바 있다. 2008년 덱스터 필킨스(Dexter Filkins) 기자가 그의 책 제목에도 썼듯이 "영원한 전쟁(the forever war)"은 책이 출판된지 십여 년이 지난 이후에도 여전히 그 이름에 걸맞게 지속되고 있다. 이러한 모든 상황은 특히 군사 및 정치적 캠페인 측면에서 진전이 별로 없었다는 점에서 매우 실망스럽지 않을 수 없다. 그럼에도 미국은 여전히 동 지역 내 깊숙이 개입하고 있으며 대부분의 미국인들은 이러한 점을 수긍하는 듯하다. 이러한 상황이 바람직해서라기보다 더 나은 선택지가 없기 때문이다.

아프가니스탄 내 전쟁과 같은 분쟁에 대한 여론 조사 결과가 좋지 않은 상황에서도 — 어떻게 그렇지 않을 수 있겠는가? — 미국 국민들이 리더십에게 변화를 요구하는 강도는 그리 크지 않다. 단적으로 중동에서 철수를 요구하는 백만 명의 거리 시위 등이 국회의사당 앞에서 보이지는 않는다.

이러한 전쟁을 수행하기 위해 오늘날 여전히 수천 명의 미군이 아프가니스탄에 주둔하고 있으며, 카타르와 쿠웨이트 역시 비슷한 규모의 병력이 배치되어 있다. 이라크, 바레인, 지부티 역시 수천 명 그리고 사우디아라비아, 시리아, 요르단, 터키 내에는 약 수백 명에서 수 천여 명에 이르는 규모의 병력이 배치되어 있다. 여기에 해안 경비대와 민간인을 비롯하여 지역 내 약 1만 명의 선원과 해병대가 위치한다.[11] 중동 지역과 그 주변에 배치된 병력은 전체 미군의 약 5%에 해당하는 규모이다. 확실히 적은 규모는 아니지만 무리한 요구이거나 지속 불가능할 정도도 아니다. 이러한 접근 방식은 지상군이 아닌 특수부대, 유무인 항공기, 훈련기 및 정보원에 주로 의존함을 의미한다. 이는 중동이라는 지역에 걸맞게 적절한 전략적 정당성을 부여한 것으로 보인다. 즉 중동은 중요한 지역임에는 틀림없으나 조지 케넌(George F. Kennan)이나 대다수 현대 전략가들이 미국 이익을 추구하는 데 있어 최상위 우선순위는 아님을 잘 보여준다.

미국인들이 이처럼 끝이 없어 보이는 전쟁을 참아내고 있는 한 가지 이유를 꼽으라면 아마도 2015년 이후 사고로 인한 사망자를 포함하여 연간 평균 사상자가 20~30명으로 비교적 낮은 수준이기 때문일 것이다.

우리 대부분에게 전쟁이란 참 멀고 동시에 비인격적으로 느껴진다. 비록 우리가 정보, 외교, 개발 전문가는 물론 스스로 자원한 미군에게 전적으로 의존하고 있음에도 불구하고 말이다. 애국심이 투철하고 헌신적인 미국의 많은 젊은이들은 여전히 국가를 위해 봉사하기를 희망하고 있으며, 이를 통해 미군 병력자원의 수급은 적절한 수준으로 유지되고 있다.

이 중 그 어떤 것도 미국이 중동 지역 자체적으로 질서를 찾아가길 기다리거나 한 점의 희망도 없이 중동이라는 수렁에 빠졌다는 사실을 받아들여야 한다는 의미가 아니다. 국가별로 혁신과 발전은 언제든 가능하기 때문이다.[12] 물론 이를 추구하기 위해서는 진지한 전략 수립이 요구된다. 동시에 이러한 노력의 결과는 수년이 걸릴 것이기 때문에 인내 또한 요구된다. 이는 마치 요르단 왕이나 오만의 고(故) 술탄과 같은 유능한 지도자가 나타나 함께 일을 할 수 있을 때까지 기다리는 상황과 유사하다.[13] 이 장의 나머지 부분에서 논의되는 바와 같이 국가별로 중동에 대한 대전략을 조정할 필요가 있음을 의미한다. 필자가 제시하는 접근 방식은 포괄적이지는 않지만, 이 글을 쓰는 2020년 말 기준 미군이 가장 장기간에 걸쳐 많은 병력을 배치한 국가를 시작으로 과거, 현재 그리고 미래의 미 군사작전과 가장 직접적인 관련이 있는 6개 국가에 초점을 맞추고자 한다.

아프가니스탄

미국이 아프가니스탄 전쟁을 수행한지도 어느덧 20여 년이 되었다. 현대 전쟁의 시작을 1979년 소련 침공까지 거슬러 올라간다면 아프가니스탄 국민들은 약 40년에 걸친 장기간의 전쟁을 겪고 있다.[14]

장기간에 걸친 전쟁으로 인하여 미국인들이 지치지 않는다면 이는 아마도 거짓말일 것이다. 이러한 상황은 어떠한 기준으로 보아도 실망스럽다. 특히 오바마 대통령 첫 임기 간 야심 차게 제시했던 국가 건설(nation-building)이라는 목표(당시 필자 역시 공감했던 목표이다)와 비교한다면 더 큰 좌절감을 안겨주었다. 그럼에도 불구하고 아프가니스탄 전쟁을 수행하는 모든 과정을 실패라고 단정 지을 수는 없다.[15] 현재 이 글을 쓰는 시점을 기준으로 아프간 정부는 국가 내 모든 주요 도시들을 통제하고 있으며, 대다수 국민들이 해당 지역에 거주하고 있기 때문이다(나머지 국민들은 분쟁 지역에 거주 중이다).[16]

이보다 더 중요한 사실은 그간 미국이 아프간 국경 내에서 침략을 계획하거나 조직화한 무장단체로부터 공격을 받지 않았다는 점이다. 이렇듯 미국은 대단해 보이지는 않을 수 있으나 실질적인 성과를 과거에 비해 군사적으로나 재정적으로 낮은 비용을 통해 유지할 수 있는 역량을 갖추고 있다. 단기적으로 이러한 상황에서 빠져나올 수 있는 출구전략은 아직 찾기 어렵다. 그러나 이러한 현실을 회피해서는 안 된다. 긍정적인 소식은 전략, 군사 및 예산적인 측면에서 미국이 아프가니스탄에서 임무를 수행하는 데 드는 비용은 지속 가능한 수준이라는 점이다.

향후 미국은 아프가니스탄을 있는 그대로 인식하고 평가하는 정책이 필요하다. 즉 아프가니스탄은 미국의 이익이라는 측면에서 평가할 때 중요한 국가임에는 틀림없지만 가장 우선순위의 전략적 이익은 아니라는 점을 간과해서는 안 된다. 이러한 인식을 바탕으로 계획을 발전시켜야 한다. 향후 전반적인 아프가니스탄 전략은 평화를 추구하되 적절한 수준의 군사력을 꾸준하고 안정적으로 배치하면서도 특정 시기를 상정하는 우를 범해서는 안 된다. 현시점에서 평가해보면 향후 5년간 적어도 약 5,000명의 미군 병력 수준이 요구될 것으로 보인다.

약 2,000~3,000명 수준의 북대서양 조약 기구(The North Atlantic Treaty Organization, NATO) 병력 지원과 함께 약 5,000명의 미군을 배치한다면 2019년 말 병력 수준인 약 13,000명에 비해 현저히 줄어든 수치이다. 2020년 말 기준으로 배치된 병력 수준과 유사하며 데이비드 퍼트레이어스(David Petraeus) 장군과 존 알렌(John Allen) 장군이 지휘했던 2010~2011년 기준 외국군 약 40,000명과 더불어 미군 주둔병력 규모가 정점이었던 100,000명에 비해 약 95% 축소된 규모이다. 이러한 5,000명이라는 병력규모는 추후 더욱 축소될 수 있으나, 트럼프 행정부 시기 너무 급격하게 병력 수를 감축한 경우 역전되거나 감축속도는 예상보다 완만해질 수 있다.

이러한 접근 방식을 채택할 경우 장점은 단순히 병력 수의 감축을 훨씬 능가한다. 향후 수년간 지속되도록 설계된 계획을 공표함으로써 워싱턴은 지난 오바마와 트럼프 행정부와 같이 매해 아프가니스탄 정책을 검토하는 불필요한 소요와 함께 이와 관련된 극적인 변화를 피할 수 있을 것이다.

만약 평화협정이 체결된다면 병력 규모는 더욱 줄어들 수 있으며, 이러한 경우 궁극적으로 0에 가까워질 수도 있다. 주둔 규모는 아프가니스탄군의 역량과 전장 상황에 따라 향후 더 줄어들 수 있다. 그러나 계획의 측면에서 보면 "5년간 5,000명(5,000 for 5)"은 중요한 기준점이 될 것이다. 이는 트럼프 행정부 말 병력 수준에서 소폭 증가한 수치다.

일각에서는 아프가니스탄에 반드시 미군이 주둔하지 않더라도 아프가니스탄 안팎에서 테러를 저지할 수 있을 것이라고 이의를 제기하기도 한다. 미군이 철수하면 전면적인 내전이 일어나거나 아프가니스탄 내 탈레반이 승리하더라도 말이다. 그들의 주장에 따르면 만약 향후 아프가니스탄 내 알카에다(al Qaeda) 또는 이라크 시리아 이슬람국가(ISIS)가 활동한다면 인도양으로부터 장거리 폭격 또는 특공대 급습과 같은 방식으로 대응할 수 있을 것이다. 또는 알카에다, ISIS와 같은 단체가 더 이상 아프가니스탄에 주둔할 필요성을 느끼지 못할 수도 있다.

그러나 이러한 주장은 역사와 함께 전반적으로 극단주의 무장단체 활동이 활발한 지역적 특성을 무시한 발언이다. 2014년 이전에는 이라크와 시리아 지역 내 ISIS 칼리프가 활동할 것이라고 예견한 이는 아무도 없었지만 어느 순간부터 이는 기정사실화되었다. 위와 같은 주장을 하는 일부 사람들은 대테러 정보가 주로 국내 파트너들과의 협력을 통해 획득된다는 사실을 제대로 이해하고 있지 못하거나 힌두쿠시(Hindu Kush) 산맥의 지리적 거리에 대해 현실적으로 인식하고 있지 못하는 것으로 평가된다. 지리적으로 떨어진 대테러활동을 할 수 있다는 주장은 일반적으로 모순이다.

오늘날 아프가니스탄 내 사상자 수는 연간 1만 명 정도로 대부분 경찰과 군인이 활동 중에 사망하는 경우다. 이는 인간적인 차원에서는 비극적이며 군사작전 측면에서는 실망스러운 소식이 아닐 수 없다. 그러나 사정이 이렇다고 하여 애초에 이러한 사상자를 발생시킨 적에게 전쟁을 양보한다는 것은 말이 되지 않는다. (아마도 탈레반의 사상자 역시 비슷한 규모일 것이다.)

2020년 초 탈레반과 체결한 평화협정이 만병통치약은 아니다. 미국과 다른 NATO군이 출구전략을 찾는 데 급급하여 탈레반에 너무 많은 신뢰를 두는 것은 위험하다. 이는 탈레반이 전 세계 테러활동에 반대하고 아프가니스탄 정부와의 평화 구축을 위해 성실하게 일하겠다고 약속한 것보다 되돌리기가 훨씬 더 어렵다.[17]

워싱턴은 미래 탈레반의 행동을 염두하지 않고 현 협정을 무분별하게 이행하기보다 인내심을 가져야 할 것이다. 아프가니스탄 협상가들이 취할 수 있는 권력 공유와 타협안이 있기는 하지만 이에 동의하기까지는 몇 달 또는 수년이 소요될 것이다.[18]

동시에 모든 최종 타협안의 경우 군사력이나 이를 집행할 수 있는 권한은 없음에도 불구하고 일정 기간 동안 전투원들을 감시할 수 있는 일종의 유엔 감시조직이 요구된다는 점 또한 주목할 필요가 있다. 탈레반과 아프가니스탄군이 단시간에 신속하고 원활하게 하나의 응집력 있고 평화로운 조직으로 통합되길 기대하기는 어렵다.

동시에 적절한 수준의 미국과 NATO 주둔은 지속될 수 있다. 아프가니스탄 내 약 5,000명의 미군(그리고 일부 민간인과 계약업체)을 통해 미국은 2~3곳의 주요 비행장과 정보수집, 항공 및 특수전을 수행할 수 있는 작전적 허브를 유지할 수 있을 것이다. 이는 아마도 중부 카불(Kabul) 근처의 바그람(Bagram),

남쪽에 위치한 칸다하르(Kandahar) 근처 그리고 동쪽의 코스트(Khost)나 잘랄라바드(Jalalabad) 주변에 위치할 것이다. 또한 카불에는 아프간 군대와 경찰이 극단주의자와 맞서 싸우는 임무를 수행하는 데 도움이 되도록 군사 자문 및 훈련부대를 유지할 수도 있다.

이러한 주둔을 위해서는 연간 약 70억에서 80억 달러가 필요하다. 결코 적은 비용은 아니지만 전체 국방예산의 측면에서 본다면 약 1%에 불과한 수준이다. 아프간 정부의 군과 경찰 유지를 지원하고 개발을 추진하기 위해 지원한다면 수십억 달러가 추가로 필요하겠지만 이 또한 다른 국가들 역시 예산을 지원할 수 있을 것이라 예상된다. 5년에 걸쳐 이러한 미국의 주둔을 공약하는 것은 파키스탄과 탈레반에게 미국의 대통령이 평화협정을 단기간 내 실현가능한 출구전략이라고 보지 않는다는 메시지를 전달할 수 있을 것이다. 역으로 이러한 공약으로 인하여 파키스탄 또는 탈레반이 평화협정에 보다 진지하게 임할 수 있는 계기를 마련할 수 있을 것이다.

파키스탄

향후 미국은 파키스탄 정책을 어떻게 발전시켜야 하는가? 본질적으로 파키스탄은 국가 규모, 내부 분열, 인도 및 아프가니스탄과의 지속적인 긴장관계 그리고 핵무기를 감안할 때 미국의 중부사령부 지역 내 가장 중요한 국가일 수 있다(또한 미국의 통합전투사령부의 배치를 고려할 시 가장 동쪽에 위치한 국가이기도 하다).

파키스탄은 특히 9.11 이후 아프가니스탄 정책과 관련하여 미국에게 있어 친구이자 적과 같은 존재였다. 이러한 사실은 시간이 지남에 따라 파키스탄의 핵 프로그램과 맞물려 파키스탄에 대한 미국의 원조는 축소되어 현재는 거의 전무한 상태가 되었다. 양국 간의 군사적 협력 또한 제한되었다. 파키스탄은 미군과 민간인, 외국인을 비롯하여 많은 아프가니스탄인을 표적으로 삼아 살해하는 세력을 용인했을 뿐만 아니라 경우에 따라 지원하기도 했다. 탈레반은 파키스탄 일부 지역 내 은신처를 유지하고 있으며 그곳에서 자금과 장비를 이용

하고 있다. 미국은 이러한 역학관계 속에서 매 순간 파키스탄의 역할을 저지할 필요가 있다.19

일각에서는 파키스탄이 1989년과 같이 미국이 언제든 다시금 파키스탄을 저버릴 수 있다는 생각에 탈레반을 용인한다고 본다. 이는 미국이 이미 20여 년간 아프가니스탄에 주둔했다는 점을 고려할 때 도무지 이해가 되지 않는다. 그러나 파키스탄의 입장에서 미국은 1980년대 미국과 파키스탄이 소련군과 싸우는 반군 무자혜딘(mujahedeen)을 함께 지원한 이래 파키스탄에게 책임을 떠넘겼다는 점을 명심해야 한다. 이는 오늘날 미국이 동맹국을 대상으로 행한 가장 큰 배신 중 하나였음에 분명하다. 동시에 이는 아이러니하게도 부시 1기 행정부 간 발생하였다. 부시 2기 행정부는 탈레반 정권을 전복시킨 이래 아프가니스탄에 대한 관심을 잃었고 결과적으로 대부분의 정치적 관심과 자원은 이라크로 향했다. 오바마 대통령은 아프가니스탄 내 병력을 증강했으나 이내 곧 대부분의 병력을 철수시켰다. 이후 오바마 2기 행정부와 트럼프 대통령의 4년 임기 동안 미국은 거의 매년 아프가니스탄 주둔을 중단하겠다고 위협했다.

그러나 워싱턴은 혼란스러운 아프가니스탄이나 경쟁국인 인도가 지배하는 아프가니스탄을 마주해야 할지도 모른다는 파키스탄의 두려움을 진정시킬 수 있는 일이라면 무슨 일이든 해야 한다. 이러한 측면에서 위에서 설명한 아프가니스탄 정책이 도움이 될 수 있다. 그러나 미군의 주둔 또는 철수와 관계없이 미국은 시간이 지남에 따라 파키스탄의 계산법을 바꾸고자 노력해야 할 것이다. 동시에 미국이 어떠한 정책을 채택하든 이슬라마바드는 단기간 내 아프가니스탄 정책을 바꾸지 않을 가능성이 높다는 점을 인식해야 한다(설사 파키스탄의 민간 지도자들이 그러한 결과를 선호한다고 결정하더라도 말이다).

현재 미국은 어떤 방안을 가지고 있는가? 이에 2016년 전 군사령관, 대사, 공무원 및 학자들은 이 문제를 해결하고자 다음과 같은 아이디어를 제시한 바 있다.

● 미국은 (이슬라마바드의 지원 여부와는 관계없이) 파키스탄 내 탈레반 은신처를 압박하기 위한 추가 조치를 취할 수 있다. 2016년 5월 탈레반의 최고지도자 물라 아크타르 만수르(Mullah Akhtar Mansour)가 파키스탄 남서

부를 여행하던 중 사망한 사건은 중요한 차이를 만들어낼 수 있는 탈레반과 하카니 네트워크(Haqqani Network)에 대해 직접적인 행동을 취할 수 있음을 보여주는 대표적인 사례이다.

- 오바마 행정부와 의회는 최근 몇 년 동안 파키스탄에 대한 지원 기금을 줄이고 해외군사원조 사용을 축소했다. 그러나 이는 최근 들어 훨씬 더 삭감될 가능성도 배제할 수 없다.
- 더 논란의 여지가 있는 것은 미국의 경제 제재가 일부 기관과 파키스탄 내 특정 인물을 대상으로 선별적으로 적용될 수 있다는 점이다. 워싱턴은 다른 국가들 역시 유사한 조치를 고려하도록 권장할 수 있다.
- 더욱 논쟁의 여지가 있는 것은 파키스탄이 테러 지원 국가로 지정될 수 있다는 것이다. 이는 파키스탄에 당혹스러운 일이 될 뿐만 아니라 잠재적인 투자자에 영향을 줄 수 있는 사안인 만큼 경제 전망에도 해가 될 것으로 예상된다.[20]

보다 긍정적인 측면에서 워싱턴은 이슬라마바드가 아프가니스탄 내 NATO가 추진하는 목표에 대해 보다 명확하고 일관된 지원하고자 하는 의지를 보여줄 경우 파키스탄과의 개선된 관계에 대한 비전을 제시할 수도 있다. 이는 지역 내 안정을 유지하는 데 있어 파키스탄의 중심적 역할과 동시에 파키스탄이 이를 뒤집을 수도 있다는 점을 고려할 때 보다 넓은 의미에서 미국 이익에 도움이 될 것이다. 분명한 점은 아마도 2000년대 초반 수준의 지원, 무기 판매 그리고 자유 무역 협정으로 돌아갈 수 있다는 점일 것이다. 워싱턴은 파키스탄이 검증이 가능한 방식으로 반군에 대한 지원 정책을 중단하고 한동안 그 정책을 유지한 후 이러한 관계가 실현될 수 있음을 강조해야 한다.

이렇듯 모든 희망이 사라진 것은 아니다. 선거기간 중 그의 반미적인 발언에도 불구하고 2018년부터 집권한 임란 칸(Imran Khan) 총리는 파키스탄의 지도자로서 비교적 실용주의적이라고 평가된다. 더불어 파키스탄의 민주주의는 페르베즈 무샤라프(Pervez Musharraf) 시대 이래 보다 긍정적인 방향으로 발전하였고 군이 여전히 국가안보 정책에 상당한 영향력을 행사했음에도 불구하고 쿠데타만은 피할 수 있었다.[21] 그럼에도 불구하고 극단주의에 맞서는 진전은 아직 미약하며 아프가니스탄을 안정시키고 인도와의 갈등을 피하려는 파키스탄의 의지 역시 여전히 불확실한 상태로 남아 있다.[22]

시리아

대전략상에서 시리아는 대부분의 중동 국가들과 마찬가지로 2류 수준의 중요성을 지닌다. 전 세계 석유 시장에서 상대적으로 중요하지 않고 (현재) 핵무기를 개발하지 않는다는 점을 고려하면 사실상 3류로도 볼 수 있다. 그럼에도 불구하고 시리아의 최근 행보는 이미 과거 10여 년에 걸친 전쟁을 철저하게 인도주의적 문제로만 여겼던 주장을 반증하고도 남는다. 시리아가 터키, 요르단 및 서유럽을 포함한 가까운 서방 동맹과 우방에 가한 압력과 이스라엘을 상대로 가한 위험은 전략적으로 중요한 문제가 아닐 수 없다. 나아가 이러한 상황은 언제든 더욱 악화될 수 있다.

2019년과 2020년 사이 시리아에서는 인도주의적 재앙이 다시금 일어났다. 러시아 공군과 이란이 후원하는 민병대의 지원을 받는 아사드 정권(the Assad regime)이 마침내 국가 북서부에 위치한 이들립(Idlib)을 공격한 것이다. 터키가 군사력을 동원하여 이러한 비극을 진압하기 위해 고군분투하고 있는 동안 미국은 쿠르드족이 거주하는 북동부 지역에 약 600명 규모의 병력을 배치했다. 이는 트럼프(Trump) 대통령이 시리아에서 철군하는 방안을 선호하였음에도 불구하고 주변 설득에 못 이겨 남은 잔여 병력이었다. 궁극적으로 이로 인하여 2018년 말 제임스 매티스(James N. Mattis) 국방장관은 사임을 표했다.

약 10년에 걸친 시리아 내전의 결과 중 하나는 의심의 여지가 없다. 아사드와 동맹국들이 승리할 것이라는 점이다. 그러나 이 전쟁은 시리아 북서부에 위치한 이들립 지역 내 거주하는 300만 주민의 운명을 시작으로 많은 것이 걸려있다. 또한 터키와 유럽의 나머지 지역으로 막대한 수의 난민이 유입될 가능성도 있다. 시리아 내 러시아와 터키 사이에 충돌이 발생할 수 있다(두 국가 모두 시리아 내 병력을 배치하고 있으며 초창기 정전은 중단되었다). 이를 증명이라도 하듯 최근 시리아와 터키 군 사이에 이미 치명적인 총격이 오갔다. 이보다 더욱 우려되는 상황은 아마도 충격이 끝난 후 시리아의 미래일 것이다. 만약 서방이 등을 돌리고 아사드가 승리한다면 그는 반드시 패배한 적들에 대해 처벌을 시작할 것이다. 그 과정에서 아사드는 분쟁을 촉발한 대중의 분노를 사게 될 것이며, 나아가 폭력적 극단주의가 부활할 가능성을 높이는 결과를 가져올 수 있다.[23]

오바마 대통령이나 트럼프 대통령도 ISIS를 물리치는 것 외에는 이러한 분쟁에 관여할 의사가 전혀 없었다. 현시점에서 아사드는 군사적으로나 정치적으로 권력에서 물러서지 않을 것이다.[24] 시리아의 정치적 전환을 목표로 하는 유엔의 평화 프로세스는 사실상 중단된 상태다. 사실상 2015년 아사드를 대신해 러시아가 군사적 개입을 한 이후 유엔을 통해 문제를 해결하기는 쉽지 않았을 것이다. 이후 시리아 인구의 대다수가 수니파인 상황에서 아사드가 새로운 정부 건설에 찬성하여 스스로 물러날 가능성은 희박했다. 알라위(Alawite)파인 아사드의 입장에서 이러한 민주주의적 이행에 동의하는 것은 사실상 군사적 승리의 문턱에서 패배를 선택하는 것과 마찬가지다.[25]

그러나 미국과 동맹국들은 여전히 다음과 같은 목표를 추구할 수 있다.

- 이들립 지역에 대한 아사드 정권의 공격을 늦추고 인도적 지원을 확대하려는 터키의 노력을 지원하여 인도적 재앙과 난민 유입을 제한한다.
- 쿠르드족이 거주하는 북동부 지역에 재건 지원을 제공할 수 있는 능력을 포함하여 영향력을 유지한다.
- 선거를 통해 선출된 대통령은 아닐지라도 적어도 바샤르 알아사드(Bashar al-Assad)가 자신이 그토록 도살하고 난도질했던 국가에 대한 소유권을 포기하는 절차를 밟아 나가도록 국가의 정치적 전환을 위한 인센티브를 제공한다.

우리가 각 분야에서 할 수 있는 일은 아직 많이 남아있다. 우선 시리아 북서부에 대한 터키의 개입과 관련하여 미국은 지원할 가치가 있다. 터키는 개입을 통해 지역 내 국민을 보호하고 구호함으로써 궁극적으로 사상자를 줄이고 난민 유입을 방지하고자 한다. 터키가 분쟁 초기 보여준 것과 같은 행동을 다시금 오늘날 시리아 난민들에게 보여줄 수 있다면 가장 이상적일 것이다.

그러나 터키가 이미 자국 내 위치한 400만 명 이상으로 시리아 난민을 수용할 수 없는 경우 시리아 내 안전 지대를 설정하는 것은 민간인 보호에 있어 매우 중요하다. 집단살해죄의 방지와 처벌에 관한 협약(Convention on the Prevention and Punishment of the Crime of Genocide)은 물론 유엔헌장에 따라 터키 고유의 자위권은 자국 영토 근처의 시리아 지역에서 작전을 수행할 수 있는 충분한 법적 근거를 제공한다.

미국 정부는 이들립 지역 내 터키의 활동을 승인했으나 마이크 폼페이오(Mike Pompeo) 국무장관의 몇 가지 성명 발표 외에 추가적인 지원은 없었다. 우리는 시리아에 대한 정보를 터키와 공유하고 아사드 정권의 진격을 저지하려는 터키의 노력을 지지하고 합법화하는 국제 연합을 구축하기 위한 외교적 노력을 이끌어내야 한다. 또한 미국은 러시아를 상대로 터키에 대한 추가적인 공격은 최근에 서명된 시리아 민간인 보호법(Caesar Syria Civilian Protection Act)에 따라 새로운 제재로 이어질 것임을 분명히 경고해야 한다. 직접적인 공격을 받는 미군 및 터키군 역시 스스로 방어할 권리를 유지하는 것은 물론이다(몇 해 전 러시아 준군사조직인 바그너 그룹은 시리아 동부 관련 미국의 입장에 대해 적대적인 의도를 숨기지 않았고 미군은 이에 큰 피해를 입었다).[26]

시리아 북부 지역을 점령함으로써 아사드 정권을 상대로 실질적인 협상카드를 획득할 수 있다. 동시에 시리아가 검증 가능하고 의미 있는 정치적 전환을 실행하는 데 동의하지 않는 한 북부에 대한 완전한 주권을 갖는 것을 막을 수 있을 것이다.

이를 위해 미국은 모스크바와 다마스쿠스가 추진하고자 하는 두 가지 핵심 우선순위에 외교적 노력을 집중해야 한다. 즉 분쟁 후 재건을 위한 서방의 지원을 얻고 제재를 완화하는 것이다. 한 가지 분명한 것은 아사드가 집권하는 동안 미국의 자금은 활용되어서는 안 된다는 점이다. 또한 미국은 현재의 효과적인 제재 정책을 완화하기 위한 어떠한 조치도 취해서는 안 된다. 다마스쿠스와 국가 전체에 대한 광범위한 지원은 실질적인 정치적 전환이 진행되고 새 정부가 수립된 후에 진행되어야 한다. 비록 새 정부가 아사드와 이를 후원하는 러시아가 선택한 경우일지라도 말이다. 실제로 모스크바가 아사드에게 정치적 전환을 준비하라고 조언하고 있다는 소문이 돌기도 했다. 터키가 아사드의 이들립 탈환을 저지하는 것을 돕는 것은 궁극적으로 아사드를 권력으로부터 완화시키려는 모스크바의 노력을 강화할 것이다. 비록 이러한 전환이 이상적이라 볼 수는 없으나 올바른 새 대통령과 내각은 국가를 하나로 묶고 시리아를 분쟁 후 정상적인 궤도에 올려놓을 가능성을 높인다. 더불어 미국과 유럽 연합의 지원과 제재 완화를 위한 길을 열 수 있는 가능성을 높인다.

    이러한 이니셔티브를 추진하는 데 있어 미국은 결코 과감한 신규 예산을 투입하거나 위험을 무릅쓰지 않아도 된다. 그러나 2011년 시작된 전쟁 이후 한 번도 제대로 추진해본 적 없는 강력한 응집력과 일관성이 필요하다. 바이든 행정부는 시리아가 더 이상 미국과 동맹국의 입장에서 대전략적 문제로 부상하지 않도록 신중을 기해야 한다. 동시에 미국이 전쟁 발발 이래 보여온 방만한 태도를 수정하고 더 이상의 혼란에서 벗어나 추가적인 인명 손실을 완화하는 노력을 기해야 할 것이다.

리비아

    일부 전문가들은 리비아를 중동의 라스베이거스라고 부르기도 한다. 이는 리비아의 작은 영토, 멀리 떨어진 지리적 위치 그리고 장기간에 걸친 리더십의 부재 등으로 인하여 리비아 외 광범위한 아랍 정치에 큰 영향을 미치지 못한다는 의미를 담고 있다. 그러나 실제는 그 반대와 더 가깝다. 지난 20년 동안 레반트(Levant) 지역 내 발발한 전쟁에 참전한 많은 극단주의 전사들은 상당수 리비아 출신이다.[27] 또한 리비아는 국내 어려움을 피해 유럽으로 향하고자 하는 수많은 아프리카인들이 거쳐 가는 경유지이기도 했다. 나아가 리비아는 2012년 발생한 벵가지(Benghazi) 사태가 2016년 미국 대선 간 힐러리 클린턴(Hillary Clinton) 장관에 반하는 사례로 사용되면서 결과적으로 선거에 큰 영향을 미치기도 했다. 리비아는 이제 러시아, 유럽 국가 및 수많은 이웃 국가를 포함한 수많은 외부 행위자들 간의 대리전이 수행되는 전장과도 같다. 이러한 측면에서 리비아의 중요성은 매우 크다. 즉 리비아는 아랍, 마그레브(Maghreb)

및 남아시아 내 국가들과 마찬가지로 비록 2류 수준의 중요성을 띤다 할지라도 결코 미국의 안보나 대전략과 무관하지 않다.

오바마 대통령은 리비아와 관계를 필요 이상으로 발전시키기를 원치 않는다는 점을 분명히 한 바 있다. 그는 2011년 카다피(Qaddafi) 군의 표적이 될 수 있는 무고한 민간인의 보호를 위한 개입을 지원하기 위해 미국이 이를 주도하기보다 북대서양 조약 기구 작전을 지원하는 방식을 택했다. 그 결과 불행하게도 비록 소규모이지만 무정부 상태와 같은 혼란스러운 시기를 겪지 않을 수 없었다. 그리고 이는 8년 전 미국이 주도한 침공의 여파로 이라크 내 일어난 상황을 떠올리지 않을 수 없다.[28]

오늘날 리비아는 여전히 어려운 상황이다. 2019년 카네기 국제평화재단(Carnegie Endowment for International Peace), 애틀랜틱 카운슬(Atlantic Council) 및 국제전략문제연구소(Center for Strategic and International Studies, CSIS)와 함께 브루킹스연구소(Brookings Institution)가 이끄는 태스크 포스(task force)는 이러한 리비아의 상황에 적용할 수 있는 소위 도시 기반 모델(a city-based model)을 제안했다. 당시 우리는 리비아의 상당수준의 석유 수입을 지역 그룹들 간에 공정하게 분배될 수 있는 보다 투명한 시스템을 만드는 방안을 제시하였다. 당시 우리의 제안은 일정 수준의 공정성과 비폭력성을 충족할 수 있다면 심지어 민병대까지도 포함시키는 보다 포괄적인 개념이었다. 필자와 몇몇 공동저자는 리비아의 시스템을 발전시키고 실행하는 과정에서 유엔의 역할 역시 중요하다고 생각했다. 예를 들어 유엔 임무단은 석유 시설과 주요 기반시설 감시 및 특정 민병대가 관할하는 지역 간의 경계 등의 임무를 수행할 수 있다. 임무단은 이제 막 임무를 수행하기 시작한 리비아의 해안 경비대 역시 모니터링할 수 있다. 이에 더해 현장 발전 전문가를 비롯한 외부 감시단은 자원이 지정된 시기에 공정하고 투명한 방식으로 중앙 금고로부터 각 지역에 올바르게 전달되었는지 여부를 확인할 것이다. 이러한 지역 간의 협력은 해를 더할수록 다양한 민병대의 활동을 중심으로 전개될 것으로 예상된다. 그리고 이는 2016년 초 시도된 바와 같이 국가 군대를 창설하는 방식이 아닌 하나의 느슨한 집합체와 같은 지역안보군의 형태로 발전될 것이다.[29]

그러나 불행히도 중동지역에서 자주 볼 수 있듯이 이러한 전략은 현실이라는 벽에 부딪혔다. 보다 구체적으로 표현하자면 예상치 못한 새로운 환경이 전개되었다. 칼리파 하프타르(Khalifa Haftar) 장군의 '리비아 국민군(Libyan National Army, LNA)'이 공세에 나선 것이다. 리비아 국민군은 2019년 러시아, 이집트, 아랍에미리트(UAE) 및 기타 국가의 지원에 힘입어 리비아 남쪽 및 중앙 지역 대부분을 차지했다. 그러나 이는 유엔이 인정하는 그러나 비교적 세력이 약했던 파예즈 알사라즈(Fayez al-Sarraj) 총리가 이끄는 리비아 정부로 인하여 트리폴리(Tripoli) 탈취로 이어지지는 못했다.[30] 이어 막대한 민간인 사상자가 발생할 가능성이 농후한 수도권 지역에서의 분쟁을 완화하고자 하는 외교적 노력이 뒤따랐다.[31] 눈앞의 갈등을 해결하기 위한 노력으로 인하여 미래를 위한 시스템을 발전시키는 논의는 다시 한번 우선순위에서 밀려날 수밖에 없었다.

다행히 하프타르 장군이 이끄는 국민군은 리비아의 동부지역으로 후퇴했다. 그러나 여전히 영향력 있고 강력한 지도자임에는 변함없다. 오늘날 하프타르 장군의 세력을 감안하여 우리는 보다 균형된 접근방식이 필요하다. 그리고 전술했던 국가통치방식, 치안 및 석유라는 풍부한 자원을 분배하기 위한 도시 기반 접근방식은 여전히 유효할 수 있다.[32] 그리고 이는 리비아 국내 현실을 고려하면서도 미래 실질적인 권력 분배에 대한 인식을 바탕이 되어야 한다. 예를 들어 하프타르 장군이 리비아 동부지역에 대한 통제를 유지하는 동안 리비아의 서부와 중부지역에서 이러한 접근방식을 먼저 추진하는 방안을 고려해볼 수 있다.

이라크와 이란

미국은 2019년 말에서 2020년 초 사이 중요 시기마다 암살이라는 외교정책수단을 활용하였다. 2019년 말 미국의 특수부대는 ISIS 지도자 아부 바크르 알바그다디(Abu Bakr al-Baghdadi)를 추적하고 사살하는 데 성공했다. 이러한 공습은 2020년 1월 초 바그다드 공항 근처 미국의 무인 항공기를 이용한 쿠드스군(Quds force) 지도자 거셈 솔레이마니(Qassem Soleimani)의 사살로 이어졌다. 일련의 작전은 악명높은 테러리스트 지도자들을 암살하는 데에는 성공했지만, 미국이 과연 5000명의 병력을 이라크 내 지속적으로 주둔시킬 수 있을 것인지에 대한 의구심을 불러일으켰다. 더불어 코로나19 발생과 이로 인한 경기침체가 이란이나 이라크와 같은 주요 글로벌 석유 수출국에 미치는 영향이라는 이례적인 요인들까지 맞물려 미국의 외교정책 상 고려해야 하는 맥락은 더욱 복잡하다.

　이라크 국내정치는 과거에 비해 놀라울 정도로 복잡해졌다. 이라크 국내정치는 더 이상 사담 후세인이라는 한 개인이나 종파주의에 의해 휘둘리지 않는다. 이러한 측면에서 바라보면 과거에 비해 상황이 더 나아졌다고 볼 수도 있다. 그러나 실은 그 어느 때보다 격동적으로 변화하고 있는 것도 사실이다. 2019년 자국의 부패하고 무능한 정치인과 함께 이라크 내 영향력을 미치는 이란을 겨냥했던 이라크 시민들의 시위는 결국 수백 명에 달하는 무고한 시민들의 사망으로 귀결됐다. 이란과 연계된 저격수들이 표현과 항의의 헌법적 권리를 행사하던 시민들을 사살했던 것이다. 이로 인하여 당시 아델 압둘 마흐디(Adel Abdul Mahdi) 이라크 총리는 책임을 인정하고 적절한 의회 절차(새로운 선거가 아닌)를 통해 후임자가 선출되면 물러나겠다고 약속했다.

　이에 이란은 배후에서 미국의 관심을 분산시키고 보다 큰 압박을 가하기 위한 노력의 일환으로 이라크 내 미군시설을 폭격하기 시작했고 이는 지난 수년간의 폭격횟수를 훨씬 뛰어넘는 수준이었다. 당연하게도 미국은 이러한 상황은 그냥 두고 볼 수는 없는 노릇이었다. 이러한 이란의 폭격을 허용한 이라크 정부를 비난하면서 동시에 미국 자체적으로 2019년 12월 이란이 후원하는 것으로 알려진 민병대의 보급장소가 위치한 이라크 서부의 5개 지역에 대해 폭격을 감행했다. 이라크 정부는 (미국이 사전 예고 없이 공습을 감행한 이래) 자국의 주권 침해라고 주장하며 강력하게 반대의사를 밝혔다. 압둘 마흐디 총리는 이라크 정부의 수장으로서 양국 간의 균열을 막고자 노력했다. 이러한 노력에도 불구하고 이라크 의회는 구속력은 없지만 의회 자체적으로 미군 철수를 요구하는 결의안을 통과시켰고 트럼프 행정부는 이를 무시했다. 이러한 불안정한 상황 속에서 이듬해 미국은 바그다드에 위치한 주요 공항에서 솔레이마니에 대한 공습을 감행했다.

단적으로 이슬람 혁명 수비대 예하 이란 쿠드스군 사령관 거셈 솔레이마니를 암살하고자 하는 트럼프 행정부의 결정에 반대하기는 어렵다.³³ 사실상 그는 이란에서 가장 중요한 군사 지도자이자 국가적으로 두 번째로 가장 강력한 지도자였다. 솔레이마니의 계략으로 인해 이라크에서만 수백 명 이상의 미군이 사망했다. 주로 쿠드스군이 설치한 폭발장치와 2003년 사담이 전복된 이래 초기 수년간에 걸쳐 민병대와 반군에게 제공한 기술로 인한 사망이었다. 따라서 솔레이마니를 암살하겠다는 결정은 민간 지도자에 대한 공격이라기보다 제2차 세계 대전에서 일본 제독 야마모토 이소로쿠(Isoroku Yamamoto)의 항공기를 격추하는 논리에 더 가깝다.

미군에 대한 이란의 무차별한 공격 역시 정치적 암살에 반대하는 입장에 대한 명분을 유명무실하게 만들었다. 일반적으로 정치적 암살은 추후 미국과 미국 시민에 대해 암살을 허용하는 명분을 제공했지만 이번 경우에는 이러한 주장은 효력을 발휘하기 어려웠다. 미국이 아닌 솔레이마니가 먼저 그리고 매우 빈번하게 미국인에 대해 암살을 시도했기 때문이다. 그는 1983년 베이루트와 1996년 사우디아라비아의 코바르(Khobar) 타워에서 미국인들에게 가했던 이란의 끔찍한 만행을 그대로 이어받았다. 역사적으로 미국과 이란 간의 관계는 많은 변화를 겪었다. 미국은 1979년 이전 이란의 샤(the shah)와 함께 이란-이라크 전쟁을 수행하는 동안 수차례에 걸쳐 사담을 지지했다. 그러나 최근 지난 30년이라는 기간을 돌이켜보면 미국에 대해 치명적인 무력을 사용한 것은 이란이었다. 그리고 최근 22년 동안 솔레이마니는 이러한 과정을 주로 기획한 음모자이자 주모자였다. 그가 이라크 내 미군 시설과 병력에 대해 추가적인 공격을 계획하고 있다는 정보와 (비록 트럼프 행정부가 이러한 정보에 대해 과장했을 가능성이 있음에도 불구하고) 수년에 걸친 끔찍한 행위를 감안한다면 이와 같은 미국의 암살 조치에 대해 반대하기란 어렵다.

그러나 이것이 이야기의 끝은 아니다. 암살이 아무리 정당하다 할지라도 그것이 실제로 미국의 이익에 도움이 될 것인지는 현재로서는 알 수 없다. 미래의 정책 결정이 이를 판가름할 것이다.

현재 당면한 가장 시급한 문제는 이라크의 새로운 지도자인 무스타파 알-카디미(Mustafa al-Kadhimi) 총리가 취임한 이래 양국 간의 군사동맹을 유지하는 것이다.[34] 국내 많은 도전에도 불구하고 최근 이라크는 사실상 하나의 정치체로서 응집하기 시작했고 과거의 대규모 내전으로 회귀하지 않도록 최선을 다하는 모습이다. 여전히 불완전하지만 민주주의에 대한 희망마저 엿보인다.[35] 솔레이마니 암살이라는 미국의 결정으로 미군이 이라크에서 쫓겨난다면 이는 이란의 입장에서 완전히 승리와도 같다. 이라크 내부적으로 이란의 영향력과 비견할만한 균형잡힌 외부세력이 더 이상 존재하지 않기 때문이다. 그리고 이러한 상황은 다시금 이라크를 종파 간 분쟁, ISIS 및 알카에다 공격에 취약하게 만드는 요인으로 작용할 것이다. 이라크 내 배치된 5,000명 규모의 미군은 훈련, 항공력 제공, 정보 제공 및 다양한 종파 간 정치적인 중개인으로서 중요한 역할을 수행해왔다. 그럼에도 불구하고 이라크에서 미국의 역할과 영향력을 회복하기에는 너무 늦었을 수 있다. 그러나 우리는 지속적으로 시도해야 한다. 또한 미국은 2000년대 사담, 종파 간의 내전 및 알카에다, 2010년대 중반 ISIS 의 붕괴 그리고 이라크의 전체 현대사에 걸친 이란의 지속적인 도전 등 어려운 시기를 거친 이라크가 진정으로 일어설 수 있도록 군사력 배치와 더불어 재건 및 개발 지원을 지속해야 한다.[36]

특히 미국은 2019년 12월과 같이 시리아 내 위치한 5개 시설과 이라크의 카타이브 헤즈볼라(Kataib Hezbollah, KH) 민병대에 대해 더 이상 공습을 감행하지 않겠다고 약속해야 한다. 미국이 더 이상 일방적으로 행동을 취하는 경우는 이라크 내 체류하는 미국 시민을 직접적으로 보호하기 위한 목적으로 제한해야 한다. 또한 미국은 이라크의 새로운 정부와 함께 미래 최후의 방책으로서 카타이브 헤즈볼라 민병대를 경제적으로 압박하기 위한 계획을 발전시켜야 한다. (한 예로 이라크 정부는 현재 이라크 보안군의 반공식적인 일원으로서 그들이 수령하는 급여를 차단하는 방안을 고려해볼 수 있다.)

이에 더해 워싱턴은 장기적인 시각에서 이란에 대한 보다 현실적인 전략을 수립해야 한다. 그간 트럼프 행정부는 이란의 지도자들에게 어떠한 여지도 남기지 않는 일종의 경제 수축 정책을 고수하고 있었다. 트럼프 대통령과 폼페이오 장관은 이란이 진정으로 제재 해제와 경제 회복을 원한다면 사실상 모든 핵 관련 활동을 포기해야 한다고 강조했다. 또한 레반트(the Levant)와 레바논으로부터 예멘과 그 주변지역에 대한 개입을 중단하고 이란의 미사일 프로그

램에 대한 주요 제약을 인정하며 이스라엘의 존재를 인정해야 한다고 덧붙였
다. 이러한 내용은 2018년 봄 폼페이오 장관의 연설문에 잘 명시되어 있다. 도
덕적 그리고 윤리적인 시각에서 대부분의 이러한 요구는 합리적으로 보인다.
그러나 실질적인 측면에서 이는 거의 실현될 가능성이 없다고 보아도 무방하
다. 그렇기 때문에 우리는 우선순위를 정해야 한다.

현재 고려해볼 수 있는 하나의 현실적인 접근 방식은 다음과 같다. 만약
이란이 2015년 핵 합의의 기간을 (현재와 같이 8년에서 10년과 같이 한시적인 경우
가 아닌) 무기한으로 연장하는 데 동의한다면 미국은 이란에 대한 제재 해제를
제안할 수 있다. 또한 이란은 어떠한 방식으로든 이스라엘에 대한 불가침을 인
정하고 대륙 간 탄도미사일(Intercontinental Ballistic Missile, ICBM)을 개발하지
않을 것을 약속해야 한다. 시아파 인구가 많은 이라크, 레바논, 시리아, 예멘과
같은 국가 내 이란의 영향력에 대한 지역 안보대화에 대한 합의 역시 중요하
다. 국가 내 이란의 영향력이나 존재가 완전히 없어질 가능성은 희박하지만 적
어도 배후에서 폭력을 조장하는 이란의 역할에 대해서는 국가별로 다루어질
수 있을 것이다. 그러나 이러한 지역대화가 핵 합의 연장을 위한 하나의 전제
조건으로서 이뤄질 것이라 기대해서는 안 된다.

이란의 핵 활동에 대한 제한을 무기한으로 연장해야 한다는 주장은 설득
력을 갖는다. 위험한 핵 활동에 일시적인 제한을 두는 것은 논리적이지 않기
때문이다. 특히 이란과 같이 지난 40년에 걸쳐 지속적으로 잔인하고 폭력적인
외교 정책을 실시한 국가의 경우 더욱 그렇다. 일부 주장과 같이 시간이 지남
에 따라 이란이 보다 덜 위협적이 될 거라고 생각하는 근거는 무엇인가?

국제 핵 비확산 체제의 근간인 1968년 핵 비확산 조약(the Nuclear Non-
Proliferation Treaty)의 지속기간에는 제한이 없다. 왜냐하면 핵무기의 확산은 시
간이 지남에 따라 그 중요성이 덜하거나 결코 가벼워지는 것이 아니기 때문이
다. 이러한 측면에서 영구적인 비확산 추구는 향후 바이든 행정부가 향후 이슬
람 공화국과의 협상에 적용할 수 있는 기본적인 논리와 같다.

이란의 불안정한 경제상황과 코로나19로 인한 추가적인 이란 내 어려움을
감안할 때 미국은 이란에 대해 상당한 영향력을 행사할 수 있다. 일부의 경우
이란의 경제나 정치 질서가 완전히 무너지기를 내심 바라기도 한다.[37] 그러나

현실적으로 북한으로부터 시리아, 사담 통치하의 이라크에 이르기까지 많은 독재 국가들이 놀라울 정도의 회복력을 보여왔다. 동료인 박정(Jung Pak)의 말을 인용하자면 독재자들은 종종 자국민을 포함한 다른 사람들의 고통에 대해서는 매우 둔감하다. 현시점에서 2015년 핵 협정하에 명시된 제한, 금지 및 사찰과 관련된 조항의 무기한 연장에 대한 대가로 이란에 부과된 대부분의 제재를 해제하는 것은 이란에 좋은 거래가 될 것이다. 그러나 이는 미국과 이란 간의 핵 합의를 더욱 강화하는 조치일 뿐만 아니라 최근 이를 둘러싸고 있는 보다 두드러지는 당파적 갈등에도 불구하고 미국 외교정책에 대한 초당적 합의를 이끌어낸 결과로 평가될 수 있을 것이다.

핵 합의의 무기한 연장은 이란의 핵 관련시설에 대해 선제적으로 군사력을 사용하는 등의 미국이 결코 강요해서는 안 되는 선택의 폭을 훨씬 더 적게 만들 것이다. 이러한 공격은 이란의 핵무기 획득을 늦출 수 있을지는 모르나 끝끝내 막을 수는 없을 것이다. 이를 통해 최악의 상황은 면할 수 있을 것이다. 즉 양국이 타협점을 찾는 과정에서 협상이 완전히 결렬되어 이란이 다시금 핵무기 제조에 근접한 수준의 우라늄을 농축하는 (이에 더해 원자로를 건설하고 가동을 시작하는) 상황이다. 다행히 오늘날 우리는 이러한 상황과는 거리가 있다. 또한 미국의 이러한 군사 작전은 테러와 인근 국가의 석유 생산시설에 대한 공격을 통한 이란의 대규모 보복 가능성을 초래할 것이다. 지역 내 이란의 도전이 지속되더라도 이러한 길은 회피하는 것이 안전하다.

군사력 사용에 관한 의회 및 승인

중동에서 가장 생생하게 제기되는 최종적이고 중요한 주제는 비록 그 지역에 국한되지는 않지만 미국의 군사력 사용을 결정하는 의회의 역할에 관한 것이다. 현재 대통령에 대한 견제는 충분치 않은 수준이다. 그러나 지금까지 제안된 많은 해결책은 실제로 득보다 실이 많다.

의회는 무력 사용을 포함한 미국의 국가안보와 관련된 결정에서 중요한 역할을 수행해야 한다. 최근 수십 년 동안 미국 의회는 미국 국가안보와 관련된 중요한 아이디어를 양산해왔다. 러시아를 비롯한 다른 국가의 핵무기 확산 위협에 대처하기 위한 넌—루거 협력적 위협감축 프로그램(the Nunn0Lugar cooperative threat reduction program), 필리핀의 페르디난드 마르코스(Ferdinand Marcos)와 같은 권위주의 정치 지도자들이 권력에서 물러나도록 유도하기 위한 수년에 걸친 결정, 사담 정권이 무너진 후 이라크 통치가 얼마나 어려울 수 있는지에 대한 2002년 상원 청문회, 러시아의 블라디미르 푸틴 대통령과 그의 측근, 테헤란과 평양의 극단주의 정권에 대한 강력한 제재 조치 등이 그 대표적인 예다.**38**

헌법 제1조에 따라 오직 의회만이 전쟁을 선포하고 군을 소집하고 예산을 편성할 수 있다. 현재까지 의회는 후자의 임무를 잘 수행해왔다. 그러나 의회는 제2차 세계 대전 이후로 선전포고를 하지도 않았고 한국전쟁, 코소보 전쟁 또는 2011년 리비아 작전 이후 (뒤늦게 예산을 편성하는 방식을 제외하고) 다른 방식을 통해 전쟁을 공식적으로 승인하지도 않았다.**39**

이러한 평가는 단순히 트럼프 행정부 시기에만 적용되지 않는다. 아이러니하게도 2017~2021년 사이 트럼프 대통령이 재임한 기간은 제2차 세계 대전 이후 현재까지 최고 사령관 권한을 남용이 가장 덜한 시기로 평가된다.

2001년 9.11 테러가 발생한지 며칠 만에 미 의회는 무력사용권(Authorization on the Use of Military Force, AUMF)을 승인하였다. 그로부터 20년이 지난 오늘날까지도 우리는 이러한 결정의 영향을 받고 있다. 2001년 승인된 무력사용권은 아프가니스탄에서 이라크, 시리아, 예멘, 소말리아에 이르는 지역 내 합법화된 군사 작전을 수행하는 데 필요한 전부이다. 이는 9.11 공격의 가해자 (알카에다 깃발 아래 수니파와 살라피스트(Salafist))를 대상으로 했기 때문에 시아파가 이끄는 이란과의 현재 상황에 대해서는 일체 언급하지 않았다.

국가는 군 통수권지의 손을 묶음으로써 일시적이라도 국가를 무방비 상태로 만들어서는 안 된다. 그러나 이는 대통령이 무슨 일이든 할 수 있는 백지수표를 받아야 한다는 뜻이거나 20년된 법이 오늘날 전쟁을 위한 법적 근거를 제공해야 한다는 것을 의미하지는 않는다. 2001년 무력사용권은 개정할 필요성이 있다.**40**

1973년 전쟁권한법(War Powers Act)은 대통령이 60일 이상 지속되는 행동에 대해 입법 승인을 요청하기만 하면 되었기 때문에 적절하지 않다. 지금까지 어떠한 상황하에서도 그 어떤 대통령도 이를 합헌으로 인정한 적이 없다.[41]

새로운 무력사용권은 무기한으로 유효해서는 안 된다. 예를 들어 5년이 지나면 또 다른 새로운 무력사용권이 필요할 수 있다. 그러나 의회가 이를 대체하지 못하거나 워싱턴 내 교착 상태가 발생했을 경우 국가가 무방비 상태가 되지 않도록 이전 법안이 계속 유효할 수 있도록 해야 한다. 이는 제115대 의회에서 밥 코커(Bob Corker) 상원의원과 팀 케인(Tim Kaine) 상원의원이 제안한 바와 일맥상통한다.[42]

이러한 새로운 법안하에서 국가정보국장은 대통령이 무력을 사용할 수 있는 권한을 부여받기 전에 새롭게 등장한 극단주의 단체가 알카에다, 보다 광범위한 폭력적 극단주의 또는 살라피즘과 관련된 이념, 목표 및 중점을 가지고 있음을 밝혀야 한다. 이를 통해 대통령이 원래 의도와 완전히 다른 목적으로 무력을 사용하는 것을 방지할 수 있다. 동시에 새로운 테러리스트 단체가 기존 단체에서 분리되거나 표적이 되지 않기 위해 단순히 이름을 변경하는 경우 유연하게 대응할 수 있을 것이다.

새로운 무력사용권과 관련된 토론은 테러리즘 범주를 넘어서야 한다. 북한, 중국 및 러시아와의 전쟁을 상정한다면 보다 강력한 의회의 역할이 요구되기 때문이다. 현재와 같이 미국 대통령들이 전쟁과 평화와 관련된 결정을 내릴 때 의회를 우회하는 것은 헌법이나 미국을 건국한 이들의 의도에 결코 부합하지 않으며 더욱이 위험할 수 있다.[43] 이러한 군사력의 사용은 21세기 이라크부터 아프가니스탄에 이르기까지 그리고 중부사령부(the Central Command) 전역의 다른 지역에 걸친 전쟁보다 훨씬 더 끔찍할 수 있다. 국가에 실존적 결과를 가져올 수 있는 적대 행위를 시작하기 전 의회는 중심적인 역할을 수행해야 한다. 견제와 균형이 중요하다. 이 원칙은 더 넓은 중동과 폭력적인 극단주의에 대해 초점을 맞추어 새로이 정립되는 모든 무력사용권에서 재확인되어야 할 것이다.

또한 우리는 적의 핵공격이 임박했거나 진행 중일 때와 같이 국가에 즉각적인 위험이 발생하는 경우를 제외하고는 미래 모든 핵무기 사용에 있어 더 높은 수준의 견제와 균형을 갖춰야 한다. 리챠드 베츠(Richard Betts)와 매튜 왁

스만(Matthew Waxman)은 모든 핵무기 사용 결정에 있어 국방부 장관과 법무장관의 승인이 필요하다고 주장했다.[44] 대법원장(또는 대법원장이 참석할 수 없는 경우 다른 판사)이나 의회 지도부로 확대하는 방안 역시 고려해볼 수 있다. 그들의 역할은 그 결정을 재고하기 위함이라기보다 전쟁법상 수용 가능 여부를 확인하는 데 있다. 미국의 대전략상 어떠한 경우라도 우발적이고 헌법에 반하는 핵전쟁의 가능성을 줄이는 방안을 고려해야 한다. 핵과 관련된 문제에 대해서는 제8장에서 다시 한번 다룰 예정이다.

결론적으로 미국은 중동에서 자국의 이익을 절대적으로 관리해야 한다. 여기에는 군사력과 정보역량과 같은 결코 사소하지 않은 역할이 반드시 수반된다. 테러, 핵확산, 국가 간의 전쟁과 전 세계 에너지원에 대한 위협은 미국이 동 지역을 중요치 않다고 치부하거나 관계를 단절하기에는 너무나 큰 손실을 야기할 수 있다. 이러한 상황에서 미국이 취할 수 있는 방안 중 하나는 1.5급 중요도에 준하여 지역 내 미국의 개입을 유지하는 것이다.

제 7 장

그 밖에 4+1 ─ 생물학, 핵, 기후, 디지털 및 국내 위험요인들

　　역사적으로 지구가 현재와 같이 번영하거나 살기에 더 흥미로운 시기는 없었다. 그러나 동시에 위태로운 기후, 질병, 위험한 기술 또는 취약한 기반시설로 인하여 인류가 이보다 더 취약한 적도 없었다. 모든 일이 잘못된 경우를 상정해보면 개인적으로 떠오르는 이미지가 있다. 1980년대 초 필자는 평화봉사단의 일원으로 구 자이르(Zaire)(지금의 콩고민주공화국)에 자원봉사에 참여할 기회가 있었다. 필자는 키크윗(Kikwit)이라고 하는 작은 도시에 머물렀는데 당시 도시에는 가용한 자원이 비교적 충분했다. 1960년대 후반부터 1970년대에 이르는 모부투 세세 세코(Mobutu Sese Seko) 시대 전성기 이후 전반적으로 경제는 쇠퇴하고 정부의 부패와 더불어 전 세계 경제마저 호의적이지 않았다. 그러나 도시 내 전기, 식수 그리고 통행 가능한 도로망은 여전히 가용했다. 도시의 규모가 충분히 작았고 상대적으로 천연자원은 충분히 풍부하여 국민들은 자원을 이용하는 데 어려움이 없었고 동시에 대비책까지 강구할 수 있는 여력이 충분했다. 대부분의 사람들은 식수를 얻기 위해 시내나 샘으로 그리고 음식을 얻기 위해 근처 들판으로 걸어갈 수도 있었다. 도시는 중심가에서 트럭으로 몇 시간 이동해야 하는 거리에 위치해 있었다. 생활 수준이 높거나 평안한 여건은 아니었고 주로 자급자족 농업에 의존했지만 적어도 자원은 넉넉했다.

오늘날 키크윗의 인구가 백만에 가까워지고 콩고민주공화국 내 상황은 더욱 악화되었다. 에이즈(HIV-AIDS), 에볼라(Ebola), 현재의 코로나19(COVID-19) 그리고 지난 15년여간의 내전과 정부의 무능함이 필자가 기억하고 있던 1980년대 행복했던 도시의 모든 것을 말살시켰다. 급증하는 인구와 점차 거대해지는 도시로 인하여 국민들은 더 이상 예전처럼 도시 경제의 붕괴 가능성에 대해 자구책을 마련하기 어려워졌다.

오늘날 키크윗, 콩고민주공화국 그리고 콩고 시민들에게 발생하고 있는 일이 미래 전 세계적으로 일어나지 말라는 법은 없다. 우리는 과거에 비해 높은 수준의 삶을 영위하고 있지만, 그중 많은 부분이 기술, 전염병 및 기타 재난에 취약할 수밖에 없는 기반시설과 위태로운 전 세계 경제 위에 건설되었다. 그리고 이미 경고의 메시지는 여러 가지 측면에서 발견할 수 있다. 다른 많은 유형의 위협은 말할 것도 없이 전염병의 측면에서 에이즈와 에볼라를 시작으로 사스(SARS)와 메르스(MERS), 웨스트 나일 바이러스(West Nile Virus), 지카 바이러스(Zika Virus)와 신종 코로나19 등 일련의 새로운 질병과 전염병은 지구 전체에 경종을 울리는 의미로 이해해야 한다.

미 국방부와 같은 조직과 필자와 같이 오랫동안 국방부의 입장에서 위협을 분석해온 경우 발생할 수 있는 모든 위협에 대해 국가의 관점, 즉 국가나 동맹단위로 먼저 생각하게 되는 경우가 많다. 이에 더해 최근 미 국가안보 커뮤니티는 테러조직을 포함하여 잠재적인 국가안보 문제를 분석한다. 대표적인 예로 알카에다(al Qaeda), 이라크 시리아 이슬람 국가(The Islamic State of Iraq and Syria, ISIS), 헤즈볼라(Hezbollah), 파키스탄 무장그룹 라슈카르 이 타이바(Lashkar-e-Taiba), 이란의 쿠드스군(Quds Force) 또는 파키스탄 정보부(Inter-Services Intelligence)와 같은 단체가 떠오른다.

그러나 21세기 우리는 위협에 대해 이전과 다른 방식으로 고민할 필요가 있다. 이 장에서는 4+1 위협 목록에 대해 다루고자 한다. 즉 생물학적 무기와 전염병, 핵무기, 기후 변화, 디지털 기술이 가진 어두운 측면, 미국 내부 결속력과 힘의 약화 등이 바로 그것이다. 이 중 마지막 항목은 주로 미국과 관련이 있다는 점에서 다른 항목과 결이 상이하므로 4+1 목록상에서 "플러스 원(plus one)"으로 구분했다.

위의 어떤 항목도 전통적인 의미에서 적이라고 볼 수 없다. 그럼에도 불구하고 이는 심각한 도전을 야기하고 있으며, 기존의 위협 목록과 결합한다면 문제는 더욱 심각해질 수 있다. 이는 전통적인 위협이 제기하는 위험을 보다 악화, 강화 또는 가속화할 수 있다는 측면에서 최근 더 관심이 고조되고 있다. 이는 인류는 항상 더 나은 미래를 향해 나아간다는 낙관주의적(Pollyannaish) 주장에 정면으로 도전하는 모양새이다. 향후 21세기 안보환경을 정확히 이해하고 이에 상응하는 미국의 대전략을 발전시키고자 한다면 우리의 인지적 사고체계에 있어 이러한 모든 요인을 고려해야 할 것이다.

물론 이러한 위협이 모두 새로운 것은 아니다. 그러나 급증하는 인구와 현대사회의 많은 부분을 규정짓는 첨단기술의 눈부신 발전에 비추어 볼 때 대부분의 이러한 위협을 우려하지 않을 수 없다. 많은 인구와 기술발전 자체가 나쁜 현상이라 볼 수는 없다. 사실 이는 매우 바람직할 수 있다. 인류 역사상 그 어느 때보다 더 많은 사람들이 더 번영하고 행복한 삶을 가능하게 만들 수도 있다. 그러나 동시에 전 세계의 많은 위험을 보다 가속화하고 악화시킬 수도 있다.

1900년 지구상에는 약 20억 명 미만의 인구가 거주했다. 2020년에는 약 75억 명을 돌파했고 2100년까지 약 110억 명까지 증가할 가능성이 있으며, 이러한 인구증가의 대부분은 아프리카에서 발생할 것으로 예상된다.[1] 증조부모로부터 조부모, 부모, 자녀, 손녀 그리고 그들의 자녀들에 이르기까지 약 6~7세대가 동시대를 살아가는 이러한 현상은 지구 역사상 가장 큰 인구 통계학적 폭발과도 같다. 과거에도 그리고 먼 미래에도 상상할 수 없는 일이다.

이러한 인구는 점점 좁은 반경에 밀접하여 살아가게 될 것이다. 1950년에는 전 세계 30억 인구 중 3분의 1만이 도시에 거주했다. 그러나 2050년까지 전 세계 인구는 약 90억 명으로 예상되며 이 중 3분의 2가 도시에 거주할 것이다. 즉 전 세계적으로 도시에 거주하는 인구는 같은 기간 동안 10억 명에서 60억 명으로 약 6배 증가할 것이다.

수십 개의 도시가 인구 천만 이상의 메가시티(megacities)로 변모하고 있다. 이러한 도시 내에는 대규모의 빈민가가 형성되는 경우가 많으며, 많은 수의 도시가 해안 근처에 위치하여 해수면 상승으로 인한 범람 가능성에 노출되어 있다. 전 세계는 사이버상과 같은 비물리적 영역뿐만 아니라 물리적으로도 점점 더 긴밀하게 상호 연결되어 있다. 이러한 연결은 다양한 측면에서 도움이 되지만 동시에 다국적 범죄 카르텔과 같은 조직의 활동과 질병, 마약 및 무기 등의 확산을 용이하게 한다.

필자는 종말을 예언하거나 인간의 진보에 대해 한탄하고자 이러한 이야기를 꺼내는 것이 아니다. 문명을 포기하고 생존주의자나 현대판 헨리 데이비드 소로우(Henry David Thoreau)가 되고자 이러한 현실을 설명하는 것은 더더욱 아니다. 오늘날 우리가 처한 환경과 도전은 인류 역사상 이전 시대에 비하면 더 나은 조건이기는 하나 그럼에도 불구하고 긴장의 끈을 놓는다면 이는 큰 실수가 아닐 수 없다.

미래의 위협을 평가할 때 비관적인 사고방식을 취해서는 안 된다. 그중 일부만이 심각한 국가안보 문제로 발전될 가능성이 있기 때문이다. 특정 위협으로 인하여 많은 사람들이 죽거나 이주해야만 할 경우 또는 큰 해를 끼칠 가능성이 높은 경우 우리는 이를 두고 미국, 동맹 및 파트너 국가에 대해 현저한 국가안보 위협이 된다고 말할 수 있다. "국가안보(national security)"라는 용어를 유용하고 정확하게 사용하려면 이것이 의미하는 바 그대로 해석해야 한다. 다른 종류의 안보도 물론 중요하지만, 이 모든 위협이 반드시 국가안보라는 범주에 들어가지는 않는다.

예를 들어 오늘날 지구상의 다른 어떤 종류의 폭력보다 내전으로 인하여 죽거나 다치는 사람이 많다(살인범죄를 제외하고). 그러나 일반적으로 이러한 내전의 파급 효과는 주로 인근 이웃 국가에 국한된다. 초국가적 범죄조직은 글로벌 운송 및 통신 인프라가 필요하므로 국가와 글로벌 경제시스템을 파괴하고자 하는 유인이 일반적으로 낮다. 다행히도 이러한 범죄조직이 인원과 상품을 운반하는 데 사용하는 많은 첨단 정보통신 기술이 그들을 차단하는 데에도 사용될 수 있다.

해양 플라스틱 축적으로부터 중국의 하천 생태계 파괴, 남획(overfishing), 인도 수도 델리의 대기오염에 이르기까지 최근 환경오염과 파괴는 대단히 심각한 문제이다. 많은 사람들이 죽고 다칠 것이며 더불어 많은 중요한 문화재가 훼손될 수도 있다. 그러나 이러한 문제는 일반적으로 국가안보 문제보다는 심각한 인간적, 인도적, 생태적 그리고 경제적 문제로 간주되어야 한다. 이러한 문제는 단시간 내 전 세계 영토 또는 인구를 물리적 위험에 빠뜨릴 정도로 급격하게 발생하지 않다.

국가안보의 개념을 보다 잘 이해하기 위해 소행성 충돌이라는 다른 예를 들어 살펴보자. 이러한 충돌이 발생할 가능성은 지구의 역사를 비추어 계산해 보면 대략 세기(century)당 10분의 1이다. 특히 오늘날 이제 막 개발되기 시작한 첨단기술을 바탕으로 이렇듯 가능성이 희박한 위협에 대해 과잉 대응하는 것은 그리 현명해 보이지 않는다. 만약 소행성 충돌 여파로 인하여 지진이 대도시를 강타한다면 큰 비극이 될 수는 있겠지만 이는 국지적일 가능성이 높다. 이러한 경우 엄밀히 정의하면 국가안보에 위협이 된다고 보기 힘들다. 초화산 (超火山, supervolcano)의 경우는 어떨까? 이는 아마도 국가 단위가 아닌 전 지구적 위기가 될 것이다. 그리고 이러한 위기가 발생하기 위해서는 앞으로 수만 년 또는 수십만 년 또는 그 이상의 시간이 소요될 것으로 보인다. 이는 소행성의 예와 같이 국가안보의 개념보다 전 지구적 측면에서 생각해야 한다. 이로 인해 미국만이 아닌 전 세계 국가와 인구가 영향을 받을 가능성이 크기 때문이다. 물론 차후에는 연구와 모니터링 체계를 갖추고 방어체계를 구축하는 노력이 강구되어야 할 것이다.[2] 그러나 이러한 문제는 아마도 미국의 국가안보 위협에 대한 짧은 목록상에 포함되거나 대전략의 우선순위에는 오르지 않을 것이다.

대조적으로 필자가 제시하는 새로운 4+1 목록상의 위협은 전통적인 4+1 목록의 위협과 결합될 때 실제로 막대한 피해를 가져올 수 있다. 각각의 위협에 대해 우리가 현실적으로 무엇을 할 수 있는지 그리고 이러한 위협이 현대 전쟁에 대해 시사하는 바가 무엇인지 이해하는 것은 매우 중요한 일이다.

전염병 및 생물무기

2020년 발생한 코로나19 위기는 차후 자연적 또는 인위적으로 발생할 전염병의 전조일지 모른다. 과거에 비해 현재 우리 모두가 인식하듯이 코로나19

가 가지는 잠재적인 영향력은 결코 무시하지 못할 수준이다. 그러나 이미 역학자들이 알고 있던 지식의 범주를 벗어나지는 못했다. 역사적으로 질병은 때때로 국가의 흥망성쇠에 중요한 역할을 했다.[3] 1980년대 발병했던 일련의 새로운 바이러스성 질병을 떠올려보면 그 영향력은 놀라울 정도로 현대사회를 특징짓는 인간과 동물이 거주하는 지역 간의 근접성과 밀도를 고려할 때 이는 결코 우연이 아니다.[4]

생물학 무기 역시 훨씬 더 위험해질 수 있다. 유전자 접합은 크리스퍼 유전자가위(Clustered Regularly Interspaced Short Palindromic Repeats, CRISPR)와 같은 기술개발로 인하여 과거에 비해 훨씬 더 쉬워졌다. 다행히도 유전자 재배열의 영향을 사전에 정확하게 파악하기 어렵기 때문에 극도로 위험한 병원체를 조작하는 것은 여전히 매우 어렵다. 더욱이 대부분의 국가들이 이러한 위험한 시도를 고려할 이유는 매우 제한적이다(특히 핵 억제력이 이러한 위협에 대해 일종의 안전장치를 제공할 수 있는 상황에서). 자신보다 상대방에게 훨씬 더 많은 피해를 입히고 자신에게는 지정학적으로 유리한 전염병을 일으키기 위해서는 엄청난 운이 필요하다. 이러한 길을 걸어가고자 하는 국가에게는 엄청난 창의력, 도덕적 타락 및 극도의 무모함이 요구된다.[5]

그러나 자만해서는 안 된다. 충분한 시간적 그리고 물질적 자원을 바탕으로 이러한 치명적인 연구에 몰두하는 일부 과학자들이 독감의 전염성 특성과 천연두나 에볼라 또는 이와 유사한 유사성을 결합한 조작된 병원체를 개발할 가능성은 충분하다. 이들 중에는 자국에게만 덜 가혹한 질병을 개발할 수 있기를 바라는 마음일 수도 있다. 또는 이러한 질병을 세상에 공개하기 전에 자국에서 사용할 백신을 개발하기를 희망할지도 모른다. 쉽고 빠른 유전자 스플라이싱(gene–splicing) 기술 적용이 가능한 요즘과 같은 시대 수많은 시행착오를 통한 실험을 추구하기란 오히려 더 용이해졌다. 이런 방식으로 수백만 명의 목숨이 위험에 처해질 수 있다는 사실이 실로 두렵다. 그리고 탄저병조차 효율적으로 전이된다면 극도로 치명적일 수 있다.[6] 새로운 유형의 병원체 발병을 억제하고 저지하기 위해 존 스타인브루너(John Steinbruner)는 일종의 사회적 검증, 즉 전 세계의 생물학 연구에 대한 공동 감독체계를 제안한 바 있는데, 지정학적 여건이 어느 정도 개선된다면 이러한 구상은 충분히 고려할 가치가 있다.[7]

생물학 무기의 위협이 구체적으로 어떻게 발현되든 2020년 우리가 배운 가장 큰 교훈은 자연적인 **전염병**(natural pandemics)은 언제든 인류에 가장 큰 위협이 될 수 있다는 사실이다. 실제로 이는 너무나 위압적이어서 우리가 전통적인 지정학적 문제는 잠시 뒷전으로 미뤄두고 전염병이라고 하는 21세기의 치명적인 위험에 집중해야 할 정도다. 이것이 가능한지 여부와는 관계없이 한 가지만은 분명하다. 다른 국가들과 마찬가지로 미국 역시 이에 대한 준비가 미흡했다는 점이다. 우리는 이러한 점을 분명히 인식해야 한다.

예를 들어 9.11 테러 이후 조지 W. 부시 대통령에 의해 확대 시행된 1998년 의료 장비 및 공급품에 대한 국가전략비축물자(the Strategic National Stockpile) 제도는 여전히 가치 있는 구상이다.[8] 1990년대 후반과 2000년대 초반 생명을 위협하는 위험한 병원체에 대비하기 위한 자원 조달은 일반적으로 원활한 편이었다.[9] 그러나 이후 미국 행정부와 의회는 이 문제를 더 이상 진지하게 고민하지 않았다.[10] 올바른 유형의 기본 공급품을 사전에 비축하는 것은 결코 쉬운 일이 아니다.[11] 그러나 많은 유형의 비축물자는 예측 가능한 범위 내 존재한다.

미래에 다시금 발생할지 모르는 질병에 대한 대비책에 대해서는 이제는 너무나 자주 논의되어 이 책을 읽고 있는 대다수의 독자들에게는 익숙한 이야기일지도 모른다. 그럼에도 핵심적인 내용에 대해 요약하면 아래와 같다.

첫째, 초기 감염자에 대한 조기 발견 및 조기 식별 – 격리 – 접촉 추적은 모든 전염병의 대유행을 완화하는 가장 바람직한 방법이다. 이는 적어도 백신 개발이 이루어지기 전 감염병이 더 많은 사람들에게 노출되기 전에 격리하고 근절하기 위함이다. 이 방법은 충분한 양의 자가검사키트가 필요하며, 이는 광범위한 자가검사가 가능해지기 전에 전염병이 얼마나 널리 퍼졌는지에 대한 함수와도 같다. 2020년 3월 말 미국 기업연구소(American Enterprise Institute, AEI)의 스콧 고틀리브(Scott Gottlieb) 박사와 그의 동료들은 새로운 코로나바이러스감염증이 발생한다면 일주일에 최대 750,000개의 자가검사키트가 필요할 것으로 추정했다.[12] 이에 더하여 감염자 및 잠재적 감염자의 접촉 추적 및 격리와 관련된 업무를 수행할 수 있는 강력한 공중보건기관의 역할 역시 필요하다.[13] 공공 건물, 항공기 또는 기차를 이용하는 인원 및 승객을 검사하기 위한 체온계와 이동 및 접촉을 추적하는 데 도움이 되는 스마트 폰 앱 등 역시 필

요하다.[14]

둘째, 오바마와 트럼프 행정부의 서투른 대응으로 부족했던 보호 및 인명 구조 용품의 적절한 재고를 유지하는 노력 역시 중요하다. 이러한 용품에는 코로나19의 경우 최초 접촉자뿐만 아니라 응급 구조원과 의료 종사자를 위한 N95 마스크와 인공호흡기가 포함된다. 이러한 응급 구조원과 의료 종사자들은 미국인뿐만 아니라 해외에 거주하고 있는 다른 국가 국민들 역시 돌보고 있기에 (인도주의적 근거에서 그리고 세계화 시대 전염병을 근절할 수 있는 다른 방법이 없기 때문에) 충분한 보호 및 인명 구조 용품을 확보하는 노력은 더욱 중요하다. 물론 질병의 특성에 따라 필요한 인공호흡기의 수는 다를 수 있다. 한 연구에 따르면 코로나19의 경우 최초 보유했던 수량에 비해 전국적으로 대략 두 배 이상의 인공호흡기가 필요했다는 평가가 있었던 만큼 이러한 측면에 대한 세심한 관심이 요구된다.[15]

셋째, 국가는 필요 시 주요 공급품의 생산을 신속하게 늘리기 위해 제조 능력이 필요하다. 이러한 생산성을 유지하기 위해 일부 보조금 지원이 필요할 수도 있다. 예를 들어 국가는 특정 질병이 감염자에게 미치는 영향을 완화시킬 수 있는 검사, 백신 및 다양한 항바이러스 치료제의 생산을 촉진할 수 있는 능력이 필요하다. 그리고 비상시 국가는 임상시험이 진행되기 전이라도 가능성 있는 치료제를 생산하기 위해 노력해야 하며 사용하지 않고 폐기해야만 하는 백신 및 의약품 생산과 관련된 재정적 위험을 감수해야 한다.[16] 이러한 비용은 수백억 달러에 이를 수 있다. 그러나 다른 종류의 위험과 비상사태에 대응하기 위해 드는 비용 그리고 그 잠재적인 결과와 비교한다면 이는 반드시 감내해야 하고 할 수 있는 수준이다.[17] 이를 위해 미국 정부는 이 문제를 해결하기 위해 국방물자생산법(Defense Production Act)으로부터 일시적인 보조금 지원에 이르기까지 다양한 수단을 발전시키고 있다.[18]

또한 미래 발생할 수 있는 질병 감시, 감염자의 격리 및 치료, 지역 및 국가 차원의 정보 공유에 필요한 공중보건 인프라를 구축해야 한다. 이 중 대부분은 긴급 상황에 활용되는 개념으로 예를 들어 모두 정규직 직원으로 채용할 필요는 없다. 재정절감을 위해 이미 활용되고 있는 국가 서비스에 대한 다양한 개념과 병행되거나 차용될 수 있다. 이러한 노력은 다른 국가에도 확대되어야 하며 전 세계적으로 의료 및 의료 기반시설을 개선하기 위한 전 세계적인 노력과 긴밀하게 결합되어야 한다.[19]

향후 발병 위험을 완화하기 위한 지속적인 노력이 필요하다. 이는 중국을 포함한 지역 내 이러한 종류의 발병에 직간접적인 영향을 미친 야생동물 시장에 대한 강력한 제한을 의미한다. 이를 통해 일부 야생동물의 자연 서식지 보호를 강화하여 위험한 질병을 야기할 수 있는 동물과 인간 사이의 상호 작용을 체계적으로 규제하고 제한할 수 있을 것이다.[20] 또한 세계보건기구(the World Health Organization)는 미래 질병이 발병할 가능성이 지역 내 감시 및 치료팀을 빠르고 효과적으로 배치하기 위해 권한을 부여하고 자원을 배정하는 노력을 지속해야 한다.[21]

또한 코로나19보다 에볼라와 같은 특정 질병의 경우 군 작전과 같은 보다 직접적인 대응이 필요할 수 있다. 예를 들어 전쟁이 일어난 지역과 같이 심하게 고통받는 지역을 격리하거나 발병을 억제하려는 의료 종사자를 범죄나 전쟁으로부터 보호할 필요성이 있기 때문이다. 다행히 현재까지는 에볼라가 발생하기 전에 폭력적인 투쟁을 종식시키거나 최소한 크게 완화시킨 국가에서 대부분의 에볼라가 발병했다. 그러나 같은 상황이 미래에도 발생하리라는 보장은 할 수 없다.[22]

대다수 전 세계적인 내전 진압의 경우 인도주의적인 문제로 간주되곤 하지만 일부 미국에게 전략적인 영향을 미치는 경우도 있다. 이에 대전략을 논의하는 과정에서 반드시 포함해야 하는 주제이기도 하다. 예를 들어 전염병이 통제할 수 없는 전장에서 퍼질 경우를 상정해볼 수 있다. 또한 핵무기의 안전을 담보할 수 없는 불확실한 내부 분쟁을 겪고 있는 파키스탄과 같은 국가에서도 발생할 수 있다(핵 문제는 다음 장에서 자세히 논의할 예정이다).

다행스럽게도 미국의 전략적 이익에 대한 중요성에 비례하여 전쟁의 위험과 피해를 완화할 수 있는 수단이 없는 것은 아니다.[23]

2019년 기준 전 세계적으로 14곳에서 유엔평화유지활동이 진행되고 있다. 군, 경찰, 민간인 및 전문가를 포함하여 총 10만 명 정도가 참여하고 있다. 대부분의 유엔 작전은 중동과 북부 및 중앙 아프리카에 집중되어 있으며, 이에 더하여 사이프러스, 코소보, 남아시아 및 아이티에서도 임무수행 중이다. 이러한 활동에 소요되는 연간 총 예산은 약 70억 달러 규모로 동 지역의 전략적 그리고 인적 중요도와 비교할 때 절대적으로 많은 비용이 아니다. 오히려 비용만 두고 본다면 저렴하다고 평가하는 게 맞다.[24] 그러나 이러한 임무에 대한 평가에는 다소 분분한 의견이 있을 수 있다. 전반적으로 유엔평화유지활동의 약 40%는 실제 평화 유지에 기여하지 못했다는 평가다. 이는 유엔평화유지활동 자체의 문제라기보다 너무 깊이 자리 잡은 갈등이 원인이 경우가 많다. 지역 내 일부 집단이 평화를 유지하기보다 자신의 이익을 극대화하기 위해 이러한 평화유지활동을 방해하는 경우 또한 존재한다.[25]

나아가 전 세계의 집단적 능력 특히 강대국들의 의지가 부족한 경우가 많다. 그렇다고 해서 유엔평화유지활동의 전체 또는 부분적으로 약 60%의 성공을 거두고 있고 최근 이라크 및 아프가니스탄에서의 미국 주도의 군사작전에 비해 훨씬 더 경제적인 임무수행에 반대하는 것은 아니다.[26] 한 예로 조지타운 대학교의 리즈 하워드(Lise Howard) 교수는 냉전이 종식된 이래 유엔평화유지군이 맡은 임무의 대부분 또는 그 이상으로 성과를 달성한 다차원적 임무에 대해 연구를 진행했다. 여기에는 나미비아, 캄보디아, 모잠비크, 엘살바도르, 과테말라, 동슬라보니아 및 크로아티아, 동티모르, 시에라리온, 부룬디, 동티모르(하워드 교수는 동티모르를 총 2번 포함했는데, 이는 유엔평화유지활동의 성공이 반드시 지역 내 모든 문제의 끝을 의미하지는 않음을 강조하기 위함이다), 코트 디부아르, 라이베리아 등 12회에 걸친 유엔평화유지활동이 포함되어 있다. 반면 이러한 성공과는 대조적으로 1960년대 콩고와 1990년대 이후 소말리아, 앙골라, 르완다, 보스니아, 아이티에서의 유엔평화유지활동은 그리 좋은 성과를 내지 못했다.[27] 국제사회는 앞에서 제시한 성공적인 사례를 비추어 보아 특정 국가의 군을 훈련시키는 등 제한된 미국의 지원을 포함한 노력을 배가하고 가능하다면 더욱 발전시키는 노력을 지속해야 한다.[28]

코로나19가 초래한 결과는 끔찍하다. 우선 미국 연방 예산과 경제적 측면에서 수조 달러 이상의 비용이 들어갔으며 미국 내에서만 수십만 명이 사망했다. 1990년대 후반과 2000년대 초반 이전 발병 경험을 바탕으로 볼 때 다음 전염병은 덜 심각할 가능성이 높지만 그럼에도 불구하고 사망률이 10배 이상 급격하게 높아질 가능성 또한 배제할 수 없다. 이러한 경우 우리는 어느 순간 사회, 경찰력, 의료 인프라 및 군사력의 측면에서 기본적인 응집력이 붕괴되는 상황을 마주할지도 모른다. 특정 국가의 전반적인 의료체계에 과중한 부담을 주지 않으면서 질병의 급속한 확산을 제한하기 위한 노력은 경찰, 의료기관 및 군이 기본 임무수행을 가능케 하여 결과적으로 국가안보에 보다 기여할 수 있을 것이다. 예를 들어 2020년 초 코로나19의 영향으로 미군은 기본적인 훈련을 중단하고 겨우 항공모함 시어도어 루즈벨트(USS Theodore Roosevelt)와 키드 급 구축함(Kidd Class Destroyer)만을 운용할 수 있었을 뿐이다. 이렇듯 군의 훈련 강도가 장기간 감소하는 상황이 지속되었다면 점진적이고 부분적인 군사력 위축으로 이어질 가능성도 있었지만 다행히 큰 영향은 미치지 않았다.[29] 그러나 이러한 상황은 언제라도 달라질 수 있다. 이러한 이유로 전염병과 함께 생물무기는 앞으로도 당분간 미국과 전 세계가 직면할 수 있는 최상위 위협 중 하나로 4+1 목록에 위치할 것이다.

생물학과 자연적인 전염병의 본질적인 의미와 잠재적인 위험을 파악하는 데 더해 코로나19의 경험을 되새기는 것은 큰 의미가 있다. 역사는 통상 위기가 발생할 때 기회를 제공한다. 왜냐하면 위기를 통해 집단의 마음을 하나로 집중시키고 정책 입안자들의 행동을 이끌어낼 수 있기 때문이다. 두려움은 하나의 큰 동기로 작용한다. 잠재적인 적에 대해 과잉 반응으로 이어지는 경우 이는 매우 위험한 동기가 될 수 있다. 그러나 우리가 향후 전염병에 대한 반응을 과도하게 사용할 가능성이 적다. 다만 이러한 상황에 보다 적극적으로 준비해야 할 때임에는 틀림없다.

핵무기와 핵확산

전 세계는 핵 위험에 어느 정도 무디어진 듯하다. 왜냐하면 핵 위험은 우리가 지각이 있는 성인이 된 이래 존재해왔고 21세기 들어 핵 위기뿐만 아니라 핵 확산 속도가 비교적 늦춰졌기 때문이다. 그러나 이러한 상황이 결코 우리가 마음을 놓을 수 있는 이유가 되지는 못한다.

최근 수십 년 동안 샘 넌(Sam Nunn), 빌 페리(Bill Perry), 조지 슐츠

(George Shultz)와 같은 전 세계적으로 가장 위대한 정치가와 전략가들은 핵무기를 현대 문명에 가장 큰 위협으로 평가했다. 이들 중 몇몇은 21세기 초까지 핵무기를 완전히 폐기해야 한다고 주장을 지원하기도 했지만 곧바로 이어진 러시아의 행동은 이러한 생각을 무색하게 만들기에 충분했다. 핵무기를 완전히 폐기해야 한다고 주장하는 이들의 견해는 당시 국제적으로 관심을 갖게 하기에 충분했다. 왜냐하면 핵무기와 관련한 그들의 주장은 기술적, 전략적 그리고 정치적으로 충분한 이해를 바탕으로 매우 정교하게 발전시켜왔기 때문이다. 그들은 핵무기의 하드웨어가 어떻게 작동하는지 그리고 복잡해 보이는 군 조직의 성격을 간파하고 있었다. 나아가 정치가와 지도자들이 평시와 위기에서 어떻게 생각하고 행동하는지에 대한 이해 역시 충분했다. 그리고 그들은 핵무기와 관련하여 그들이 마주한 현실에 대해 두려워하고 있었다.[30]

실제로 이들이 핵무기에 대해 그토록 집착했던 이유는 충분했다. 이는 단지 쿠바 미사일 위기(Cuban Missile Crisis)라는 단 한 번의 위기 때문만은 아니다. 물론 쿠바 미사일 위기는 쿠바와 인근에 위치한 소련 잠수함 지휘관에게 공격을 받을 경우 핵무기를 사용할 수 있도록 사전 승인한 만큼 역사적으로 핵 위협이 가장 고조되었던 시기라 해도 과언이 아니다. 그러나 쿠바 미사일 위기 외에도 여러 차례 허위 경보가 발령되었던 예를 쉽게 찾을 수 있다. 한 예로 1983년 한 소련 기술자는 미국이 대륙간 탄도 미사일(Intercontinental Ballistic Missile, ICBM)을 발사했다는 신호가 잡혔지만 레이더 판독값을 재차 확인하여 과잉 대응을 피할 수 있었다. 이 외에도 항공기에서 실수로 폭탄을 떨어뜨리거나 미국의 핵탄두 미사일이 격납고(silo)에서 폭발하는 등의 사고 역시 빈번하게 발생했다.

이웃 국가와 실질적인 분쟁 상태에 있는 파키스탄, 북한과 같은 국가로 핵무기가 확산되고 정치적으로는 불안정한 상태가 지속되며 안전을 보장할 수 있는 대책과 자원이 제한된다는 점도 이러한 우려를 더욱 증폭시킨다. 이러한 우려에도 불구하고 아직까지 완전한 핵폐기를 추구하는 것은 사실상 불가능할 수 있다. 그러나 강대국을 비롯한 국가들의 군사대비태세에서 핵무기가 차지하는 중요성을 보다 약화시키는 방향은 앞으로 우리가 추구해야 할 최우선 과제임에는 틀림없다.[31]

최근 핵 확산 속도가 다소 주춤하였다고 하더라도 현재에 안주해서는 안된다. 확산이란 한번 시작되면 그 파급 효과는 걷잡을 수 없게 된다.[32] 더욱이 최근에는 3D 프린팅 및 첨단 생산시스템 등을 포함하여 점점 더 많은 기술이 전 세계적으로 확산되고 있다. 핵무기 생산 및 확산과 관련된 정보는 디지털화되어 인터넷에 공유된다. 2010년 비확산 전문가 데이비드 올브라이트(David Albright)는 이러한 상황을 "현재 핵무기 생산에 필요한 물질, 장비 및 기술을 획득하는 것은 10년 전에 비해 훨씬 쉬워졌고 10년 후에는 더욱 간단해질 것이다"라고 경고한 바 있다.[33]

역사적으로 히로시마와 나가사키로 거슬러 올라가는 핵 금기가 21세기까지 지속된다면 그래도 운이 좋은 상황이다. 예를 들어 남아시아에서 현재 그 누구도 예상하지 못한 핵전쟁이 발생한다고 가정해보자. 인도는 2008년 라쉬카르에 타이바(Lashkar−e−Taiba)와 같은 단체에 의한 끔찍한 뭄바이 공격 테러와 같은 행위에 보복할 가능성이 농후하다.[34] 이 단체가 더 이상 파키스탄 정보국의 명령을 받지 않는다고 하더라도 인도의 보복은 충분히 이루어질 수 있다. 소위 콜드 스타트(Cold Start) 독트린에 따른 인도의 재래식 반격은 파키스탄 북부의 좁은 지역적 특성을 감안할 때 파키스탄 수도를 매우 단시간에 위험에 빠뜨릴 수 있다.[35] 이슬라마바드(Islamabad)와 라왈핀디(Rawalpindi)는 인도 국경으로부터 고작 125마일밖에 떨어져 있지 않다. 즉 이론상 이러한 지역에 수일 내에 도달할 수 있다는 의미다. 이러한 우려는 인도가 의도한 바가 아니라 하더라도 파키스탄의 입장에서 충분히 우려할 수 있는 범위다. 나아가 소위 '위대한 무갈 제국의 도시' 라호르는 이러한 국경 바로 너머에 위치해 있다. 이러한 상황에서 파키스탄은 논리적으로 인도군이 집중된 지역, 집결지, 요충지, 교량, 군 비행장 및 기타 전술적 목표에 대해 핵무기를 사용하는 방안을 고려해볼 수 있다.[36] 만약 대인 포탄이나 핵무기와 같은 폭발 장치가 약 3,000피트 상공에서 폭발한다면 지상 약 2~3마일 반경의 지역 내 병력과 군장비에는 매우 치명적일 수 있다. 이러한 경우라도 인구 밀집 지역 내 많은 낙진을 생성하지 않을 수 있다.[37] 이러한 까닭에 스트레인지러브(Strangelove) 박사는 기술적이고 전술적인 수준에서 핵무기의 효과를 제한할 수 있으므로 매우 유용한 수단이라고 여겼다. 이는 파키스탄이 핵무기 사용 자체가 적어도 위험한 방안은 아니라고 판단하게 만들 수 있다. 만약 이를 통해 파키스탄 지도부의 관점에서 파키스탄의 결의를 보여줌과 동시에 인도의 진격을 늦추고 인도가 파키스탄에 대해 핵무기로 보복하지 않도록 충분히 설득할 수 있다는 희망을 품을 수 있다. 이러한 도박은 분명히 무모한 도전이 되겠지만 충분히 가능한 일이다.

이렇듯 파키스탄의 입장에서 세심하게 계산된 핵공격이 인도를 대상으로 억제 효과를 가져올 수 있을지에 대해서는 분명히 논쟁의 여지가 있다. 그러나 만일 하나 파키스탄의 공격이 의도한 범위를 넘어 더 많은 피해를 가져올 경우 상황은 급박하게 전개될 수밖에 없다. 이러한 시나리오상에서 분쟁이 확대될 수 있는 가능성은 매우 높다. 경보 및 지휘통제체계에 대한 재래식 공격조차 인도 또는 파키스탄으로 하여금 핵공격을 받고 있다고 인식하게 만들 수 있으며, 이로 인해 핵무기를 사용하여 대응할 가능성은 높아질 수밖에 없는 것이다.[38]

나아가 현재는 이러한 종말론적인 테러리스트 이념과 이러한 견해를 지지하는 단체가 난무하는 시대다. 우리는 테러리스트들이 폭탄을 손에 넣을 수도 있다는 딕 체니(Dick Cheny) 전 부통령의 우려를 완전히 무시할 수는 없다. 론 서스킨드(Ron Suskind)는 딕 체니 전 부통령의 이러한 두려움에 대해 9.11 이후 만약 미국 해안지역에 폭탄이 도달할 수 있는 확률이 단 1%라도 있다면 그 위험은 거의 확실하다고 믿었다고 설명하고 있다. 했다. 딕 체니 전 부통령이 미국 역사상 가장 어려운 시기에 이러한 가능성을 왜 그토록 걱정했는지 굳이 설명을 덧붙일 필요는 없을 것이다.[39]

다행히도 핵무기를 위해 필요한 핵분열 물질을 생산하는 것은 여전히 어렵고 많이 비용이 든다. 핵테러의 가능성을 감안할 때 우리는 이미 전 세계에 존재하는 핵분열 물질의 안전에 가장 중점을 두어야 한다.[40] 실제로 이는 핵무기의 안전과 안보에 직결된다. 이는 종종 아주 느리게 진행되기도 하고 때로는 좌절되기도 하겠지만 궁극적으로 광범위한 영역에서 추진되어야 한다. 앞서 논의한 바와 같이 러시아, 중국, 북한 및 이란과 관련된 특정 위험을 해결하거나 아니면 적어도 부분적으로 완화하기 위해 노력해야 함은 물론이다. 이에 더해 다음과 같은 핵안보 및 안전 의제에 대해서도 지속적으로 논의해야 한다.

- 러시아와의 지속적인 군비 통제 및 핵무기 감축(궁극적으로 다른 핵보유국도 포함해야 하나 초기에는 일부 국가들의 제한된 핵무기 수를 고려하여 규모를 제한하는 것 이상을 요구하지는 않는 방식을 채택할 수 있다).[41]
- 가능한 경우 핵 경보 수준 하향 조정.[42]
- 발전소 및 연구용 원자로를 포함한 원자력 관련 기술에 대한 추가적인 보호조치 강구. 이는 러시아와 미국뿐만 아니라 제한된 자원과 잠재적 적과의 지리적인 완충장치가 적은 국가 역시 마찬가지다. 냉전 이후 전 세계적으로 이 분야와 관련하여 상당한 진전을 이루었음에도 불구하고 여전히 해야 할 일이 남아 있으나 미국이 지원할 수 있는 예산 규모는 현저히 감소되었다.[43]
- 각 국가의 국가안보 및 국방전략 상 핵무기의 역할 축소. 이를 통해 기존의 안전조치협정상의 사찰의무를 강화하는 국제원자력기구(International Atomic Energy Agency, IAEA) 안전조치협정 추가의정서를 포함한 핵확산금지조약(Nuclear Non-Proliferation Treaty)의 기본 논리 유지할 수 있다(동 주제에 대해서는 추후 8장에서 다시 다룰 예정임).
- 냉전 이후 초기 넌-루가 협력적 위협감축(Nunn-Lugar Cooperative Threat Reduction, CTR) 프로그램과 같은 협력적 위협 감소 의제에 대한 지속적인 관심.
- 수출통제체제와 함께 원자력공급국그룹(Nuclear Supplier Group, NSG)이 다루는 기술에 대한 세심한 모니터링 강화. 이러한 관련 기술에는 밸브, 진공펌프, 뇌관, 중성자 발생기, 고속 카메라, 플래시 엑스레이션 장비, 금속 및 기타 원심분리기 핵심 부품 등이 포함되어 있다.[44]
- 전 세계적으로 원자력 에너지의 확산을 처리하는 방식에 대해 극도의 주의를 기함. 친환경 에너지라는 측면에서 매력적으로 보일 수 있겠으나 부주의하게 원자력 에너지를 추구한다면 이와 관련된 위험성은 매우 크다.

핵무기와 관련된 위험은 정책의제의 중요성을 넘어 철학적 수준에서 그리고 우리가 강대국의 군사경쟁을 바라보는 보다 폭넓은 측면에서 우리의 일상에 영향을 미친다. 아인슈타인(Einstein)의 말을 빌리자면 핵무기는 우리가 생각

하는 방식을 제외한 모든 것을 바꾸었다고 해도 과언이 아니다. 그리고 그 위
험은 매우 크다.[45] 핵무기는 지난 75년 동안 강대국 간의 전쟁을 방지하는 데
도움이 되었지만 향후 발생할 수 있는 모든 전쟁에서 위험을 크게 고조시키는
결과를 낳았다. 외교정책에 있어 자제는 위기 간의 의사결정과 핵보유국들 간
의 갈등을 통제하려는 노력에 있어 핵무기라고 하는 현대적 다모클레스
(Damocles)의 검에 의해 그 중요성이 더욱 빛을 발한다.

기후

마지막으로 기후 변화에 대해 살펴본다. 기후 변화라고 하는 거대한 도전
에 대해 원자력 에너지는 종종 문제가 아닌 답으로 제시되곤 한다. 올바른 종
류의 원자로와 안전장치가 갖춰진다면 그럴 수도 있다. 폐기물 처리를 위한 실
행 가능한 전략 역시 개발되어야 한다. 그렇지 않으면 우리는 원자력 에너지
발전과 관련하여 매우 신중하고 조심스럽게 접근해야 한다. 다른 문제를 악화
시켜 이 4+1 목록상의 문제를 완화하고자 하는 방식을 취하지 않는 것이 특
히 중요하다. 이러한 접근 방식을 취하기에는 잠재적으로 끼칠 영향이 매우 중
대하다.

기후 변화가 국가안보와 대전략 관점에서 이토록 위협적인 이유에 대해
충분히 이해할 필요가 있다. 기후 변화가 가져올 잠재적인 영향력은 아직 불확
실한 반면, 발생할 가능성이 높은 몇 가지 사례는 분명하다. 국내적으로 지금
보다 더 강한 폭풍과 허리케인(과거 역대 허리케인의 30% 이상[46]이 카테고리 3이었
던데 반해, 지금은 허리케인의 40%가 카테고리 3 이상일 가능성이 있음)이 예상된다.
뉴욕 시와 플로리다는 해수면 상승으로 인하여 막대한 비용을 들여 마치 가상
의 요새 와도 같은 도시 국가로 변화하고 있다. 이로 인한 변화로 인해 예상되
는 손실 또한 무시하기 어려운 수준이다. 예를 들어 군사시설에 피해를 주고
이에 따라 전투준비태세를 저하시킬 수 있다. 국제적으로는 기후 변화의 영향으
로 인해 많은 사람들이 이주하거나 점점 더 희소해지는 자원을 놓고 잠재적으
로 적대적인 국가 간의 경쟁이 발생할 수 있다. 내전 역시 악화될 수 있다. 일

부 사람들은 기후 관련 가뭄이 시리아 내전의 발발에 영향을 주었다고 생각한다.[47] 가뭄화되어 가는 미국 농장뿐만 아니라 아프리카 일부 지역과 중동에서도 농작물을 재배하기 더 어려울 수 있다. 남아시아를 비롯한 여러 지역에서는 해양 침식과 토양의 염분화로 인해 농지가 훼손되거나 파괴되어 엄청난 수의 이재민이 발생할 수 있다. 외진 열대 우림 지역에 사람이 이주함에 따라 동물과의 접촉 가능성이 증대되고 이로 인한 전염병의 위험 역시 증가될 수 있다.[48]

그러나 기후 변화가 지정학에 끼친 영향을 이해하기 위해서는 이러한 변화를 국가안보 시각에서 바라보는 것이 중요하다. 생태학적, 환경적 그리고 인류에 대한 비극이 국가안보 문제로 점철되는 방식은 점점 더 희소해지고 감소되는 있는 자원을 두고 치열하게 경쟁하고 이로 인하여 많은 사람들이 강제적으로 이주하면서 시작된다. 작은 섬나라가 잠재적으로 파괴되는 경우와 같은 기후 변화의 결과는 인도적 그리고 정치적 재앙에 가깝다(물론 그렇다 하더라도 미국 국가안보에 대한 직접적으로 위협을 끼친 경우에 비해 용납할 수 있다는 의미는 아니다). 이러한 경우 역시 실제로 미국의 국가안보에 영향을 미칠 수 있으므로 대전략의 관점에서 주의를 기울여야 한다.

향후 수십 년에 걸쳐 전 세계적으로 수억 명의 실향민이 발생할 것으로 예상된다. 해수면이 8인치에서 6피트 또는 그 이상으로 상승할 것이라는 예측을 고려할 때 그 수는 세기 중반까지 10억 명을 초과할 수 있고 세기 말까지 20억 명에 달할 수 있을 것으로 보인다. 지난 140년 동안 이미 일어난 8인치의 상승에 더한다면 그 수준은 1에서 4피트 사이일 것이다.[49] 현재 해수면으로부터 3피트 이내에 사는 3분의 2 규모의 사람들은 주로 남아시아, 동남아시아 또는 동아시아에 거주하고 있다.[50] 더욱이 가뭄은 이러한 사람들을 강제 이주시킬 가능성도 있다.

이러한 추세는 세계에서 가장 인구가 많은 지역 내 강제 이주와 농지가 손실되는 결과를 초래한다. 더욱이 세계 어업의 고갈이 영양실조 문제를 악화되는 시기와 겹쳐 더욱 위험한 상황이 될 수 있다. 전 세계 30억 인구가 식량을 구하기 위해 바다에 의존하고 있다는 점을 감안할 때 특히 우려되는 상황이다. 오늘날의 어업은 넓은 의미에서 약 2/3 수준은 고갈되어 있는 상황으로 이는 남획으로 인해 더욱 약화되고 있다.[51]

기후 변화는 갈등을 발생시키는 주요 동인이나 직접적인 원인이 아닐지라도 하더라도 이미 시작된 갈등을 악화시키는 것만은 분명하다.[52] 이러한 상황을 상상하기란 그리 어렵지 않다. 인도와 파키스탄 간의 불확실한 평화는 히말라야 빙하의 물부족으로 인해 위태로워질 수 있다. 남아시아와 동아시아의 거대 도시들은 상당히 빠른 속도로 해수면 아래로 가라앉거나 주요 식수원에 바닷물이 스며들 수 있다. 중국의 경우 국내 식량 수요를 감안할 때 남중국해에 대한 영유권을 더욱더 공세적으로 주장할 수도 있다. 식수를 관리하는 방식이 발전하더라도 중동, 남아시아 및 북아프리카에서의 가뭄은 더욱 심화될 수 있다. 이집트와 에티오피아는 나일강에서 식수를 공유하는 문제로 큰 타격을 입을 수 있다. 현 추세에 따르면 2030년까지 인도 인구의 약 40%가 안정적으로 식수를 제공받을 수 없다. 이러한 상황은 내전의 위험과 더불어 (심지어 남아시아의 더 넓은 나일강 유역이나 레반트 또는 갠지스강 및 인더스강 일부에서 흐르는 물과 같은 자산을 두고) 국가 간 전쟁이 발생할 가능성을 증폭시킨다.[53]

이러한 문제들 중 일부는 인도 및 파키스탄과 같은 핵보유국이나 이집트와 같은 지정학적으로 중요한 위치에 있는 미국의 주요 안보 파트너에게 큰 영향을 미칠 수 있다. 미국의 주요 동맹국들 역시 기후 변화로 인한 재앙으로부터 간접적으로 영향을 받을 수 있다. 예를 들어 아프리카의 사헬 지역 내 이미 열악한 환경 속에 거주하고 있는 많은 인구는 점차적으로 유럽으로 이주해야 하는 상황을 맞이할 수도 있다. 그러나 이 또한 기후 변화의 영향으로 멕시코 만류가 방향을 전환한다면 유럽 내 위치한 미국의 주요 동맹국들은 훨씬 더 추운 극단적인 상황을 맞이할 수 있다.[54]

4+1 또는 2+3 프레임에 있는 미 국방부의 주요 위협 중에서 러시아와 북한만 이러한 기후 변화로 인한 영향을 받을 가능성이 상대적으로 낮아 보인다. 이에 반해 중국, 이란 및 중동 지역은 매우 취약하다. 인구 밀도가 높고 핵무장을 한 상호 적대적인 두 강대국이 위치한 남아시아의 경우도 마찬가지다. 남아시아 지역 내 미국의 동맹국은 위치하고 있지 않지만, 핵무기 사용을 포함한 대규모 전쟁의 가능성은 직접적인 당사국을 넘어 많은 국가들의 우려를 낳고 있다. 특히 파키스탄의 극단주의, 불안정한 정치상황 그리고 대량 살상 무기를 고려하면 이러한 상황은 더욱 위험하다.

향후 이산화탄소를 배출하는 석유 및 기타 탄화수소에 대한 의존도를 줄이지 않는 한 이러한 기후 변화는 훨씬 더 악화될 것이다. 오늘날 탄화수소는 세계 에너지 사용의 약 80%를 차지한다. 이 수치는 20년 후에도 여전히 약 75%에 이를 것으로 예상된다. 에너지 효율성은 지속적으로 향상될 것으로 예상되지만 동시에 전 세계적으로 향후 수년 동안 탄화수소 사용량은 꾸준히 증가할 것이다.[55]

석유와 석탄에서 천연가스와 더 많은 원자력 에너지로의 변화가 해답의 일부가 될 수 있지만 그것만으로는 충분치 않다. 대규모 탄소 포집을 가능하게 하는 기술 혁신이 없다면 재생 에너지 사용을 획기적으로 확대할 수밖에 없을 것이다. 이로 인해 당분간 비용이 10%에서 50%로 증가하는 상황이라 하더라도 기후 변화와 기후 관련 안보위험의 심각한 악화를 피하고자 한다면 감내해야 한다. 같은 맥락에서 탄소세 역시 필요하다고 생각한다. 이와 관련해서는 미국 국내 재정 및 정책 의제에 대해 논의하면서 추가로 설명할 예정이다.

디지털 위험

시간이 지남에 따라 컴퓨터, 정보 및 인터넷 혁명으로 인한 새로운 위험이 나타날 수 있다. 예를 들어 인공지능에 대한 규제는 인류의 안전과 생존을 보장하는데 매우 중요하다.

그러나 가장 가까운 미래에 두드러질 것이라 예상되는 문제 중 하나는 해킹을 비롯한 사이버 공격 등에 취약한 많은 컴퓨터 시스템일 것이다. 이러한 문제는 이미 잘 알려져 있음에도 불구하고 우리가 일상에서 컴퓨터에 상당 부분 의존한다는 점을 고려해볼 때 심각한 문제가 아닐 수 없다. 국가안보 측면에서 보면 미군을 비롯한 많은 동맹국들이 의존하고 동시에 방어하고자 하는 수많은 국가기반시설이 달린 중요한 문제이기도 하다.

컴퓨터와 관련하여 그 배경은 이미 잘 알려져 있다. 지난 반세기에 걸쳐 수많은 분야에서 비약적인 발전을 이루었고 이는 앞으로도 계속될 것이다. 컴퓨터의 용량이 18개월에서 24개월마다 두 배의 속도로 증가한다는 무어의 법칙(Moore's law)은 향후 수십 년 동안 그대로 유지될 수도 있고 그렇지 않을 수도 있다. 그러나 적어도 빠른 발전은 지속될 것으로 보인다. 1970년경에는 하나의 칩에 수천 개의 트랜지스터를 내장할 수 있었다. 2000년에는 그 수치가 대략 1000만 개 수준이었고 2015년에는 10억 개를 넘어섰다.[56] 이러한 발전 속도는 느려질 수는 있으나 결코 멈추지 않을 것이다. 그리고 이미 사용 가능한 컴퓨터 용량을 활용하기 위해 수많은 수단이 발명될 것이며 많은 영역에서 아직 개발되지 않은 엄청난 잠재력이 존재한다.

그러나 이러한 컴퓨터의 발전으로 인하여 사이버상의 취약성은 훨씬 더 커졌다. 그리고 이러한 사실은 향후 국방계획을 수립하는 데 있어 더욱 중요하게 작용할 것이다. 적이 우리보다 먼저 인지할 수도 있는 상황에서 이러한 미국의 취약성은 공격을 선호하게 만들 수 있기 때문이다. 그들이 운영하는 모든 시스템상에 아킬레스건을 구축함으로써 현대 군대와 사회는 잠재적인 적에게 엄청난 기회를 제공하는 결과를 가져왔다. 모든 이가 취약하다는 사실이 안전을 보장해주지는 못한다. 사이버 공간에서 일부 행동을 억제하기란 불가능하지만 그럼에도 많은 중요한 상황에서 이러한 행동을 취하기란 여전히 어렵고 실패할 가능성 또한 높다.[57] 취약점은 군 시스템에 사용되는 다양한 소프트웨어와 해킹부대의 능력에 따라 국가마다 다를 수 있다. 인정하기는 싫지만 이러한 취약성에 대한 부적절한 대응과 신뢰하기 어려운 소프트웨어를 기반으로 한 전산화를 추진한 결과 미국은 전 세계에서 가장 취약한 국가 중 하나다.[58]

미래 전쟁을 계획하는 국가는 사이버 공격을 매우 효율적으로 그리고 아마도 결정적으로 사용할 것이다. 그러나 핵보유국 간의 전쟁에 있어서는 이러한 가능성은 다소 희박하다. 왜냐하면 공격을 감행하는 국가는 사이버 공격과 물리적 공격의 조합이 적의 핵무기를 무력화시켜 보복을 불가능하게 만든다고 가정하는 위험을 감수해야 하기 때문이다. 만약 국가가 잘못 계산한 경우 상황을 보다 악화시킨다.[59]

잠재적인 상황을 떠올려보자. 핵심 시스템이 인터넷에 연결되어 있고 결함이 있는 소프트웨어가 실행되며 사용자가 액세스를 하기 위해 이중 인증 시스템이 아닌 단순한 암호 시스템을 사용하는 군과 국가기반시설은 본질적으로 취약하다.[60] 이것이 바로 오늘날 미국과 대부분의 주요 동맹국이 직면한 상황이다. 미국의 취약성으로 인해 적은 미래 분쟁 상황에서 대규모 사이버 공격을 시도할 가능성이 높다. 전면전으로 넘어가는 상황에서 미국으로부터 피할 수 없는 보복에 직면하더라도 말이다. 미국은 동맹국을 보호하기 위해 자국 해안에서 멀리 떨어진 곳에 군을 배치하고 운용한다. 또한 우주로부터 공중, 지상, 해양 및 해저에 배치된 자산의 상호 연결을 바탕으로 첨단기술에 의존하기 때문에 적은 이러한 기반시설을 공격하는 것이 자신의 이익에 유리할 것이라고 판단할 수 있다. 그리고 실제로 이러한 계산은 정확하게 맞아 떨어질 수도 있다.[61]

사이버 영역상에는 불확실성이 높다. 소프트웨어 취약점이 보완되더라도 새로운 취약점이 언제든 다시 나타날 수 있다. 이러한 약점에 대한 정보의 대부분은 고도로 기술적이고 비밀로 분류되어 군 전체에 대한 순 취약성을 평가하기란 어렵다.[62] 하지만 오늘날의 전반적인 상황은 매우 우려스럽다. 2017년 초 국방과학위원회(Defense Science Board) 연구에 따르면 미국의 주요 무기시스템상에는 자신있게 보증할 수 있는 사이버 시스템이 거의 없다.[63] 더 나은 방어 및 복원력, 보안 우선 순위를 지정하도록 작성되지 않은 결함이 있는 소프트웨어(예: 윈도우즈 XP)의 교체, 다양한 종류의 반격 옵션을 포함하는 방안을 사용하여 사이버 보안을 훨씬 더 잘할 수 있다고 생각할 수도 있다. 그러나 실제로는 그리 좋은 상황이 아니다. 이에 대해서는 다음 장에서 군사 현대화에 초점을 두고 다시 설명하고자 한다.

최소한 미군 시스템은 국방부와 미 정보기관의 전체 자원 기반을 갖추고 있어 이를 보호할 수 있다. 생존을 위해 의존하는 주요 국가기반시설, 미군이 국가 및 전 세계를 이동하는 데 필요한 운송 시스템, 다른 모든 것을 가능하게 하는 전기 시스템은 잠재적으로 매우 취약하다. 인프라를 강화하고 특히 전자투표 시스템에 대한 하드카피 백업을 저장하는 작업을 아직 완료하지 않은 시점에 투표 시스템도 마찬가지다. 2016년 미국 역사상 처음으로 외부 세력이 미국 대선의 결과에 실질적으로 영향력을 행사했다. 이러한 유형의 위험은 잠재적으로 미국 정치의 기본 기능을 위험에 빠뜨릴 가능성이 높기 때문에 국가안보 위협으로 간주되어야 한다. 근본적으로 이러한 문제는 러시아와 관련이 없다. 딥 페이크와 인공지능 시대에 상황은 더욱 악화될 뿐 나아지지 않을 것이다.

국토안보부가 미국의 모든 비군사적 정부 자산을 보호해야 하고 민간부문이 스스로를 보호해야 하는 상황을 허용하는 것은 현명하지 않을 수 있다. 전력망과 같은 핵심 국가기반시설을 보호하는 데 국방부가 더 많이 관여하고 더 분산되고 이중화되고 탄력적인 전력 시스템으로 발전시키는 방안을 고려할 필요가 있다.[64] 이는 동맹국에게도 해당된다. 같은 선상에서 강력한 민관 파트너십을 발전시키는 것도 의미가 있다.[65] 선거 기반시설을 강력하게 보호하는 것도 중요하다. 허위 정보에 대응하기 위한 국가 및 다국적 협력의 노력도 마찬가지다.

컴퓨터 및 전자공학의 지속적인 발전으로 인해 발생하는 문제는 공중 핵폭발로 인한 전자기 펄스로 인한 국내기반시설 및 군 무기체계의 취약성이다. 이러한 취약성은 점점 더 작아지는 전자장치가 전기적 공격에 점점 더 취약해짐에 따라 더욱 심화되고 있다. 또한 시간이 지남에 따라 고고도 핵전자기파(High-altitude Electromagnetic Pulse, HEMP)를 생성하는 데 핵무기를 사용할 가능성은 낮아지고 있다. 몇몇 사람들은 고고도 핵전자기파 공격을 직접적인 핵공격과 같은 것으로 간주하여 무적이라는 잘못된 인식을 갖는 경우가 있는데, 이는 너무 위험하다. 모든 적들이 이러한 생각을 할지에 대해서는 분명히 논쟁의 여지가 있다. 확실한 것은 이미 상당히 심각한 미국의 취약성이 더욱 증대될 수 있다는 사실이다.[66]

디지털 취약성 및 불확실성은 현재 발생 가능한 모든 갈등을 매우 예측하기 어렵게 만든다. 이로 인하여 만약 공격을 받았다 하더라도 갈등에 휘말리는 것을 주저하게 만드는 요인으로 작용한다. 다시 강조하지만 이러한 경우라도 미국 주요 국가기반시설, 군 및 기타 인프라를 강화하여 복원력을 갖춘다면 단호하게 대처할 수 있다. 그럼에도 불구하고 먼저 피를 흘리거나 분쟁을 빠르게 고조시키는 행동은 자제해야 한다. 우리는 총알과 전자가 발사되기 시작할 때 어떤 일이 일어날지 알 수 없기 때문이다.

국력과 목적에 대한 국내적 기반

미국은 과거 이미 내부적으로 심각한 도전을 겪었다. 남북 전쟁은 가장 어려운 시기였고 이후 1960년대는 두 번째로 최악의 기간이었다. 그러나 오늘날 우리는 트럼프 현상이라고 하는 미국 사회가 분열되고 있다는 표면적 현실 이상의 위협에 직면하고 있는 상황이다. 이는 단기간에 해결하기 매우 어려울 것이다. 그러나 우리가 지금 행동하지 않는다면 더 큰 선(good)을 지원하기 위해 해외에서 부담과 희생을 감수하려는 미국의 의지를 더 이상 당연하게 받아들일 수 없다. 이것이 미국의 국익에 도움이 된다고 해도 말이다.**67** 이러한 상황은 미국의 국내 결속과 협력을 국가안보의 최우선 과제로 삼아야 함을 의미한다. 그리고 필자는 이는 전 세계를 위해서 반드시 필요하다고 생각한다. 오늘날의 규칙 기반의 세계질서를 뒷받침할 수 있는 다른 대안이 없기 때문이다.

미국인들은 제2차 세계 대전 이후 강력한 방어를 지지하고 외교 정책에 참여해왔다. 제2차 세계 대전 이전 미국이 교전하지 않았을 당시 무슨 일이 일어났는지 생생하게 기억하고 있기 때문이다. 또한 미국인들은 공산주의를 두려워했다. 베를린 장벽이 무너진 후에도 이러한 개입에 대한 지원을 거두지 않았는데 당시만 해도 이를 위한 예산규모가 그리 크지 않았기 때문이다. 그러나 그로부터 30년이 지난 지금 많은 미국인들은 수년에 걸쳐 발전해 온 국제안보, 무역, 제조 시스템이 그들에게 정말 도움이 되는지 의문을 품게 되었다. 2016년 반무역과 반동맹이라는 메시지를 전달했던 도널드 트럼프(Donald Trump)의 당선으로 인하여 많은 사람들이 전 세계에서 자국의 역할을 근본적으로 재고하게 되었다. 우리가 이러한 상황이 의미하는 바에 대해 관심을 기울이지 않는다면 강력한 미국을 위한 국내 기반과 전 세계 미국의 외교정책 리더십 역할이 무너질 수 있다.

대부분의 문제는 경제문제에서 비롯된다. 자동화와 첨단기술의 발전 추세는 우리가 일을 바라보고 보상하는 방식에 변화를 주지 않는 한 노동자 및 중산층에 그리 긍정적으로 작용하지 않을 것이다.**68** 불행히도 미국은 교육, 아이돌봄 그리고 기타 다양한 분야의 정부 활동 영역에서 다음 세대에 대한 투자

가 부족한 상황이다.69 다양한 측면에서 소위 아메리칸 드림(American dream)
은 어려운 상황에 처해 있는 실정이다. 경제학자 라지 체티(Raj Chetty)는 1980
년에 태어난 세대의 절반 정도만이 부모세대에 비해 더 잘 살 수 있을 것이라
기대할 수 있다고 평가했다. 이는 40년 전 약 90%가 그러했던 상황과 비교하
면 큰 변화가 아닐 수 없다.70 모든 경제학자들이 이러한 관점에 동의하는 것
은 아니지만 저소득층인 1분위 임금 인상률이 불균등하게 개선되거나 종종 악
화되기도 했다는 것은 사실이다.71 기대수명은 특정 인구층에서 감소하기까지
했으며, 이는 많은 경우 오피오이드 남용과 자살로 표출되는 삶에 대한 깊은
불안감을 반영한다.72 미국 지방과 노동자 계급의 많은 사람들 사이에 퍼진 분
노는 종종 매우 강하며, 그들에 대해 적대적으로 인식되는 시스템에 대해 합
리적으로 판단하기 어렵다. 이 현상은 도널드 트럼프의 당선뿐 아니라 티파티
공화당원과 버니 샌더스(Bernie Sanders) 상원의원, 엘리자베스 워렌(Elizabeth
Warren) 상원의원을 포함한 다른 의원들의 정치적 성공의 원인을 설명하는 데
도움이 된다.73 물론 미국 밖에서도 비슷한 현상이 일어나고 있다.74

　　글로벌 관점에서 볼 때 서구 산업화된 세계의 세계화에 대한 좌절은 무
역, 세계화, 자동화 및 효율성의 결과로 최근 수십 년 동안 세계 생활수준의
일반적인 개선과 균형을 이룰 필요가 있다.75 브루킹스 연구소의 호미 카라스
(Homi Kharas)는 개선된 삶의 수준으로 인하여 오늘날 역사상 처음으로 지구
인구의 절반 이상이 최소한 중산층의 삶을 누리고 있다고 말할 수 있다고 밝
혔다.

　　그러나 세계질서를 보장하는 데 강력한 미국 없이는 미래 개발도상국에도
좋지 않다. 따라서 우리 모두는 빌 브래들리(Bill Bradley) 전 상원의원이 새로
운 미국의 이야기라고 불렀던, 즉 우리가 처한 역사의 순간에 이것이 어떻게
바뀔 수 있는지에 대한 큰 그림이 필요하다.76 아메리칸 드림을 되살리기 위해
구체적인 정책 의제 역시 필요하다. 이 책을 통해 필자는 추상적인 비전을 제
시하는 수준의 새로운 미국의 이야기를 하거나 상세한 분석을 바탕으로 정책
의제를 제시하고자 하는 것은 아니다. 대신 의회예산국에서 일한 경험과 오랜
기간 (앨리스 리블린(Alice Rivlin), 로버트 라이샤워(Robert Reischauer) 그리고 마야
맥기너스(Maya MacGuineas)와 같은 멘토와 함께) 연방예산에 대해 연구한 학생으

로서 차후 계획에 수반되는 최소한 재정적 차원을 대략적으로 검토할 수 있기를 바랄 뿐이다.

코로나19로 인한 연방 부채의 증가와 경기 침체의 장기화는 다양한 측면에서 분명 심각한 제약으로 작용한다. 그러나 동시에 코로나19는 우리가 오래되고 지친 논쟁의 족쇄에서 벗어날 수 있는 기회를 제공해줄 수도 있다. 그리고 2020년 5월 미니애폴리스에서 무방비 상태의 조지 플로이드가 경찰에 의해 살해된 이래 지속된 심각한 국가적 고통과 분열은 우리에게 과감한 조치가 필요하다는 의심을 없애줄 것이다. 적자와 부채에 대한 작업은 벅찬 일이다. 2021년 현재 부채는 미국의 국내총생산(GDP)과 동일한 수준이며, 이는 제2차 세계 대전 직후 이후 처음이다. 전체 고용을 재개하더라도 구조적 적자는 현재 연간 약 1조 달러로 GDP의 약 5% 수준이다. 이러한 상황에서 단기적 재정균형을 목표로 하는 것은 경제적으로나 정치적으로 비현실적이다. 오히려 필요한 것은 GDP 대비 부채를 줄이는 실행 가능한 장기 전략으로 주요 재정 곡선을 올바른 방향으로 이끌고 오랜 기간 동안 시간을 우리의 동맹으로 만드는 일 뿐이다.

브루킹스 연구소 빌 게일(Bill Gale)은 "재정 치료법(Fiscal Therapy)"이라는 그의 저서를 통해 이러한 문제에 대해 코로나19 시대 이후 다소 기발하게 접근할 수 있는 사고 방식을 제공하고 있다. 그는 문제를 야기한 원인을 분석하거나 국가를 신속하게 예산 균형으로 되돌리는 데 필요한 비현실적인 제안을 하지 않는다. 대신 그의 목표는 보다 제한적으로 부채를 2019년 이전의 80% 수준 또는 2020년에 도달한 100% 수준이 아닌 GDP의 60%로 낮출 것을 제시한다. 실제로 그 180%라는 수치는 코로나19 이후 계산한다면 거의 200%에 가까울 것이다. 게일은 국가의 미래에 대한 적절한 투자를 보장하는 지속적이고 정치적인 그러면서도 현실적인 방식을 제공한다. 그는 보다 장기적인 시각에서 단순히 달러와 센트로 측정되는 제안보다는 GDP의 비율 측면에서 문제를 바라본다.

예를 들어 게일은 아동, 교육, 기반 시설 그리고 안보와 관련되지 않은 연구개발에 투자하기 위해 총 GDP의 약 2%를 추가할 것을 지지한다. 이는 코로나 이전 연방정부 예산의 거의 10%에 해당한다. 국제 관계 위원회(Council on

Foreign Relations) 태스크 포스 보고서에 따르면 이와 유사한 연구개발에 투자와 함께 동시에 과학, 기술, 공학 그리고 수학(science, technology, engineering, and math, STEM) 분야에 수만 명의 학생들을 위한 장학금 증가 및 대출 탕감을 추진할 것을 제안하고 있다. 이는 다른 선진국들 대비 미국이 고전을 면치 못하는 분야이다.[77]

또한 게일은 복지 개혁과 함께 경제적으로 격차가 점차 벌어지는 오늘날의 경제상황 속에서 반드시 도움이 필요한 사람들을 위한 핵심적인 혜택 역시 촉진하고자 한다.[78] 이러한 사고방식은 우리 목표가 노동계급과 중산층의 꿈을 되살리는 것이라면 매우 중요하다. 사실 이것이 우리의 목표가 되어야 한다. 그리고 이는 미국인들을 위해서는 반드시 해야 할 옳은 일이기도 하다. 이 문제를 대전략의 관점에서 바라보면 자신들의 복지를 돌보지 않는 국가 정책을 그 누가 지지하겠는가. 우리는 이러한 일을 기대하는 오류를 범해서는 안 된다. 우리가 국민들로부터 전 세계적으로 개입하는 미국의 역할을 지지하는 국가적 합의를 원한다면 그러한 외교 정책 및 관련 예산 우선순위가 그들과 그들의 가족에게도 도움이 될 것이라고 믿을 수 있도록 해야 한다.

다행히도 이러한 정책을 고안하는 데 있어 현재 미국은 10년 전에 예상했던 것과 비교하여 보다 나은 위치에 있다. 즉 저금리가 지속되면서 많은 경제학자들이 재정적으로 생각하는 건전한 국가 부채 수준이 바뀐 것이다.[79] 현 상황이 바람직하다고 볼 수는 없지만, 과거 우리가 겪었던 국가 비상사태와 같은 상황도 아니다.

그럼에도 불구하고 우리는 현실에 안주해서는 안 된다. 앞으로 계속 부딪치고 나아가야만 한다. 국가안보 및 대전략적 측면에서 일부 추세와 상황은 상당히 우려스럽지 않을 수 없다. 마야 맥기니(Maya Mac-Guineas) 연방예산위원회 위원장은 미국이 현재 가장 큰 글로벌 경쟁자로부터 돈을 빌리는 일은 결코 바람직한 상황이 아니라고 설명하면서 그러나 현재 미국의 부채 수준은 다른 국가들보다 중국으로부터 많은 돈을 빌려야 하는 상황이라고 덧붙였다.[80] 대규모 적자와 복잡한 금융 시장이라는 시대적 배경에서 또 다른 대규모 경제 붕괴 가능성을 또한 무시할 수 없다.[81] 실제로 코로나19의 영향력은 우리가 예상한 것보다 장기화될 것이다.[82]

국내 투자에 대해 게일이 제시한 의견을 바탕으로 스튜어트 버틀러(Stuart Butler), 론 해스킨스(Ron Haskins), 리처드 리브스(Richard Reeves)를 비롯한 미국 기업연구소(American Enterprise Institute)와 브루킹스 연구소(Brookings Institution)의 초당파 단체는 미국 내 기회, 공정, 가족의 미래 및 어린이 문제를 다루기 위한 몇 가지 건의안을 제안했다. 이를 통해 10년 전 진 스펄링(Gene Sperling)과 같은 선견지명이 있는 경제학자들이 주장했듯이 가정을 지원하고 노동 급여를 제대로 지급하며 경제적으로 위험에 처한 계층 지원에 중점을 두고자 했다.

- **최저임금 인상**("저숙련 노동자의 노동과 관련된 보상을 실질적으로 개선할 수 있을 만큼 충분한 급여").
- **복지 부문, 특히 식품보조권**(food stamp) 수령자에 대한 보다 엄격한 근로 요건.
- **더 많은 차터 스쿨**(Charter School).
- 저소득 학생이 대학에 진학 할 수 있도록 더 많은 지원.
- 자녀 양육을 위한 결혼의 중요성에 대한 명확한 공약.
- 피임 및 양육 지원에 대한 접근성 강화.[83]

필자는 이 목록에 더해 미국 내 더 나은 직업 및 커뮤니티 칼리지(community college) 교육을 추가하겠다. 이것은 커뮤니티 칼리지 교육을 무료로 만들자는 말이 아니다. 분명 보다 많은 학생들이 많은 도움을 필요로 하고 있고, 많은 부모님 세대뿐만 아니라 젊은이들까지 대학 부채라는 짐을 지우는 결과를 낳았고 이는 곧 국가가 해결해야 할 수준이 되었다. 물론 일부 학생들은 무료 수업의 혜택이 필요하지 않다. 등록금을 지불할 수 있는 학생들은 일반 대학에 진학하여 공부를 할 수 있도록 유지하되 그렇지 않은 경우라도 커뮤니티 칼리지와 직업 학교에 진학할 수 있는 기회를 제공하는 것이다. 이러한 과정에서 경제성도 함께 교육의 질 또한 반드시 고려해야 할 것이다.[84]

스펄링은 더 높은 최저 임금, 더 많은 소득 제한 수준과 함께 더 많은 근로 소득 세액공제(Earned Income Tax Credits, EITC)를 강조한다. 그는 더 많은 사람들이 근로 소득 세액공제의 혜택을 받을 수 있어야 한다고 생각했다. 더불어 부모 소득수준에 맞춘 보육비 상한제를 강조했다. 이것이 그가 모두를 위한 "경제적 존엄성(economic dignity)"이라고 부르는 공약의 일부다. 이러한 개념의 본질에 반대할 사람은 드물 것이라 생각한다.[85]

그리고 이 목록에 추가되어야 하는 또 하나의 목록은 형사 사법 개혁이다. 수감된 범죄인들의 엄청난 숫자는 연방 및 주 예산의 낭비이자 인명과 인적 자원의 비극적인 낭비다. 형사 사법 개혁은 모든 미국인의 안전을 보호하는 데이터 기반의 방식으로 신중하게 수행되어야 한다. 그러나 이미 전국적으로 시행할 수 있는 성공사례를 어렵지 않게 찾아볼 수 있다.[86] 더욱이 폭력적이지 않은 마약범과 다른 사람에게 위험을 초래하기에는 나이가 너무 많은 범죄자들을 수감하는 데 드는 비용은 연간 200억 달러 규모다. 이러한 예산은 틀림없이 더 나은 명목으로 지출할 수 있을 것이다.[87]

미국의 가장 소중한 자원이자 경제적 성공의 가장 중요한 열쇠이기도 한 이민 정책 역시 재고해야 한다. 우수한 인재를 유치하고 유지하는 것을 미래 정책의 목표로 삼아야 한다. 오늘날 미국 이민 정책은 경제를 강화하고 인재의 재능을 키우는 것보다 가족 재결합에 압도적으로 초점을 맞추고 있다. 연방 정책은 20년 전보다 훨씬 적은 수의 숙련 노동자 비자를 제공하고 있다. 예를 들어 미국의 비율은 캐나다의 비율과 비교하여 숙련 노동자 대 가족 비자라는 측면에서 본질적으로 거꾸로 되어있는 실정이다.

이러한 과정에서 중국 및 러시아로부터 오는 인력에 대해 고려할 필요가 있다. 향후 영구적으로 미국에 거주할 것이라고 자신할 수 없다면 이들이 미국 경제에 민감한 첨단분야에서 일하도록 두기는 어렵다. 그러나 여기서 과학 및 공학 박사 학위를 취득한 중국 학생들의 80% 이상이 임시 비자로 최소 5년간 미국에 머물렀다는 사실에 주목할 필요가 있다. 이러한 첨단기술 관련 대학에 진학하는 외국학생들의 유입은 궁극적으로 미국의 국익에 도움이 되기 때문에 적절한 균형이 필요하다.[88] 포괄적인 이민 개혁을 위해서는 멕시코와의 국경을 더욱 엄격하게 통제하고 합법적인 비자와 시민권 정책을 재고해야 할 것이다.[89]

국내 결속력 강화라는 측면에서 최근 수십 년 동안 미국에서 소득과 부의 추세가 노동자 계급에 얼마나 불리하게 작용했는지를 인식할 필요가 있다. 나아가 미국의 노동자 계급을 돕기 위해 세율 구조 조정을 목록에 추가해야 한다.[90] 위에서 언급했던 탄소세(carbon tax)는 국가 재정의 추가 수입원으로 보기보다는 국가 전체로 환급되어야 한다. 이는 탄소세가 다른 세금에 비해 연방 수입을 늘리는 보다 대중적인 방법이 되지 않는 한 지속되어야 할 것이다.

여기서 분명히 짚고 넘어가야 할 핵심은 브루킹스 연구소 리처드 리브스가 주장했듯이 최근 수십 년 동안 세계화 및 기타 국내적 변화로부터 막대한 혜택을 받은 국민은 상위 1%만이 아니라 상위 약 20% 정도 수준이라는 점이다.[91] (여기서 첨언하자면 상위 1%에는 대략 50만 달러 이상을 버는 가족이 포함된다. 물론 약간의 모순일 수 있지만 실제로 당신이 생각한 수준보다 많은 사람들이 있다는 점은 분명하다!) 그 20% 그룹은 보다 많은 세금을 지불해야 한다. 더불어 법인세 구조의 개혁은 기업이 과거보다 더 많은 이익을 직원과 공유할 수 있도록 더 큰 인센티브를 창출해야 한다.[92]

목록상의 건의안을 시행하기 위해서는 향후 다양한 분야에서의 노력과 많은 예산을 필요로 한다. 현재 구조적 연방 적자는 GDP의 5% 수준으로 앞서 제시한 어린이, STEM, 과학, 기반 시설을 비롯한 기타 국내 강점을 강화하고 나아가 미국의 국력을 결정하는 분야에 투자하기 위해서는 여기에 약 2%를 더 추가해야 한다. 지금 투자하지 않는다면 향후 문제가 될 수 있는 전염병, 원자력 및 사이버 안전 분야에 대해서도 적절한 수준의 투자가 이루어져야 할 것이다. 그렇게 되면 코로나19로부터 완전히 회복하더라도 미국의 적자는 GDP의 약 7% 수준을 넘을 것이다. 게일이 제시했던 바를 기초로 이러한 적자 수준을 GDP의 약 2%로 줄이고 시간이 지남에 따라 부채를 더욱 줄일 수 있도록 노력을 지속해야 한다. 즉 더 많은 수입과 적은 지출이 요구된다.

이는 결코 쉬운 일이 아니며 실제로 엄청난 규모의 금액이다. 특히 기업뿐만 아니라 미국의 소득 상위 20%가 실제로 모든 비용을 지불해야 하는 경우 더욱 그렇다. 이는 굳이 버니 샌더스(Bernie Sanders)가 국내 경제를 재건하기 위해 제시한 의제를 따르지 않는다 하더라도 부유한 미국인들이 현재에 비해 적어도 1/4에서 1/3 더 많은 연방 세금을 지불해야 함을 의미한다. 물론 실제로는 이러한 수치의 절반 정도로 생각하는 편이 현실적일 수 있다. 그 정도만이라도 어느 정도 문제를 해결하는 데 도움이 될 것이다. 그러나 그 필요성에 비하면 사실상 반쪽짜리 수준의 조치일 것이다.

이는 실제로 우리가 당면한 엄청난 과제이다. 그러나 다른 측면에서 보면 아직 시작도 하지 않았다. 향후 미래 우리의 삶의 방식과 전 세계의 안정이 이에 달려있다. 이 책에서 필자가 제시하고자 하는 가장 중요한 주장은 미국이 향후 몇 년 그리고 수십 년에 걸쳐 효과적인 대전략을 바탕으로 건전한 외교 정책을 유지하려면 국방, 외교 분야가 아닌 다른 많은 분야에 대한 재정적 노력이 필요하다는 것이다. 여기에는 국내 균열에 관심을 기울이고 사회적 결속, 경제, 과학 및 국력의 장기적인 기반을 강화 등이 포함된다.

제 8 장

미 군

위에서 열거한 모든 임무를 성공적으로 수행하기 위해서는 어떠한 군이 필요한가? 이는 예산, 병력 구조 및 해외 배치에 관한 질문이기도 하다. 미국이 향후 어떻게 하면 다른 국가들에 비해 더 신속하게 군을 혁신하고 현대화할 수 있느냐에 달려있는 문제이기도 하다.

코로나19의 영향으로 경제가 휘청이고 국내총생산을 초과하는 연방부채가 쌓여 있는 포스트 코로나 환경에서 다른 우선순위의 예산을 확보하기 위해 국방예산에 손대고 싶어질지도 모른다.[1] 실제로 2020년 마크 에스퍼(Mark Esper) 미 국방장관은 이러한 사실을 여러 차례 인정한 바 있는데, 이는 미 국방부가 정부의 적자 축소와 경제 활성화를 위한 전반적인 국가 계획의 일환으로 허리띠를 졸라매야 하지만 그럼에도 불구하고 이러한 유혹에 너무 빠져서는 안 된다는 것이다. 국방부의 예산 규모가 큰 것은 사실이지만 미국의 근본적인 재정 재편을 할 수 있을 만큼 큰 것은 아니다. 국방예산은 코로나19 이전 연방 정부 예산의 약 15% 규모이자 미국의 모든 공공분야 예산의 약 10%를 차지하는 규모이다. 또한 트럼프 대통령이 제시한 2020년 초 연방 정부 예산 신청안의 미 국방예산 증가율은 이미 정체되어 있는 수준으로 당시 많은 국방 전문가들은 물가상승율과 악화되는 안보환경을 고려하여 국방예산 책정 시 연 3~5% 수준의 실질적인 증가율을 고려해야 한다고 주장한 바 있다.

코로나19가 발생하였다고 해서 안보위협의 증가가 둔화된 것은 아니다.

이에 미 국방부가 제한된 예산 내에서 지속적인 개혁을 추진하고 중요한 우선순위들 사이에서 어려운 결정을 내리도록 요구하는 것은 위험한 발상이 아닐 수 없다. 또한 실제로 그러한 과정이 가까운 미래에 추구해야 하는 올바른 목표일지라도 책임감 있게 달성하기 어려울 것이다. 현재 미 국방예산은 적절한 수준이며 국내총생산(GDP) 대비 감소하더라도 어느 정도 감수할 수 있다. 그러나 향후 물가상승률을 고려하여 실질적인 기준에서 비춰 봤을 때 안정적으로 유지되어야 할 것이다.

군, 외교 정책 및 미국 사회

국방예산과 군사 현대화 전략의 세부적인 내용을 살펴보기 전에 미국이 현대 국력의 도구로서 자국의 군을 어떻게 활용하는지에 대해 폭넓게 이해하는 것은 매우 중요하다. 오늘날 미국의 민군 관계는 어떠한지 살펴보고 입헌민주주의 체제에서 군의 위치와 정책 결정자가 주요 국가안보 결정을 내릴 때 군사적 조언에 귀를 기울이는지 등에 대해 이해하는 것 또한 중요하다.

일각에서는 미국이 외교 정책의 수단으로서 군사력에 지나치게 의존하는 경향이 있다고 주장하기도 한다. 그들은 미국의 현재 국방예산이 냉전시대의 수준을 뛰어넘는다는 사실에 주목하면서 미국이 사실상 항시 전시상태에 있는 것 같다고 한탄한다.

물론 미국이 군사력을 사용하는 과정에서 실수도 있었다. 그러한 의미에서 이 책은 동맹 확대로부터 위기관리 및 전투수행 전략에 이르기까지 이 모든 것에 대한 결정에 있어 미국은 가능한 신중하고 자제해야 한다는 전제를 바탕으로 하고 있다.

그러나 필자는 미국이 자국의 군에 대한 통제력을 상실했거나 현대 군 지도자들이 지나치게 군사화된 외교정책에 편향되어 고집세고 군대만을 생각하며 때때로 편향적인 집단이 되었다고 생각하지는 않는다. 만약 문제가 있다면 그것은 미군과 사회 간의 관계에서 발생한 것이 아니라 보다 광범위한 정치에서 비롯된 것이라 생각한다.

워싱턴에서 근무하는 동안 수많은 군인들과 교류했던 경험에 비추어 보아 필자는 현대 미군 장교들은 민주주의 내 자신들의 역할을 분명히 이해하고 있다고 믿는다. 그들은 전략적 정교함을 보다 발전시키고 군사력 사용에 있어 신중을 기하며 오늘날 군사적으로 대처해야 하는 어려운 문제들에 대해 직접 개입한다. 그러나 동시에 그들은 경례하는 법과 명령을 수령하는 법을 알고 있으며 극단적인 경우 필요 시 그만두는 법 또한 잘 이해하고 있다.

오늘날 우리가 일반적으로 마주하는 복잡한 유형의 전쟁에서는 정치와 군사적 문제가 서로 얽혀 있는 경우가 대부분이다. 국가 건설이 주 임무 역시 베트남, 이라크 및 아프가니스탄과 같은 곳이 특히 그렇다.2 핵으로 무장한 적과 같이 완전한 승리와 적의 무조건적인 항복이 현실적으로 가능하지 않은 전쟁에서도 마찬가지이다. 그러한 상황에서 수용 가능한 군사적 비용과 선호하는 정치적 결과 사이의 관계는 지속적으로 검토되고 재평가되어야 한다. 이러한 상호 관계로 인해 전쟁 수행 여부와 방법에 대한 기술적이고 군사적인 의사 결정과 정치적 결정 사이에는 명확한 경계선이 없다. 장교와 민간인은 정책의 개발, 시행, 평가에서 필연적으로 서로의 영역을 침범하게 될 것이다. 그러한 의미에서 하버드 대학교 사무엘 헌팅턴(Samuel Huntington) 교수가 제시했던 전략적 의사 결정 과정과 동떨어진 직업 군인이 전쟁에서 승리한다는 이상(ideal)은 이상일 뿐 필자에게는 전혀 현실적으로 와 닿지 않는다.3 그러나 미군에 대한 민간 통제는 필수이며 대통령과 의회까지도 뛰어넘어 온전히 보존되어야 한다.

다행히도 오늘날에는 군이 정책 결정 영역 내에서 해야 할 일의 한계를 밀어붙이는 현대판 더글라스 맥아더(Douglas MacArthur)나 커티스 르메이(Curtis LeMays)는 존재하지 않는다. 몇 가지 최근의 예를 떠올려보자. 콜린 파월(Colin Powell) 합참의장은 1990년대 초 보스니아 내전 개입 여부를 두고 공개적으로 매들린 올브라이트(Madeleine Albright)와 반대입장을 표명했다. 성공적으로 개입할 수 있는 구체화된 계획이 없던 상황에서 불과 20여 년 전에 베트남에서의 끔찍한 경험을 했던 파월 의장의 입장은 충분히 이해할 수 있다.4

그 이후 10년간 데이비드 페트라우스(David Petraeus) 장군은 이라크와 아프가니스탄 전쟁에서 병력 증파 명령을 내리기는 했지만, 실제로 그 누구에게도 강요한 일은 아니었다. 사실 이 정책은 조지 W. 부시(George W. Bush) 대통령이 국가안보 보좌관인 스티븐 해들리(Stephen Hadley)와 다른 전문가들의 자문을 받아 고안하고 발전시킨 정책이다.[5] 스탠리 맥크리스털(Stanley McChrystal) 장군이 2009년 아프가니스탄 지휘를 맡게 되면서 추가 병력 증가를 요청하기는 했으나, 이는 당시 밥 게이츠(Bob Gates) 국방장관으로부터 아프가니스탄 내 과연 어떠한 임무가 필요한지에 대한 철저한 재평가 임무를 받은 이후에야 이루어진 일이다. 다시 말하자면 아프가니스탄 전쟁이 미군의 우선순위가 되어야 한다고 결정한 것은 군 장교나 군 조직이 아닌 오바마 대통령이었다.[6] 아프가니스탄 전쟁의 지휘 책임을 맡은 군 사령관(및 대사와 기타 고위 관리)은 그곳에서 향후 몇 년에 걸쳐 달성할 수 있는 새로운 전략에 대해 희망적인 이야기를 하였으나 보고하는 과정에서는 가감 없는 있는 그대로의 사실을 전달하였다.

이러한 측면에서 필자는 워싱턴 포스트지가 발간한 소위 아프가니스탄 신문은 아프가니스탄에 대한 국가적 논쟁 간에는 항상 정치–군사–경제분야가 복잡하게 얽혀 있는 임무 수행의 엄청난 어려움을 인정했다는 핵심적인 부분을 놓치고 있었다고 생각한다.[7]

조지프 던퍼드(Joseph Dunford) 합참의장과 같은 군 지도자들은 때때로 더 많은 예산 요청을 하기는 했으나, 국가 재정 적자 역시 국가안보 문제로 보아야 한다는 점은 인정하였다.

2017년 존 하이튼(John Hyten) 미 합동참모본부 차장이 전략사령관으로 재직할 당시 만약 트럼프 대통령이 합법적이지 않은 핵공격 명령을 내리면 어떻게 하느냐는 질문을 받았을 때 그는 현명하게 대통령과 이야기하겠다고 답했다. 그런 후 합법적인 대응방안을 찾아 실행할 것이라고 덧붙였다.[8]

트럼프가 대통령이 되기 전 마티 뎀프시(Marty Dempsey) 전 합참의장은 "만약 명령이 불법이거나 비도덕적이라면 우리는 사임해야 하고 또 사임할 것"이라고 말한 바 있으며, 그러한 명령이 하달되었을 때 정확하게 올바른 답변이다.[9]

퇴역한 제임스 매티스(Jim Mattis) 장군은 트럼프 행정부 시절 민간인으로서 국방차관을 맡게 되었을 때 자신의 군 경험을 내세우지 않도록 조심했다.

또한 대통령에게 경의를 표하려고 조심하였으며 양심상 임무를 제대로 수행할 수 없을 것 같다고 판단했을 때 사임을 결정했다.[10] 이것이 일반적으로 고위급 군 장교가 국가의 민간인 지도자에게 정당하게 종속되는 민주적 헌법 질서에서 수행해야 하는 역할들이다.

전역한 마이클 플린(Michael Flynn) 중장이 트럼프 선거 유세에 참석하고 "힐러리를 감옥으로(Lock her up)"라는 힐러리 반대 구호를 지지한 것은 잘못된 행동이다. 그러나 이는 극단적으로 예외적인 사례이다.[11]

마크 밀리(Mark Milley) 합참의장과 마크 에스퍼(Mark Esper) 국방장관은 2020년 5월 미니애폴리스에서의 조지 플로이드(George Floyd) 사망 사건 직후 실수를 저질렀다. 밀리 장군은 조지 플로이드 사망에 항의하는 워싱턴의 평화적 시위대를 강제 해산한 직후 백악관 인근 트럼프 대통령의 세인트존스 교회 행사에 전투복을 입고 동행하였다. 에스퍼 장관은 공개적으로 시위가 벌어진 지역을 "전투공간(battlespace)"이라고 표현하면서 진압의 필요성에 대해 언급했다.

민주당과 공화당, 민간인과 전역한 군 지도자를 포함한 수많은 비평가들이 두 사람 모두에게 책임을 물었고[12] 두 사람 모두 이번 일을 통해 교훈을 얻은 것 같다. 대통령의 선호에도 불구하고 두 사람 모두 2020년 시위 진압을 위해 1807년 제정된 폭동진압법(Insurrection Act) 발동에 반대했다. 이후 밀리 의장은 세인트존스 교회 행사에 동행했던 사실에 대해 공개적으로 사과의 뜻을 표했다.[13]

우리가 군 지도자들을 너무 높이 평가하면서 그들이 스스로 국가의 문제를 해결할 수 있다고 가정하는 것은 오류를 범하는 일이다. 주지하다시피 그들은 스스로 정책을 만들 수 있는 권한이 없다. 그리고 물론 그들이 오류를 범하는 경우도 있다. 중부 사령관이었던 토미 프랭크스(Tommy Tranks) 장군은 2003년 이라크 침공과 사담 후세인 전복 이후 이라크는 자체적으로 안정화될 것이라는 부시 행정부의 믿음을 그대로 따랐다. 이라크 전쟁 초기 다른 장군들 역시 이러한 실패한 전략을 따른 건 마찬가지였다.[14] 그 누구도 (나를 비롯한 다른 민간 전문가들을 포함하여) 끈질긴 노력에도 불구하고 아프가니스탄 전쟁을 해결할 수 있는 마법 공식을 찾을 수 없었다. 그 외 군의 책임이 큰 다른 많은 실수들도 있다. 베트남전에서 윌리엄 웨스트모어랜드(William Westmoreland) 장군이 활용한 수색 및 파괴 개념, 1999년 제한적인 공습만으로 슬로보단 밀로셰비치(Slobodan Milosevic)가 알바니아인 학살을 중단하도록 강요할 수 있을 것이라는 믿음, 소련과의 경쟁적인 관계에서 일반적인 상식에서 벗어난 전쟁 계획 및 과잉 살상능력을 생산한 수년간에 걸친 핵무기 계획 프로세스 등이 바로 그것이다.[15]

구조적인 문제도 있다. 많은 장점에도 불구하고 오늘날 군대는 대부분 그 규모가 너무 작고 전문화된 사회 계층과도 같다. 그들에게 공정하지도 민주주의에 최적화된 모습도 아니다. 대다수의 민간인과 군 사이에 분열을 만들 위험 또한 상존한다.[16] 다행히도 현재까지 이러한 요인들로 인해 군 지휘관 또는 장교의 자질이 부족하다는 경우를 보지 못했다. 그러나 우리는 너무 오랫동안 한정된 자원에 너무나 많은 것을 요구하고 있다.

미 국방부는 향후 신병 모집, 병력 유지 및 전체 병력의 약 16%를 차지하는 여군에 대한 성별 균형을 보다 개선할 수 있을 것이다. 모집할 수 있는 신병 지원자 수를 늘리는 한 가지 방법으로 스탠리 맥크리스탈(Stanley McChrystal) 장군이 주도했던 캠페인을 예로 들 수 있다. 이는 징병제를 말하는 것이 아니다. 그 누구도 자발적으로 지원하지 않는 한 군에 복무하지 않을 것이다. 그러나 모든 유형의 공직을 크게 늘리기 위한 국가적인 캠페인을 지원함으로써 군 역시 고유한 목적을 달성할 수 있을 것이다. 또한 많은 젊은이들이 체력 기준을 통과하지 못할 경우 뉴욕 사업가이자 자선가인 마샬 로즈(Marshall Rose)가 제안한 10주간의 사전 부트캠프 개념은 어떨까? 이러한 사전 부트캠프를 통해 체력검정을 통과할 경우 원 군사 부트캠프에 들어갈 수 있도록 하는 프로그램 또한 고려해볼 수 있다.

병력 유지와 관련해서는 많은 부분이 바꿔야 한다. 군에 남아 진급을 하고자 하는 대부분의 경우 선택할 수 있는 경력이 정해져 있다. 가족이나 개인적 또는 직업적으로 제약사항이 있는 사람의 경우 결국 군을 떠날 수밖에 없는 구조이다. 안식일, 전역 또는 재입대 등을 허용하는 보다 유연한 인사 시스템을 도입하는 것은 더 많은 인재들이 군 복무를 유지하는 데 큰 도움이 될 것이다. 이러한 생각은 현재까지 개념 구상단계에 머물러 있다.[17] 이러한 아이디어는 향후 보다 신속하게 발전되어야 할 것이다.

오늘날 미국의 민군 관계의 전반적인 문제는 군대가 사회에서 너무 동떨어져 있고 그 반대의 경우 역시 마찬가지라는 점이다. 그러나 이것은 군대가 미국의 외교정책에 큰 영향을 미친다는 우려와는 별개의 문제이다.

예산 배경

트럼프 행정부는 의회의 초당적 지지를 받아 최근 몇 년간 국방예산의 규모를 크게 늘렸다. 약 7,500억 달러에 육박하는 2020년 국방예산은 인플레이션을 반영하여 냉전시기 평균인 5,000억 달러 또는 오바마 2기 행정부 6,000억 달러보다 훨씬 큰 규모이다.

이러한 국방예산의 규모는 너무 많거나 너무 적은가 아니면 적절한가? 미 국방부의 국방예산 증가를 주장하는 사람들은 역사적으로 최근 수십 년 동안 미국의 국내총생산(GDP)에서 국방예산이 차지하는 비중이 미미하다고 강조한다. 1950년대 국방예산은 일반적으로 GDP의 약 10%였다. 1960년대에는 전쟁 및 핵무기 개발 비용을 포함하여 평균적으로 GDP의 8~9% 수준이었다. 1970년대에는 GDP의 5% 미만으로 떨어졌다가 1980년대 레이건 행정부 시기 6%로 증가했다. 1990년대에는 GDP의 약 3% 수준으로 하락했다. 이후 조지 W. 부시 대통령 첫 임기 동안 이라크와 아프가니스탄 전쟁으로 인해 2009년까지 4.5%로 증가했으며, 오바마 대통령 재임 기간 동안 국방예산은 점차적으로 감소했다. 트럼프 행정부 초기 GDP의 3% 수준을 상회할 정도로 약간 상승했으나, 2020년 초 기준 향후 몇 년 동안 3% 아래로 떨어질 것으로 예상된다. (국방예산의 기준은 전쟁에 필요한 비용, 예비역 및 현역에 들어가는 비용 및 에너지부의 핵무기 관련 비용이 포함된다. 2,000억 달러 이상의 재향 군인회 관련 비용이나 국토 안보부를 위한 자금은 포함되지 않는다.)

전반적으로 현 국방예산은 지정학적 안보환경을 고려해볼 때 대체로 적절한 수준으로 평가된다.[18] 7장에서 언급했던 국가적 재정상황에 비추어 보아도 그렇다. 즉 코로나19 위기 이전 국방예산은 연방지출 규모의 약 15% 그리고 전 공공부문 예산의 약 10% 수준이다. 물론 코로나19 위기로 인해 경기침체가 장기화되거나 악화된다면 이는 분명 조정되어야 할 것이다. GDP 대비 국방예산은 더 많은 부분을 차지할 것이고 국가 재정상황이 더욱 악화될 수 있기 때문이다.

그러나 미국의 국방비 지출이 거시경제적 관점에서 적절한 규모라 할지라도 금액 자체만 본다면 엄청난 액수다. 미국의 국방예산은 전 세계 군사비를 모두 합친 금액 대비 3분의 1 이상을 차지한다. 제2의 군사 강국인 중국의 국방예산과 비교하면 3배 이상의 규모다. 이미 언급했듯이 현 미국의 국방예산은 냉전시대 인플레이션을 반영한 평균치보다 2000억 달러(2020년 기준) 이상이다.[19] 북대서양 조약 기구, 동아시아의 주요 동맹, 나아가 중동지역의 긴밀한 안보 협력까지 포함하여 동맹국들의 국방예산까지 고려한다면 미국 주도의 동맹체계는 전 세계 군사비의 약 2/3를 차지한다.

혹자는 미국이 러시아와 중국을 억제하는 데 그토록 많은 부담을 져야 하는 이유에 대해 의문을 제기하곤 한다. 이는 마땅히 짚고 넘어가야 할 사안이다. 미국의 동맹이 보다 더 많은 임무를 수행해야 하지 않을까? 미국의 동맹 중 일부는 국방예산 지출 측면에서 어느 정도 수준에 올라섰으나(예를 들어 한국은 국내총생산의 약 2.5%, 호주, 영국, 폴란드, 프랑스 및 발트해 연안 국가는 모두 약 2%), 다른 많은 국가들이 아직 공약한 수준만큼 유지하지 못한다. 또한 그들은 자원 역시 효율적으로 활용하지 못했다. 따라서 의심할 여지 없이 미국은 동맹을 대상으로 자국의 안보를 위해 국방비를 더 지출하도록 압박해야 한다.

그럼에도 불구하고 방위비 분담에 대해 한 발짝 물러서서 다른 관점에서 살펴볼 필요도 있다. 우선 국내총생산의 2%를 국방예산으로 배정하기로 합의한 북대서양 조약 기구의 목표를 보완하기 위해 자국의 군사력 증강에 더해 해외 및 개발 지원, 인도적 구호 그리고 난민 재정착을 위해 국내총생산의 약 3% 수준으로 끌어올려야 할 때다. 이를 위한 구체적인 목표가 무엇이든 일단 설정된다면 이는 세계 평화와 안정을 증진한다는 보다 광범위한 측면에서 볼 때 주요 미국 동맹국들의 상대적 성과를 향상시킬 것이다. 국내총생산 대비 대부분 동맹국들은 미국에 비해 지원 예산에 훨씬 더 관대한 편이다.[20] 향후 미국의 동맹국들이 군사적으로 더 많은 일을 분담해야 한다는 상황에는 변함이 없지만, 총체적으로 이미 미국과 비슷한 수준의 군사비를 지출하고 있는 셈이다. 그리고 이는 미국이 주도하는 글로벌 동맹이라 부르는 군사력의 우세를 유지하는 데 기여한다. 이는 인류 역사상 유례없는 네트워크로 미국에게 상당한 전략적 이점이다.

국방부에 대한 자원 할당 전략을 제안하기 전에 자원의 낭비, 비리 및 남용에 대해 생각해보는 것은 중요하다. 혹자는 자체 예산을 감사조차 할 수 없는 연방기관인 국방부가 훨씬 더 적은 예산으로 전투력을 보존하거나 향상시킬 수 있지 않을까 하는 의문을 제기할 수 있다. 국방부가 전반적으로 비효율적인 부분이 있다는 점은 부인할 수 없는 사실이다. 그리고 주요 전투력 유지에 영향을 주지 않으면서도 이러한 비효율성을 줄이고자 한다면 국방부 자체적으로 피나는 노력을 하지 않는 한 이루어지기 어렵다. 예를 들어 높은 수준의 의료 서비스를 제공하는 것은 좋은 인재를 영입하기 위해 반드시 필요한 혜택이다. 그러나 대게 이러한 군 의료 서비스는 그 규모가 방대하고 비용 역시 많이 들 수밖에 없다. 이러한 군 의료 서비스를 개혁한다면 연간 최대 수십억 달러를 절약할 수는 있을 것이다. 그러나 전체 국방예산과 국방소요에 비하면 여전히 그리 크지 않은 규모이다. 기지 폐쇄를 예를 들어 보자. 1980년대 후반 이후 국방부는 약 5번 걸쳐 성공적으로 기지 폐쇄 및 재배치를 시행해왔다. 그러나 현재 전투준비태세 유지에 필요한 수준에 비해 여전히 20% 정도 더 많은 시설을 유지하고 있는 실정이다. 향후 더 많은 기지를 폐쇄해야 한다. 이러한 폐쇄에 따라 연간 20~30억 달러의 비용 절감 효과를 얻을 수 있다.[21] 이 또한 결코 적은 예산은 아니지만 7천억 달러가 넘는 전체 예산에 비하면 그리 큰 규모는 아니다. 나아가 지난 50년에 걸쳐 순 저축은 전혀 발생하지 않았다. 많은 국방 개혁과 마찬가지로 기지 폐쇄는 단기적으로 접근할 것이 아니라 보다 장기적인 시각에서 지혜롭게 풀어 나가야 할 문제다.

오랫동안 국회의사당과 국방부에서 근무했던 피터 레빈(Peter Levine)은 국방 개혁 과정과 관련된 책을 집필한 바 있다. 그는 그의 저서를 통해 전 국방부 감사관을 지낸 로버트 헤일(Robert Hale)이 작성했던 "국방부의 효율성을 증진하기 위해 노력하되 현실적으로 생각하자(Promoting Efficiency in the Department of Defense: Keep Trying, But Be Realistic.)"라는 제목의 보고서 내용을 한번 더 강조했다.**22** 레빈은 모든 노력을 집중하고 현실적인 목표를 세울 경우 효율성을 추구함과 동시에 개혁을 추진할 수 있다고 주장했다.**23** 그러면서 그는 개혁을 통해 막대한 비용을 절약할 수 있다는 공약이 여전히 환상에 불과한 이유를 설명했다. "첫째, 현재 국방부 예산에는 낭비할 항목이 없다. 둘째, 많은 훌륭한 아이디어를 시도해보지 않은 것이 아니다. 셋째, 국방부 조직 또는 프로세스의 중대한 변경은 상당한 제도적 저항에 직면할 가능성이 높다. 마지막으로 진정한 개혁에는 시간과 자원의 선행 투자가 필요하다."**24** 그렇다. 우리는 지속적으로 낭비를 줄이고 개혁을 추진해야 한다. 그러나 이는 오랜 시간을 필요로 할 것이며, 이러한 효과는 수천억 달러가 아닌 수천만 달러 수준의 예산 절감일 것이다.

국방부의 자원 우선순위 지정

제임스 매티스(James Mattis) 전 미국 국방장관 시절 미 국방부는 국방전략을 통해 중국과 러시아 대비 미군의 역량을 다시금 강화할 것임을 분명히 밝혔다. 여기에는 중국과 러시아의 사이버 역량 및 우주 무기로 인하여 미국의 위험한 취약점 관리로부터 첨단 정밀 타격 무기 및 정찰 자산을 통한 "접근 방지/지역 거부(anti-access/area-denial)" 역량에 대비하는 방안까지 포함된다.**25** 이러한 도전은 러시아와 중국이 첨단 항공기와 잠수함을 포함하는 전 영역에 걸쳐 미국을 상대로 경쟁하는 데 지속적으로 어려움을 겪더라도 향후 보다 명백해질 것이다.**26**

그러나 미국은 국방전략을 통해 서술했듯이 오늘날 중동에서의 전쟁과 한반도에서 발생 가능한 위기를 억제하면서 동시에 이러한 임무를 수행해야 한다. 그 자체로 벽찬 과제가 아닐 수 없다. 2년 전 짐 밀러(Jim Miller) 전 국방부 차관과 필자가 지적했듯이 유감스럽게도 이러한 상황으로 인하여 일부 더 많은 병력이 요구된다는 것이다. 특히 해군은 2020년 기준 약 310척에서 355척으로 늘릴 것을 목표로 하고 있다. 공군은 312개에서 386개 비행 중대로 늘리기 위해 노력하고 있다. 공군 및 해군 예산이 10~20% 증가를 포함하여 병

력 구조가 대략 15~25% 증가하려면 평균적으로 비현실적인 전체 예산이 증가해야 한다.27

방위 산업의 특정 부문이 일부 성장하는 것은 그 자체로 의미가 있을 수 있다. 그러나 중국과 러시아에 초점을 맞춰 전력을 전반적으로 증강시키는 것은 의미가 없다. 혹자는 미군의 증강을 지지하기 위해 중국과 러시아가 보유한 상당한 역량을 종종 상기시키지만 이러한 주장은 일반적으로 설득력이 없다. 예를 들어 일부에서는 중국 해군이 현재 미국 해군보다 더 크다고 주장하지만, 이는 미국이 훨씬 더 크고 유능한 선박을 건조하기 때문이다. 짐 스타인버그(Jim Steinberg)와 필자가 이안 리빙스톤(Ian Livingston)의 도움으로 분석한 2010년대 후반 현재 미국 해군의 총 톤수는 중국의 두 배 이상이었다.28

우리가 군 운용의 혁신을 통해 상대적으로 군의 규모가 작다면 전 세계에서 다양한 임무를 수행하는 데 따른 긴장을 완화하는 데 도움이 될 수 있다. 미 육군은 한국과 폴란드에 개별 여단을 영구적으로 주둔시키기보다 수천 명의 병력을 빈번하게 순환 배치시키고 있어 일부 피로감이 증폭되고 있다. 공군은 역시 중동 지역 내 핵심 부대를 유지 및 운용하는 방식을 유사하게 변화시키는 방안을 고려해볼 수 있다. 예를 들어 여러 전투비행단이 순환하지 않고 페르시아만 국가에 배치될 수 있다. 반면 해군의 경우 페르시아만과 서태평양 지역 내 영구적으로 주둔하고 있다. 보다 유연하고 예측할 수 없는 배치는 적으로 하여금 긴장을 멈추지 않게 하면서도 병력 운용상의 부담을 완화시킬 수 있다. 제임스 매티스는 우리가 전략적으로 예측할 수 있지만 작전상 예측할 수 없어야 한다고 언급한 바 있다. 또한 해군은 선박이 국제수역에 위치해 있는 동안 6~8개월을 주기로 항공기를 통한 승무원 교체를 고려해볼 수 있다. 교체는 한 번에 모든 승무원이 이동하기보다는 소수의 승무원이 남아 교체하는 과정을 보다 순조로이 수행할 수 있도록 지원할 수 있다. 동일 등급의 함정이라 할지라도 각각의 고유한 문화와 특성이 존재하기 때문이다.29

이외에도 다른 좋은 방안들도 꾸준히 제시되고 있다. 다만 이러한 좋은 생각들을 실제로 구현하기까지는 많은 관심과 시간이 필요하다. 그렇기 때문에 초기에는 수십억 달러보다 연간 수억 달러 또는 낮은 수십억 달러 정도 수준의 비용 절감만을 기대할 수 있을 것이다.

예를 들어 공군참모총장을 역임한 데이비드 골드페인(David Goldfein) 장군은 공군 증강 계획을 발전시켰던 2~3년 전에 비해 공군력 확대를 강력하게 추진하지 않는다. 그는 얼마 전까지만 해도 현역 및 경비 및 예비역을 포함하여 312개 중대에서 386개 중대 규모까지 증강시키는 방안을 발전시켰다. 그는 이제 "많은 트럭(plenty of trucks)", 즉 많은 항공기가 있지만 "고속도로(highway)"가 충분하지 않다고 말했다. 여기서 그가 말한 고속도로란 신뢰할 수 있고 안전한 명령, 제어 및 통신 인프라를 의미한다. 사실 그는 현재 공군의 312개 비행 중대 중 운용기간이 너무 오래되어 사고의 위험성이 큰 항공기의 약 10%에서 15% 정도를 퇴역시킬 준비를 하기도 했다. 이로 인하여 절감한 예산을 통해 다른 비행 중대와 함께 "고속도로"를 현대화하고자 했다. 그 외 예산의 일부는 국고에 반환될 수도 있다.[30]

전 연방 방위군 국장이자 합참 소속이었던 조세프 렝겔(Joseph Lengyel) 장군은 2020년 7월에 개최한 브루킹스 연구소 행사에서 오늘날의 방위군(특히 육군과 공군)은 그가 30년 전 입대했을 때와 많이 다르다고 지적했다. 오늘날의 방위군은 현역만큼 좋은 장비를 보유하고 훨씬 더 향상된 전투 역량을 갖추었다. 공군 방위군 역시 항상 출동할 준비가 되어 있다고 그는 덧붙였다. 육군 방위군의 경우 규모가 크고 복잡하기 때문에 여단급 부대가 완전한 전투 준비 태세를 갖추는 데 얼마간의 시간이 소요된다. 그러나 몇 개월 정도의 준비기간을 거친다면 완벽한 전투준비태세를 갖출 수 있다.[31]

각 군의 방위군과 예비군이 배치되어 임무를 수행하는 기간 중 급격하게 국방예산을 줄이기는 어렵다. 따라서 임무수행이 활발하지 않는 기간에 예비군의 병력구조를 변화시키는 것이 합리적으로 보인다. 이라크와 아프가니스탄으로의 급파는 이미 오래전 종료되었고 이러한 상황은 앞으로도 지속될 것으로 보인다. 오늘날 군은 약 210만 명의 현역, 130만 및 800,000명의 예비군으로 구성되어 있다(후자의 숫자 중 약 450,000은 2개 규모의 방위군 그리고 나머지는 예비군에 해당된다). 총 210만 명을 현역과 방위군/예비군 간에 균등하게 할당할 수 있는지 고려할 필요가 있다.

이러한 방안들 중 어느 것도 국방예산을 획기적으로 삭감하지는 않을 것이다. 우리는 현재 7,500억 달러 수준의 국방예산을 앞으로 몇 년 동안 명목

수준으로 유지하거나 7,000억 달러 이하로 낮추기 위해 노력할 것이다. 그러나 국방예산이 증가하는 것을 멈추고 시간이 지남에 따라 국내총생산 대비 그 비중을 낮추기 위해 비용 곡선을 완화시키는 것 그 자체로 큰 성취가 될 것이며 향후 몇 년에 걸쳐 적자 감소에 기여할 것이다.

다행히도 미군은 지속적으로 준비태세를 유지하고 있으며 코로나19로 인한 어려운 상황에도 불구하고 그 과정은 순조롭게 진행되고 있다. 주요 항공기, 선박 및 차량은 약 80~90% 임무수행이 가능하며, 육군 또한 여단급 전투부대 절반 정도가 최고 수준의 준비태세를 유지하고 있다고 보고된다. 최근 신병을 모집하는 데 다소 어려움이 있었지만, 역사적인 기준으로 보았을 때 전반적으로 군인의 자질과 경험은 높은 수준을 유지하고 있다. 나아가 코로나19로 인한 경기 침체 상황은 향후 신병을 모집하고 병력을 유지하는 데 도움이 될 수 있다. 작전 템포와 군에 요구되는 임무 수준은 여전히 높다. 그러나 10년 전에 비하면 나은 상황이다. 미군에 대한 보상체계는 비슷한 수준의 민간 부문 대비 상당히 좋은 조건을 유지하고 있다.[32]

국방예산의 증가는 크게 미래를 위한 군 현대화, 현재 당면한 임무 수행을 위한 준비태세 강화 그리고 보다 강화된 병력구조라는 세 가지 목표를 달성할 수 있다. 이 중 마지막 요인은 위의 고려 사항, 즉 예상되는 모든 도전과제, 예비전력 역량 및 모든 부담을 관리 가능한 수준으로 가능케 하는 혁신 등을 감안할 때 가까운 미래 그 중요성이 떨어진다. 더구나 한쪽에서 필요로 하는 자원을 빼냄으로써 다른 쪽의 병력을 늘리는 것은 실제로 역효과를 낳을 수 있다. 양보다 질과 혁신에 중점을 두어야 한다. 또한 우리의 잠재적인 적이 우리를 상대로 활용할 수 있는 현대 기술의 잠재력을 감안할 때 가능한 한 생존 가능하고 탄력적인 군대를 만드는 데 중점을 두어야 한다. 이러한 주장은 매티스 장관, 에스퍼(Esper) 장관 및 셀바(Selva) 부장관 모두 일관성 있게 주장했던 내용이다.

최근 데이비드 버거(David Berger) 해병대 사령관을 비롯한 몇몇 지도자들은 이러한 견해를 강하게 주장하고 있다. 데이비드 버거 사령관은 그간 미래 전투 환경 속에서 보다 그 크기가 작은 상륙함, 장거리에서 오랜 기간 동안 운용가능한 무인기, 장거리 로켓 그리고 생존 가능하면서도 치명적인 기술의 중요성을 강조해왔다. 2020년 그는 "대규모 강제 진입 작전이 반드시 요구되는 상황이 전개되더라도 그러한 작전은 첨단기술로 무장하고 장거리 정밀타격 능력을 갖춘 적을 상대로 수행하기란 매우 어렵다"고 밝혔다. 첨단기술에 대한 구체적인 분석과 수많은 워게임을 통한 오랜 경험을 갖춘 해병대 사령관이 대규모 상륙작전은 더 이상 그 실효성이 과거와 같이 않다고 판단했다면 우리는 그의 의견을 반드시 참고해야 한다.[33] 이는 마치 미국의 미식축구 수석 코치 존 매든(John Madden)이 내셔널 풋볼 리그(National Football League, NFL)에서 축구를 운영하는 것은 더 이상 중요하지 않을 것이라고 말한 것과도 같다.

미군은 획기적인 역량을 혁신하고 투자할 필요성이 있다. 또한 폭 넓은 분야에서 임무 수행을 하기 위해 즉각적인 준비태세를 강화해야 한다. 이는 다양한 임무를 수행할 수 있다는 뜻에서 데이비드 퍼트레이어스(David Petraeus) 장군이 "5종 경기선수(pentathletes)"라고 일컫는 역량을 갖추는 것을 의미한다. 예상치 못한 상황은 언제든 발생할 수 있으며 실제로 발생한다.[34] 그러나 우리 군은 현재의 규모를 유지하면서도 이러한 대비태세를 갖출 수 있다. 규모의 성장보다는 현대화와 준비태세에 투자하고 보다 영리하고 효율적으로 관리할 수 있다면 약 130만 명의 현역 군인, 약 800,000명의 예비군 그리고 약 750,000명의 민간인으로 구성된 오늘날의 미군은 이러한 임무를 충분히 수행할 수 있을 것이다. 현재 미군이 구상하고 있는 대부분의 확장 계획을 포기한다면 현대화와 준비태세 강화에 반드시 필요한 자원 또한 확보할 수 있을 것이다.

만약 잠재적인 적이 미셸 플러노이(Michele Flournoy)가 "시스템 파괴 전쟁 (system destruction warfare)"이라고 명명한 일종의 강력한 한방, 즉 녹아웃 펀치 (knockout punch)를 통해 최소한 일시적으로 미국을 무력화시킬 수 있다고 생각한다면 위험을 감수할 가능성은 여전히 높다. 이에 미군은 그 규모를 늘리기보다 치명적이고 취약점을 줄여나가는 방향으로 나아가는 것이 중요하다.[35]

최근 연구들에서 알 수 있듯이 2020~2040년경에는 첨단기술의 발전으로 인하여 전쟁의 성격이 급격하게 변화할 것으로 예상된다. 우리는 이러한 변화로 인하여 발생할 수 있는 기회와 그에 따른 잠재적인 취약성에 대해 지속적으로 주시해야 한다. 2000년에서 2020년 사이 혁명적인 기술 변화는 주로 컴퓨터와 로봇 공학 분야에서 일어났다.[36] 이를 바탕으로 향후 20년은 인공지능

(Artificial Intelligence, AI)과 빅데이터를 기반으로 한 다양한 혁신이 결합될 것이다. 센서와 무기 모두로 사용할 수 있는 군집 로봇 시스템이 미래 전장에 미치는 영향력은 매우 크다. 레이저 무기, 재사용 로켓, 극초음속 미사일, 무인 잠수함, 생물학적 병원체 및 나노 물질의 발전 또한 매우 빠르게 진행될 수 있다. 이러한 기술적 발전이 결합되어 혁명적인 결과를 가져올지는 아직 알 수 없으나 이러한 가능성을 결코 무시해서는 안 된다.[37] 고고도 전자기 펄스 (High-altitude Electromagnetic Pulse, HEMP) 장치는 물론 재밍(jamming), 광섬유 해저 케이블 또는 위성에 대한 공격 가능성, 통신에 사용되는 라디오 및 기타 시스템의 소프트웨어에 대한 사이버 공격은 모두 심각한 걱정거리이다.[38] 소규모 부대 내의 통신 시스템이 적의 공격을 견뎌내거나 집중 교란의 표적 영역 밖에 있는 경우에도 중앙기관과의 통신이 어려울 수 있다. 이러한 우려로 인하여 조지아주 포트 베닝(Fort Benning)에 위치한 미 육군기동센터(Maneuver Center of Excellence)는 여단급 부대가 장기간 사단 또는 군단 본부로부터 차단되어 자체적으로 작전을 수행해야 하는 미래작전의 개념을 검토하고 있다.[39] 억제력을 보장하기 위해 우리는 이러한 모든 첨단 기술발전 상황을 파악하고 상황을 주도해야 한다.

컴퓨터 혁명의 결과로 로봇공학 분야는 지속적으로 발전할 것이다.[40] 이미 자율주행차량은 운행이 가능하며 전장에서 전술적 재보급과 같은 임무를 위해 사용될 가능성이 있다. 군인이 무장 로봇 차량을 운용하는 육군의 윙맨(Wing-man) 프로그램이 그러한 예다.[41] 로봇공학은 향후 군사적으로 응용할 수 있는 분야에 무궁무진한 가능성을 가지고 있어 주목할 만하다.

폴 셀바(Paul Selva) 전 합참차장은 미국이 언제 총을 쏘고 누구를 죽일지 결정할 수 있는 자율 로봇을 구축하는 능력을 갖추기까지는 약 10년이 걸릴 수 있다고 언급한 바 있다. 나아가 미국은 이러한 장치를 만들 계획이 없다고 주장했다.[42] 특정 기능을 갖춘 다른 로봇에는 첨단 센서 시스템이 포함될 가능성이 높으며, 이러한 로봇은 종종 네트워크 또는 군집으로 작동할 수 있다. 공중 영역에서는 센서로 사용할 수 있는 장거리 스텔스 무인 항공기(Unmanned Aerial Vehicles, UAVs)를 예로 들 수 있다.[43] 해양에서 사용 가능한 로봇은 정보 수집, 지뢰 제거, 고속 선박과 같은 위협에 대비하여 지역 거점 방어를 위한 무인수상정 등이 포함될 수 있다. 2013년 랜드(RAND) 연구소 보고서에 따르면 63척의 무인수상선박이 이미 개발되고 테스트된 바 있다. 예를 들면 국방고등연구계획국(Defense Advanced Research Projects Agency, DARPA)의 씨헌터(Sea Hunter)와 같은 무인수상정(Unmanned Surface Vehicles, USVs)은 대잠함작전 및 기뢰전과 관련된 수색 기능을 수행할 수 있다.[44] 미래 해군은 이미 어떻게 하면 무인잠수정(Unmanned Underwater Vehicles, UUVs)과 무인수상정을 현실적으로 운용할 수 있는지에 대해 연구해왔다. 예를 들어 브라이언 클라크(Bryan Clark) 및 브라이언 맥그래스(Bryan McGrath)와 같은 연구원들은 미래 함대에서 이러한 유형의 선박을 각각 40대 규모로 운용할 것을 추천했다.[45] 해군은 연안전투함(littoral combat ships)을 무인 선박 및 기타 로봇과 함께 배치하는 방안을 고려하고 있다.[46] 일부 무인잠수정은 적의 해안 근처에서도 장기간 은밀하게 임무 수행이 가능하다는 장점이 있다.[47] 나아가 최근 10만 달러 수준의 해양 글라이더(ocean glider)가 대서양을 건넜는데, 이러한 새로운 개념은 비용을 10분의 1 규모로 줄일 수 있다.[48]

　필연적으로 로봇 장치는 경우에 따라 무력 사용과 관련하여 더 큰 의사결정 권한을 부여받게 된다. 이는 깊이 고민해 봐야 할 주제로 향후 신중한 윤리적 및 법적 감독이 필요하다. 왜냐하면 이와 관련된 위험성이 크기 때문이다. 그러나 군사작전을 수행하는 과정에서 신속한 의사결정의 필요성은 향후 인간의 개입을 줄여가는 방향으로 발전할 가능성이 농후하다.[49] 미국이 어떠한 방향을 선택하든지 무력사용에 있어 자동화 기능을 제한하는 건 러시아와 일부 국가들의 반대에 부딪힐 것이다. 이로 인하여 이러한 대화가 아무리 바람직하더라도 국제적으로 협상하기 어려운 상황에 직면할 것이다.[50] 인공지능 분야에 있어 러시아와 중국은 지속적으로 발전하고 있는 상황에서 미국이 향후 동 분야에서 주도적으로 혁신을 할 수 있을지는 분명하지 않다. 분명한 점은 일부 전문가들이 경고하듯이 러시아와 중국과 같은 국가들이 곧 인공지능 개발에 속도를 낼 것이라는 점이다. 이는 군사용 로봇 분야도 예외가 아니다.[51]

　이러한 모든 추세를 평가해볼 때 최근의 중국의 부상과 러시아의 귀환으로 인한 전략적 이해관계를 크게 고려하지 않을 수 없다. 급속한 기술 발전과 패권 변화의 결합은 특히 그 영향력이 크다. 과학과 기술이 급속하게 발전하는 오늘과 같은 시대에 강대국 경쟁의 재점화와 심화는 21세기의 경우에 비해 혁신에 대한 보상을 크게 거둘 수도 동시에 그만큼 취약성을 드러낼 수 있다. 국방부의 입장에서 이러한 고려사항은 차후 병력구조의 확대보다 현대화와 혁신을 강조하는 데 우선순위를 두는 결과를 가져온다. 또한 기술, 전쟁 개념 및 교리의 급격한 변화가 전장에 미칠 영향은 일반적으로 생각하는 것보다 훨씬 더 많은 불확실성을 발생시킨다. 우리가 전쟁에 대해 더욱 신중하고 섣부른 결론을 내리는 것을 경계해야 한다. 만약 어떤 국가가 전쟁에서 지고 있는 상황에서 이러한 상황을 용인할 수 없는 것으로 판단한다면 이러한 불확실성은 더욱 확대될 가능성이 높다.

군비통제는 일부 이러한 위험을 완화할 수 있다. 비록 전쟁이 발생할 가능성을 낮추지 못할지라도 최소한 불필요한 자원 낭비를 방지할 수 있다. 필자는 이 책을 통해 북한 및 이란과의 핵 거래 제안과 함께 향후 고려할 만한 몇 가지 방안을 제안한 바 있다. 해양법에 관한 유엔 협약(United Nations Convention on the Law of the Sea, UNCLOS)을 비준함으로써 남중국해와 같은 지역에서 중국이 자국의 행동을 개선하도록 압력을 가하는 수단으로 삼을 수 있다. 미국은 공식 당사국이 아니기 때문에 현재까지 기껏해야 할 수 있는 노력은 상설 중재재판소의 판결에 따르는 일뿐이었다.[52] 해양자원의 경제적 개발과 관련된 조항과 같이 일부 비준을 방해하는 요인이 있는 경우 해당 조항은 재협상되거나 삭제될 수 있다. 그러나 현재로서는 협약의 다른 이점이 많기 때문에 무기한 답보 상태를 유지하고 있다.

현재 북한을 제외한 모든 국가가 존중하고 있는 핵실험 (사실상) 모라토리엄은 여전히 견고하다. 미국은 핵무기의 기본적 신뢰성과 최종적으로 핵실험을 요구하지 않는 비교적 간단한 방안을 지속적으로 운용할 것이다. 지구상의 어느 곳에서도 더 이상 눈에 띄는 규모의 핵실험이 발생하지 않는다는 점도 이러한 믿음에 기여하는 요인이다.[53] 이상적으로는 이집트, 북한, 파키스탄, 인도, 이란, 이스라엘이 포괄적 핵실험 금지 조약(Comprehensive Nuclear Test Ban Treaty, CTBT)을 비준하여 조약이 국제적으로 발효될 수 있는 길을 열고 모라토리엄을 공식화할 수 있어야 한다.[54]

다른 군비통제 방안 역시 중요하다. 기존의 생물무기금지협약(Biological

Weapons Convention)과 핵확산금지조약(Nuclear Non-Proliferation Treaty, NPT)은 반드시 유지되어야 한다.[55] 향후 우주 조약(Outer Space Treaty)은 운용 중인 위성이 위험한 상황에 노출될 가능성에 대비하여 특정 고도(수백 마일 미만에서 측정) 이상의 우주에서 폭발 또는 충돌 금지 조항을 포함하도록 수정될 가능성도 있다. 2021년 이후 새로운 전략무기감축 협상(New START)은 갱신되어야 하며, 적절한 시점에는 전략 탄두에 대한 상한선을 30~50% 정도 더 낮춰야 한다. 핵보유국의 핵 지휘 및 통제 기반시설에 대한 사이버 공격을 금지하는 일종의 지침을 제정하는 것도 의미가 있다. 중거리핵전력(Intermediate-Range Nuclear Forces, INF) 조약 또한 복원하는 방안을 고려해야 하며, 특히 중국이 동참하도록 설득할 수 있다면 더욱 바람직할 것이다.

그러나 대부분의 이러한 방안은 그 자체로 가치는 높으나 그 효과는 제한적이다. 일반적으로 군비통제라는 개념은 확인하기 어렵거나 비용 대비 잠재적 이익이 불확실하여 이해관계자들을 합리적으로 설득하기 어렵다. 보다 전면적인 군비통제 방안은 대다수 생물학, 사이버 및 인공지능 기술, 우주 무기 영역과 같이 검증이 어려울 수 있으며 일부 그 자체로 바람직하지 않을 수도 있다.[56] 군비통제는 국가안보 정책의 중요한 요소이자 군사적 준비태세대비를 보완하는 중요한 요소이다. 그러나 향후 예상되는 큰 도전에 이러한 군비통제 개념이 크게 기여할 수 있으리라 기대하기는 어렵다.

나아가 목표만이 아니라 그것을 달성하기 위한 수단의 문제 역시 살펴봐야 한다. 적정 규모의 예산을 보장하는 것 외에 미군은 절차적으로나 행정적으로 어떻게 하면 현대화 작업을 더 잘 수행할 수 있을까? 이 질문에 답을 찾기 위해 살펴보아야 할 중요한 분야 중 하나는 미 국방부의 획득체계에 관한 것이다. 획득체계는 최근 전 국방위원회 위원장인 존 맥케인(John McCain) 상원의원, 맥 손베리(Mac Thornberry) 하원의원 등을 비롯한 몇몇 의원들의 노력으로 최근 개편되었다. 눈에 띄는 변화는 국방부 차관 산하의 획득, 병참 및 유지 관리실이 연구개발에 중점을 둔 부서와 획득 및 유지에 중점을 둔 부서로 분리되었다는 점이다.

이러한 체계상의 변화는 그 자체로 고무적이기는 하나 아직 더 중요한 문제가 남아 있다. 즉 국방부 고위 지도부 중 일부는 아직까지 필요 이상으로 비싼 무기체계에 의존하려는 경향이 있다는 점이다. 이는 병무청장과 민간 지도부의 의사결정이 이루어지는 전략적 수준에서 주로 발생한다. 결코 획득체계 자체의 약점이 아니다. 그보다는 획득체계와 관련하여 과도한 관료주의와 형식주의에서 기인하며 이는 첨단기술 발전으로부터 미군이 얻을 수 있는 잠재력을 크게 저하시킨다. 이러한 문제를 완화하기 위해 다음과 같은 방안을 고려해 볼 수 있다.

- 미 국방부는 미 연방조달규정(Federal Acquisition Regulations, FAR) 제15장 대신 제12장을 자주 활용해야 한다. 이론적으로 미 국방부는 연방조달규정 제12장에 근거하여 가능한 한 민간의 상업 상품을 구매해야 한다. 제15장의 경우 계약 협상과정에 있어 보다 복잡한 단계를 거쳐야 하기 때문이다. 이러한 제12장에 따라 국방부는 이론상 다른 일반 구매자와 같이 주요 무기 조달과 관련된 복잡한 단계와 번거로운 서류 작업을 피할 수 있다. 그러나 국방부는 여전히 구매하고자 하는 제품이나 기술이 라디오, 전화, 트럭 또는 컴퓨터 등 그 무엇이든 간에 제15장에서 요구되는 군 요구사항을 그대로 따라가려는 경향이 있다.
- 미 국방부는 경쟁을 통해 가격과 관련하여 기업과 협상할 수 있는 경우 감독을 보다 합리적으로 변화시킬 필요가 있다. 예를 들어 오늘날 국방 계약을 관리하는 기관은 많은 공장에 직접 관리 감독할 수 있는 직원을 배치하는 경우가 많다. 이때 파견된 직원들은 생산 과정에 대한 모든 세부사항을 기반으로 비용이 어느 정도 되어야 하는지에 대해 세세히 기록한다. 이러한 절차는 계약상 그 복잡한 무기체계를 단 하나의 공급업체가 제작하는 경우 의미가 있을 수 있다. 그러나 2명의 기업이 존재하는 경우 경쟁 프로세스는 상업시장과 마찬가지로 진행할 수 있으며 관리 감독의 범위와 절차는 축소될 수 있다.
- 다른 기술과 관련하여 미 국방부 산하 합동급조폭발물제거기구(the Joint Improvised-Explosive-Device Defeat Organization model, JIEDDO) 모델을 참고한다. 이라크와 아프가니스탄에서 작전 수행 간에 수많은 미국인들이 급조폭발물에 의해 다치거나 사망하는 경우가 발생했다. 당시 의회는 국방

부가 별도의 신속한 획득 절차를 만들고 궁극적으로 관련기구가 이와 관련된 기술을 보다 신속하게 연구하고 생산할 수 있도록 허용했다. 당시 국방부 차관 폴 울포위츠(Paul Wolfowitz)를 비롯한 많은 사람들이 이러한 노력을 지지했고 그 결과 큰 효과를 냈다. 이러한 개념은 신속하게 구축하는 것이 중요하지만 위험도가 낮은 기술의 경우 적용할 수 있다. 동일한 효과를 거두기 위해 신속획득절차(Other Transaction Authority, OTA)라는 또 다른 경로를 고려할 수도 있다. 이러한 접근 방식을 통해 변화의 속도가 빠른 정보 기술과 같은 영역과 기술 성숙도가 높은 지상 차량과 같은 분야에서 각각 비용을 절감할 수 있다.

- 정보기술과 관련 구매를 할 경우 보다 그 범위를 좁힌다. 수십만 명의 사용자가 사용할 경우 동일한 시스템이나 소프트웨어로 거대한 공통 인프라를 구축하는 것이 합리적일 때가 있다. 그러나 그렇지 않은 경우 이러한 접근 방식은 한 바구니에 너무 많은 계란을 넣는 오류를 범하기 쉽다. 개방형 아키텍처 및 모듈화 개념을 사용하여 서로 다른 시스템이 상호간에 통신할 수 있도록 하고 다양한 기관에서 보다 개별적이고 소규모 획득을 허용한다면 더욱 효율성을 높일 수 있다. 이러한 경우 시간이 지남에 따라 비용적인 측면 또한 도움이 될 수 있다. 즉 막대한 비용 대비 제대로 작동하지 않는 거대 프로젝트를 피함으로써 비용을 절약할 수 있다.

- 상용 기술 또는 체계를 획득하는 경우 기업이 관련 데이터를 정부와 공유하는 대신 지적 재산권을 유지할 수 있도록 한다. 이것은 미 국방부와의 협력을 경계하는 많은 기업들이 다시금 이를 재고하는 데 큰 도움이 될 수 있다. 그러나 특정 기업이 상당한 비용이 드는 특수 방어체계를 개발하는 경우 그리고 추후 업그레이드 또는 수정 계약을 체결할 소요가 예상되는 경우에는 사용해서는 안 된다. 이러한 경우 해당 기업이 지적재산권을 보유한다면 건전한 경쟁이 저해되는 결과를 초래할 수 있기 때문이다.

현재까지 논의한 내용을 간단히 요약하면 미래 우리는 단순히 규모가 큰 군이 아니라 현대적이고 준비된 역량이 필요하다는 것이다. 존 매케인의 전 보좌관인 크리스찬 브로즈(Christian Brose)의 말처럼 "우리는 변혁적 목표를 신속하지만 점진적으로 추구"해야 한다.[57] 그와 미 국방부 차관보 캐서린 힉스 (Kathleen Hicks)가 제안한 것처럼 이 접근 방식은 혁신적인 전투 개념을 발전시키고 첨단기술에 중앙 집중식으로 할당될 국방예산의 일부를 할당한다면 충분히 추진할 수 있을 것이다. 또한 이에 필요한 과정을 가속화시킬 수 있는 방안이기도 하다.[58] 이러한 접근 방식을 통해 미국은 현재 규모의 국방예산으로도 매우 효율적으로 운용할 수 있을 것이다. 국가적으로 다른 긴급한 상황들을 고려해볼 때 국방예산의 급격한 증가는 정당화되지도 현명하지도 않다. 그러나 같은 맥락에서 국방부의 예산을 급격하게 삭감하는 방안 또한 적절치 않다. 왜냐하면 코로나19를 비롯한 미래 새로운 위협은 대부분 국방부로 하여금 더 폭넓은 분야에서의 역할을 요구할 것으로 예상되기 때문이다. 이러한 경향은 심화될 가능성이 높으며 결코 대체되거나 완화되지 않을 것이다.

결 론

1910년 노먼 에인절(Norman Angell)은 "대환상(The Great Illusion)"이라는 책을 통해 전 세계는 더 이상의 전쟁을 감당할 수 없으며, 전쟁을 실행 가능한 정책으로 여겨서는 안 된다고 주장했다. 불행히도 정확히 4년 후 정치 지도자들은 정반대의 결론에 도달했다.

베를린 장벽이 무너지기 몇 달 전인 1989년 여름 정치학자 프랜시스 후쿠야마(Francis Fukuyama)는 "역사의 종말(end of history)"을 예언했다. 당시 전 세계적으로 자본주의와 민주주의 이외의 다른 이데올로기는 완전히 거부된 것처럼 보였다. 그의 이러한 예언은 많은 사람들이 기억하는 것보다 더 많은 비판을 받았지만 그럼에도 불구하고 그는 "대규모 분쟁은 여전히 역사의 손아귀에 갇힌 강대국들과 연관될 것이며 당시 잠시 동안 현장에서 사라지는 것처럼 보이는 것"뿐이라고 주장했다.[1] 2010년대 중반까지 러시아의 보복주의와 중국의 야망(둘 다 일종의 권위주의적 정치 모델에서 파생)에 직면하여 그 주장은 신빙성이 없었다. 오늘날 우리가 경계를 늦추어도 지금까지의 안정성으로 인해 글로벌 질서는 어떻게든 자동 조종 장치에 태워질 것이라는 지나친 낙관주의에 빠지지 않도록 주의해야 한다.

그러나 다른 극단으로 향하는 것 또한 잘못된 일이다. 예를 들어 오늘날의 세계를 냉전 시대와 비교할 수 없을 정도로 위험한 상황으로 묘사하는 것은 심각한 정책적 실수이다. 지난 수십 년의 노력에도 동맹과 국제 경제체계가 부서지기 쉬울 정도로 악화될 수 있다면 이는 국민들로 하여금 그간 미국이 이러한 분야에 애쓰는 것이 왜 가치가 있는지에 대해 의문을 제기하게 만들 수 있다. 더 나아가 냉소주의와 숙명론에 이어 고립주의를 낳을 수 있다. 또는 우리가 과잉 대응하여 상대적으로 규모가 크지 않은 위기에서도 러시아와 중국이 영향력을 펼치도록 강요하는 결과를 가져올 수도 있다. 반대로 뮌헨에서 네빌 체임벌린(Neville Chamberlain)이 히틀러(Hitler)를 달래는 상황이나 히틀러가 주데텐란트와 오스트리아를 점령하고 폴란드와 프랑스에 대한 공격을 준비할 당시 미국이 무관심했던 상황이 재연될 수도 있다.

그러나 필자의 생각에는 더 적절한 역사적 비유는 아마도 제1차 세계 대전의 발발일 것이다. 당시 강대국들은 작은 문제에 과잉 반응했다. 사소한 위기가 재앙적인 대규모 전쟁으로 빠르게 확대되었다. 오늘날 우리는 더 현명할 수도 있고 그렇지 않을 수도 있지만, 분명한 사실은 오늘날의 무기체계와 기술은 훨씬 더 강력하고 빠르게 배치될 수 있다는 것이다. 전쟁의 결과는 빠르고 압도적으로 발생할 수 있다.2 따라서 조기에 과감한 행동에 대한 유인책이 높을 수밖에 없다. 그리고 이러한 과정에서 큰 실수가 매우 단기간 내에 이루어질 수 있다. 우리는 단호한 대전략이 필요하지만 먼저 섣불리 행동하는 것을 피하려는 인내와 자제력도 필요하다. 강대국들 간의 전쟁이 가져올 불확실성과 큰 위험을 피하기 위해 가능한 모든 노력을 기울여야 하기 때문이다.

나아가 적절한 국방예산과 강력한 군사력을 유지하는 것도 중요하지만 오늘날 전 세계에서 관찰되는 모든 위협을 과장하면서 다른 수단을 희생시킬 위험성도 무시할 수 없다. 이런 경우 우리는 외교와 대외 원조에 더 이상 힘을 쏟지 않을 수도 있다. 1장에서 언급한 바와 같이 미국의 지원은 최근 수십 년 동안 전 세계 많은 국가의 복지 및 경제 발전에 있어 놀랍도록 중요한 역할을 해왔다.3 이러한 노력은 여전히 중요하다. 코로나19는 앞으로 몇 년 동안 기후변화의 영향과 마찬가지로 도전을 심화시킬 것이다. 외교, 지원 및 관련 노력에 투자하지 않는다면 결과적으로 "탄약을 더 사야 한다"라는 제임스 매티스의 권고를 명심해야 한다. 국방에 대한 과도한 지출은 교육, 기반 시설, 과학 연구 및 개발을 포함하여 미국 국력의 토대를 약화시킬 수 있다. 또한 군이 국가의 경제, 과학 그리고 인적 토대 위에 건설된다는 간단하고도 변하지 않는 사실을 무시하는 것이다. "외교 정책은 국내에서 시작된다"는 리처드 하스(Richard Haass)의 경고를 잊지 말아야 한다.[4]

필자는 외교 정책의 국내 뿌리에 대한 이러한 마지막 요점을 필자의 오랜 친구이자 동료이자 88세의 나이로 2019년 사망한 앨리스 리블린(Alice Rivlin)의 이름을 따서 "리블린의 알림(Rivlin's Reminder)"이라고 부르고자 한다. 그녀는 항상 미국의 군사력을 중시하면서도 미국 경제의 기반이 되는 힘과 국민의 정치적 결속력을 포괄하는 국력에 대한 균형되고 통합된 견해를 가지고 있었다. 우리는 그녀의 이와 같은 현명한 조언을 기억하고 주의를 기울여야 한다.

이것은 바로 **자유주의**(liberal) 질서를 넘어 우리가 지켜야 할 세계의 규칙에 기반을 둔 질서를 의미한다. 최근 자유주의 질서라는 용어가 유행하고는 있지만, 미국 국내 정치 그리고 국제 관계 속에서 어떤 것을 의미하는지 혼란스럽다. 설상가상으로 국제적 맥락에서 사용되는 경우 군사, 개발, 금융, 무역 관련, 환경, 이상 등 여러 분야에 걸쳐 다양한 해석이 가능하다.[5] 이러한 표현은 중국과 미국 사이에서 가능하면 동등하게 평화롭게 지내고자 하는 미국의 안보 파트너들에게도 결코 도움이 되지 않는다.[6] 무엇보다도 "자유질서"라는 용어는 정책 결정을 위한 단기 지침으로서 너무나 야심적이다. 이는 우리가 민주주의, 서구의 인권 정의 및 기타 바람직하지만 종종 논란의 여지가 있는 목표를 단호하게 추진하는 국제 안보환경을 향해 꾸준히 그리고 상당히 빠르게 진행해야 함을 의미한다. 이와 대조적으로 규칙 기반 질서를 지지하는 사람들은 국제 안보환경의 기본이 견고하게 유지되는 한 조금 더 인내하고 덜 야심적이며 필요 시 전술적으로 후퇴를 선택할 줄 안다.

미국은 물론 민주주의를 촉진해야 한다. 민주주의는 그 어떤 대안과 비교하여서도 국민들에게 도움이 되며 전쟁을 회피하는 경향도 더 강하다.[7] 미국은 정당한 방식으로 민주주의를 구현하기 위해 최선을 다하는 오랜 전통을 가지고 있다. 그리고 이로 인하여 상당한 성공을 거두기도 했다. 계속되는 좌절에도 불구하고 오늘날만큼이나 많은 인류가 자유로운 또는 부분적으로 자유로운 사회에서 삶을 영위한 역사는 없었다. 그러나 때로는 자유주의 질서를 추구하는 과정에서 군사력의 운용이 요구되는 것처럼 보이기도 한다. 예를 들어 2003년 이라크 전쟁과 관련하여 과거 신보수주의 전통주의가 이를 옹호했다.[8]

민주주의의 증진을 위하지 않은 군사 동맹의 확장 또한 위험할 수 있다. 일반적으로 민주주의 증진은 동맹국이 도움이 필요할 때 위협으로부터 보호하는 것을 제외하고는 군사력을 동원해야 하는 노력의 영역이 결코 아니다.9

여전히 복잡하고 무섭지만 그럼에도 불구하고 역사적으로 번영하고 평화로운 오늘날 전 세계를 위해 미국은 기존 동맹국을 방어하고 주어진 의무를 다하기 위해 단호한 자세를 유지해야 한다. 미국의 참여와 리더십은 규칙 기반 글로벌 질서의 핵심적인 특성이었다. 이러한 특성은 국제적으로 무정부 상태가 지속된 수십 년과 수 세기에 걸친 실패 이후 75년 동안 강대국 간의 평화를 유지하는데 결정적으로 기여했다. 전 세계의 평화를 지속하기 위해 강하고 목적의식이 뚜렷한 미국의 존재가 더욱 필요한 시점이다.

그러나 미국은 동맹을 확대하거나 위기 상황에서 신속하고 압도적으로 무력을 사용하거나 핵무기를 비롯한 중대한 문제를 해결하기 위한 외교적 노력에서 목표를 완고하게 추구하려는 야심을 억지해야 한다. 위기 발생시 미국은 군사력의 운용 못지않게 경제의 역할을 강조하는 비대칭적이고 통합된 방법을 모색해야 하며, 특히 다른 핵보유국과의 분쟁 시 섣불리 선제 타격을 선택하는 우를 범해서는 안 된다. 국민과 그 지도자들은 제2차 세계 대전과 냉전시기 힘과 권력이 승리한 방법을 기억하는 만큼 위기에 과도하게 반응하고 위험에 대해 무지했던 강대국들 간의 경쟁으로 인하여 제1차 세계 대전이 시작되었던 역사를 기억해야 한다. 나아가 미국 정부는 유용하지만 불완전한 지난 몇 년간 국방부의 4＋1 프레임워크를 넘어 위협 개념을 확장해야 한다. 국가안보와 대전략의 공식에 두 번째 차원의 위협을 추가해야 한다. 새로운 4+1은 생물학, 핵, 기후, 디지털 및 국내 위험요인을 포함한다. 이러한 요인들은 기존의 위협만큼이나 중요하다.

국내 경제와 정치뿐만 아니라 대외 정책의 문제에 있어 미국은 국내 재건을 위한 큰 비전과 충분한 자원을 갖춘 구체적인 실행 계획이 필요하다. 군사력, 외교, 대외 원조, 무역 및 기타 기술에 중점을 둔 대전략에 관한 이 책에서 필자는 더 많은 자원이 가장 필요한 미국 거버넌스 영역은 국내 및 경제 정책이라는 결론에 도달했다. 오늘날 우리가 구축하는 국가안보 정책의 기반을 바탕으로 향후 몇 년, 수십 년 동안의 성공 또는 실패가 결정될 것이다.

Notes

머리말: 어느 국방전문가의 경험

1. Congressional Budget Office, "Costs of Operation Desert Shield," Washington, D.C., January 1991, https://www.cbo.gov/sites/default/files/102nd−congress−1991−1992/reports/199101costofoperation.pdf. The study was published before the war was fought—and thus before the name changed to Desert Storm.

2. Alain C. Enthoven and K. Wayne Smith, *How Much Is Enough? Shaping the Defense Program, 1961-1969* (Santa Monica, Calif.: RAND, 1971), 1-90.

3. Michael E. O'Hanlon and Philip H. Gordon, "A Tougher Target: The Afghanistan Model of Warfare May Not Apply Very Well to Iraq," *Washington Post*, December 26, 2001; Ken Adelman, "Cakewalk in Iraq," *Washington Post*, February 13, 2002.

4. Philip H. Gordon, *Losing the Long Game: The False Promise of Regime Change in the Middle East* (New York: St. Martin's, 2020).

5. Tom Ricks recounts one panel in which I made this argument in the fall of 2002 at the American Enterprise Institute, seated next to the Iraqi dissident leader Ahmed Chalabi, who clearly did not agree with me. See Thomas E. Ricks, *Fiasco: The American Military Adventure in Iraq* (New York: Penguin, 2007).

6. Kenneth M. Pollack, *The Threatening Storm: The Case for Invading Iraq* (New York: Random House, 2002); Richard Butler, *The Greatest Threat: Iraq, Weapons of Mass Destruction, and the Growing Crisis of Global Security* (New York: Public Affairs, 2000); Hans Blix, *Disarming Iraq* (New York: Pantheon Books, 2004).

7. Kenneth M. Pollack, "Spies, Lies, and Weapons: What Went Wrong?"

Atlantic, January-February 2004.

8. Michael E. O'Hanlon, "Should Serbia Be Scared?," *New York Times*, March 23, 1999.

9. Michael E. O'Hanlon and Kenneth M. Pollack, "A War We Just Might Win," *New York Times*, July 30, 2007. Bear in mind that op−ed writers generally do not choose their headlines and, as in this case, have no forewarning of what their essay will be titled! Ken and I were privileged to travel to Iraq with CSIS's Anthony Cordesman, one of America's great national security minds. My other frequent companions on trips to the Iraq and Afghanistan battlefields over the years include the brilliant Ron Neumann and Steve Biddle.

10. The surge was not simply an increase in U.S. forces, as well as the ongoing growth of Iraqi forces, but also a fundamental change in their tactics, a new emphasis on population protection rather than annihilation of the enemy, and the integration of military with political aspects of strategy. See, e.g., Peter Mansour, *Surge: My Journey with General David Petraeus and the Remaking of the Iraq War* (New Haven: Yale University Press, 2013).

11. Steven Pinker, *Enlightenment Now: The Case for Reason, Science, Humanism, and Progress* (New York: Penguin, 2018), 453.

12. John Keegan, *A History of Warfare* (New York: Vintage, 1993).

제 1 장   깨지기 쉬운 평화의 시대와 불확실한 미국

1. There is no clear documentation of this line attributed to Churchill, but he is still widely credited with the sardonic remark. See "The Churchill Project," Hillsdale College, Hillsdale, Mich., 2016, https://winstonchurchill. hillsdale.edu/americans−will−always−right−thing.

2. See, e.g., Kenneth N. Waltz, *Theory of International Politics* (New York: Random House, 1979), 161-93.

3. Steven Pinker, *The Better Angels of Our Nature: Why Violence Has Declined* (New York: Penguin, 2015); see also Michael A. Cohen and Micah Zenko, *Clear and Present Safety: The World Has Never Been Better and Why That Matters to Americans* (New Haven: Yale University Press,

2019); and Steven Pinker, *Enlightenment Now: The Case for Reason, Science, Humanism, and Progress* (New York: Penguin, 2018), 159.

4. "JFK on Nuclear Weapons and Nonproliferation," Carnegie Endowment for International Peace, Washington, D.C., 2003, https://carnegieendowment. org/2003/11/17/jfk−on−nuclear−weapons−and−non−proliferation−pub −14652; "Press Conference by President John F. Kennedy," March 21, 1963, John F. Kennedy Presidential Library and Museum, https://www. jfklibrary.org/archives/other−resources/john−f−kennedy−press−conferen ces/news−conference−52.

5. Samuel P. Huntington, "The U.S.—ecline or Renewal?" Foreign Affairs 67, no. 2 (Winter 1988/1989): 76-96.

6. Bruce D. Jones, *Still Ours to Lead: America, Rising Powers, and the Tension between Rivalry and Restraint* (Washington, D.C.: Brookings Institution Press, 2014); Michael Beckley, *Unrivaled: Why America Will Remain the World's Sole Superpower* (Ithaca, N.Y.: Cornell University Press, 2018).

7. For a similar assessment, see Ashley Tellis, "Covid−19 Knocks on American Hegemony," National Bureau of Asian Research, Seattle, Wash., May 2020, https://www.nbr.org/wp−content/uploads/pdfs/publications/ new−normal−tellis−050420.pdf; on polling data, see James Dobbins, Gabrielle Tarini, and Ali Wyne, "The Lost Generation in American Foreign Policy," RAND Corporation, Santa Monica, Calif., September 2020, https://www.rand.org/pubs/perspectives/PEA232−1.html.

8. Tellis, "Covid−19 Knocks on American Hegemony."

9. Samuel P. Huntington, "Democracy's Third Wave," *Journal of Democracy* 2, no. 2 (Spring 1991): 12-34.

10. See, e.g., Greg Mills and Jeffrey Herbst, *Africa's Third Liberation* (New York: Penguin, 2012); and Steven Radelet, *The Great Surge: The Ascent of the Developing World* (New York: Simon and Schuster, 2015).

11. Bruce Jones and Michael O'Hanlon, "Democracy Is Far from Dead," *Wall Street Journal*, December 10, 2017.

12. See, e.g., David H. Petraeus, Robert B. Zoellick, and Shannon K. O'Neil, *North America: Time for a New Focus*, Task Force Report No. 71 (New York: Council on Foreign Relations, 2014).

13. On the first point, see Charles Kupchan, *No One's World: The West, the*

Rising Rest, and the Coming Global Turn (Oxford: Oxford University Press, 2012); on the second, see G. John Ikenberry, *Liberal Leviathan: The Origins, Crisis, and Transformation of the American World Order* (Princeton, N.J.: Princeton University Press, 2011).

14. On al Qaeda, see Daniel Byman, "Does al Qaeda Have a Future?" *Washington Quarterly* 42, no. 3 (Fall 2019): 65-75.

15. Siobhan O'Grady, "How Has the Coronavirus Pandemic Affected Global Poverty?" *Washington Post*, July 3, 2020; Betsy McKay, "Coronavirus Deals Setback to Global Vaccination Programs, Gates Report Finds," *Wall Street Journal*, September 14, 2020.

16. Homi Kharas and Kristofer Hamel, "A Global Tipping Point: Half the World Is Now Middle Class or Wealthier," Brookings blog, September 27, 2018, https://www.brookings.edu/blog/future−development/2018/09/27/a−global−tipping−point−half−the−world−is−now−middle−class−or−wealthier; Homi Kharas, "The Unprecedented Expansion of the Global Middle Class: An Update," Global Economy and Development Working Paper No. 100 (Washington, D.C.: Brookings Institution, 2017), 12.

17. Radelet, *Great Surge*, 74; UNICEF, "Under Five Mortality," New York, September 2019, https://data.unicef.org/topic/child−survival/under−five−mortality.

18. See, e.g., Jonah Goldberg, "We Just Had a Global Super−Decade! Why Doesn't It Feel Like It?" *Los Angeles Times*, December 27, 2019. Goldberg quotes Matt Ridley's book *The Rational Optimist* (New York: HarperCollins, 2010) and more recent statements by Ridley as well as his own analysis. See also Arthur C. Brooks, "The World Is Doing Much Better Than the Bad News Makes Us Think," *Washington Post*, December 2, 2019.

19. See Vincent Bevins, "The 'Liberal World Order' Was Built with Blood," *New York Times*, May 29, 2020.

20. Paul Kennedy, *The Rise and Fall of the Great Powers: Economic Change and Military Conflict from 1500 to 2000* (London: Unwin Hyman, 1988), 514-35.

21. Hal Brands, *American Grand Strategy in the Age of Trump* (Washington, D.C.: Brookings Institution Press, 2018).

22. See Larry Diamond, "Democracy Demotion: How the Freedom Agenda Fell Apart," *Foreign Affairs* 98, no. 4 (July/August 2019): 17-25.

23. See Vanda Felbab−Brown, *Shooting Up: Counterinsurgency and the War on Drugs* (Washington, D.C.: Brookings Institution Press, 2009); Sarah Chayes, *Thieves of State: Why Corruption Threatens Global Security* (New York: W. W. Norton, 2015); and Moises Naim, *Illicit: How Smugglers, Traffickers, and Copycats Are Hijacking the Global Economy* (New York: Doubleday, 2005).

24. Geoffrey Gertz and Homi Kharas, "Toward Strategies for Ending Rural Hunger," Ending Rural Hunger Project, Brookings Institution, Washington, D.C., December 2019, https://www.brookings.edu/research/toward−strategies−for−ending−rural−hunger.

25. Maggie Tennis, "An Illiberal Plague," Foreign Policy Research Institute, Philadelphia, May 5, 2020, https://www.fpri.org/article/2020/05/an−illiberal−plague.

26. Richard K. Betts, *American Force: Dangers, Delusions, and Dilemmas in National Security* (New York: Columbia University Press, 2012), 177.

27. See Elbridge A. Colby and A. Wess Mitchell, "The Age of Great−Power Competition," *Foreign Affairs* 99, no. 1 (January/February 2020): 129; and Alexander Korolev, "On the Verge of an Alliance: Contemporary China−Russia Military Cooperation," *Asian Security* 15, no. 3 (2019): 233-52.

28. John Mecklin, ed., "Closer Than Ever: It Is 100 Seconds to Midnight," Bulletin of the Atomic Scientists, Chicago, 2020, https://thebulletin.org/doomsday−clock/current−time.

29. Chester A. Crocker, Fen Osler Hampson, and Pamela Aall, "The Center Cannot Hold: Conflict Management in an Era of Diffusion," in Chester A. Crocker, Fen Osler Hampson, and Pamela Aall, eds., *Managing Conflict in a World Adrift* (Washington, D.C.: U.S. Institute of Peace, 2015), 3-22; Sean McFate, *The New Rules of War: Victory in the Age of Durable Disorder* (New York: HarperCollins, 2019), 25-42.

30. See, e.g., Graham K. Brown and Frances Stewart, "Economic and Political Causes of Conflict: An Overview and Some Policy Implications," in Crocker, Hampson, and Aall, *Managing Conflict in a World Adrift*, 200-201.

31. Lotta Themner and Erik Melander, "Patterns of Armed Conflict, 2006-015," in *SIPRI Yearbook, 2016* (Oxford: Oxford University Press, 2016),

https://www.sipri.org/sites/default/files/SIPRIYB16c06sII.pdf.

32. Lotta Themnar and Peter Wallensteen, "Armed Conflict, 1946-013," *Journal of Peace Research* 51, no. 4 (2014), pcr.uu.se/research/ucdp/ charts_ and_graphs; Pinker, *Better Angels of Our Nature*, 303-4; Department of Peace and Conflict Research, Uppsala Conflict Data Program, "Number of Conflicts, 1975-017," Uppsala University, Uppsala, Sweden, 2018, https://ucdp. uu.se/?id = 1&id = 1.

33. See "The Long and Short of the Problem," *Economist*, November 9, 2013; and Department of Peace and Conflict Research, Uppsala Conflict Data Program, "Number of Deaths, 1989-2017," Uppsala University, Uppsala, Sweden, 2018, https://ucdp.uu.se/#/exploratory.

34. Vanda Felbab−Brown and Paul Wise, "When Pandemics Come to Slums," *Order from Chaos* (blog), April 6, 2020, https://www.brookings. edu/blog/order−from−chaos/2020/04/06/when−pandemics−come−to−s lums.

35. Gen. Raymond Odierno (ret.) and Michael E. O'Hanlon, "Securing Global Cities," Brookings Institution, Washington, D.C., 2017, 8, https://www. brookings.edu/research/securing−global−cities−2.

36. Henry A. Kissinger, "The Coronavirus Pandemic Will Forever Alter the World Order," *Wall Street Journal*, April 3, 2020.

37. See, e.g., Dina Smeltz, Ivo H. Daalder, and Craig Kafura, "Foreign Policy in the Age of Retrenchment," Chicago Council on Global Affairs, September 2014, https://www.thechicagocouncil.org/publication/foreign− policy−age−retrenchment; Chicago Council on Global Affairs, "Rejecting Retreat: Americans Support U.S. Engagement in Global Affairs," Septem− ber 2019, https://digital.thechicagocouncil.org/lcc/rejecting−retreat; and Ruth Igielnik and Kim Parker, "Majorities of U.S. Veterans, Public Say the Wars in Iraq and Afghanistan Were Not Worth Fighting," Pew Research Center, Washington, D.C., July 10, 2019, https://www.pewresearch. org/fact−tank/2019/07/10/majorities−of−u−s−veterans−public−say−th e−wars−in−iraq−and−afghanistan−were−not−worth−fighting.

38. See Michael J. Mazarr, "The World Has Passed the Old Grand Strategies By," *War on the Rocks*, October 5, 2016, https://warontherocks.com/ 2016/10/the−world−has−passed−the−old−grand−strategies−by.

39. Jim Golby and Peter Feaver, "Can Military Leaders Handle the Truth

About Afghanistan?" *Defense One*, December 19, 2019, https://www. defenseone.com/ideas/2019/12/can−military−leaders−handle−truth−abo ut−afghanistan/161986/.

40. See Robert Kagan, *Dangerous Nation II*, forthcoming; and Adam Tooze, *The Deluge: The Great War, America and the Remaking of the Global Order, 1916-1931* (New York: Penguin, 2014), 21-30.

41. Daniel W. Drezner, Ronald R. Krebs, and Randall Schweller, "The End of Grand Strategy: America Must Think Small," *Foreign Affairs* 99, no. 3 (May/June 2020): 107-8.

42. John Lewis Gaddis, *Strategies of Containment: A Critical Appraisal of American National Security Policy During the Cold War* (Oxford: Oxford University Press, 2005); William W. Kaufmann, *Planning Conventional Forces, 1950-1980* (Washington, D.C.: Brookings Institution Press, 1982); and Robert P. Haffa Jr., *The Half War: Planning U.S. Rapid Deployment Forces to Meet a Limited Contingency, 1960-1983* (Abingdon, U.K.: Taylor and Francis, 1984).

43. For similar views, see Francis J. Gavin and James B. Steinberg, "The Vision Thing," *Foreign Affairs* 99, no. 4 (July/August 2020): 187-91; and Andrew Ehrhardt and Maeve Ryan, "Grand Strategy Is No Silver Bullet, But It Is Indispensable," *War on the Rocks*, May 19, 2020, https:// warontherocks.com/2020/05/grand−strategy−is−no−silver−bullet−but− it−is−indispensable.

44. See Travis Sharp, "Did Dollars Follow Strategy?" Center for Strategic and Budgetary Assessments, Washington, D.C., 2019, https://csbaonline.org/ research/publications/did−dollars−follow−strategy−a−review−of−the− fy−2020−defense−budget.

45. The great theologian and writer Reinhold Niebuhr made similar arguments, too. For a thoughtful review, see Colin Dueck, "Reinhold Niebuhr and the Second World War," *Providence* (Spring 2020), https:// www.aei.org/articles/reinhold−niebuhr−and−the−second−world−war/.

46. Anne−Marie Slaughter, *The Idea That Is America* (New York: Perseus, 2007).

47. Richard N. Haass, *The Reluctant Sheriff: The United States After the Cold War* (New York: Council on Foreign Relations, 1997); Robert Kagan, *Dangerous Nation: America's Foreign Policy from Its Earliest Days to the*

Dawn of the Twentieth Century (New York: Alfred A. Knopf, 2006); and James Steinberg and Michael E. O'Hanlon, *Strategic Reassurance and Resolve: U.S.–China Relations in the 21st Century* (Princeton, N.J.: Princeton University Press, 2014).

48. See also Paul B. Stares, *Preventive Engagement: How America Can Avoid War, Stay Strong, and Keep the Peace* (New York: Columbia University Press, 2018), 118-20.

49. For a similar argument, see Mira Rapp–Hooper, *Shields of the Republic: The Triumph and Peril of America's Alliances* (Cambridge, Mass.: Harvard University Press, 2020).

50. As such, the long tradition of scathing criticism of American foreign policy by Americans, while often harsher in tone and substance in the modern era than I would prefer, often plays an essential role in improving U.S. foreign policy even when it goes too far to be fair or fully accurate. See, e.g., John Mearsheimer, "The Great Delusion," *National Interest*, October 2018, https://nationalinterest.org/feature/great–delusion–liberal–dreams–and–international–realities–32737; Clyde Prestowitz, *Rogue Nation: American Unilateralism and the Failure of Good Intentions* (New York: Perseus, 2003); Andrew Bacevich, *Washington Rules: America's Path to Permanent War* (New York: Metropolitan Books, 2010); and Christopher A. Preble, *The Power Problem: How American Military Dominance Makes Us Less Safe, Less Prosperous, and Less Free* (Ithaca, N.Y.: Cornell University Press, 2019).

51. Bruce D. Jones, *Still Ours to Lead: America, Rising Powers, and the Tension Between Rivalry and Restraint* (Washington, D.C.: Brookings Institution Press, 2014).

52. For the seminal discussion about the distinction between balancing against power and balancing against threat, see Stephen M. Walt, *The Origins of Alliances* (Ithaca, N.Y.: Cornell University Press, 1987).

53. Pew Research Center, "Public Trust in Government: 1958-019," Washington, D.C., 2019, https://www.people–press.org/2019/04/11/public–trust–in–government–1958–2019.

54. See Isabel Sawhill, *The Forgotten Americans: An Economic Agenda for a Divided Nation* (New Haven: Yale University Press, 2018).

55. See Salman Ahmed et al., "U.S. Foreign Policy for the Middle Class:

Perspectives from Nebraska," Carnegie Endowment for International Peace, Washington, D.C., May 2020, https://carnegieendowment.org/ 2020/05/21/u.s.−foreign−policy−for−middle−class−perspectives− from−nebraska−pub−81767.

56. For a similar view, see Brands, *American Grand Strategy in the Age of Trump*, 1-23.

제 2 장   단호한 자제의 대전략

1. Dale C. Copeland, *Economic Interdependence and War* (Princeton, N.J.: Princeton University Press, 2015).

2. Michael W. Doyle, *Liberal Peace: Selected Essays* (New York: Routledge, 2012).

3. Richard Betts is compelling on this point, as on many others. See Richard K. Betts, *American Force: Dangers, Delusions, and Dilemmas in National Security* (New York: Columbia University Press, 2012), xi-18.

4. Thomas Wright, *All Measures Short of War: The Contest for the 21st Century and the Future of American Power* (New Haven: Yale University Press, 2018).

5. See Elbridge A. Colby and A. Wess Mitchell, "The Age of Great−Power Competition," *Foreign Affairs* 99, no. 1 (January/February 2020): 129; and Alexander Korolev, "On the Verge of an Alliance: Contemporary China−Russia Military Cooperation," *Asian Security* 15, no. 3 (2019): 233-52.

6. There are various ways to define grand strategy. Hal Brands describes it as "the integrated set of concepts that gives purpose and direction to a country's dealings with the world." See the preface to Hal Brands, *American Grand Strategy in the Age of Trump* (Washington, D.C.: Brookings Institution Press, 2018). Barry Posen and John Lewis Gaddis tend to place greater emphasis, as do I, on matters of war and peace. See John Lewis Gaddis, *On Grand Strategy* (New York: Penguin, 2019).

7. On these themes, see John J. Mearsheimer, *The Tragedy of Great Power Politics* (New York: W. W. Norton, 2001), as well as Mearsheimer's *Great Delusion: Liberal Dreams and International Realities* (New Haven: Yale

University Press, 2018); Niccolo Machiavelli, *The Prince* (New York: Penguin, 1961); Paul Kennedy, *The Rise and Fall of the Great Powers: Economic Change and Military Conflict from 1500 to 2000* (New York: Vintage, 1987); Kenneth N. Waltz, *Man the State and War* (New York: Columbia University Press, 1954); and Graham Allison, *Destined for War: America, China, and Thucydides' Trap* (Boston: Houghton Mifflin Harcourt, 2017). I agree with Allison's analysis, which suggests that avoiding war with the United States and China in particular will be difficult, more than with his title, which suggests that it will be impossible.

8. On Kennan, see James M. Goldgeier, "A Complex Man with a Simple Idea," in Michael Kimmage and Matthew Rojansky, *A Kennan for Our Times: Revisiting America's Greatest 20th Century Diplomat in the 21st Century* (Washington, D.C.: Wilson Center, 2019), 25-35.

9. On the intellectual roots of such analysis, including the ideas of Walter Lippman and others, see David Callahan, *Between Two Worlds: Realism, Idealism, and American Foreign Policy After the Cold War* (New York: HarperCollins, 1994), 18-29.

10. For a brilliant treatment of Kennan's thinking, see Barton Gellman, *Contending with Kennan: Toward a Philosophy of American Power* (New York: Praeger, 1984). For a similar appreciation of the value of Kennan's advice for today's world, including in regard to China, see Odd Arne Westad, "The Sources of Chinese Conduct: Are Washington and Beijing Fighting a New Cold War?" *Foreign Affairs* 98, no. 5 (September/October 2019): 86-95.

11. See Elbridge A. Colby and A. Wess Mitchell, "The Age of Great – Power Competition," *Foreign Affairs* 99, no. 1 (January/February 2020): 129.

12. See James G. Roche and Thomas G. Mahnken, "What Is Net Assessment?" in Thomas G. Mahnken, ed., *Net Assessment and Military Strategy: Retrospective and Prospective Essays* (Amherst, N.Y.: Cambria, 2020), 11-26.

13. See Joshua M. Epstein, "Dynamic Analysis and the Conventional Balance in Europe," *International Security* 12, no. 4 (Spring 1988): 154-65; and Michael E. O'Hanlon, *The Science of War: Defense Budgeting, Military Technology, Logistics, and Combat Outcomes* (Princeton, N.J.: Princeton

University Press, 2009), 63-140.

14. See Alan J. Vick et al., *Air Base Defense* (Santa Monica, Calif.: RAND, 2020), 5-53; Tom Karako and Wes Rumbaugh, "Inflection Point: Missile Defense and Defeat in the 2021 Budget," Center for Strategic and International Studies, Washington, D.C., March 2020, https://www.csis.org/analysis/inflection−point−missile−defense−and−defeat−2021−budget; and Joseph T. Buontempo and Joseph E. Ringer, "Airbase Defense Falls Between the Cracks," *Joint Forces Quarterly*, no. 97 (Spring 2020): 114-20.

15. Kurt M. Campbell and Jake Sullivan, "Competition Without Catastrophe: How America Can Both Challenge and Coexist with China," *Foreign Affairs* 98, no. 5 (September/October 2019): 96-110; Fareed Zakaria, "The New China Scare: Why America Shouldn't Panic About Its Latest Challenger," *Foreign Affairs* 99, no. 1 (January/February 2020): 68.

16. Mark Gunzinger et al., "Force Planning for the Era of Great Power Competition" (Washington, D.C.: Center for Strategic and Budgetary Assessments, 2017).

17. For a similar view, see Christian Brose, *The Kill Chain: Defending America in the Future of High−Tech Warfare* (New York: Hachette Books, 2020).

18. Robert D. Blackwill and Jennifer M. Harris, *War by Other Means: Geoeconomics and Statecraft* (Cambridge, Mass.: Harvard University Press, 2016).

19. Ely Ratner, "Blunting China's Economic Coercion," Statement before the Senate Foreign Relations Committee Subcommittee on East Asia, the Pacific, and International Cybersecurity Policy, July 24, 2018, 3, https://www.foreign.senate.gov/imo/media/doc/072418_Ratner_Testimony.pdf.

20. Emily de la Bruyere, "The New Metrics for Building Geopolitical Power in a New World," *National Interest*, April 12, 2020, https://nationalinterest.org/feature/new−metrics−building−geopolitical−power−new−world−143147.

21. Jonathan Kirshner, "The Microfoundations of Economic Sanctions," *Security Studies* 6, no. 3 (Spring 1997): 32-64.

22. See Daniel W. Drezner, "Economic Statecraft in the Age of Trump," *Washington Quarterly* 42, no. 3 (Fall 2019): 7-24.

23. See Julianne Smith and Torrey Taussig, "The Old World and the Middle Kingdom: Europe Wakes Up to China's Rise," *Foreign Affairs* 98, no. 5 (September/October 2019): 112-24.

24. See also Anthony Dunkin, "Where Rumsfeld Got It Right," *Joint Forces Quarterly* 86 (2017): 66-72.

25. Robert M. Gates, "The Overmilitarization of American Foreign Policy," *Foreign Affairs* 99, no. 4 (July/August 2020): 128-32.

26. Edward Fishman, "Even Smarter Sanctions," *Foreign Affairs* 96, no. 6 (November/December 2017): 104-9.

27. Blackwill and Harris, *War by Other Means*, 1.

28. On the utility of various types of sanctions in statecraft, see also Juan C. Zarate, *Treasury's War: The Unleashing of a New Era of Financial Warfare* (New York: Public Affairs, 2013); Richard Nephew, *The Art of Sanctions: A View from the Field* (New York: Columbia University Press, 2017); Richard N. Haass and Meghan L. O'Sullivan, eds., *Honey and Vinegar: Incentives, Sanctions, and Foreign Policy* (Washington, D.C.: Brookings Institution Press, 2000); Eugene Gholz and Llewelyn Hughes, "Market Structure and Economic Sanctions: The 2010 Rare Earth Metals Episode as a Pathway Case of Market Adjustment," *Review of International Political Economy*, November 25, 2019; Thijs Van de Graaf and Jeff Colgan, "Russian Gas Games or Well-Oiled Conflict? Energy Security and the 2014 Ukraine Crisis," Energy Research and Social Science, December 23, 2016; and Gary Clyde Hufbauer et al., *Economic Sanctions Reconsidered*, 3rd ed. (Washington, D.C.: Peterson Institute for International Economics, 2009).

29. Robert A. Pape, "Why Economic Sanctions Do Not Work," *International Security 22*, no. 2 (Fall 1997): 90-136.

30. See Thomas C. Schelling, *Arms and Influence* (New Haven: Yale University Press, 1966); and Thomas C. Schelling, *The Strategy of Conflict* (Cambridge, Mass.: Harvard University Press, 1960).

31. Keith B. Payne, *The Great American Gamble: Deterrence Theory and Practice from the Cold War to the 21st Century* (Fairfax, Va.: National Institute Press, 2008).

32. Katie Simmons, Bruce Stokes, and Jacob Poushter, "NATO Publics Blame Russia for Ukrainian Crisis, but Reluctant to Provide Military Aid," Pew

Charitable Trusts, Washington, D.C., June 2015.

33. See also Mira Rapp−Hooper, "Saving America's Alliances: The United States Still Needs the System That Put It on Top," *Foreign Affairs* 99, no. 2 (March/April 2020): 127-40.

34. A good explanation of some of the key interrelationships and dynamics can be found in Henry Farrell and Abraham L. Newman, "Weaponized Interdependence: How Global Economic Networks Shape State Coercion," *International Security* 44, no. 1 (Summer 2019): 42-79.

35. To quote the National Defense Strategy of 2018: "The Global Operating Model describes how the Joint Force will be postured and employed to achieve its competition and wartime missions. Foundational capabilities include: nuclear; cyber; space; C4ISR; strategic mobility; and counter WMD proliferation. It comprises four layers: contact, blunt, surge, and homeland. These are, respectively, designed to help us compete more effectively below the level of armed conflict; delay, degrade, or deny adversary aggression; surge war−winning forces and manage conflict escalation; and defend the U.S. homeland." See Secretary of Defense Jim Mattis, "Summary of the 2018 National Defense Strategy of the United States of America: Sharpening the American Military's Competitive Edge," Department of Defense, Washington, D.C., January 2018, 7, https://dod.defense. gov/Portals/1/Documents/pubs/2018−National−Defense−Strategy−Summ ary.pdf.

36. See Ash Carter, *Inside the Five−Sided Box: Lessons from a Lifetime of Leadership in the Pentagon* (New York: Dutton, 2019), 261-62.

37. It has similarities with what Andrew Ross and Barry Posen once described as "selective engagement," though of course I am writing in a different time, and any grand strategy only takes on real meaning when applied in detail to the specific problems of the day. See Barry R. Posen and Andrew L. Ross, "Competing Visions for U.S. Grand Strategy," *International Security* 21, no. 3 (Winter 1996/1997): 5-53.

38. For an outstanding explanation and defense of deep engagement, including the benefits for basic war−and−peace issues, protection of the commons, and nonproliferation policy, and the relatively limited dangers of U.S. entrapment in allies' excessive ambitions or uses of force, see Stephen G. Brooks, G. John Ikenberry, and William C.

Wohlforth, "Don't Come Home, America: The Case Against Retrenchment," *International Security* 37, no. 3 (Winter 2012/2013). It was written partly in response to the provocative essay written during the period of America's "unipolar moment," as Charles Krauthammer called it; see Eugene Gholz, Daryl G. Press, and Harvey M. Sapolsky, "Come Home, America: The Strategy of Restraint in the Face of Temptation," *International Security* 21, no. 4 (Spring 1997): 5-48.

39. Several books that have considerable overlap with mine, and from which I have benefited intellectually, are Robert J. Art, *A Grand Strategy for America* (Ithaca, N.Y.: Cornell University Press, 2004); Seyom Brown, *Higher Realism: A New Foreign Policy for the United States* (Boulder, Colo.: Paradigm, 2009); Paul B. Stares, *Preventive Engagement: How America Can Avoid War, Stay Strong, and Keep the Peace* (New York: Columbia University Press, 2017); and Hal Brands, *American Grand Strategy in the Age of Trump* (Washington, D.C.: Brookings Institution Press, 2018).

40. See, e.g., Christopher Layne, *The Peace of Illusions: American Grand Strategy from 1940 to the Present* (Ithaca, N.Y.: Cornell University Press, 2007).

41. Barry R. Posen, *Restraint: A New Foundation for U.S. Grand Strategy* (Ithaca, N.Y.: Cornell University Press, 2014), 140-63.

42. See Robert Kagan, *Dangerous Nation II*, forthcoming.

43. Thomas Wright, "The Folly of Retrenchment: Why America Can't Withdraw from the World," *Foreign Affairs* 99, no. 2 (March/April 2020): 10.

44. See Richard C. Bush, *The Perils of Proximity: China−Japan Security Relations* (Washington, D.C.: Brookings Institution Press, 2013).

45. North Atlantic Treaty Organization, "Lord Ismay," Brussels, 2020, https://www.nato.int/cps/en/natohq/declassified_137930.htm.

46. Geoffrey Blainey, *The Causes of War* (New York: Free Press, 1973). I am indebted to Steve Walt for introducing me to this masterful book at the Woodrow Wilson School in the late 1980s.

47. See Michael J. Green, *Japan's Reluctant Realism: Foreign Policy Challenges in an Era of Uncertain Power* (New York: Palgrave− Macmillan, 2001); and H. D. P. Envall, "What Kind of Japan? Tokyo's Strategic Options in a Contested Asia," *Survival* 61, no. 4 (August-September 2019): 117-30.

On Russia and China, see Jeffrey Feltman, "China's Expanding Influence at the United Nations—and How the United States Should React," Brookings Institution, Washington, D.C., September 2020, https://www. brookings.edu/wp−content/uploads/2020/09/FP_20200914_china_united_ nations_feltman.pdf; and Andrea Kendall− Taylor, David Shullman, and Dan McCormick, "Navigating Sino−Russian Defense Cooperation," Center for a New American Security, Washington, D.C., August 4, 2020, https:// www.cnas.org/publications/commentary/navigating−sino−russian−defense− cooperation.

48. Even President Obama's loyal and thoughtful first secretary of defense, Robert Gates, said as much about Libya in particular, and Obama himself acknowledged his administration's serious failure in planning for post−Qaddafi Libya. See Robert M. Gates, "The Overmilitarization of American Foreign Policy," *Foreign Affairs* 99, no. 4 (July/August 2020): 124-25.

49. Carter, *Inside the Five−Sided Box*, 268-69.

50. See Derek Chollet, *The Long Game: How Obama Defied Washington and Redefined America's Role in the World* (New York: Public Affairs, 2016); for a much more critical treatment, from a cerebral scholar who also served in the Obama administration, see Vali Nasr, *The Dispensable Nation: American Foreign Policy in Retreat* (New York: Doubleday, 2013). See also Dana H. Allin and Erik Jones, *Weary Policeman: American Power in an Age of Austerity* (New York: Routledge for IISS, 2012), 183-90; Jonathan Tepperman, *The Fix: How Nations Survive and Thrive in a World in Decline* (New York: Tim Duggan Books, 2016), 227; Juliet Eilperin, "Obama Lays Out His Foreign Policy Doctrine: Singles, Doubles, and the Occasional Home Run," *Washington Post*, April 28, 2014; Jeffrey Goldberg, "The Obama Doctrine," *Atlantic*, April 2016; and William J. Burns, "A New U.S. Foreign Policy for the Post− Pandemic Landscape," Carnegie Endowment for International Peace, Washington, D.C., September 9, 2020, https://carnegieendowment.org/ 2020/09/09/new−u.s.−foreign−policy−for−post−pandemic−landscape− pub−82498.

51. Richard N. Haass, *War of Necessity, War of Choice: A Memoir of Two Iraq Wars* (New York: Simon and Schuster, 2009).

52. Eliot A. Cohen, *The Big Stick: The Limits of Soft Power and the Necessity of Military Force* (New York: Basic Books, 2016), 214-16.

53. See Ivo H. Daalder and Michael E. O'Hanlon, *Winning Ugly: NATO's War to Save Kosovo* (Washington, D.C.: Brookings Institution Press, 2000), 212-15.

54. Paul Huth and Bruce Russett, "Deterrence Failure and Crisis Escalation," *International Studies Quarterly* 32, no. 1 (March 1988): 29-45.

55. Frederick Kempe, *Berlin, 1961: Kennedy, Khrushchev, and the Most Dangerous Place on Earth* (New York: G. P. Putnam's Sons, 2011).

56. John Lewis Gaddis, *Strategies of Containment: A Critical Appraisal of Postwar American National Security Policy* (Oxford: Oxford University Press, 1982), 109-20; Donggil Kim and William Stueck, "Did Stalin Lure the United States into the Korean War? New Evidence on the Origins of the Korean War," Woodrow Wilson Center, Washington, D.C., July 2011, https://www.wilsoncenter.org/publication/did-stalin-lure-the-united-states-the-korean-war-new-evidence-the-origins-the-korean-war; Michael R. Gordon and General (ret.) Bernard E. Trainor, *The Generals' War: The Inside Story of the Conflict in the Gulf* (Boston: Little, Brown, 1995), 20-22.

57. Raymond L. Garthoff, *Detente and Confrontation: American–Soviet Relations from Nixon to Reagan*, rev. ed. (Washington, D.C.: Brookings Institution Press, 1994), 1023-46.

58. See, e.g., Angela Stent, *Putin's World: Russia Against the West and with the Rest* (New York: Twelve, 2019), 131, 270.

59. Speech of Secretary of Defense Robert M. Gates at the U.S. Military Academy, West Point, New York, February 25, 2011, https://archive.defense.gov/Speeches/Speech.aspx?SpeechID=1539.

60. Thomas Wright, "Trump's NATO Article Five Problem," *Order from Chaos* (blog), May 17, 2017, https://www.brookings.edu/blog/order-from-chaos/2017/05/17/trumps-nato-article-5-problem.

61. See Robert Kagan, *Dangerous Nation: America's Foreign Policy from Its Earliest Days to the Dawn of the Twentieth Century* (New York: Vintage, 2006).

62. "The World; Osama bin Laden, in His Own Words," *New York Times*, August 23, 1998.

63. See Jonathan Mercer, *Reputation and International Politics* (Ithaca, N.Y.: Cornell University Press, 1996), 1–43; and Daryl G. Press, *Calculating Credibility: How Leaders Assess Military Threats* (Ithaca, N.Y.: Cornell University Press, 2005), 1–7. I thank Jeremy Shapiro for underscoring to me the importance of Press's and Mercer's excellent research. See also Keren Yarhi−Milo, *Who Fights for Reputation? The Psychology of Leaders in International Conflict* (Princeton, N.J.: Princeton University Press, 2018).

64. Alexander L. George and Richard Smoke, *Deterrence in American Foreign Policy: Theory and Practice* (New York: Columbia University Press, 1974).

65. Fred Charles Ikle, *Every War Must End* (New York: Columbia University Press, 1971), 107.

66. See, e.g., Richard Ned Lebow, *Between Peace and War: The Nature of International Crises* (Baltimore: Johns Hopkins University Press, 1981), 335; and Tony Zinni and Tony Koltz, *Before the First Shots Are Fired: How America Can Win or Lose Off the Battlefield* (New York: Palgrave MacMillan, 2014).

67. On the outbreak of World War I, see Christopher Clark, *The Sleepwalkers: How Europe Went to War in 1914* (New York: HarperCollins, 2012); John Keegan, *The First World War* (New York: Alfred A. Knopf, 1999); Margaret MacMillan, *The War That Ended Peace: The Road to 1914* (Toronto: AllenLane, 2013); and of course Barbara W. Tuchman, *The Guns of August* (New York: Macmillan, 1962).

68. See Tooze, *Deluge*, 33–251.

69. Stephen Sestanovich, *Maximalist: America in the World from Truman to Obama* (New York: Vintage, 2014); James Steinberg and Michael E. O'Hanlon, *Strategic Reassurance and Resolve: U.S.−China Relations in the 21st Century* (Princeton, N.J.: Princeton University Press, 2014).

70. See Scott D. Sagan and Kenneth N. Waltz, *The Spread of Nuclear Weapons: A Debate* (New York: W. W. Norton, 1995). My money is squarely in Sagan's camp on this one.

71. See Kurt M. Campbell and James B. Steinberg, *Difficult Transitions: Foreign Policy Troubles at the Outset of Presidential Power* (Washington, D.C.: Brookings Institution Press, 2008), 137; Stephen M. Walt, *The Hell of Good Intentions: America's Foreign Policy Elite and the Decline of U.S.*

Primacy (New York: Farrar, Straus and Giroux, 2018); Fareed Zakaria, "The New China Scare: Why America Shouldn't Panic About Its Latest Challenger," *Foreign Affairs* 99, no. 1 (January/February 2020): 52-69; and Robert Jervis, "Liberalism, the Blob, and American Foreign Policy: Evidence and Methodology," *Security Studies* 29, no. 3 (May 2020): 434-56.

72. See Barry R. Posen, *Inadvertent Escalation: Conventional War and Nuclear Risks* (Ithaca, N.Y.: Cornell University Press, 1991); and Caitlin Talmadge, "Would China Go Nuclear? Assessing the Risk of Chinese Nuclear Escalation in a Conventional War with the United States," *International Security* 41, no. 4 (Spring 2017): 50-92.

73. Bruce G. Blair, *Strategic Command and Control: Redefining the Nuclear Threat* (Washington, D.C.: Brookings Institution Press, 1985). See also Defense Science Board, "Task Force on Cyber Deterrence," Department of Defense, Washington, D.C., February 2017; and Frank Rose, "Russian and Chinese Nuclear Arsenals: Posture, Proliferation, and the Future of Arms Control," Testimony before the House Committee on Foreign Affairs, June 21, 2018, https://www.brookings.edu/testimonies/russian − and − chinese − nuclear − arsenals − posture − proliferation − and − the − future − of − arms − control/.

74. See Scott D. Sagan, T*he Limits of Safety: Organizations, Accidents, and Nuclear Weapons* (Princeton, N.J.: Princeton University Press, 1993), 6.

75. On these debates, see esp. McGeorge Bundy, *Danger and Survival: Choices About the Bomb in the First Fifty Years* (New York: Vintage, 1988), 453-58, 586-87; Michael Dobbs, *One Minute to Midnight* (New York: Alfred A. Knopf, 2008), 108-11, 170-82, 205-6, 350-53; and Frederick Kempe, *Berlin 1961: Kennedy, Khrushchev, and the Most Dangerous Place on Earth* (New York: G. P. Putnam's Sons, 2011).

76. On nuclear escalation dynamics, see Herman Kahn, *On Thermonuclear War*, 2nd ed. (Princeton, N.J.: Princeton University Press, 1961); and Janne E. Nolan, *Guardians of the Arsenal: The Politics of Nuclear Strategy* (New York: Basic Books, 1989).

77. I am a great fan of former chairman of the joint chiefs of staff General Martin Dempsey, but when he told Foreign Affairs magazine in 2016, shortly after his retirement the year before, that the world of the

mid−2016s was "the most dangerous period in my lifetime," he exaggerated. Dempsey, after all, was born in 1952. See "A Conversation with Martin Dempsey," *Foreign Affairs* 95, no. 5 (September/October 2016): 2. Another comment in this vein is that of Vayl Oxford of the Defense Threat Reduction Agency, who wrote in 2019 that "the current geopolitical environment is the most complex, dynamic, and dangerous the United States has ever faced." Complex and dynamic, yes; most dangerous, most assuredly not. See Vayl S. Oxford, "Countering Threat Networks to Deter, Compete, and Win," *Joint Forces Quarterly* 95, no. 4 (2019): 78.

78. See Seyom Brown, "The New Nuclear MADness," *Survival* 62, no. 1 (February-March 2020): 63-88.

79. See North Atlantic Treaty Organization, "The North Atlantic Treaty," Washington, D.C., 1949, https://www.nato.int/cps/ie/natohq/official_texts_17120.htm.

80. "Treaty of Mutual Cooperation and Security between Japan and the United States of America," Washington, D.C., 1960, https://www.mofa.go.jp/region/n−america/us/q&a/ref/1.html.

81. "Mutual Defense Treaty between the United States and the Republic of the Philippines," *Avalon Project*, Lillian Goldman Law Library at Yale Law School, http://avalon.law.yale.edu/20th_century/phil001.asp.

82. Secretary of Defense Jim Mattis, "Summary of the 2018 National Defense Strategy of the United States of America: Sharpening the American Military's Competitive Edge," Department of Defense, Washington, D.C., January 2018, 5, https://dod.defense.gov/Portals/1/Documents/pubs/2018−National−Defense−Strategy−Summary.pdf.

83. Mattis, 4.

84. See "Southeast Asia Collective Defense Treaty," Manila, the Philippines, 1954, https://avalon.law.yale.edu/20th_century/usmu003.asp; "Johnson Warns Inonu on Cyprus," *New York Times*, June 6, 1964; and Turgut Akgul, "An Analysis of the 1964 Johnson Letter," Naval Postgraduate School, Monterey, Calif., December 2004, https://apps.dtic.mil/dtic/tr/fulltext/u2/a429671.pdf.

85. See "Joint Chiefs Chairman Dunford on the '4+1 Framework' and Meeting Transnational Threats," Brookings blog, February 24, 2017,

https://www.brookings.edu/blog/brookings-now/2017/02/24/joint-chiefs-chairman-dunford-transnational-threats.

86. On the way American internal politics intersect with grand strategy, see, e.g., Robert Kagan, *The Jungle Grows Back: America and Our Imperiled World* (New York: Alfred A. Knopf, 2018).

제3장 유럽과 러시아

1. See John F. Helliwell et al., eds., *World Happiness Report*, 2020, 20-21, https://worldhappiness.report/ed/2020/.

2. Ben S. Bernanke and Peter Olson, "Are Americans Better Off Than They Were a Decade or Two Ago?" Brookings blog, October 2016, https://www.brookings.edu/blog/ben-bernanke/2016/10/19/are-americans-better-off-than-they-were-a-decade-or-two-ago.

3. For historical perspective it is informative to reread Richard H. Ullman, *Securing Europe* (Princeton, N.J.: Princeton University Press, 1991).

4. Henry A. Kissinger, *Diplomacy* (New York: Simon and Schuster, 1994), 804-85; see also Kori N. Schake, *Managing American Hegemony: Essays on Power in a Time of Dominance* (Stanford, Calif.: Hoover Institution Press, 2009), 146-54.

5. See Amanda Sloat, "The West's Turkey Conundrum," Brookings Institution, Washington, D.C., February 2018, https://www.brookings.edu/research/the-wests-turkey-conundrum; and Kemal Kirisci, *Turkey and the West: Fault Lines in a Troubled Alliance* (Washington, D.C.: Brookings Institution Press, 2017).

6. For a brilliant article, see Constanze Stelzenmuller, "German Lessons," Brookings essay, Brookings Institution, Washington, D.C., November 2019, https://www.brookings.edu/essay/german-lessons.

7. North Atlantic Treaty Organization, "Funding NATO," Brussels, March 2020, https://www.nato.int/cps/en/natohq/topics_67655.htm.

8. Steven Erlanger, "European Defense and 'Strategic Autonomy' Are Also Coronavirus Victims," *New York Times*, May 24, 2020.

9. European Defence Agency, "PESCO," European Union, Brussels, 2019, https://pesco.europa.eu.

10. See, e.g., Lawrence D. Freeman, "Britain Adrift: The United Kingdom's Search for a Post−Brexit Role," *Foreign Affairs* 99, no. 3 (May/June 2020): 118-30.

11. Leon Aron, "The Coronavirus Could Imperil Putin's Presidency," *Wall Street Journal*, April 23, 2020.

12. William C. Potter and Sarah Bidgood, eds., *Once and Future Partners: The United States, Russia and Nuclear Non−Proliferation* (New York: Routledge for IISS, 2018).

13. Fiona Hill and Clifford G. Gaddy, *Mr. Putin: Operative in the Kremlin* (Washington, D.C.: Brookings Institution Press, 2013). On Russia's role in the 2016 elections, as documented by the U.S. Intelligence Community and the U.S. Senate, see Joseph Marks, "The Cybersecurity 202: Senate Russia Report May Inspire Last Push for Election Security Changes Before November," *Washington Post*, April 22, 2020.

14. See, e.g., "Panama Papers Q&A: What Is the Scandal About?" *BBC News*, April 6, 2016, https://www.bbc.com/news/world−35954224.

15. Angela Stent, *Putin's World: Russia Against the West and with the Rest* (New York: Hachette, 2019).

16. On the prospects for longer−term Russian democracy, see Kirill Rogov and Maxim Ananyev, "Public Opinion and Russian Politics," in Daniel Treisman, ed., *The New Autocracy: Information, Politics, and Policy in Putin's Russia* (Washington, D.C.: Brookings Institution Press, 2018), 191-216.

17. Tony Judt, *Postwar: A History of Europe Since 1945* (New York: Penguin, 2005), 824-25; Hill and Gaddy, *Mr. Putin;* Strobe Talbott, *The Russia Hand: A Memoir of Presidential Diplomacy* (New York: Random House, 2002), 366-67.

18. Betts, *American Force*, 189-90. See also Bill Bradley, *We Can All Do Better* (New York: Vanguard, 2012), 112-15; and James Goldgeier, *Not Whether but When: The U.S. Decision to Enlarge NATO* (Washington, D.C.: Brookings Institution Press, 1999).

19. Thomas Graham, "Let Russia Be Russia: The Case for a More Pragmatic Approach to Moscow," *Foreign Affairs* 98, no. 6 (November/December 2019): 134-46.

20. See Hans Binnendijk and David Gompert, "Decisive Response: A New

Nuclear Strategy for NATO," *Survival* 61, no. 5 (October/November 2019): 113-28; Vladimir Isachenkov, "Russia Warns It Will See Any Incoming Missile as Nuclear," *Washington Post*, August 7, 2020; and Dean Wilkening, "Hypersonic Weapons and Strategic Stability," Survival 61, no. 5 (October/November 2019): 129-48.

21. Johan Norberg and Martin Goliath, "The Fighting Power of Russia's Armed Forces in 2019," in Fredrik Westerlund and Susanne Oxenstierna, eds., "Russian Military Capability in a Ten−Year Perspective—2019," FOI Report R−4758−SE, Stockholm, December 2019, 59-78.

22. For a discussion of some of these tactics, see James Kirchick, *The End of Europe: Dictators, Demagogues, and the Coming Dark Age* (New Haven: Yale University Press, 2017), 215-23; and J. B. Vowell, "Maskirovka: From Russia, with Deception," *Real Clear Defense*, October 30, 2016, https://www.realcleardefense.com/articles/2016/10/31/maskirovka_from_russia_with_deception_110282.html.

23. Andrew Higgins, "Russia's War Games with Fake Enemies Cause Real Alarm," *New York Times*, September 13, 2017.

24. For an excellent treatment, see Sir Richard Shirreff, *War with Russia: An Urgent Warning from Senior Military Command* (New York: Quercus, 2016).

25. George Friedman, *The Next 100 Years: A Forecast for the 21st Century* (New York: Doubleday/Anchor, 2009), 102-4.

26. David A. Shlapak and Michael W. Johnson, "Reinforcing Deterrence on NATO's Eastern Flank: Wargaming the Defense of the Baltics," RAND, Santa Monica, Calif., 2016.

27. For one estimate, see Michael E. O'Hanlon, *The Future of Land Warfare* (Washington, D.C.: Brookings Institution Press, 2015), 82-90. In these calculations, using a modified Trevor Dupuy method, I assign NATO forces a 50 percent advantage over Russian personnel in quality and give NATO a further 25 percent advantage for its likely ability to choose the time and place of attack in a way that confers ambush advantages. If these assumptions are too generous to NATO, then larger forces might be needed. See also Trevor N. Dupuy, *Attrition: Forecasting Battle Casualties and Equipment Losses in Modern Warfare* (Fairfax, Va.: Hero Books, 1990); John J. Mearsheimer, Barry R. Posen, and Eliot A. Cohen,

"Correspondence: Reassessing Net Assessment," *International Security* 13, no. 4 (Spring 1989): 128-79 (separate letters); and Joshua M. Epstein, "Dynamic Analysis and the Conventional Balance in Europe," *International Security* 12, no. 4 (Spring 1988): 155-58.

28. Steven Erlanger, Julie Hirschfeld Davis, and Stephen Castle, "NATO Plans a Special Force to Reassure Eastern Europe and Deter Russia," *New York Times*, September 5, 2014.

29. Brooks Tignor, "NATO Works to Flesh Out Readiness Action Plan," *Jane's Defence Weekly*, September 17, 2014, 5.

30. Michael Shurkin, "The Abilities of the British, French, and German Armies to Generate and Sustain Armored Brigades in the Baltics," RAND, Santa Monica, Calif., 2017.

31. North Atlantic Treaty Organization, "Enhanced Forward Presence (EFP)," Izmir, Turkey, 2020, https://lc.nato.int/operations/enhanced-forward-presence-efp.

32. John R. Deni, *NATO and Article V: The Transatlantic Alliance and the Twenty-First-Century Challenges of Collective Defense* (Lanham, Md.: Rowman and Littlefield, 2017), 1-3.

33. Julian E. Barnes, "NATO Fears Its Forces Not Ready to Confront Russian Threat," *Wall Street Journal*, March 28, 2018.

34. Helene Cooper and Julian E. Barnes, "U.S. Officials Scrambled Behind the Scenes to Shield NATO Deal from Trump," *New York Times*, August 9, 2018.

35. See Ambassador Alexander R. Vershbow (ret.) et al., "Permanent Deterrence: Enhancements to the U.S. Military Presence in North Central Europe," Atlantic Council, Washington, D.C., February 2019, https://www.atlanticcouncil.org/in-depth-research-reports/report/permanent-deterrence/; and Eva Hagstrom Frisell et al., "Deterrence by Reinforcement: The Strengths and Weaknesses of NATO's Evolving Defence Strategy," FOI Report R-4843-SE, Stockholm, November 2019, https://www.foi.se/rapportsammanfattning?reportNo=FOI-R--4843--SE.

36. General Curtis M. Scaparrotti (ret.), Ambassador Colleen B. Bell (ret.), and Wayne Schroeder, "Moving Out: A Comprehensive Assessment of European Military Mobility," Atlantic Council, Washington, D.C., April 2020, https://www.atlanticcouncil.org/in-depth-research-reports/report/

moving − out − a − comprehensive − assessment − of − european − military − mobility/.

37. Michael E. O'Hanlon, *The Senkaku Paradox: Risking Great Power War over Small Stakes* (Washington, D.C.: Brookings Institution Press, 2019).

38. North Atlantic Treaty Organization, "The North Atlantic Treaty," Washington, D.C., April 4, 1949, http://www.nato.int/cps/en/natolive/official_texts_17120.htm.

39. Ivo H. Daalder, "Responding to Russia's Resurgence: Not Quiet on the Eastern Front," *Foreign Affairs* 96, no. 6 (November/December 2017): 33; Robert Coalson, "Putin Pledges to Protect All Ethnic Russians Anywhere; So, Where Are They?" Radio Free Europe/Radio Liberty, April 10, 2014, https://www.rferl.org/a/russia − ethnic − russification − baltics − kazakhstan − soviet/25328281.html; David M. Herszenhorn, "Putin Warns Again of Force as Ukraine Fighting Spreads," *New York Times*, July 2, 2014; and Anna Dolgov, "Russia Sees Need to Protect Russian Speakers in NATO Baltic States," *Moscow Times*, September 16, 2014.

40. Maj. Anthony Mercado, "The Evolution of Russian Nonlinear Warfare," in Matthew R. Slater, Michael Purcell, and Andrew M. Del Gaudio, eds., *Considering Russia: Emergence of a Near Peer Competitor* (Quantico, Va.: Marine Corps University, 2017), 54-71.

41. For a similar view based on detailed assessment of the Russian military posture in the region, which could sustain a major invasion of Ukraine but seems more consistent with a limited, hybrid threat to the Baltics, see Catherine Harris and Frederick W. Kagan, "Russian Military Posture: Ground Forces Order of Battle," Institute for the Study of War, Washington, D.C., March 2018.

42. Gudrun Persson, ed., *Russian Military Capability in a Ten−Year Perspective—2016* (Stockholm: FOI [Swedish Defense Research Agency], 2016), 92-94.

43. Tim Boersma and Michael E. O'Hanlon, "Why Europe's Energy Policy Has Been a Strategic Success Story," *Order from Chaos* (blog), May 2, 2016, https://www.brookings.edu/blog/order−from−chaos/2016/05/02/why−europes−energy−policy−has−been−a−strategic−success−story/.

44. Victoria Nuland, "Pinning Down Putin: How a Confident America Should Deal with Russia," *Foreign Affairs* (July/August 2020): 93-106.

45. Nigel Gould−Davies, "Russia, the West and Sanctions," *Survival* 62, no. 1 (February-March 2020): 7-28.

46. Kimberly Marten, "NATO Enlargement: Evaluating Its Consequences in Russia," in *International Politics* 57, no. 3 (June 2020): 401-26.

47. On the decision–making process, see Goldgeier, *Not Whether but When*.

48. Steven Pifer, *The Eagle and the Trident: U.S.–Ukraine Relations in Turbulent Times* (Washington, D.C.: Brookings Institution Press, 2017). See also Daniel Treisman, "Crimea: Anatomy of a Decision," in Daniel Treisman, ed., *The New Autocracy: Information, Politics, and Policy in Putin's Russia* (Washington, D.C.: Brookings Institution Press, 2018), 277-95.

49. M. E. Sarotte, "How to Enlarge NATO: The Debate Inside the Clinton Administration, 1993-1995," *International Security* 44, no. 1 (Summer 2019): 39.

50. See Donald Kagan, *On the Origins of War and the Preservation of Peace* (New York: Anchor, 1995), 8, referencing Thucydides, *History of the Peloponnesian War* 1.76.

51. See Gary J. Schmitt, ed., *A Hard Look at Hard Power: Assessing the Defense Capabilities of Key U.S. Allies and Security Partners* (Carlisle, Pa.: U.S. Army War College Press, 2015).

52. See North Atlantic Treaty Organization, "North Atlantic Treaty."

53. Pifer, *Eagle and Trident*, 309; see also Yevhen Mahda, *Russia's Hybrid Aggression: Lessons for the World* (Kyiv, Ukraine: Kalamar, 2018).

54. Pifer, *Eagle and Trident*, 37-76.

55. See Timothy Snyder, *The Road to Unfreedom: Russia, Europe, America* (New York: Tim Duggan Books, 2018); James Kirchick, *The End of Europe: Dictators, Demagogues, and the Coming Dark Age* (New Haven: Yale University Press, 2017), 11-39; and Chris Meserole and Alina Polyakova, "Disinformation Wars," *Foreign Policy*, May 25, 2018, https://foreignpolicy.com/2018/05/25/disinformation–wars/.

56. See Samuel Charap and Timothy J. Colton, *Everyone Loses: The Ukraine Crisis and the Ruinous Contest for Post–Soviet Eurasia* (New York: Routledge for IISS, 2017), 151-84.

57. Pifer, *Eagle and Trident*, 324-35; see also Ivo Daalder et al., "Preserving Ukraine's Independence, Resisting Russian Aggression: What the United States and NATO Must Do," Atlantic Council, Brookings Institution, and Chicago Council on Global Affairs, February 2015, https://www.brookings.edu/research/preserving–ukraines–independence–resisting–russian–agg

ression − what − the − united − states − and − nato − must − do.

58. Samuel Charap et al., *A Consensus Proposal for a Revised Regional Order in Post−Soviet Europe and Eurasia* (Santa Monica, Calif.: RAND, 2019).

59. Eileen Sullivan, "Trump Questions the Core of NATO: Mutual Defense, Including Montenegro," *New York Times*, July 18, 2018.

60. Alexander D. Chekov et al., "War of the Future: A View from Russia," *Survival* 61, no. 6 (December 2019-January 2020): 25-48.

61. Sen. Jack Reed, "Floor Statement on Deterring and Countering the Russian Information Warfare Playbook for 2020," October 22, 2019, https://www.reed.senate.gov/news/speeches/floor − speech_ − deterring − and − countering − the − russian − information − warfare − playbook − for − 2020.

62. Joseph Marks, "The Cybersecurity 202: Senate Russia Report May Inspire Last Push for Election Security Changes Before November," *Washington Post*, April 22, 2020.

63. Daniel Fried and Alina Polyakova, "Democratic Defense Against Disinformation 2.0," Atlantic Council, Washington, D.C., June 2019, https://www.atlanticcouncil.org/in − depth − research − reports/report/democ ratic − defense − against − disinformation − 2 − 0; see also Laura Rosenberger, "Making Cyberspace Safe for Democracy," *Foreign Affairs* 99, no. 3 (May/ June 2020): 146-59.

64. See, e.g., Hadley Hitson, "Just How Regulated Are Our Nation's Elections?" *Fortune*, December 4, 2019, https://fortune.com/2019/12/04/ election − security − regulations − united − states.

제 4 장   태평양과 중국

1. Evan Osnos, *Age of Ambition: Chasing Fortune, Truth, and Faith in the New China* (New York: Farrar, Straus and Giroux, 2014). See also Melvyn P. Leffler, "China Isn't the Soviet Union; Confusing the Two Is Dangerous," *Atlantic*, December 2, 2019, https://www.theatlantic.com/ ideas/archive/2019/12/cold − war − china − purely − optional/601969.

2. On Chinese military concepts, including in regard to nuclear forces, see M. Taylor Fravel, *Active Defense: China's Military Strategy Since 1949* (Princeton, N.J.: Princeton University Press, 2019).

3. H. R. McMaster, "How China Sees the World, and How We Should See China," *Atlantic*, May 2020.

4. Ash Carter, *Inside the Five−Sided Box: Lessons from a Lifetime of Leadership in the Pentagon* (New York: Dutton, 2019), 261-89.

5. See, e.g., Mitt Romney, "America Is Awakening to China; This Is a Clarion Call to Seize the Moment," *Washington Post*, April 23, 2020.

6. In this regard, the Trump administration's National Security Strategy and National Defense Strategy have it about right, given that they prioritize both countries as a matter of national security policy. See President Donald J. Trump, "National Security Strategy of the United States of America," The White House, Washington, D.C., December 2017, *National Interest* (blog), https://nationalinterest.org/blog/buzz/pandemics−can−fast−forward−rise−and−fall−great−powers−136417; and Secretary of Defense Jim Mattis, "Summary of the 2018 National Defense Strategy of the United States of America: Sharpening the American Military's Competitive Edge," Department of Defense, Washington, D.C., January 2018, https://dod. defense.gov/Portals/1/Documents/pubs/2018−National−Defense−Strategy−Summary.pdf.

7. Graham Allison, *Destined for War: America, China, and Thucydides' Trap* (Boston: Houghton Mifflin Harcourt, 2017).

8. Michael J. Green, *By More Than Providence: Grand Strategy and American Power in the Asia Pacific Since 1783* (New York: Columbia University Press, 2017).

9. Barton Gellman, *Contending with Kennan: Toward a Philosophy of American Power* (New York: Praeger, 1984), 40.

10. See James Steinberg and Michael E. O'Hanlon, *Strategic Reassurance and Resolve: U.S.−China Relations in the 21st Century* (Princeton, N.J.: Princeton University Press, 2014).

11. See Henry Kissinger, *On China* (New York: Penguin, 2011).

12. See Paul Kennedy, *The Rise and Fall of the Great Powers: Economic Change and Military Conflict from 1500 to 2000* (New York: Random House, 1987); and Allison, *Destined for War.*

13. For a fascinating analysis of this problem, see Jennifer Lind, *Sorry States: Apologies in International Politics* (Ithaca, N.Y.: Cornell University Press, 2008).

14. Evan S. Medeiros, "The Changing Fundamentals of U.S.−China Relations," *Washington Quarterly* 42, no. 3 (Fall 2019): 111-12; Jacob M. Schlesinger, "What's Biden's New China Policy? It Looks a Lot Like Trump's," *Wall Street Journal*, September 10, 2020.

15. For a good capturing of the evolution of this debate, see Kurt M. Campbell and Ely Ratner, "The China Reckoning," *Foreign Affairs* 97, no. 2 (March/April 2018): 60-70; and responses to Ratner and Campbell, Foreign Affairs 97, no. 4 (July/August 2018): 183-95. For a good review of events in the early Trump years, see National Institute for Defense Studies, *East Asian Strategic Review, 2019* (Tokyo, 2019), 52-57.

16. Mira Rapp−Hooper, "Parting the South China Sea: How to Uphold the Rule of Law," *Foreign Affairs* 95, no. 5 (September/October 2016): 76-78.

17. For a balanced take on China's rise and how the United States can find a new consensus on China policy going forward, see Ryan Hass, *Stronger: Updating American Strategy to Outpace an Ambitious and Ascendant China* (New Haven: Yale University Press, 2021).

18. See Kurt M. Campbell, *The Pivot: The Future of American Statecraft in Asia* (New York: Twelve, 2016).

19. See, e.g., Mackenzie Eaglen, "What Is the Third Offset Strategy?" *Real Clear Defense*, February 15, 2016, https://www.realcleardefense.com/articles/2016/02/16/what_is_the_third_offset_strategy_109034.html.

20. Kurt M. Campbell and Rush Doshi, "The Coronavirus Could Reshape Global Order: China Is Maneuvering for International Leadership as the United States Falters," *Foreign Affairs*, March 18, 2020, https://www.foreignaffairs.com/articles/china/2020−03−18/coronavirus−could−reshape−global−order.

21. See Alessandra Bocchi, "China's Coronavirus Diplomacy," *Wall Street Journal*, March 20, 2020; Jeremy Page, "China's Progress Against Coronavirus Used Draconian Tactics Not Deployed in the West," *Wall Street Journal*, March 24, 2020; Jeremy Page, Wenxin Fan, and Natasha Khan, "How It All Started: China's Early Coronavirus Missteps," *Wall Street Journal*, March 6, 2020; James Jay Carafano, "Great Power Competition After the Coronavirus Crisis: What Should America Do?" *National Interest*, March 24, 2020, https://nationalinterest.org/feature/

great — power — competition — after — coronavirus — crisis — what — should — am erica — do — 136967.

22. Steinberg and O'Hanlon, *Strategic Reassurance and Resolve.*

23. Frank A. Rose, "Managing China's Rise in Outer Space," Brookings Institution, Washington, D.C., April 2020, https://www.brookings.edu/wp — content/uploads/2020/04/FP_20200427_china_outer_space_rose_v3.pdf.

24. Michael E. O'Hanlon and James Steinberg, *A Glass Half Full? Rebalance, Reassurance, and Resolve in the U.S.—China Strategic Relationship* (Washington, D.C.: Brookings Institution Press, 2017).

25. McMaster, "How China Sees the World"; "Remarks by Vice President Mike Pence at the Frederick V. Malek Memorial Lecture," The White House, Washington, D.C., October 24, 2019, https://www.whitehouse. gov/briefings — statements/remarks — vice — president — pence — frederic — v — malek — memorial — lecture/.

26. See Clifford Gaddy, *The Price of the Past: Russia's Struggle with the Legacy of a Militarized Economy* (Washington, D.C.: Brookings Institution Press, 2001); and Directorate of Intelligence, "A Comparison of Soviet and U.S. Gross National Products, 1960-1983," Central Intelligence Agency, Washington, D.C., 1984, https://www.cia.gov/library/readingroom/ docs/DOC_0000498181.pdf. The Soviet GDP was perhaps half of America's in the latter Cold War decades, plus or minus.

27. On the nature of net assessment, see James G. Roche and Thomas G. Mahnken, "What Is Net Assessment?" in Thomas G. Mahnken, ed., *Net Assessment and Military Strategy: Retrospective and Prospective Essays* (Amherst, N.Y.: Cambria Press, 2020), 11-26.

28. See Office of the Under Secretary of Defense (Comptroller), "Defense Budget Overview: United States Department of Defense Fiscal Year 2021 Budget Request," Department of Defense, Washington, D.C., February 2020, 1-4, https://comptroller.defense.gov/Portals/45/Documents/defbudget/ fy2021/fy2021_Budget_Request_Overview_Book.pdf; Department of Defense, "Annual Report to Congress: Military and Security Developments Involving the People's Republic of China, 2019," Washington, D.C., May 2019, 95, https://media.defense.gov/2019/May/02/2002127082/ — 1/ — 1/1/2019_ CHINA_MILITARY_POWER_REPORT.pdf; and Michael E. O'Hanlon and James Steinberg, *A Glass Half Full? Rebalance, Reassurance, and Resolve*

in the U.S.–China Strategic Relationship (Brookings Institution, Washington, D.C., 2017), 25-32.

29. Steinberg and O'Hanlon, *Strategic Reassurance and Resolve*, 104-5.

30. Dennis J. Blasko, *The Chinese Army Today: Tradition and Transformation for the 21st Century*, 2nd ed. (New York: Routledge, 2012), 116-38.

31. See Department of Defense, "Annual Report to Congress," 31-7, 116-7; Eric Heginbotham et al., *The U.S.–China Military Scorecard: Forces, Geography, and the Evolving Balance of Power, 1996-2017* (Santa Monica, Calif.: RAND, 2015); and O'Hanlon and Steinberg, A Glass Half Full? 25-42.

32. Gregory C. Allen, "Understanding China's AI Strategy: Clues to Chinese Strategic Thinking on Artificial Intelligence and National Security," Center for a New American Security, Washington, D.C., February 6, 2019.

33. "US Aerospace and Defense Export Competitiveness Study," Deloitte, April 2016, 1-10, https://www2.deloitte.com/content/dam/Deloitte/us/Documents/manufacturing/us–manufacturing–ad–export–competitiveness.pdf.

34. See Shipbuilders' Association of Japan, "Shipbuilding Statistics," Tokyo, 2017.

35. Organisation for Economic Co–Operation and Development, *Main Science and Technology Indicators, Volume 2017 Issue 2* (Paris: OECD Publishing, 2018).

36. Bruce Jones, *Still Ours to Lead: America, Rising Powers, and the Tension between Rivalry and Restraint* (Washington, D.C.: Brookings Institution Press, 2014), 11-36; Robert Kagan, *The World America Made* (New York: Alfred A. Knopf, 2012); Times Higher Education, "World University Rankings 2018," https://www.timeshighereducation.com/world–university–rankings/2018/world–ranking.

37. Klaus Schwab, ed., *The Global Competitiveness Report, 2019* (Davos: World Economic Forum, 2019), xiii.

38. Peter Grier, "Rare–Earth Uncertainty," *Air Force Magazine*, February 2018, 52-55.

39. Spencer Jakab, "Will Tesla Die for Lack of Cobalt?" *Wall Street Journal*, November 29, 2017.

40. U.S. Geological Survey, "Risk and Reliance: The U.S. Economy and Mineral

Resources," Reston, Va., April 2017.

41. Timothy Puko, "U.S. Is Vulnerable to China's Dominance in Rare Earths, Report Finds," *Wall Street Journal*, June 29, 2020.

42. U.S. Energy Information Administration, "U.S. Energy Facts Explained," May 2017, https://www.eia.gov/energyexplained/us–energy–facts/.

43. U.S. Energy Information Administration, "International," May 2017, https://www.eia.gov/international/overview/world.

44. Benoit Faucon and Timothy Puko, "U.S. and Allies Consider Possible Oil–Reserve Release," *Wall Street Journal*, July 13, 2018.

45. U.S. Energy Information Administration, "Frequently Asked Questions," April 2018, https://www.eia.gov/tools/faqs/faq.php?id=74&t=11.

46. U.S. Energy Information Administration, "Petroleum and Other Liquids: U.S. Imports by Country of Origin," April 2018, https://www.eia.gov/petroleum/data.php.

47. Masayuki Masuda, Hiroshi Yamazoe, and Shigeki Akimoto, "NIDS China Security Report 2020: China Goes to Eurasia," National Institute for Defense Studies, Tokyo, 2019, 49-52.

48. Organization of the Petroleum Exporting Countries, "OPEC Share of World Crude Oil Reserves, 2016," Vienna, 2018; Russell Gold, "Global Investment in Wind and Solar Energy Is Outshining Fossil Fuels," *Wall Street Journal*, June 11, 2018.

49. "Oil and Petroleum Products: A Statistical Overview," *Eurostat*, June 2020, https://ec.europa.eu/eurostat/statistics–explained/index.php?title=Oil_and_petroleum_products_–_a_statistical_overview "Energy Production and Imports," *Eurostat*, June 2020, https://ec.europa.eu/eurostat/statistics–explained/index.php?title=Energy_production_and_imports; John Barrasso, "Europe's Addiction to Russian Energy Is Dangerous," *Washington Post*, July 27, 2018.

50. International Energy Agency, *Key World Energy Statistics 2017* (2017), 15.

51. Japanese Ministry of Economy, Trade, and Industry, "Japan's Energy: 20 Questions," Tokyo, December 2016.

52. Jacky Wong, "When the Chips Are Down, China's Tech Giants Will Step Up," *Wall Street Journal*, May 28, 2018.

53. Morrison, "China–U.S. Trade Issues," 9.

54. Chuin–Wei Yap, "Taiwan's Technology Secrets Come Under Assault from

China," *Wall Street Journal*, July 1, 2018.

55. Michaela D. Platzer and John F. Sargent Jr., "U.S. Semiconductor Manufacturing: Industry Trends, Global Competition, Federal Policy," Congressional Research Service, CRS Report R44544, June 27, 2016, 1-14; Raman Chitkara and Jianbin Gao, "China's Impact on the Semiconductor Industry: 2016 Update," PricewaterhouseCoopers, 2017.

56. Jeanne Whalen, "Lawmakers Propose Billions to Boost U.S. Semiconductor Manufacturing and Research," *Washington Post*, June 10, 2020.

57. Department of the Treasury, "Major Foreign Holders of Treasury Securities," Washington, D.C., https://ticdata.treasury.gov/Publish/mfh.txt; Morrison, "China−U.S. Trade Issues," 19; Thomas J. Christensen, *The China Challenge: Shaping the Choices of a Rising Power* (New York: W. W. Norton, 2015), 56-62. For general principles of how the Federal Reserve can respond to a crisis, see Ben Bernanke, *The Courage to Act: A Memoir of a Crisis and Its Aftermath* (New York: W. W. Norton, 2015).

58. See Michael Brown, Eric Chewning, and Pavneet Singh, "Preparing the United States for the Superpower Marathon with China," Brookings Institution, Washington, D.C., April 2020, https://www.brookings.edu/wp−content/uploads/2020/04/FP_20200427_superpower_marathon_brown_chewning_singh.pdf; and Elsa B. Kania, "'AI Weapons' in China's Military Innovation," Brookings Institution, Washington, D.C., April 2020, https://www. brookings.edu/wp−content/uploads/2020/04/FP_20200427_ai_weapons_kania_v2.pdf.

59. Jeanne Whalen and John Hudson, "Too Big to Sanction? U.S. Struggles with Punishing Large Russian Businesses," *Washington Post*, August 26, 2018; Chuin−Wei Yap, "U.S. Reliance on Obscure Imports from China Points to Strategic Vulnerability," *Wall Street Journal, September 24, 2018.*

60. *Ely Ratner, "Blunting* China's Economic Coercion," Statement before the Senate Foreign Relations Committee Subcommittee on East Asia, the Pacific, and International Cybersecurity Policy, July 24, 2018, 8, https://www.foreign.senate.gov/imo/media/doc/072418_Ratner_Testimony.pdf.

61. See David Dollar, "The Future of U.S.−China Economic Ties," Brookings Institution, Washington, D.C., October 2016, https://www.brookings.edu/research/the−future−of−u−s−china−trade−ties.

62. Ian Talley, "U.S. to Block Potential Russian Move into American Energy,"

Wall Street Journal, August 31, 2017.

63. Ned Mamula and Catrina Rorke, "America's Untapped Riches," *U.S. News and World Report*, July 11, 2017; U.S. Geological Survey, *Mineral Commodity Summaries 2017* (Reston, Va.: U.S. Geological Survey, 2017), 7; Murray Hitzman, "Foreign Minerals Dependency," Statement before the Energy and Mineral Resources Subcommittee, House Committee on Natural Resources, December 12, 2017, https://www.doi.gov/ocl/foreign− minerals−dependency; Kent Hughes Butts, Brent Bankus, and Adam Norris, "Strategic Minerals: Is China's Consumption a Threat to United States Security?" (Carlisle, Pa.: U.S. Army War College, July 2011).

64. U.S. Geological Survey, *Mineral Commodity Summaries 2017*, 5.

65. U.S. Geological Survey, 135.

66. Andrew Imbrie and Ryan Fedasiuk, "Untangling the Web: Why the U.S. Needs Allies to Defend Against Chinese Technology Transfer," Brookings Institution, Washington, D.C., April 2020, https://www.brookings.edu/ wp−content/uploads/2020/04/FP_20200427_chinese_technology_transfer_im brie_fedasiuk.pdf.

67. See Michael Green et al., "Counter−Coercion Series: East China Sea Air Defense Identification Zone," Center for Strategic and International Studies, Washington, D.C., 2017, https://amti.csis.org/counter−co−east− china−sea−adiz.

68. Jon Harper, "Top Marine in Japan: If Tasked, We Could Retake the Senkakus from China," *Stars and Stripes*, April 11, 2014; Jeffrey A. Bader, *Obama and China's Rise: An Insider's Account of America's Strategy* (Washington, D.C.: Brookings Institution Press, 2013), 107-8.

69. "Treaty of Mutual Cooperation and Security between Japan and the United States of America," January 19, 1960, Ministry of Foreign Affairs of Japan, http://www.mofa.go.jp/region/n−america/us/q&a/ref/1.html.

70. Ankit Panda, "Mattis: Senkakus Covered Under U.S.−Japan Security Treaty," *Diplomat*, February 6, 2017, https://thediplomat.com/2017/02/ mattis−senkakus−covered−under−us−japan−security−treaty/. For background, see Richard C. Bush, *The Perils of Proximity: China−Japan Security Relations* (Washington, D.C.: Brookings Institution Press, 2010), 259-60.

71. Christian Brose, *The Kill Chain: Defending America in the Future of*

High−Tech Warfare (New York: Hachette, 2020), x-xii.

72. For example, see Tanya Ogilvie−White, *On Nuclear Deterrence: The Correspondence of Sir Michael Quinlan* (New York: Routledge, 2011), 63-81; on China, see Fiona S. Cunningham and M. Taylor Fravel, "Dangerous Confidence: Chinese Views on Nuclear Escalation," *International Security* 44, no. 2 (Fall 2019): 61-109.

73. Michael R. Gordon, "Possible Chinese Nuclear Testing Stirs U.S. Concern," *Wall Street Journal*, April 15, 2002.

74. On this question, in addition to classics like Bernard Brodie's *Strategy in the Missile Age* (Princeton, N.J.: Princeton University Press, 1959); and Thomas Schelling's *Arms and Influence* (New Haven: Yale University Press, 1966) and *Strategy of Conflict* (Cambridge, Mass.: Harvard University Press, 1960); see Robert Jervis, *The Illogic of American Nuclear Strategy* (Ithaca, N.Y.: Cornell University Press, 1984); Richard K. Betts, *Nuclear Blackmail and Nuclear Balance* (Washington, D.C.: Brookings Institution Press, 1987), 213-14; Matthew Kroenig, "Nuclear Superiority and the Balance of Resolve: Explaining Nuclear Crisis Outcomes," *International Organizations* 67, no. 1 (2013): 141-71; Francis J. Gavin, *Nuclear Weapons and American Grand Strategy* (Washington, D.C.: Brookings Institution Press, 2020), 52-58; and Daniel Kahneman, *Thinking, Fast and Slow* (New York: Farrar, Straus and Giroux, 2011).

75. Regine Cabato and Shibani Mahtani, "Pompeo Promises Intervention if Philippines Is Attacked in South China Sea Amid Rising Chinese Militarization," *Washington Post*, February 28, 2019.

76. See Bruce D. Jones, *To Rule the Waves: How Control of the World's Oceans Determines the Fate of the Superpowers* (New York: Scribner, 2021).

77. Michael O'Hanlon and Gregory Poling, "Rocks, Reefs, and Nuclear War," Asia Maritime Transparency Initiative, Center for Strategic and International Studies, Washington, D.C., January 14, 2020, https://amti.csis.org/rocks−reefs−and−nuclear−war/.

78. Beckley, *Unrivaled*, 84.

79. Bernard D. Cole, "Right−Sizing the Navy: How Much Naval Force Will Beijing Deploy?" in Roy Kamphausen and Andrew Scobell, eds., *Right−Sizing the People's Liberation Army: Exploring the Contours of*

China's Military (Carlisle, Pa.: Strategic Studies Institute, Army War College, 2007), 541-42.

80. Mark A. Stokes, "Employment of National−Level PLA Assets in a Contingency: A Cross−Strait Conflict as Case Study," in Andrew Scobell et al., *The People's Liberation Army and Contingency Planning in China* (Washington, D.C.: National Defense University Press, 2015), 135-46.

81. For a discussion of Chinese writings that seem to take a similar tack, see Roger Cliff et al., *Entering the Dragon's Lair: Chinese Antiaccess Strategies and Their Implications for the United States* (Santa Monica, Calif.: RAND, 2007), 66-73. Among other naval force modernizations, China now has about thirty−five or more modern attack submarines in its fleet, and it is also expected to acquire ocean reconnaissance satellites (early versions of which it already reportedly possesses) as well as communications systems capable of reaching deployed forces in the field in the next five to ten years.

82. Eric Heginbotham and others, *The U.S.−China Military Scorecard: Forces, Geography, and the Evolving Balance of Power, 1996-2017* (Santa Monica, Calif.: RAND, 2015), 185.

83. See, e.g., David A. Shlapak et al., *A Question of Balance: Political Context and Military Aspects of the China−Taiwan Dispute* (Santa Monica, Calif.: RAND, 2009), 31-90.

84. Heginbotham et al., *U.S.−China Military Scorecard*, 248-55; Todd Harrison, Kaitlyn Johnson, and Thomas G. Roberts, "Space Threat Assessment 2018," Center for Strategic and International Studies, Washington, D.C., April 2018, 6-11, https://www.csis.org/analysis/space−threat−assessment−2018.

85. Christensen, *China Challenge*, 85-104.

86. Heginbotham et al., *U.S.−China Military Scorecard*, 75-84, 149-50; Roger Cliff et al., *Shaking the Heavens and Splitting the Earth: Chinese Air Force Employment Concepts in the 21st Century* (Santa Monica, Calif.: RAND, 2011), xxiii, 209-15.

87. See Congressional Budget Office, *U.S. Naval Forces: The Sea Control Mission* (Washington, D.C.: CBO, 1978).

88. Capt. Wayne P. Hughes Jr. (U.S. Navy, ret.), *Fleet Tactics and Coastal Combat*, 2nd ed. (Annapolis, Md.: Naval Institute Press, 2000), 172-73;

Heginbotham et al., *U.S. China Military Scorecard*, 184-99. See also Owen R. Cote Jr., "Assessing the Undersea Balance between the U.S. and China," SSP Working Paper WP11-, Security Studies Program, MIT, Cambridge, Mass., February 2011.

89. Timothy W. Crawford, *Pivotal Deterrence: Third−Party Statecraft and the Pursuit of Peace* (Ithaca, N.Y.: Cornell University Press, 2003), 1-24, 187-201.

90. Chen Aizhu and Florence Tan, "BP Holds Millions of Barrels of Oil off China as Demand Falters," Reuters, June 29, 2018, https://www.reuters.com/article/us−china−bp−oil−independents/bp−holds−millions−of−barrels−of−oil−off−china−as−demand−falters−idUSKBN1JP1DN.

91. "Strait of Hormuz: Frequently Asked Questions," Robert Strauss Center for International Security and Law, University of Texas at Austin, https://www.strausscenter.org/strait−of−hormuz−faq/.

92. Dan Blumenthal, "China's Worldwide Military Expansion," Statement before the House Permanent Select Committee on Intelligence, U.S. Congress, Washington, D.C., May 17, 2018, https://docs.house.gov/meetings/IG/IG00/20180517/108298/HHRG−115−IG00−Wstate−BlumenthalD−20180517.pdf; Joel Wuthnow, "The PLA Beyond Asia: China's Growing Military Presence in the Red Sea Region," *Strategic Forum No. 303*, Institute for National Strategic Studies, National Defense University, Washington, D.C., January 2020.

93. David H. Petraeus and Philip Caruso, "Coherence and Compre−hensiveness: An American Foreign Policy Imperative," Belfer Center for Science and International Affairs, Harvard Kennedy School, Cambridge, Mass., March 2019, https://www.belfercenter.org/publication/coherence−and−comprehensiveness−american−foreign−policy−imperative.

94. On unmanned ships, see Bryan Clark and Bryan McGrath, "A Guide to the Fleet the United States Needs," *War on the Rocks*, February 10, 2017, https://warontherocks.com/2017/02/a−guide−to−the−fleet−the−united−states−needs/.

95. See Tanvi Madan, *Fateful Triangle: How China Shaped U.S.−India Relations During the Cold War* (Washington, D.C.: Brookings Institution Press, 2020); and Bruce Riedel, *JFK's Forgotten Crisis: Tibet, the CIA, and the Sino−Indian War* (Washington, D.C.: Brookings Institution Press,

2015).

96. See Strobe Talbott, *Engaging India: Diplomacy, Democracy, and the Bomb* (Washington, D.C.: Brookings Institution Press, 2004).

97. See Stephen P. Cohen and Sunil Dasgupta, *Arming Without Aiming: India's Military Modernization* (Washington, D.C.: Brookings Institution Press, 2012); and Ivo H. Daalder and James M. Lindsay, *The Empty Throne: America's Abdication of Global Leadership* (New York: Public Affairs, 2018), 176.

98. See Alyssa Ayres, *Our Time Has Come: How India Is Making Its Place in the World* (Oxford: Oxford University Press, 2018), 207-46; and William J. Burns, *The Back Channel: A Memoir of American Diplomacy and the Case for Its Revival* (New York: Random House, 2019), 256-65.

99. Krishna Pokharel and Bill Spindle, "After China Border Fight, India Likely Weighs Closer U.S. Military Ties," *Wall Street Journal*, June 21, 2020.

제 5 장 한 국

1. See Barbara Demick, *Nothing to Envy: Ordinary Lives in North Korea* (New York: Spiegel and Grau, 2010).

2. Eleanor Albert, "North Korea's Military Capabilities," Council on Foreign Relations, New York, December 2019, https://www.cfr.org/backgrounder/ north－koreas－military－capabilities.

3. "North Korea's Missile and Nuclear Programme," *BBC*, October 9, 2019, https://www.bbc.com/news/world－asia－41174689.

4. The missile tests demonstrated an ICBM capability to reach North America, based on analysis by David Wright of the Union of Concerned Scientists. See Mark Landler, Choe Sang－Hun, and Helene Cooper, "North Korea Fires a Ballistic Missile, in a Further Challenge to Trump," *New York Times*, November 28, 2017; and David E. Sanger and Choe Sang－Hun, "North Korea Links 2nd 'Crucial' Test to Nuclear Weapons Program," *New York Times*, December 14, 2019.

5. Jung H. Pak, *Becoming Kim Jong Un: A Former CIA Officer's Insights into North Korea's Enigmatic Young Dictator* (New York: Ballantine, 2020),

104 (on byungjin).

6. Jonathan D. Pollack, *No Exit: North Korea, Nuclear Weapons, and International Security* (New York: Routledge for IISS, 2011); Victor Cha, *The Impossible State: North Korea, Past and Future* (New York: HarperCollins, 2012).

7. Evans J. R. Revere, "Kim's 'New Path' and the Failure of Trump's North Korea Policy," *East Asia Forum*, Canberra, Australia, January 26, 2020, https://www.eastasiaforum.org/2020/01/26/kims−new−path−and−the−failure−of−trumps−north−korea−policy; National Institute for Defense Studies, *East Asian Strategic Review, 2019* (Tokyo, 2019), 2-3.

8. Jung H. Pak, "The Education of Kim Jong Un," Brookings Institution, Washington, D.C., February 2018, https://www.brookings.edu/essay/the−education−of−kim−jong−un.

9. United Nations Security Council Subsidiary Organs, "Resolutions Pursuant to UNSCR 1718," New York, December 2017, https://www.un.org/sc/suborg/en/sanctions/1718/resolutions; Dianne Rennack, "North Korea: Legislative Basis for U.S. Economic Sanctions," Congressional Research Service, CRS Report R41438, January 14, 2016.

10. Benjamin Katzeff Silberstein, "North Korea's Economic Contraction in 2018: What the Numbers Tell Us," *38 North*, Washington, D.C., July 26, 2019, https://www.nkeconwatch.com/category/organizations/bank−of−korea.

11. Ryan Kilpatrick, "The Evacuation of Americans from South Korea Is Going to Be Rehearsed in June," *Time*, April 24, 2017.

12. David Brunnstrom, "North Korea May Have Made More Nuclear Bombs, but Threat Reduced: Study," *Reuters*, February 12, 2019, https://www.reuters.com/article/us−northkorea−usa−nuclear−study/north−korea−may−have−made−more−nuclear−bombs−but−threat−reduced−study−idUSKCN1Q10EL; Siegfried S. Hecker, Robert Carlin, and Elliot Serbin, "The More We Wait, the Worse It Will Get," 38 North, Washington, D.C., September 4, 2019, https://www.38north.org/2019/09/ sheckerrcarlineserbin090419.

13. Kim Min−Seok, "The State of the North Korean Military," in Chung Min Lee and Kathryn Botto, eds., *Korea Net Assessment: Politicized Security and Unchanging Strategic Realities* (Washington, D.C.: Carnegie Endowment for International Peace, 2020), 19-30.

14. See Don Oberdorfer and Robert Carlin, *The Two Koreas: A Contemporary*

History, rev. ed. (New York: Basic Books, 2013).

15. For other recent writings that do not envision North Korean near−term denuclearization, see Jina Kim and John K. Warden, "Limiting North Korea's Coercive Nuclear Leverage," *Survival* 62, no. 1 (February/March 2020): 31-38; Adam Mount and Mira Rapp−Hooper, "Nuclear Stability on the Korean Peninsula," *Survival* 62, no. 1 (February/March 2020): 39-46; Vipin Narang and Ankit Panda, "North Korea: Risks of Escalation," *Survival* 62, no. 1 (February/March 2020): 47-54; and Edward Ifft, "Lessons for Negotiating with North Korea," *Survival* 62, no. 1 (February/March 2020): 89-106.

16. Pak, *Becoming Kim Jong Un*.

17. On the basic logic of this, which builds in part on the Vietnam experience in modern times, see John Delury, "Trump and North Korea: Reviving the Art of the Deal," *Foreign Affairs* 96, no. 2 (March/April 2017): 2-7; and Michael E. O'Hanlon and Mike M. Mochizuki, *Crisis on the Korean Peninsula: How to Deal with a Nuclear North Korea* (New York: McGraw−Hill, 2003).

18. Ashton B. Carter and William J. Perry, "If Necessary, Strike and Destroy: North Korea Cannot Be Allowed to Test this Missile," *Washington Post*, June 22, 2006.

19. Tom Karako, Ian Williams, and Wes Rumbaugh, "Missile Defense 2020: Next Steps for Defending the Homeland," Center for Strategic and International Studies, Washington, D.C., April 2017, 65-75, https://www.csis.org/analysis/missile−defense−2020.

20. Joby Warrick, "North Korea Never Halted Efforts to Build Powerful New Weapons, Experts Say," *Washington Post*, December 24, 2019.

21. On this, see Bruce E. Bechtol Jr., *North Korean Military Proliferation in the Middle East and Africa: Enabling Violence and Instability* (Lexington: University Press of Kentucky, 2018).

22. Choe Sang−Hun, "South Korea Plans 'Decapitation Unit' to Try to Scare North' Leaders," *New York Times*, September 12, 2017.

23. Elizabeth N. Saunders, "The Domestic Politics of Nuclear Choices— Review Essay," *International Security* 44, no. 2 (Fall 2019): 180-82; and Vipin Narang and Ankit Panda, "Command and Control in North Korea: What a Nuclear Launch Might Look Like," *War on the Rocks*, September

15, 2017, https://warontherocks.com/2017/09/command−and−control−in−north−korea−what−a−nuclear−launch−might−look−like.

24. For a similar view, see James Dobbins, "War with China," *Survival* 54, no. 4 (August-September 2012): 9.

25. Larry M. Wortzel, "PLA 'Joint' Operational Contingencies in South Asia, Central Asia, and Korea," in Roy Kamphausen, David Lai, and Andrew Scobell, eds., *Beyond the Strait: PLA Missions Other Than Taiwan* (Carlisle, Pa.: Strategic Studies Institute, U.S. Army War College, 2008), 360.

26. See Zbigniew Brzezinski, *Strategic Vision: America and the Crisis of Global Power* (New York: Perseus, 2012), 85; and Robert Kagan, *The World America Made* (New York: Alfred A. Knopf, 2012), 126.

27. See Henry Kissinger, *On China* (New York: Penguin, 2011), 80-82; and Aaron L. Friedberg, *A Contest for Supremacy: China, America, and the Struggle for Mastery in Asia* (New York: W. W. Norton, 2011), 176.

28. Yong−Sup Han, "The ROK−US Cooperation for Dealing with Political Crises in North Korea," *International Journal of Korean Studies* 16, no. 1 (Spring/Summer 2012): 70-73.

29. Comments by Professor Andrew Erickson of the Naval War College, Henry L. Stimson Center, Washington, D.C., July 30, 2012, used with Erickson's permission.

30. Geoffrey Blainey, *The Causes of War* (New York: Free Press, 1973), 245-49.

31. Gen. David H. Petraeus and Lt. Gen. James F. Amos, *The U.S. Army/Marine Corps Counterinsurgency Field Manual* (Chicago: University of Chicago Press, 2007), 23; James Dobbins et al., *America's Role in Nation−Building: From Germany to Iraq* (Santa Monica, Calif.: RAND, 2003), 150-51.

32. Jee Abbey Lee, "North Korea's 'Apology' over Land Mine Attack Criticized," *VoA News*, August 26, 2015, https://www.voanews.com/east−asia/north−koreas−apology−over−land−mine−attack−criticized.

33. The higher number would come from assuming that, per soldier and airman, the roughly thirty thousand U.S. forces stationed in Korea are somewhat more expensive than the average GI—and also that their costs should be attributed primarily to the Korea mission since they are not

easily rotated from that location for other purposes, given the importance of sustaining a strong deterrent in place. To the extent that much of the U.S. military force structure not routinely stationed or deployed in Korea is considered a cost of the alliance, the price tag could go much higher, of course—into the many tens of billions. But that argument has receded somewhat as the two−regional war construct for sizing U.S. combat forces has receded in importance in American defense planning. See Michael E. O'Hanlon, *The Science of War: Defense Budgeting, Military Technology, Logistics, and Combat Outcomes* (Princeton, N.J.: Princeton University Press, 2009), 18-52.

34. David Maxwell, "U.S.−ROK Relations: An Ironclad Alliance or a Transactional House of Cards?" *National Bureau of Asian Research*, Seattle, Wash., November 15, 2019, https://www.nbr.org/publication/u−s−rok−relations−an−ironclad−alliance−or−a−transactional−house−of−cards.

35. For a similar view, see Paul B. Stares, *Preventive Engagement: How America Can Avoid War, Stay Strong, and Keep the Peace* (New York: Columbia University Press, 2018), 186.

36. See, e.g., Robert Einhorn and Michael E. O'Hanlon, "Walking Back from the Brink with North Korea," *Order from Chaos* (blog), September 27, 2017, https://www.brookings.edu/blog/order−from−chaos/2017/09/27/walking−back−from−the−brink−with−north−korea; for a related Chinese view, see Sun Xiaokun, "A Chinese Perspective on U.S. Alliances," *Survival* 61, no. 6 (December 2019-January 2020): 75-76.

37. Jung H. Pak, *Becoming Kim Jong Un: A Former CIA Officer's Insights into North Korea's Enigmatic Young Dictator* (New York: Ballantine, 2020); Pollack, *No Exit*; Victor Cha, *The Impossible State: North Korea, Past and Future* (New York: HarperCollins, 2012).

38. See Ryan Hass and Michael O'Hanlon, "On North Korea, Don't Get Distracted by the Hydrogen Bomb Test, We Can Still Negotiate," *USA Today*, September 4, 2017.

39. Scott Snyder, "Can South Korea Save Itself?: Using an Olympic Peace to Avert Nuclear Confrontation," *Foreign Affairs*, February 23, 2018, https://www.foreignaffairs.com/articles/north−korea/2018−02−23/can−south−korea−save−itself.

40. See Kurt M. Campbell, *The Pivot: The Future of American Statecraft in Asia* (New York: Twelve, 2016); and Michael J. Green, *By More Than Providence: Grand Strategy and American Power in the Asia Pacific Since 1783* (New York: Columbia University Press, 2017), 518-40.

41. Scott Snyder, "American Attitudes Toward Korea: Growing Support for a Solid Relationship," Chicago Council on Global Affairs, October 2014, https://www.thechicagocouncil.org/sites/default/files/USSouthKorea_Snyder.pdf.

42. For an elegant articulation of these views, see comments of Michael J. Green, "Reimagining the U.S.–South Korea Alliance," Brookings Institution, Washington, D.C., August 22, 2018, https://www.brookings.edu/events/reimagining–the–u–s–south–korea–alliance.

43. Andrew Jeong, "Defense Scale–Down on Korean DMZ Raises Security Risks, U.S. General Says," *Wall Street Journal*, August 22, 2018.

44. International Institute for Strategic Studies, *The Military Balance*, 2017 (New York: Routledge for IISS, 2017), 309; Ian Livingston and Michael O'Hanlon, "The Afghanistan Index," Washington, D.C., Brookings Institution, January 30, 2012, https://www.brookings.edu/wp–content/uploads/2016/07/index20120130.pdf; Oberdorfer, *Two Koreas*, 64.

45. Michael J. Green, "Constructing a Successful China Strategy," Brookings Institution, Washington, D.C., 2008, available at https://www.brookings.edu/wp–content/uploads/2016/07/PB_China_Green–1.pdf.

46. Pew Research Center, "South Korea Opinion of China," Washington, D.C., 2018, http://www.pewglobal.org/database/indicator/24/country/116.

47. Aaron L. Friedberg, *A Contest for Supremacy: China, America, and the Struggle for Mastery in Asia* (New York: W. W. Norton, 2011), 175-76; Henry Kissinger, On China (New York: Penguin, 2011), 80-82.

48. Briefing to author, "8th Army Command Brief," Camp Humphries, Republic of Korea, May 1, 2018; International Institute for Strategic Studies, *The Military Balance, 2017* (New York: Routledge for IISS, 2017), 59.

49. Oberdorfer, *Two Koreas*, 86, 311.

50. See James Steinberg and Michael O'Hanlon, *Strategic Reassurance and Resolve: U.S.–China Relations in the 21st Century* (Princeton, N.J.: Princeton University Press, 2014), 124-30; Scott Snyder, "Expanding the

U.S.—South Korea Alliance," in Scott Snyder, ed., *The U.S.—South Korea Alliance: Meeting New Security Challenges* (Boulder, Colo.: Lynne Rienner, 2012), 1-20; and Michael O'Hanlon and Mike Mochizuki, *Crisis on the Korean Peninsula* (New York: McGraw—Hill, 2003), 145-65.

제 6 장   중동과 중부사령부

1. Mara Karlin and Tamara Cofman Wittes, "America's Middle East Purgatory: The Case for Doing Less," *Foreign Affairs* 8, no. 1 (January/February 2019): 88-100; Martin Indyk, "The Middle East Isn't Worth It Anymore," *Wall Street Journal*, January 17, 2002.

2. Such a policy was effectively where the nation moved in the second Obama term. See "A Conversation with Martin Dempsey," *Foreign Affairs* 95, no. 5 (September/October 2016): 5-6.

3. Ben Hubbard, "Little Outrage in Arab World over Netanyahu's Vow to Annex West Bank," *New York Times*, September 10, 2019.

4. Khaled Elgindy, *Blind Spot: America and the Palestinians, from Balfour to Trump* (Washington, D.C.: Brookings Institution Press, 2019); Shibley Telhami, *The World Through Arab Eyes: Arab Public Opinion and the Reshaping of the Middle East* (New York: Basic Books, 2013); Martin Indyk, *Innocent Abroad: An Intimate Account of American Peace Diplomacy in the Middle East* (New York: Simon and Schuster, 2009).

5. Daniel Yergin, *The Quest: Energy, Security, and the Remaking of the Modern World* (New York: Penguin, 2011), 284-341.

6. The six, working from west to east, are in Libya, Israel, Syria, Iraq, Iran, and Pakistan. Even more countries in the region have at least considered pursuing the bomb.

7. On this, see Omer Taspinar, *What the West Is Getting Wrong About the Middle East: Why Islam Is Not the Problem* (New York: I. B. Tauris, 2020), 218-23.

8. See Kenneth M. Pollack, *Armies of Sand: The Past, Present, and Future of Arab Military Effectiveness* (Oxford: Oxford University Press, 2019); and Caitlin Talmadge, *The Dictator's Army: Battlefield Effectiveness in Authoritarian Regimes* (Ithaca, N.Y.: Cornell University Press, 2015).

9. See Paul R. Pillar, *Terrorism and U.S. Foreign Policy* (Washington, D.C.: Brookings Institution Press, 2001). See also Marc Sageman, *Understanding Terror Networks* (Philadelphia: University of Pennsylvania Press, 2004); Daniel Byman, *Road Warriors: Foreign Fighters in the Armies of Jihad* (Oxford: Oxford University Press, 2019); and Steve Coll, *Ghost Wars: The Secret History of the CIA, Afghanistan, and Bin Laden, from the Soviet Invasion to September 10, 2001* (New York: Penguin, 2004), among others in the rich literature on what "causes" terrorism. For a very good if somewhat dated case study on the difficult path to reform in the broader Middle East, see William B. Quandt, *Between Ballots and Bullets: Algeria's Transition from Authoritarianism* (Washington, D.C.: Brookings Institution Press, 1998).

10. Bruce Riedel, *Kings and Presidents: Saudi Arabia and the United States Since FDR* (Washington, D.C.: Brookings Institution Press, 2018); see also Rachel Bronson, *Thicker Than Oil: America's Uneasy Relationship with Saudi Arabia* (Oxford: Oxford University Press, 2006).

11. See International Institute for Strategic Studies, *The Military Balance, 2019* (New York: Routledge for IISS, 2019), 59-61.

12. For one important aspect of this, see Christopher M. Schroeder, *Startup Rising: The Entrepreneurial Revolution Remaking the Middle East* (New York: Palgrave Macmillan, 2013).

13. See, e.g., Katherine Zimmerman, "Congratulations, Baghdadi Is Dead; But We're No Closer to Victory in the 'Forever War,'" Critical Threats Project, American Enterprise Institute, Washington, D.C., October 29, 2019, https://www.aei.org/foreign − and − defense − policy/congratulations − baghd adi − is − dead − but − were − no − closer − to − victory − in − the − forever − wa r/; Kenneth M. Pollack, *A Path Out of the Desert: A Grand Strategy for America in the Middle East* (New York: Random House, 2009); and Tamara Wittes, *Freedom's Unsteady March: America's Role in Building Arab Democracy* (Washington, D.C.: Brookings Institution Press, 2008).

14. See Thomas Barfield, *Afghanistan: A Cultural and Political History* (Princeton, N.J.: Princeton University Press, 2010); Seth G. Jones, *In the Graveyard of Empires: America's War in Afghanistan* (New York: W. W. Norton, 2009); and Ronald E. Neumann, *The Other War: Winning and Losing in Afghanistan* (Dulles, Va.: Potomac Books, 2009).

15. See Vanda Felbab−Brown, *Aspiration and Ambivalence: Strategies and Realities of Counterinsurgency and State−Building in Afghanistan* (Washington, D.C.: Brookings Institution Press, 2012).

16. Rod Nordland, "Afghan Government Control over Country Falters, U.S. Report Says," *New York Times*, January 31, 2019.

17. John R. Allen, Saad Mohseni, and Michael E. O'Hanlon, "Good Deals—nd Bad Ones—with the Taliban," *Order from Chaos* (blog), February 25, 2020, https://www.brookings.edu/blog/order−from−chaos/2020/02/25/good−deals−and−bad−ones−with−the−taliban; David H. Petraeus and Vance Serchuk, "Can America Trust the Taliban to Prevent Another 9/11? A Dangerous Asymmetry Lies at the Heart of the Afghan Peace Deal," *Foreign Affairs*, April 1, 2020, https://www.foreignaffairs.com/articles/afghanistan/2020−04−01/can−america−trust−taliban−prevent−another−911.

18. Laurel E. Miller and Jonathan S. Blake, *Envisioning a Comprehensive Peace Agreement for Afghanistan* (Santa Monica, Calif.: RAND, 2019); Vanda Felbab−Brown, "After the U.S.−Taliban Deal, What Might Negotiations Between the Taliban and the Afghan Side Look Like?" *Order from Chaos* (blog), February 19, 2020, https://www.brookings.edu/blog/order−from−chaos/2020/02/19/after−the−us−taliban−deal−what−might−negotiations−between−the−taliban−and−afghan−side−look−like; Christopher Kolenda and Michael O'Hanlon, "The New Afghanistan Will Be Built on Ceasefire Solutions and Taliban Tradeoffs," *National Interest*, February 25, 2019, https://nationalinterest.org/feature/new−afghanistan−will−be−built−ceasefire−solutions−and−taliban−tradeoffs−45537.

19. See Madiha Afzal, *Pakistan Under Siege: Extremism, Society, and the State* (Washington, D.C.: Brookings Institution Press, 2018); and Bruce Riedel, *Deadly Embrace: Pakistan, America, and the Future of the Global Jihad* (Washington, D.C.: Brookings Institution Press, 2011).

20. Ambassador James B. Cunningham et al., "Forging an Enduring Partnership with Afghanistan," *National Interest*, September 14, 2016, http://nationalinterest.org/feature/forging−enduring−partnership−afghanistan−17708.

21. Madiha Afzal, "An Inflection Point for Pakistan's Democracy," Brookings Institution, Washington, D.C., February 2020, https://www.brookings.edu/

wp – content/uploads/2019/02/FP_20190226_pakistan_afzal.pdf.

22. Joshua T. White, "The Other Nuclear Threat: America Can't Escape Its Role in the Conflict Between India and Pakistan," *Atlantic*, March 5, 2019, https://www.theatlantic.com/ideas/archive/2019/03/americas – role – india – pakistan – nuclear – flashpoint/584113; Madiha Afzal, "Why Is Pakistan's Military Repressing a Huge, Nonviolent Pashtun Protest Movement?" Brookings blog, February 2020, https://www.brookings.edu/blog/order – from – chaos/2020/02/07/why – is – pakistans – military – repressing – a – huge – nonviolent – pashtun – protest – movement.

23. I am indebted to Steve Heydeman in particular for help on Syria matters; to Fred Kagan and colleagues at the American Enterprise Institute's Critical Threats Project and to Kimberly Kagan and colleagues at the Institute for the Study of War.

24. For an excellent if sad read on the first five years of U.S. policy towards the Syrian civil war, see Charles Lister, *The Syrian Jihad: Al Qaeda, the Islamic State, and the Evolution of an Insurgency* (Oxford: Oxford University Press, 2016); see also Will McCants, *The ISIS Apocalypse: The History, Strategy, and Doomsday Vision of the Islamic State* (New York: St. Martin's, 2015).

25. See Michael Land, "Syria Situation Report: February 19-arch 3, 2020," Institute for the Study of War, Washington, D.C., March 2020, http://www.understandingwar.org/backgrounder/syria – situation – report – february – 19 – march – 3 – 2020; Jennifer Cafarella et al., "Turkey Commits to Idlib," Institute for the Study of War, Washington, D.C., March 18, 2020, http://www.understandingwar.org/backgrounder/turkey – commits – idlib; and Ranj Alaaldin et al., "A Ten – Degree Shift in Syria Strategy," Brookings Institution, Washington, D.C., September 2018, https://www.brookings.edu/wp – content/uploads/2018/09/FP_20180907_syria_strategy.pdf.

26. Michael O'Hanlon and Steven Heydemann, "Syria Is Not a Lost Cause for the United States—But It Is Getting Close," *The Hill*, February 13, 2020, https://thehill.com/opinion/international/482942 – syria – is – not – a – lost – cause – for – the – us – but – it – is – getting – close.

27. See, e.g., Joseph Felter and Brian Fishman, "Al – Qaida's Foreign Fighters in Iraq: A First Look at the Sinjar Records," Harmony Center: Combating Terrorism Center at West Point, December 2007, 19, http://www.

ctc.usma.edu/harmony/pdf/CTCForeign Fighter.19.Dec07.pdf; and Jason H. Campbell and Michael E. O'Hanlon, "Iraq Index," Brookings Institution, Washington, D.C., March 31, 2008, 26, https://www.brookings.edu/wp−content/uploads/2016/07/index20080331.pdf.

28. Frederic Wehrey, *The Burning Shores: Inside the Battle for the New Libya* (New York: Farrar, Straus and Giroux, 2018).

29. John R. Allen and Others, "Empowered Decentralization: A City−Based Strategy for Rebuilding Libya," Brookings Institution, Washington, D.C., February 2019, https://www.brookings.edu/research/empowered−decentralization−a−city−based−strategy−for−rebuilding−libya/; see also Wehrey, *Burning Shores*.

30. On some of the rivalrous dynamics between various foreign leaders and nations involved in the Libyan war, see Gonul Tol, "Is Erdogan Misreading Putin on Libya?" Middle East Institute, Washington, D.C., March 12, 2020, https://www.mei.edu/publications/erdogan−misreading−putin−libya.

31. See Hafed al−Ghwell and Karim Mezran, "A Way Forward in Libya," *The Hill*, June 1, 2019, https://thehill.com/opinion/international/446455−a−way−forward−in−libya.

32. Karim Mezran and Federica Saini Fasanotti, "Another Conference, Another Incomplete Solution for Libya," Atlantic Council blog, November 21, 2019, https://www.atlanticcouncil.org/blogs/menasource/another−conference−another−incomplete−solution−for−libya−2.

33. For a passionate defense of the operation, see Michael Doran, "Trump's Ground Game Against Iran," *New York Times*, January 3, 2020; see also Karim Sadjadpour, "The Sinister Genius of Qassem Soleimani," *Wall Street Journal*, January 10, 2020.

34. Suzanne Maloney, "Iran Knows How to Bide Its Time; Don't Expect Immediate Retaliation for Soleimani," *Washington Post*, January 3, 2020; Sara Allawi and Michael O'Hanlon, "The Relationship Between Iraq and the U.S. Is in Danger of Collapse; That Can't Happen," *USA Today*, March 19, 2020.

35. See Linda Robinson, "Winning the Peace in Iraq: Don't Give Up on Baghdad's Fragile Democracy," *Foreign Affairs* 98, no. 5 (September/October 2019): 162-72; and Allawi and O'Hanlon, "Relationship Between

Iraq and the U.S."

36. Kenneth M. Pollack, "Pushing Back on Iran, Part 2: An Overview of the Strategy," American Enterprise Institute blog, February 13, 2018, https://www.aei.org/foreign−and−defense−policy/middle−east/pushing−back−on−iran−part−2−an−overview−of−the−strategy.

37. See Dexter Filkins, "The Twilight of the Iranian Revolution," *New Yorker*, May 25, 2020.

38. See, e.g., Stephen J. Solarz, *Journeys to War and Peace: A Congressional Memoir* (Waltham, Mass.: Brandeis University Press, 2011); Linda L. Fowler, *Watchdogs on the Hill: The Decline of Congressional Oversight of U.S. Foreign Relations* (Princeton, N.J.: Princeton University Press, 2015); Brian Finlay, "John D. Steinbruner, 1941-015," Stimson Center, Washington, D.C., April 2015, https://www.stimson.org/2015/john−d−steinbruner−1941−2015; Ivo H. Daalder and James M. Lindsay, *The Empty Throne: America's Abdication of Global Leadership* (New York: Public Affairs, 2018), 106-7, 124-29; and Thomas E. Mann and Norman J. Ornstein, *The Broken Branch: How Congress Is Failing America and How to Get It Back on Track* (New York: Oxford University Press, 2006), 220-24.

39. Congress declared war against Great Britain in 1812, against Mexico in 1846, against Spain in 1898, against Germany and Austria−Hungary in 1917, and against Germany, Italy, Japan, Bulgaria, Hungary, and Romania in 1941-42. It authorized the use of force eleven other times, including seven since World War II: in regard to Formosa/Taiwan (1955), the Middle East (1957), Vietnam through the Gulf of Tonkin Resolution (1964), Lebanon (1983), Iraq (1991), global extremist/terrorist movements (2001), and Iraq again (2002). See Garance Franke−Ruta, "All the Previous Declarations of War," *Atlantic*, August 31, 2013, https://www.theatlantic.com/politics/archive/2013/08/all−the−previous−declarations−of−war/279246; and Jennifer K. Elsea and Matthew C. Reed, "Declarations of War and Authorizations for the Use of Military Force," Congressional Research Service, CRS Report RL31133, April 18, 2014.

40. See, e.g., David J. Barron, *Waging War: The Clash Between Presidents and Congress, 1776 to ISIS* (New York: Simon and Schuster, 2016), 289-427; United States Constitution, Articles I & II, *Avalon Project*, Lillian

Goldman Law Library at Yale Law School, http://avalon.law.yale.edu/18th_century/usconst.asp; Robert Dallek, "Power and the Presidency, From Kennedy to Obama," *Smithsonian Magazine*, January 2011; Jack Goldsmith and Matthew C. Waxman, "The Legal Legacy of Light−Footprint Warfare," *Washington Quarterly*, Summer 2016, 7-21; and Dawn Johnsen, "The Lawyers' War: Counterterrorism from Bush to Obama to Trump," *Foreign Affairs* 96, no. 1 (January/February 2017): 148-55.

41. Jonathan Masters, "U.S. Foreign Policy Powers: Congress and the President," Council on Foreign Relations, March 2017, https://www.cfr.org/backgrounder/us−foreign−policy−powers−congress−and−president; Council on Foreign Relations, "Backgrounder: Balance of U.S. War Powers," New York, 2013, https://www.cfr.org/backgrounder/balance−us−war−powers; Micah Zenko, *Between Threats and War: U.S. Discrete Military Operations in the Post−Cold−War World* (Stanford, Calif.: Stanford University Press, 2010), 163.

42. See, e.g., Amy McGrath, "It's Time to Rethink the Congressional Authorization for Use of Military Force," *USA Today*, January 21, 2020; and Robert Chesney, "A Primer on the Corker−Kaine Draft AUMF," *Lawfare* (blog), April 17, 2018, https://www.lawfareblog.com/primer−corker−kaine−draft−aumf.

43. Michael Beschloss, *Presidents of War: The Epic Story, from 1807 to Modern Times* (New York: Crown, 2018).

44. Richard K. Betts and Matthew C. Waxman, "The President and the Bomb: Reforming the Nuclear Launch Process," *Foreign Affairs* 97, no. 2 (March/April 2018): 119-28.

제 7 장   그 밖의 4+1 — 생물학, 핵, 기후, 디지털 및 국내 위험요인들

1. Anthony Cilluffo and Neil G. Ruiz, "World's Population Is Projected to Nearly Stop Growing by the End of the Century," Pew Research Center, Washington, D.C., June 17, 2019, https://www.pewresearch.org/fact−tank/2019/06/17/worlds−population−is−projected−to−nearly−stop−growing−by−the−end−of−the−century.

2. See Bryan Walsh, *End Times: A Brief Guide to the End of the World* (New York: Hachette, 2019), 15-85.

3. See Matthew Kroenig, "Pandemics Can Fast Forward the Rise and Fall of Great Powers," *National Interest* (blog), March 23, 2020, https:// nationalinterest.org/blog/buzz/pandemics − can − fast − forward − rise − and − fall − great − powers − 136417; and *Jared Diamond, Guns, Germs, and Steel: The Fates of Human Societies* (New York: W. W. Norton, 1999).

4. Vanda Felbab − Brown, *The Extinction Market: Wildlife Trafficking and How to Counter It* (Oxford: Oxford University Press, 2017).

5. Erik Frinking et al., "The Increasing Threat of Biological Weapons," Hague Center for Strategic Studies, The Hague, 2016, https://hcss.nl/ report/increasing − threat − biological − weapons.

6. See Anthony Lake, *Six Nightmares: Real Threats in a Dangerous World and How America Can Meet Them* (Boston: Little, Brown, 2000), 1-32; and John D. Steinbruner, *Principles of Global Security* (Washington, D.C.: Brookings Institution Press, 2000).

7. Steinbruner, *Principles of Global Security*, 179-93.

8. Karl Rove, "Clinton and Bush Prepared for Pandemics," *Wall Street Journal*, April 8, 2020.

9. John B. Foley, "A Nation Unprepared: Bioterrorism and Pandemic Response," *Interagency Journal* 11, no. 1 (2020): 33-41.

10. See Department of Health and Human Services, "National Strategic Stockpile," Washington, D.C., 2020, https://chemm.nlm.nih.gov/sns.htm# authorize.

11. Bill Gates, "Here's How to Make Up for Lost Time on Covid − 19," *Washington Post*, April 1, 2020; Scott Gottlieb and Lauren Silvis, "The Road Back to Normal: More, Better Testing," *Wall Street Journal*, March 29, 2020; Tom Inglesby and Anita Cicero, "How to Confront the Coronavirus at Every Level," *New York Times*, March 2, 2020.

12. Gottlieb and Silvis, "Road Back to Normal."

13. Lena H. Sun, William Wan, and Yasmeen Abutaleb, "A Plan to Defeat Coronavirus Finally Emerges, But It's Not from the White House," *Washington Post*, April 10, 2020.

14. James Ruvalcaba and Joe Plenzler, "As Military Planners, We Strategized for a Pandemic; Here's What We Learned," *Military.com*, April 10, 2020,

https://www.military.com/daily − news/2020/04/10/military − planners − we − strategized − pandemic − heres − what − we − learned.html.

15. Gottlieb and Silvis, "Road Back to Normal."

16. See Scott Gottlieb et al., "National Coronavirus Response: A Road Map to Reopening," American Enterprise Institute, Washington, D.C., March 28, 2020, https://www.aei.org/wp − content/uploads/2020/03/National − Coronavirus − Response − a − Road − Map − to − Recovering − 2.pdf.

17. Susan Athey et al., "In the Race for a Coronavirus Vaccine, We Must Go Big; Really, Really Big," *New York Times*, May 4, 2020.

18. Elizabeth Warren, "Congress Needs a Plan to Confront the Coronavirus; I Have One," New York Times, April 8, 2020; and Scott Gottlieb, "America Needs to Win the Coronavirus Vaccine Race," *Wall Street Journal*, April 26, 2020.

19. Bill Gates, "Here's How to Make Up for Lost Time on Covid − 19," *Washington Post*, April 1, 2020.

20. Felbab − Brown, *Extinction Market*.

21. Stewart Patrick, "When the System Fails: Covid − 19 and the Costs of Global Dysfunction," *Foreign Affairs* 99, no. 4 (July/August 2020): 50.

22. See Laura Winig, Margaret Bourdeaux, and Juliette Kayyam, "Managing a Security Response to the Ebola Epidemic in Liberia," John F. Kennedy School of Government, Harvard University, Cambridge, Mass., April 1, 2020, https://case.hks.harvard.edu/managing − a − security − response − to − the − ebola − epidemic − in − liberia − a/; and Michael E. O'Hanlon, *The Future of Land Warfare* (Washington, D.C.: Brookings Institution Press, 2015).

23. On this important topic, a timeless study is Dana Priest, *The Mission: Waging War and Keeping Peace with America's Military* (New York: W. W. Norton, 2003). On peace operations and the responsibility to protect, see Stares, *Preventive Engagement*, 223-44; Victoria K. Holt and Tobias C. Berkman, *The Impossible Mandate? Military Preparedness, the Responsibility to Protect and Modern Peace Operations* (Washington, D.C.: Stimson Center, 2006); Gareth Evans, *The Responsibility to Protect: Ending Mass Atrocity Crimes Once and for All* (Washington, D.C.: Brookings Institution Press, 2008); Madeleine K. Albright, William S. Cohen, and the Genocide Prevention Task Force, *Preventing Genocide: A Blueprint for U.S.*

Policymakers (Washington, D.C.: Holocaust Memorial Museum, 2008); Jean–Marie Guehenno, *The Fog of Peace: A Memoir of International Peacekeeping in the 21st Century* (Washington, D.C.: Brookings Institution Press, 2015); and Adekeye Adebajo, *U.N. Peacekeeping in Africa: From the Suez Crisis to the Sudan Conflicts* (Boulder, Colo.: Lynne Rienner, 2011). There are also more technical and specific keys to greater success, such as greater attention to building a professional criminal justice system early in any peacemaking effort. See Seth G. Jones et al., *Establishing Law and Order After Conflict* (Santa Monica, Calif.: RAND, 2005), 27-60.

24. Center on International Cooperation, *Annual Review of Global Peace Operations, 2013* (Boulder, Colo.: Lynne Rienner, 2013), 9; United Nations Peacekeeping, "Data," February 2019, https://peacekeeping.un.org/en/data.

25. Stephen John Stedman, "Spoiler Problems in Peace Processes," *International Security* 22, no. 2 (Fall 1997): 5-53.

26. See Bruce Jones, "Testimony: United Nations Peacekeeping and Opportunities for Reform," December 9, 2015, http://www.brookings.edu/research/testimony/2015/12/09–un–peacekeeping–opportunities–jones.

27. Lise Morje Howard, *Power in Peacekeeping* (Cambridge: Cambridge University Press, 2019), 8. See also Michael W. Doyle, "Postbellum Peacebuilding: Law, Justice, and Democratic Peacebuilding," in Chester A. Crocker, Fen Osler Hampson, and Pamela Aall, eds., *Managing Conflict in a World Adrift* (Washington, D.C.: U.S. Institute of Peace, 2015), 535-53.

28. See, e.g., Michael O'Hanlon, "Strengthen Stability in Africa," Brookings Institution, Washington, D.C., January 23, 2014, https://www.brookings.edu/research/strengthen–stability–in–africa.

29. Thomas Burke et al., "Covid–19 and Military Readiness: Preparing for the Long Game," Brookings blog, April 22, 2020, https://www.brookings.edu/blog/order–from–chaos/2020/04/22/covid–19–and–military–readiness–preparing–for–the–long–game.

30. William J. Perry, *My Journey at the Nuclear Brink* (Stanford, Calif.: Stanford University Press, 2015); George P. Shultz et al., "A World Free of Nuclear Weapons," *Wall Street Journal*, January 4, 2007.

31. Walsh, *End Times*, 105-25; Eric Schlosser, *Command and Control: Nuclear Weapons, the Damascus Accident, and the Illusion of Safety* (New York: Penguin, 2013).

32. Kurt M. Campbell, Robert J. Einhorn, and Mitchell B. Reiss, eds., *The Nuclear Tipping Point: Why States Reconsider Their Nuclear Choices* (Washington, D.C.: Brookings Institution Press, 2004).

33. David Albright, *Peddling Peril: How the Secret Nuclear Trade Arms America's Enemies* (New York: Free Press, 2010), 246.

34. Bruce Riedel, *Deadly Embrace: Pakistan, America, and the Future of the Global Jihad* (Washington, D.C.: Brookings Institution Press, 2011).

35. It is not clear to what extent Cold Start is a formal doctrine—but Pakistanis are surely aware of the concept. See Jaganath Sankaran, "The Enduring Power of Bad Ideas: 'Cold Start' and Battlefield Nuclear Weapons in South Asia," *Arms Control Today* 44, no. 9 (November 2014): 16-21.

36. On Pakistani, and Indian, nuclear doctrine, see Daniel Hooey, "Pakistan's Low Yield in the Field: Diligent Deterrence or De−Escalation Debacle?" *Joint Forces Quarterly* 95, no. 4 (2019): 34-45; Gurmeet Kanwal, *Sharpening the Arsenal: India's Evolving Nuclear Deterrence Policy* (New York: HarperCollins, 2017); Mark Fitzpatrick, *Overcoming Pakistan's Nuclear Dangers* (New York: Routledge for IISS, 2014); and Inderjit Panjrath, *Pakistan's Tactical Nuclear Weapons: Giving the Devil More Than His Due* (New Delhi: Vij Books, 2018).

37. Samuel Glasstone, ed., *The Effects of Nuclear Weapons*, rev. ed. (Washington, D.C: United States Atomic Energy Commission, 1962), 40.

38. See Barry R. Posen, *Inadvertent Escalation: Conventional War and Nuclear Risks* (Ithaca, N.Y.: Cornell University Press, 1991); and Bruce G. Blair, The Logic of Accidental Nuclear War (Washington, D.C.: Brookings Institution Press, 1993).

39. Ron Suskind, *The One Percent Doctrine* (New York: Simon and Schuster, 2006).

40. On some of these matters, see Michael Levi, *On Nuclear Terrorism* (Cambridge, Mass.: Harvard University Press, 2007). See also George Tenet, *At the Center of the Storm: My Years at the CIA* (New York: HarperCollins, 2007); and Steve Manning, "Loose Nukes: Black Market

Sales of Nuclear Weapons and Materials in Russia," Nuclear Threat Initiative, Washington, D.C., 1997, https://www.nti.org/analysis/articles/ loose−nukes−black−market−sales−nuclear−weapons−and−material− russia.

41. Steven Pifer and Michael E. O'Hanlon, *The Opportunity: Next Steps in Reducing Nuclear Arms* (Washington, D.C.: Brookings Institution Press, 2012).

42. See the work of Bruce Blair and others in Harold A. Feiveson, ed., *The Nuclear Turning Point: A Blueprint for Deep Cuts and De−Alerting of Nuclear Weapons* (Washington, D.C.: Brookings Institution Press, 1999).

43. Matthew Bunn, Nickolas Roth, and William H. Tobey, "A Vision for Nuclear Security," Belfer Center, Harvard University, Cambridge, Mass., January 2019, https://www.belfercenter.org/sites/default/files/2019−01/ NuclearSecurityPolicyBrief_1.pdf.

44. See William C. Potter and Sarah Bidgood, "Lessons for the Future," in William C. Potter and Sarah Bidgood, eds., *Once and Future Partners: The United States, Russia and Nuclear Non−Proliferation* (New York: Routledge for IISS, 2018), 217-43; and Albright, *Peddling Peril*, 1-69, 227- 54.

45. Robert R. Holt, "Meeting Einstein's Challenge: New Thinking About Nuclear Weapons," *Bulletin of the Atomic Scientists*, April 3, 2015, https://thebulletin. org/2015/04/meeting−einsteins−challenge−new−thinking−about−nuclear− weapons.

46. Andrew Freedman and Jason Samenow, "The Strongest, Most Dangerous Hurricanes Are Now Far More Likely Because of Climate Change, Study Shows," *Washington Post*, May 18, 2020.

47. Madhuri Karak, "Climate Change and Syria's Civil War," *JSTOR Daily*, September 12, 2019, https://daily.jstor.org/climate−change−and−syrias− civil−war.

48. On the stronger storms in the United States, already roughly 25 to 55 percent more potent than back in the 1950s, see Ellen Gray and Jessica Merzdorf, "Earth's Freshwater Future: Extremes of Flood and Drought," NASA Global Climate Change, Jet Propulsion Laboratory, Pasadena, Calif., June 13, 2019, https://climate.nasa.gov/news/2881/earths−freshwater− future−extremes−of−flood−and−drought. On drought, and the uncertainties

associating with measuring and projecting its future course, see Kevin E. Trenberth et al., "Global Warming and Changes in Drought," *Nature Climate Change* 4 (January 2014): 17-22; and J. Lehmann, F. Mempel, and D. Coumou, "Increased Occurrence of Record−Wet and Record−Dry Months Reflect Changes in Mean Rainfall," *Geophysical Research Letters* 45, no. 24 (December 2018), https://doi.org/10.1029/2018GL079439. See also Joshua Busby, "Warming World," *Foreign Affairs* 97, no. 4 (July/August 2018): 70-81.

49. Earth Science Communications Team, "The Effects of Climate Change," NASA Global Climate Change, Jet Propulsion Laboratory, Pasadena, Calif., April 6, 2020, https://climate.nasa.gov/effects.

50. Intergovernmental Panel on Climate Change, "Report 2018," http://report. ipcc.ch/sr15/pdf/sr15_spm_final.pdf; Kevin J. Noone, "Sea−Level Rise," in Kevin J. Noone, Ussif Rashid Sumaila, and Robert J. Diaz, eds., *Managing Ocean Environments in a Changing Climate: Sustainability and Economic Perspectives* (Amsterdam: Elsevier, 2013), 97-126; Charles Geisler and Ben Currens, "Impediments to Inland Resettlement Under Conditions of Accelerated Sea Level Rise," *Land Use Policy* 66 (July 2017): 322-30.

51. Boris Worm, "Avoiding a Global Fisheries Disaster," *Proceedings of the National Academy of Sciences* 113, no. 18 (2016): 4895-97.

52. Katharine J. Mach et al., "Climate as a Risk Factor for Armed Conflict," *Nature* 571 (2019): 193-97.

53. Bill Spindle, "'We Can't Waste a Drop': India Is Running Out of Water," *Wall Street Journal*, August 23, 2019; Rutger Willem Hofste, Paul Reig, and Leah Schleifer, "17 Countries, Home to One−Quarter of the World's Population, Face Extremely High Water Stress," World Resources Institute blog, August 2019, https://www.wri.org/blog/2019/08/17−countries−home−one−quarter−world−population−face−extremely−high−water−stress.

54. See William Antholis and Strobe Talbott, *Fast Forward: Ethics and Politics in the Age of Global Warming* (Washington, D.C.: Brookings Institution Press, 2010); and Pat Mulroy, ed., *The Water Problem: Climate Change and Water Policy in the United States* (Washington, D.C.: Brookings Institution Press, 2017).

55. Daniel Yergin, *The Quest: Energy, Security, and the Remaking of the Modern World* (New York: Penguin, 2011), 711-17; "International Energy

Outlook 2018," U.S. Energy Information Administration, Washington, D.C., 2018, https://www.eia.gov/pressroom/presentations/capuano_07242018.pdf.

56. M. Mitchell Waldrop, "The Chips Are Down for Moore's Law," *Nature* 530 (2016): 144-47. See also Rose Hansen, "A Center of Excellence Prepares for Sierra," *Science and Technology Review* (Lawrence Livermore National Laboratory), March 2017, 5-11.

57. Joseph S. Nye Jr., "Deterrence and Dissuasion in Cyberspace," *International Security* 41, no. 3 (Winter 2016/17): 44-71.

58. Nigel Inkster, "Measuring Military Cyber Power," *Survival* 59, no. 4 (August—September 2017): 32; Damien Dodge, "We Need Cyberspace Damage Control," *Proceedings* (U.S. Naval Institute), November 2017, 61-65.

59. David C. Gompert and Martin Libicki, "Cyber War and Nuclear Peace," *Survival* 61, no. 4 (August-September 2019): 45-62.

60. Tunku Varadarajan, "Report from the Cyberwar Front Lines," *Wall Street Journal*, December 29, 2017.

61. Erica D. Borghard and Shawn W. Lonergan, "The Logic of Coercion in Cyberspace," *Security Studies* 26, no. 3 (2017): 452-81; Travis Sharp, "Theorizing Cyber Coercion: The 2014 North Korean Operation against Sony," *Journal of Strategic Studies*, April 11, 2017; David D. Kirkpatrick, "British Cybersecurity Chief Warns of Russian Hacking," *New York Times*, November 14, 2017; Nicole Perlroth, "Hackers Are Targeting Nuclear Facilities, Homeland Security Department and FBI Say," *New York Times*, July 6, 2017.

62. Michael Frankel, James Scouras, and Antonio De Simone, "Assessing the Risk of Catastrophic Cyber Attack: Lessons from the Electromagnetic Pulse Commission" (Laurel, Md.: Johns Hopkins University Applied Physics Laboratory, 2015); Robert McMillan, "Cyber Experts Identify Malware That Could Disrupt U.S. Power Grid," *Wall Street Journal*, June 12, 2017.

63. Defense Science Board, "Task Force on Cyber Deterrence," Department of Defense, Washington, D.C., February 2017.

64. Richard A. Clarke and Robert K. Knake, *The Fifth Domain: Defending Our Country, Our Companies, and Ourselves in the Age of Cyber Threats* (New York: Penguin, 2019), 85-203.

65. Yoshihiro Yamaguchi, "Strengthening Public−Private Partnership in Cyber Defense: A Comparison with the Republic of Estonia," *NIDS Journal of Defense and Security*, no. 20 (December 2019): 67-111.

66. Duncan Brown, "Joint Staff J−7 Sponsored Science, Technology, and Engineering Futures Seminar," (Laurel, Md.: Johns Hopkins University Applied Physics Laboratory, July 2014), 17-24. For a good overview, see Sukeyuki Ichimasa, "Threat of Cascading 'Permanent Blackout' Effects and High Altitude Electromagnetic Pulse (HEMP)," *NIDS Journal of Defense and Security* 17 (December 2016): 3-20.

67. See Charles Murray, *Coming Apart: The State of White America, 1960-2010* (New York: Crown Forum, 2012); and Celia Belin, "Democracy in America 2020: A French Perspective on the Battle for the Democratic Nomination," Brookings blog, February 11, 2020, https://www.brookings.edu/blog/fixgov/2020/02/11/democracy−in−america−2020−a−french−perspective−on−the−battle−for−the−democratic−nomination/.

68. Darrell M. West, *The Future of Work: Robots, AI, and Automation* (Washington, D.C.: Brookings Institution Press, 2018).

69. Robert D. Reischauer, "Budgeting for Tomorrow's Workforce and Economy," in *Today's Children, Tomorrow's America: Six Experts Face the Facts* (Washington, D.C.: Urban Institute, 2011), 7.

70. Gareth Cook, "The Economist Who Would Fix the American Dream," *Atlantic*, August 2019.

71. Michael R. Strain, "The American Dream Is Alive and Well," *New York Times*, May 18, 2020.

72. Anne Case and Angus Deaton, *Deaths of Despair and the Future of Capitalism* (Princeton, N.J.: Princeton University Press, 2020).

73. See J. D. Vance, *Hillbilly Elegy: A Memoir of a Family and Culture in Crisis* (New York: HarperCollins, 2016); and Katherine J. Cramer, *The Politics of Resentment: Rural Consciousness in Wisconsin and the Rise of Scott Walker* (Chicago: University of Chicago Press, 2016).

74. See Joseph E. Stiglitz, *Globalization and Its Discontents* (New York: W. W. Norton, 2002).

75. Mireya Solis, *Dilemmas of a Trading Nation: Japan and the United States in the Evolving Asia−Pacific Order* (Washington, D.C.: Brookings Institution Press, 2017), 11-35.

76. Bill Bradley, *The New American Story* (New York: Random House, 2008).

77. STEM refers, of course, to science, technology, engineering, and math. See James Manyika, William H. McRaven, and Adam Segal, *Innovation and National Security: Keeping Our Edge*, Independent Task Force Report No. 77 (New York: Council on Foreign Relations, 2019); and National Science Board, "Science and Engineering Indicators 2020: The State of U.S. Science and Engineering," National Science Foundation, Alexandria, Va., 2020, 2-5.

78. William G. Gale, *Fiscal Therapy: Curing American's Debt Addiction and Investing in the Future* (Oxford: Oxford University Press, 2019), 116-18, 167-206. For additional thoughtful comments on infrastructure, see John K. Delaney, *The Right Answer: How We Can Unify Our Divided Nation* (New York: Henry Holt, 2018), 24-38.

79. Douglas W. Elmendorf and Louise Sheiner, "Persistently Low Interest Rates Argue for Delayed Budget Belt−Tightening Even in an Aging America," Brookings Institution, Washington, D.C., October 2016, https://www.brookings.edu/research/persistently−low−interest−rates−argue−for−delayed−budget−belt−tightening−even−in−an−aging−america.

80. Maya MacGuineas, "Trump−Xi Trade Talks at G20: America's Biggest Weakness Is No Big Secret," *Fox Business News*, June 25, 2019, https://www.foxbusiness.com/markets/trump−xi−trade−war−summit−g20−us−china.

81. As Ben Bernanke, Tim Geithner, and Hank Paulson put it in 2019, "In short, the U.S. economy and financial system today may be less prone to modest brush fires but more vulnerable to a major inferno if, despite updated and improved fire codes, a conflagration were to begin." See Ben S. Bernanke, Timothy F. Geithner, and Henry M. Paulson Jr., *Firefighting: The Financial Crisis and Its Lessons* (New York: Penguin, 2019).

82. Daniel Egel et al., "Defense Budget Implications of the Covid−19 Pandemic," RAND blog, April 7, 2020, https://www.rand.org/blog/2020/04/defense−budget−implications−of−the−covid−19−pandemic.html.

83. Gene Sperling, *The Pro−Growth Progressive: An Economic Strategy for Shared Prosperity* (New York: Simon and Schuster, 2005); Gene Sperling, *Economic Dignity* (New York: Penguin, 2020); Richard V. Reeves,

"Realism Trumps Purism: Ideas from Brookings and AEI to Cut Poverty and Promote Opportunity," Brookings blog, December 3, 2015, https://www.brookings.edu/blog/social−mobility−memos/2015/12/03/realism−trumps−purism−ideas−from−brookings−and−aei−to−cut−poverty−and−promote−opportunity. For the original study, see AEI−Brookings Task Force on Poverty and Opportunity, "Opportunity, Responsibility, and Security: A Consensus Plan for Reducing Poverty and Restoring the American Dream," Brookings Institution, Washington, D.C., 2015, https://www.brookings.edu/wp−content/uploads/2016/07/Full−Report.pdf. See also Isabel Sawhill, *The Forgotten Americans: An Economic Agenda for a Divided Nation* (New Haven: Yale University Press, 2018).

84. See Century Foundation Working Group on Community College Financial Resources, *Restoring the American Dream: Providing Community Colleges with the Resources They Need* (New York: Century Foundation Press, 2019).

85. Sperling, *Economic Dignity*, 172-89.

86. Marc M. Howard, "What Serena Williams' Defeat Tells Us About the Criminal Justice System," *Washington Post*, September 11, 2018.

87. Andre M. Perry et al., "To Add Value to Black Communities, We Must Defund the Police and Prison Systems," Brookings blog, June 11, 2020, https://www.brookings.edu/blog/how−we−rise/2020/06/11/to−add−value−to−black−communities−we−must−defund−the−police−and−prison−systems.

88. National Science Board, "Science and Engineering Indicators 2020: The State of U.S. Science and Engineering," National Science Foundation, Alexandria, Va., 2020, 5.

89. See Jeb Bush and Clint Bolick, *Immigration Wars: Forging an American Solution* (New York: Threshold Editions, 2013); and Darrell M. West, *Brain Gain: Rethinking U.S. Immigration Policy* (Washington, D.C.: Brookings Institution Press, 2010), 126-54.

90. This trend was recognized by Alice Rivlin and Gary Burtless at least three decades ago and has, of course, only intensified since then. See Alice Rivlin, *Reviving the American Dream: The Economy, the States, and the Federal Government* (Washington, D.C.: Brookings Institution Press, 1992), 47; Gale, *Fiscal Therapy*, 1-15, 92; and Richard V. Reeves, *Dream*

Hoarders: How the American Upper Middle Class Is Leaving Everyone Else in the Dust, Why That Is a Problem, and What to Do About It (Washington, D.C.: Brookings Institution Press, 2017).

91. Reeves, *Dream Hoarders.*
92. John E. Schwarz et al., "Please Talk Wages," *Democracy: A Journal of Ideas*, no. 56 (Spring 2020): 62-72.

제 8 장 미 군

1. See "A Conversation with Secretary of Defense Mark T. Esper," Brookings Institution, Washington, D.C., May 4, 2020, https://www.brookings.edu/events/webinar−a−conversation−with−secretary−of−defense−mark−t−esper.

2. See James M. Dubik, *Just War Reconsidered: Strategy, Ethics, and Theory* (Lexington: University of Kentucky Press, 2016), 173-77.

3. See Samuel P. Huntington, *The Soldier and the State: The Theory and Politics of Civil−Military Relations* (Cambridge, Mass.: Harvard University Press, 1957); Morris Janowitz, The Professional Soldier: A Social and Political Portrait (New York: Free Press, 1960); and Samuel E. Finer, *The Man on Horseback: The Role of the Military in Politics* (New Brunswick, N.J.: Transaction, 2002).

4. David Halberstam, *War in a Time of Peace: Bush, Clinton, and the Generals* (New York: Scribner, 2001), 378-86.

5. Michael R. Gordon and Bernard E. Trainor, *Endgame: The Inside Story of the Struggle for Iraq, from George W. Bush to Barack Obama* (New York: Vintage, 2013); Ivo H. Daalder and I. M. Destler, *In the Shadow of the Oval Office: Profiles of the National Security Advisers and the Presidents They Served—From JFK to George W. Bush* (New York: Simon and Schuster, 2011).

6. Vanda Felbab−Brown, *Aspiration and Ambivalence: Strategies and Realities of Counterinsurgency and State−Building in Afghanistan* (Washington, D.C.: Brookings Institution Press, 2012); Martin S. Indyk, Kenneth G. Lieberthal, and Michael E. O'Hanlon, *Bending History: Barack Obama's Foreign Policy* (Washington, D.C.: Brookings Institution Press, 2012).

7. Frederick W. Kagan, "Afghanistan Is Not Vietnam," *Real Clear Defense*, December 20, 2019, https://www.realcleardefense.com/articles/2019/12/20/afghanistan_is_not_vietnam_114942.html.

8. David Brunnstrom and Mike Stone, "U.S. Nuclear General Says Would Resist 'Illegal' Trump Strike Order," *Reuters*, November 18, 2017, https://www.reuters.com/article/us−usa−nuclear−commander/u−s−nuclear−general−says−would−resist−illegal−trump−strike−order−idUSKBN1DI0QV.

9. See "A Conversation with Martin Dempsey," *Foreign Affairs* 95, no. 5 (September/October 2016): 9.

10. PBS News Hour, "Read James Mattis' Full Resignation Letter," *PBS*, December 20, 2018, https://www.pbs.org/newshour/politics/read−james−mattis−full−resignation−letter.

11. Peter Feaver, "We Don't Need Generals to Become Cheerleaders at Political Conventions," *Foreign Policy*, July 29, 2016, https:// foreignpolicy.com/2016/07/29/we−dont−need−generals−to−become−cheerleaders−at−political−conventions.

12. Leon E. Panetta et al., "89 Former Defense Officials: The Military Must Never Be Used to Violate Constitutional Rights," *Washington Post*, June 5, 2020.

13. Gordon Lubold and Nancy A. Youssef, "Top General Apologizes for Being at Trump Church Photo Shoot," *Wall Street Journal*, June 11, 2020.

14. See George Packer, *The Assassins' Gate: America in Iraq* (New York: Farrar, Straus and Giroux, 2006); and Kurt M. Campbell and Michael E. O'Hanlon, *Hard Power: The New Politics of National Security* (New York: Basic Books, 2006).

15. On these subjects, see H. R. McMaster, *Dereliction of Duty: Johnson, McNamara, the Joint Chiefs of Staff, and the Lies That Led to Vietnam* (New York: Harper Perennial, 1998); Andrew F. Krepinevich Jr., *The Army and Vietnam* (Baltimore: Johns Hopkins University Press, 1988); Ivo H. Daalder and Michael E. O'Hanlon, *Winning Ugly: NATO's War to Save Kosovo* (Washington, D.C.: Brookings Institution Press, 2000); Janne E. Nolan, *Guardians of the Arsenal: The Politics of Nuclear Strategy* (New York: Basic Books, 1989); and Francis J. Gavin, Nuclear Weapons and American Grand Strategy (Washington, D.C.: Brookings Institution Press,

2020), 52–58, 153–54.

16. Kathy Roth – Douquet and Frank Schaeffer, *AWOL: The Unexcused Absence of America's Upper Classes from Military Service—nd How It Hurts Our Country* (New York: HarperCollins, 2006); Jim Mattis and Kori N. Schake, *Warriors and Citizens: American Views of Our Military* (Stanford, Calif.: Hoover Institution Press, 2016).

17. David Barno and Nora Bensahel, "Can the U.S. Military Halt Its Brain Drain?" *Atlantic*, November 5, 2015, http://www.theatlantic.com/politics/archive/2015/11/us – military – tries – halt – brain – drain/413965; Lori J. Robinson and Michael E. O'Hanlon, "Women Warriors: The Ongoing Story of Integrating and Diversifying the American Armed Forces," Brookings Institution, Washington, D.C., May 2020, https://www.brookings.edu/essay/women – warriors – the – ongoing – story – of – integrating – and – diversifying – the – armed – forces/.

18. Office of Management and Budget, *Historical Tables: Budget of the U.S. Government, Fiscal Year 2009* (Washington, D.C.: GPO, 2008), 137.

19. Taking the budget years 1951-90 as the duration of the Cold War, I used table 6-11 in the Comptroller's "Green Book" cited below to calculate the average (in 2020 dollars) of discretionary and mandatory outlays for the Department of Defense. The result was just under $500 billion ($497 billion, to be precise). Adding in Department of Energy nuclear – weapons costs and a few other small expenses yields the ballpark figure of $525 billion, for overall national defense outlays, defined formally as the 050 account. See Office of Management and Budget, Historical Tables: Fiscal Year 2020, https://www.whitehouse.gov/omb/historical – tables, 123-30; and Office of the Under Secretary of Defense (Comptroller), *Defense Budget Estimates for FY 2020* (Washington, D.C., April 2019), 100-160, 250-55, https://comptroller.defense.gov/Portals/45/Documents/defbudget/fy2020/FY20_Green_Book.pdf.

20. George Ingram, "What Every American Should Know About Foreign Aid," Brookings Institution, Washington, D.C., October 2, 2019, https://www.brookings.edu/opinions/what – every – american – should – know – about – u – s – foreign – aid.

21. Statement of Robert F. Hale, Under Secretary of Defense for Financial Management and Comptroller, Brookings Institution, Washington, D.C.,

January 7, 2013, https://www.c−span.org/video/?c4480536/user−clip−span−video−school.

22. Robert F. Hale, "Promoting Efficiency in the Department of Defense: Keep Trying, But Be Realistic," Center for Strategic and Budgetary Assessments, Washington, D.C., January 2002, https://csbaonline.org/uploads/documents/2002.01.25−DoD−Efficiency.pdf.

23. For a related view, see Kathleen Hicks, "Getting to Less: The Truth About Defense Spending," *Foreign Affairs* 99, no. 2 (March/April 2020): 57-58.

24. Peter Levine, *Defense Management Reform: How to Make the Pentagon Work Better and Cost Less* (Stanford, Calif.: Stanford University Press, 2020), 3-5.

25. See Mac Thornberry and Andrew F. Krepinevich Jr., "Preserving Primacy: A Defense Strategy for the New Administration," *Foreign Affairs* 95, no. 5 (September/October 2016): 28-32.

26. For a good discussion of this issue, see Michael C. Horowitz et al., "Correspondence," *International Security* 44, no. 2 (Fall 2019): 185-92.

27. On this calculation, see Congressional Budget Office, "The U.S. Military's Force Structure: A Primer," Washington, D.C., July 2016, https://www.cbo.gov/publication/51535; and Michael E. O'Hanlon, *Defense 101* (Ithaca, N.Y.: Cornell University Press, 2021).

28. See, e.g., Michael E. O'Hanlon and James Steinberg, *A Glass Half Full? Rebalance, Reassurance, and Resolve in the U.S.−China Strategic Relationship* (Washington, D.C.: Brookings Institution Press, 2017), 27.

29. See Michael E. O'Hanlon, *The $650 Billion Bargain: The Case for Modest Growth in America's Defense Budget* (Washington, D.C.: Brookings Institution Press, 2016).

30. Webinar with Gen. David Goldfein, Chief of Staff, United States Air Force, Brookings Institution, Washington, D.C., July 1, 2020.

31. Webinar with Gen. Joseph Lengyel, Chief of National Guard Bureau, Brookings Institution, Washington, D.C., July 2, 2020.

32. See Office of the Under Secretary of Defense (Comptroller)/Chief Financial Officer, "Defense Budget Overview: United States Department of Defense Fiscal Year 2021 Budget Request," February 2020, 3- through 3-1, https://comptroller.defense.gov/Budget−Materials; Congressional Budget Office, "Trends in Selected Indicators of Military Readiness, 1980 through

1993," Washington, D.C., March 1994, 68-1, https://www.cbo.gov/sites/default/files/103rd−congress−1993−1994/reports/doc13.pdf; O'Hanlon, *$650 Billion Bargain*; An Interview with Secretary of the Army Ryan McCarthy, "The Army's Strategy in the Indo−Pacific," Brookings Institution, Washington, D.C., January 10, 2020, https://www.brookings.edu/wp−content/uploads/2020/01/fp_20200110_army_indopacific_transcript.pdf; Brendan R. Stickles, "How the U.S. Military Became the Exception to America's Wage Stagnation Problem," Brookings blog, November 29, 2018, https://www.brookings.edu/blog/order−from−chaos/2018/11/29/how−the−u−s−military−became−the−exception−to−americas−wage−stagnation−problem; Thomas Brading, "Army Retention Hits Goal Five Months Early," *Army News Service*, October 8, 2019, https://www.army.mil/article/223295/army_retention_hits_goal_five_months_early; and Claudia Grisales, "Military Recruitment, Retention Challenges Remain, Service Chiefs Say," *Stars and Stripes*, May 16, 2019.

33. See Gen. David H. Berger, "The Case for Change: Meeting the Principal Challenges Facing the Corps," *Marine Corps Gazette*, June 2020, 8-12.

34. See Matthew N. Metzel et al., "Failed Megacities and the Joint Force," *Joint Forces Quarterly*, no. 96 (2020): 109-14; Michael O'Hanlon and David Petraeus, "America's Awesome Military: And How to Make It Even Better," *Foreign Affairs* 95, no. 5 (September/October 2016): 10-17; and Michael E. O'Hanlon, *The Future of Land Warfare* (Washington, D.C.: Brookings Institution Press, 2015). On the challenges of building a competent stabilization force and conducting a viable stabilization strategy, see Brendan R. Gallagher, *The Day After: Why America Wins the War but Loses the Peace* (Ithaca, N.Y.: Cornell University Press, 2019); David E. Johnson et al., *The U.S. Army and the Battle for Baghdad: Lessons Learned—and Still to Be Learned* (Santa Monica, Calif.: RAND, 2019); Pat Proctor, *Lessons Unlearned: The U.S. Army's Role in Creating the Forever Wars in Afghanistan and Iraq* (Columbia: University of Missouri Press, 2020); and David Fitzgerald, *Learning to Forget: U.S. Army Counterinsurgency Doctrine and Practice from Vietnam to Iraq* (Stanford, Calif.: Stanford University Press, 2013).

35. See Michele Flournoy, "How to Prevent a War in Asia," *Foreign Affairs*, June 18, 2020, https://www.foreignaffairs.com/articles/united−states/2020−

06−18/how−prevent−war−asia. For a related vivid, insightful, and provocative scenario, see P. W. Singer and August Cole, *Ghost Fleet: A Novel of the Next World War* (Boston: Mariner, 2015).

36. See P. W. Singer, *Wired for War: The Robotics Revolution and Conflict in the 21st Century* (New York: Penguin, 2009).

37. For more on the development of military technology over the past two decades, see Michael O'Hanlon, "A Retrospective on the So−Called Revolution in Military Affairs, 2000-2020," Brookings Institution, Washington, D.C., September 2018, https://www.brookings.edu/research/a−retrospective−on−the−so−called−revolution−in−military−affairs−2000−2020/. For more on likely future developments in military technology over the coming decades, see Michael O'Hanlon, "Forecasting Change in Military Technology, 2020-2040," Brookings Institution, Washington, D.C., September 2018, https://www.brookings.edu/research/forecasting−change−in−military−technology−2020−2040.

38. U.S. Army, "Techniques for Tactical Radio Operations," ATP 6−02.53, January 2016, http://www.apd.army.mil/epubs/DR_pubs/DR_a/pdf/ARN3871_ATP%206−02.53%20FINAL%20WEB.pdf; David Axe, "Failure to Communicate: Inside the Army's Doomed Quest for the 'Perfect' Radio," Center for Public Integrity, Washington, D.C., May 19, 2014, https://publicintegrity.org/national−security/failure−to−communicate−inside−the−armys−doomed−quest−for−the−perfect−radio/; James Hasik, "Avoiding Despair About Military Radio Communications Is the First Step Towards Robust Solutions," *Real Clear Defense*, July 24, 2017, https://www.realcleardefense.com/articles/2017/07/24/avoiding_despair_about_military_radio_communications_is_the_first_step_towards_robust_solutions_111884.html.

39. Briefing at the Army's Maneuver Warfare Center of Excellence, Fort Benning, Ga., December 13, 2017.

40. For a good general overview of this subject and related matters that goes beyond the military sphere, see Darrell M. West, *The Future of Work: Robots, AI, and Automation* (Washington, D.C.: Brookings Institution Press, 2018).

41. Thomas B. Udvare, "Wingman Is the First Step Toward Weaponized Robotics," *Army AT&L*, January-March 2018, 86-89; Hector Montes et al., "Energy Efficiency Hexapod Walking Robot for Humanitarian Demining,"

Industrial Robot 44, no. 4 (2016): 457-66; Robert Wall, "Armies Race to Deploy Drone, Self−Driving Tech on the Battlefield," *Wall Street Journal*, October 29, 2017; Scott Savitz, "Rethink Mine Countermeasures," *Proceedings* (U.S. Naval Institute) 143, no. 7 (July 2017), https://www.usni.org/magazines/proceedings/2017/july/rethink−mine−countermeasures.

42. Matthew Rosenberg and John Markoff, "The Pentagon's 'Terminator Conundrum': Robots That Could Kill on Their Own," *New York Times*, October 25, 2016.

43. Austin Long and Brendan Rittenhouse Green, "Stalking the Secure Second Strike: Intelligence, Counterforce, and Nuclear Strategy," *Journal of Strategic Studies* 38, nos. 1-2 (2015): 38-73.

44. Paul Scharre, *Army of None: Autonomous Weapons and the Future of War* (New York: W. W. Norton, 2018); Anika Torruella, "USN Seeks to Fill SSN Shortfalls with Unmanned Capabilities," *Jane's Defence Weekly*, July 5, 2017, 11; Scott Savitz et al., *U.S. Navy Employment Options for Unmanned Surface Vehicles* (Santa Monica, Calif.: RAND, 2013), xiv-xxv.

45. Bryan Clark and Bryan McGrath, "A Guide to the Fleet the United States Needs," *War on the Rocks*, February 9, 2017, https://warontherocks.com/2017/02/a−guide−to−the−fleet−the−united−states−needs/.

46. Kris Osborn, "Navy Littoral Combat Ship to Operate Swarms of Attack Drone Ships," *Warrior Maven*, March 28, 2018, https://defensemaven.io/warriormaven/sea/navy−littoral−combat−ship−to−operate−swarms−of−attack−drone−ships−cSVfXZfBME2bm1dTX1tsIw.

47. Shawn Brimley, "While We Can: Arresting the Erosion of America's Military Edge," Center for a New American Security, Washington, D.C., December 17, 2015, https://www.cnas.org/publications/reports/while−we−can−arresting−the−erosion−of−americas−military−edge.

48. T. X. Hammes, "The Future of Conflict," in R. D. Hooker Jr., ed., *Charting a Course: Strategic Choices for a New Administration* (Washington, D.C.: National Defense University Press, 2016), 25-27.

49. Rosenberg and Markoff, "Pentagon's 'Terminator Conundrum.'"

50. Patrick Tucker, "Russia to the United Nations: Don't Try to Stop Us from Building Killer Robots," *Defense One*, November 21, 2017, https://www.defenseone.com/technology/2017/11/russia−united−nations−dont−try−stop−us−building−killer−robots/142734/; "Special Report: The Future of

War," *Economist*, January 27, 2018, 4.

51. Elsa B. Kania, "Battlefield Singularity: Artificial Intelligence, Military Revolution, and China's Future Military Power," Center for a New American Security, Washington, D.C., November 28, 2017, https://www.cnas.org/publications/reports/battlefield−singularity−artificial−intelligence−military−revolution−and−chinas−future−military−power.

52. See Permanent Court of Arbitration, "Press Release: The South China Sea Arbitration (The Republic of the Philippines v. the People's Republic of China)," The Hague, July 12, 2016, https://docs.pca−cpa.org/2016/07/PH−CN−20160712−Press−Release−No−11−English.pdf.

53. See Steven Pifer, "Don't Resume Nuclear Testing," Brookings blog, May 28, 2020, https://www.brookings.edu/blog/order−from−chaos/2020/05/28/dont−resume−nuclear−testing.

54. See Preparatory Commission of the Comprehensive Nuclear Test Ban Treaty, "Status of Signature and Ratification," Vienna, 2020, https://www.ctbto.org/the−treaty/status−of−signature−and−ratification; Lawrence Scheinman, "Comprehensive Test Ban Treaty," Nuclear Threat Initiative, Washington, D.C., April 2003, https://www.nti.org/analysis/articles/comprehensive−test−ban−treaty; Steve Fetter, *Toward a Comprehensive Test Ban* (Pensacola, Fla.: Ballinger, 1988); and Michael A. Levi and Michael E. O'Hanlon, *The Future of Arms Control* (Washington, D.C.: Brookings Institution Press, 2004).

55. See, e.g., Robert Einhorn et al., "Experts Assess the Nuclear Non−Proliferation Treaty, 50 Years After It Went into Effect," Brookings blog, March 3, 2020, https://www.brookings.edu/blog/order−from−chaos/2020/03/03/experts−assess−the−nuclear−non−proliferation−treaty−50−years−after−it−went−into−effect.

56. See, e.g., David C. Gompert and Martin Libicki, "Cyber War and Nuclear Peace," *Survival* 61, no. 4 (August-September 2019): 45-62; Steven Pifer, "Don't Let New START Die," Brookings blog, February 6, 2020, https://www.brookings.edu/blog/order−from−chaos/2020/02/06/dont−let−new−start−die; Ernest J. Moniz and Sam Nunn, "The Return of Doomsday: The New Nuclear Arms Race—and How Washington and Moscow Can Stop It," *Foreign Affairs* 98, no. 5 (September/October 2019): 150-61; Frank A. Rose, "Deterrence, Modernization, and Alliance

Cohesion: The Case for Extending New START with Russia," Brookings blog, January 16, 2020, https://www.brookings.edu/blog/order−from−chaos/ 2020/01/16/deterrence−modernization−and−alliance−cohesion−the−case−for−extending−new−start−with−russia; Michael Krepon, "Space Diplomacy," Stimson Center, Washington, D.C., February 25, 2020, https://www.armscontrolwonk.com/archive/1208971/space−diplomacy−2; and Frank A. Rose, "Safeguarding the Heavens: The United States and The Future of Norms of Behavior in Outer Space," Brookings Policy Brief, June 2018, https://www.brookings.edu/wp−content/uploads/2018/06/FP_20180614_safeguarding_the_heavens.pdf.

57. Christian Brose, *The Kill Chain: Defending America in the Future of High−Tech Warfare* (New York: Hachette, 2020), 232.

58. Brose, *Kill Chain*, 235; Hicks, "Getting to Less."

결 론

1. Francis Fukuyama, "The End of History?" *National Interest*, Summer 1989, 18.

2. Stephen Biddle, *Military Power: Explaining Victory and Defeat in Modern Battle* (Princeton, N.J.: Princeton University Press, 2004).

3. See Steve Radelet, "Once More Into the Breach: Does Foreign Aid Work?" Brookings blog, May 2017, https://www.brookings.edu/blog/future−development/2017/05/08/once−more−into−the−breach−does−foreign−aid−work; and George Ingram, "Adjusting Assistance to the 21st Century: A Revised Agenda for Foreign Assistance Reform," Working Paper 75, Global Economy and Development Program, Brookings Institution, Washington, D.C., July 2014, https://www.brookings.edu/wp−content/uploads/2016/06/Ingram−Aid−Reform−Final2.pdf.

4. Richard N. Haass, *Foreign Policy Begins at Home: The Case for Putting America's House in Order* (New York: Basic Books, 2013).

5. See Alastair Iain Johnston, "China in a World of Orders: Rethinking Compliance and Challenge in Beijing's International Relations," *International Security* 44, no. 2 (Fall 2019): 57.

6. See Jonathan Stromseth, "Beyond Binary Choices? Navigating Great Power

Competition in Southeast Asia," Brookings Report, Brookings Institution, Washington, D.C., April 2020, https://www.brookings.edu/research/beyond−binary−choices−navigating−great−power−competition−in−southeast−asia.

7. Condoleeza Rice, *Democracy: Stories from the Long Road to Freedom* (New York: Twelve, 2017).

8. Justin Vaisse, *Neoconservatism: The Biography of a Movement* (Cambridge, Mass.: Harvard University Press, 2010), 239-51; Walter Russell Mead, "The Jacksonian Tradition and American Foreign Policy," *National Interest*, no. 58 (Winter 1999/2000): 5-29; Walter Russell Mead, "The Jacksonian Revolt: American Populism and the Liberal Order," *Foreign Affairs* 96, n0. 2 (January/February 2017): 2-7.

9. See Joshua Muravchik, *Exporting Democracy: Fulfilling America's Destiny* (Washington, D.C.: AEI Press, 1992), 117-18; and Stephen D. Krasner, "Learning to Live with Despots: The Limits of Democracy Promotion," *Foreign Affairs* 99, no. 2 (March/April 2020): 49-55.

본 QR코드를 스캔하시면 원서
「The Art of War in an Age of Peace」의
'Index(pp.265−273)'를 열람할 수 있습니다

저자 소개

저자 마이클 오핸런은 미국 브루킹스연구소에서 국가 안보정책을 연구하는 선임연구원이다. 컬럼비아, 조지타운 및 조지워싱턴대학교의 객원교수이자 국제전략연구소의 회원이다. 브루킹스연구소에서 일하기 전에는 미국 의회 예산국에서 국가 안보 분석가로 일했다. 그의 최근 저서로는 현대 전략가를 위한 군 역사: 1861년 이후 미국의 주요전쟁《Military History for the Modern Strategist: America's Major Wars Since 1861》(2023)이 있다.

역자 소개

옮긴이 조동연은 1982년 서울 출생으로 육군사관학교 60기로 졸업 및 소위로 임관하였다 (2004). 경희대학교 평화복지대학원 아태지역학 석사(2011)와 미국 하버드 대학교 케네디스쿨 공공정책학 석사학위를 받았다(2016). 미국 메릴랜드 대학교 컬리지 파크 국제개발 및 분쟁관리센터 방문학자(2018), 예일대학교 잭슨국제문제연구소 월드 펠로우(2018), 서경대학교 군사학과 조교수(2021 – 휴직중)로 재직했다. 현재 제네바에 위치한 유엔군축연구소 선임연구원(2023 – 현재)으로 재직중이다. 저서로는 빅 픽처 2017(2016)(공저), 우주산업의 로켓에 올라타라(2021), 번역서로는 해양전략 지침서(2023) 등이 있다.

평화시대의 전쟁론

초판발행	2024년 2월 15일
지은이	Michael O'Hanlon
옮긴이	조동연
펴낸이	안종만 · 안상준
편 집	사윤지
기획/마케팅	박부하
표지디자인	이은지
제 작	고철민 · 조영환
펴낸곳	(주) **박영사**
	서울특별시 금천구 가산디지털2로 53, 210호(가산동, 한라시그마밸리)
	등록 1959.3.11. 제300-1959-1호(倫)
전 화	02)733-6771
f a x	02)736-4818
e-mail	pys@pybook.co.kr
homepage	www.pybook.co.kr
ISBN	979-11-303-1909-4 93390

*파본은 구입하신 곳에서 교환해 드립니다. 본서의 무단복제행위를 금합니다.

정 가   24,000원